电气工程、自动化专业系列教材

电气控制与 PLC 应用
（第 4 版）

主　编　陈建明　王亭岭

副主编　孙　标　赵明明　郭香静

参　编　熊军华　白　磊　王成凤

Publishing House of Electronics Industry

北京·BEIJING

内 容 简 介

本书由 3 部分组成。第一部分由第 1～2 章组成,介绍电气控制中常用的低压电器、典型控制线路、典型电气控制系统分析和设计方法。第二部分由第 3～6 章组成,介绍可编程控制器基础,以西门子公司 S7-200 型 PLC 为重点,介绍西门子 S7 系列可编程控制器结构原理、指令系统及其应用、控制系统程序分析和设计方法。第三部分由第 7～9 章组成,介绍可编程控制器的通信与网络控制、与变频器结合在电气传动系统中的应用。

本书可作为高等院校自动化、电气技术及相近专业的"现代电气控制"或类似课程的本科生教材,也可作为专科层次相关专业类似课程的教材,并可作为电子技术、电气技术、自动化技术工程技术人员的参考书。

图书在版编目(CIP)数据

电气控制与 PLC 应用 / 陈建明,王亭岭主编. — 4 版. — 北京:电子工业出版社,2019.1

电气工程、自动化专业规划教材

ISBN 978-7-121-35682-7

I. ①电… II. ①陈… ②王… III. ①电气控制－高等学校－教材②PLC 技术－高等学校－教材 IV. ①TM571.2 ②TM571.61

中国版本图书馆 CIP 数据核字(2018)第 277296 号

责任编辑:凌　毅

印　　刷:三河市华成印务有限公司

装　　订:三河市华成印务有限公司

出版发行:电子工业出版社

　　　　　北京市海淀区万寿路 173 信箱　邮编 100036

开　　本:787×1 092　1/16　印张:20.75　字数:558 千字

版　　次:2006 年 8 月第 1 版

　　　　　2019 年 1 月第 4 版

印　　次:2024 年 12 月第 14 次印刷

定　　价:49.00 元

凡所购买电子工业出版社图书有缺损问题,请向购买书店调换。若书店售缺,请与本社发行部联系。联系及邮购电话:(010)88254888,88258888。

质量投诉请发邮件至 zlts@phei.com.cn,盗版侵权举报请发邮件至 dbqq@phei.com.cn。

本书咨询联系方式:(010)88254528,lingyi@phei.com.cn。

第 4 版前言

电气控制与 PLC 应用是综合了继电器-接触器控制、计算机技术、自动控制技术和通信技术的新兴技术,应用十分广泛。由于电气控制与可编程控制器本起源于同一体系,只是发展的阶段不同,在理论和应用上是一脉相承的。因此,本书在编写过程中力求做到:

(1) 注重实际。精选传统电器及继电器-接触器控制内容,删除应用越来越少的电机扩大机及其控制系统、磁放大器和顺序控制器的内容,大幅度增加应用越来越广泛的可编程序控制器的内容,这是本书的一个特点。

(2) 强调应用。着重介绍常用低压电器、电气控制基本线路、典型生产机械电气控制线路、可编程序控制器实际应用线路,包括采用可编程序控制器对电动机进行控制的多种实用基本线路,这就把电动机的继电器-接触器控制和 PLC 控制两种线路对应起来,这是本书的另一个特点。

(3) 方便教学。尽可能深入浅出,通俗易懂,附有实验指导书、课程设计指导书、课程设计任务书,同时针对以往在组织教学时,有些课程重复介绍可编程序控制器相关知识的情况,在本书中较全面、系统地介绍了可编程序控制器及其应用技术,这不仅节省学时,而且也是进行教学改革与课程建设的有益尝试。鉴于上述这些特点,本书也便于有一定电气技术基础的人员自学。

为了适应教学、科研需要,我们对 2014 年出版的《电气控制与 PLC 应用(第 3 版)》进行了全面的修订。本次修订,除保持本书深入浅出、系统性强、富有工程性及便于自学的特点外,删除了第 1 章中的 1.7 节“低压电器的产品型号”,补充、修正了第 2 章中的部分图表,缩编、简化了第 9 章“PLC 与电气传动系统”的内容,并对全书案例、习题和部分描述做了全面的补充与修正,力求奉献给读者一本更专业、较完美的西门子 S7 系列 PLC 教科书。

本书可作为高等院校本科自动化、电气技术及相近专业的“现代电气控制”或类似课程的教材,也可作为各类院校专科层次相关专业类似课程的选用教材,并可作为电子技术、电气技术、自动化技术工程技术人员的参考书。

本书提供配套的电子课件和习题参考解答,可登录华信教育资源网 www.hxedu.com. cn,注册后免费下载。

本书由陈建明、王亭岭担任主编,孙标、赵明明、郭香静担任副主编,熊军华、白磊和王成凤参编。具体分工如下:第 1、2 章和 5.1 节、5.2 节由陈建明编写;第 4 章和 5.3 节、7.4 节由王亭岭编写;第 3、8 章由孙标编写;6.5～6.6 节和实验指导书由熊军华编写;6.1～6.4 节和课程设计指导书、课程设计任务书由郭香静编写;7.1～7.3 节、9.1～9.2 节由白磊编写;9.3～9.4节、附录 A～C 由赵明明和王成凤编写;全书由陈建明和王亭岭统稿、定稿。本书由陕西科技大学王孟效教授审阅。

本书在编写过程中,参考了兄弟院校的资料及其他相关教材,并得到许多同仁的关心和帮助,在此谨致谢意。

限于篇幅及编者的业务水平,书中难免有局限和欠妥之处,竭诚希望同行和读者赐予宝贵的意见。

编　者

2018 年 9 月

目　录

绪论 ┈┈┈┈┈┈┈┈┈┈┈┈┈┈┈┈┈ 1

第1章　常用低压控制电器 ┈┈┈┈ 3
　1.1　概述 ┈┈┈┈┈┈┈┈┈┈┈ 3
　　1.1.1　电器的分类 ┈┈┈┈┈ 3
　　1.1.2　电力拖动自动控制系统中常用
　　　　　的低压控制电器 ┈┈┈┈ 4
　　1.1.3　我国低压控制电器的发展
　　　　　概况 ┈┈┈┈┈┈┈┈┈ 4
　1.2　接触器 ┈┈┈┈┈┈┈┈┈ 6
　　1.2.1　结构和工作原理 ┈┈┈ 6
　　1.2.2　交、直流接触器的特点 ┈ 9
　　1.2.3　接触器的主要技术参数与选用
　　　　　原则 ┈┈┈┈┈┈┈┈ 10
　1.3　继电器 ┈┈┈┈┈┈┈┈┈ 12
　　1.3.1　电磁式继电器 ┈┈┈┈ 12
　　1.3.2　热继电器 ┈┈┈┈┈┈ 14
　　1.3.3　时间继电器 ┈┈┈┈┈ 17
　　1.3.4　速度继电器 ┈┈┈┈┈ 19
　1.4　熔断器 ┈┈┈┈┈┈┈┈┈ 20
　　1.4.1　熔断器的工作原理 ┈┈ 20
　　1.4.2　熔断器的选用 ┈┈┈┈ 21
　1.5　低压开关和低压断路器 ┈┈┈ 23
　　1.5.1　低压断路器 ┈┈┈┈┈ 23
　　1.5.2　漏电保护器 ┈┈┈┈┈ 24
　　1.5.3　低压隔离器 ┈┈┈┈┈ 26
　1.6　主令电器 ┈┈┈┈┈┈┈┈ 30
　　1.6.1　按钮 ┈┈┈┈┈┈┈┈ 30
　　1.6.2　位置开关 ┈┈┈┈┈┈ 30
　　1.6.3　凸轮控制器与主令控制器 ┈ 32
　习题与思考题 ┈┈┈┈┈┈┈┈┈ 33

**第2章　电气控制线路的基本原则和
　　　　基本环节** ┈┈┈┈┈┈┈ 34
　2.1　电气控制线路的绘制 ┈┈┈┈ 34
　　2.1.1　电气控制线路常用的图形、
　　　　　文字符号 ┈┈┈┈┈┈ 34

　　2.1.2　电气原理图 ┈┈┈┈┈ 39
　　2.1.3　电气元件布置图 ┈┈┈ 41
　　2.1.4　电气安装接线图 ┈┈┈ 42
　2.2　三相异步电动机的启动控制 ┈ 43
　　2.2.1　三相笼型电动机直接启动
　　　　　控制 ┈┈┈┈┈┈┈┈ 43
　　2.2.2　三相笼型电动机减压启动
　　　　　控制 ┈┈┈┈┈┈┈┈ 45
　　2.2.3　三相绕线转子电动机的启动
　　　　　控制 ┈┈┈┈┈┈┈┈ 49
　2.3　三相异步电动机的正、反转
　　　控制 ┈┈┈┈┈┈┈┈┈┈ 52
　2.4　三相异步电动机的调速控制 ┈ 53
　　2.4.1　三相笼型电动机的变极调速
　　　　　控制 ┈┈┈┈┈┈┈┈ 53
　　2.4.2　绕线转子电动机转子串电阻的
　　　　　调速控制 ┈┈┈┈┈┈ 54
　　2.4.3　电磁调速异步电动机的
　　　　　控制 ┈┈┈┈┈┈┈┈ 55
　2.5　三相异步电动机的制动控制 ┈ 56
　　2.5.1　三相异步电动机反接制动
　　　　　控制 ┈┈┈┈┈┈┈┈ 57
　　2.5.2　三相异步电动机能耗制动
　　　　　控制 ┈┈┈┈┈┈┈┈ 57
　　2.5.3　三相异步电动机电容制动
　　　　　控制 ┈┈┈┈┈┈┈┈ 59
　2.6　其他典型控制环节 ┈┈┈┈┈ 59
　　2.6.1　多地点控制 ┈┈┈┈┈ 60
　　2.6.2　多台电动机先后顺序控制 ┈ 60
　　2.6.3　自动循环控制 ┈┈┈┈ 61
　2.7　电气控制线路的设计方法 ┈┈ 62
　　2.7.1　经验设计法 ┈┈┈┈┈ 62
　　2.7.2　逻辑设计法 ┈┈┈┈┈ 67
　习题与思考题 ┈┈┈┈┈┈┈┈┈ 72

第3章　可编程控制器基础 ┈┈┈┈ 74
　3.1　可编程控制器概述 ┈┈┈┈┈ 74

3.1.1 可编程控制器的产生与发展 … 74
3.1.2 可编程控制器的特点 ……… 76
3.2 可编程控制器的组成 ………… 76
3.2.1 中央处理单元(CPU) ……… 77
3.2.2 存储器单元 ……………… 77
3.2.3 电源单元 ………………… 78
3.2.4 输入/输出单元 …………… 78
3.2.5 接口单元 ………………… 78
3.2.6 外部设备 ………………… 79
3.3 可编程控制器的工作原理 …… 80
3.3.1 可编程控制器的等效电路 … 80
3.3.2 可编程控制器的工作过程 … 81
3.4 可编程控制器的硬件基础 …… 82
3.4.1 可编程控制器的I/O模块 … 82
3.4.2 可编程控制器的配置 ……… 84
3.5 可编程控制器的软件基础 …… 85
3.5.1 系统监控程序 …………… 85
3.5.2 用户应用程序 …………… 86
3.6 可编程控制器的性能指标及
分类 ………………………… 87
3.6.1 可编程控制器的性能指标 … 87
3.6.2 可编程控制器的分类 ……… 88
习题与思考题 …………………… 89

第4章 S7-200 PLC的系统配置与开发
环境 ………………………… 90
4.1 S7-200 PLC系统的基本组成 … 90
4.2 S7-200 PLC的接口模块 …… 94
4.2.1 数字量I/O模块 ………… 94
4.2.2 模拟量I/O模块 ………… 97
4.2.3 智能模块 ………………… 98
4.3 S7-200 PLC的系统配置 …… 102
4.3.1 S7-200 PLC的基本配置 … 102
4.3.2 S7-200 PLC的扩展配置 … 102
4.3.3 内部电源的负载能力 …… 103
4.4 STEP 7-Micro/WIN 开发环境
简介 ………………………… 104
4.4.1 系统要求 ………………… 104
4.4.2 硬件连接 ………………… 104
4.4.3 设置和修改PLC通信参数 … 105
4.4.4 软件功能与界面 ………… 105
4.4.5 程序文件来源 …………… 106

4.4.6 程序的调试及运行监控 …… 107
习题与思考题 …………………… 108

第5章 S7-200 PLC 的指令系统 ……… 109
5.1 S7-200 PLC 编程基础 ……… 109
5.1.1 编程语言 ………………… 109
5.1.2 数据类型 ………………… 110
5.1.3 存储器区域 ……………… 112
5.1.4 寻址方式 ………………… 116
5.1.5 用户程序结构 …………… 118
5.1.6 编程的一般规则 ………… 119
5.2 S7-200 PLC 的基本指令及编程
方法 ………………………… 119
5.2.1 基本逻辑指令 …………… 121
5.2.2 立即操作指令 …………… 126
5.2.3 复杂逻辑指令 …………… 127
5.2.4 取非触点指令和空操作
指令 ……………………… 130
5.2.5 定时器和计数器指令 …… 130
5.2.6 顺序控制继电器指令 …… 137
5.2.7 移位寄存器指令 ………… 138
5.2.8 比较指令 ………………… 143
5.3 S7-200 PLC 的功能指令及编程
方法 ………………………… 145
5.3.1 数学运算指令 …………… 145
5.3.2 逻辑运算指令 …………… 152
5.3.3 其他数据处理指令 ……… 155
5.3.4 转换指令 ………………… 157
5.3.5 表功能指令 ……………… 162
5.3.6 程序控制指令 …………… 165
5.3.7 特殊指令 ………………… 169
习题与思考题 …………………… 174

第6章 可编程控制器系统设计与
应用 ………………………… 177
6.1 PLC控制系统设计 ………… 177
6.1.1 PLC控制系统设计的基本
原则 ……………………… 177
6.1.2 PLC控制系统设计的内容 … 177
6.1.3 PLC控制系统设计的一般
步骤 ……………………… 179
6.2 PLC控制系统硬件配置 …… 179

6.2.1　PLC 的选型 ·················· 180

6.2.2　I/O 地址分配 ·············· 181

6.2.3　响应时间 ·················· 181

6.3　PLC 控制系统软件设计 ····· 182

6.3.1　经验设计法 ·············· 182

6.3.2　逻辑设计法 ·············· 182

6.3.3　顺序功能图法 ············ 182

6.4　PLC 应用程序的典型环节及
　　　设计技巧 ·················· 184

6.4.1　PLC 应用程序的典型环节 ··· 184

6.4.2　PLC 控制程序的设计技巧 ··· 191

6.5　PLC 在工业控制中的应用····· 193

6.5.1　4 台电动机的顺序启动、停止
　　　　控制 ···················· 193

6.5.2　电动机 Y-△减压启动控制 ··· 197

6.5.3　节日彩灯的 PLC 控制 ······· 198

6.5.4　十字路口交通信号灯的 PLC
　　　　控制 ···················· 201

6.5.5　造纸厂碱回收蒸发工段 PLC
　　　　控制 ···················· 205

6.6　提高 PLC 控制系统可靠性的
　　　措施 ························ 207

6.6.1　PLC 安装的环境条件 ······· 207

6.6.2　抗干扰措施 ·············· 208

6.6.3　PLC 系统的故障检查 ······· 210

6.6.4　PLC 系统的试运行与维护 ··· 211

习题与思考题 ···················· 212

第 7 章　S7-200 可编程控制器的通信与
　　　　网络 ···················· 213

7.1　通信及网络基础 ············ 213

7.1.1　数据通信方式 ············ 213

7.1.2　网络概述 ················ 217

7.2　S7-200 系列 PLC 的网络类型
　　　及配置 ···················· 220

7.2.1　PLC 网络类型 ············ 220

7.2.2　通信协议 ················ 220

7.2.3　通信设备 ················ 222

7.2.4　S7-200 PLC 组建的几种
　　　　典型网络 ·············· 226

7.2.5　通信参数的设置 ·········· 228

7.2.6　S7-200 的参数设置 ········ 229

7.3　S7-200 网络及应用·········· 230

7.3.1　网络指令及应用 ·········· 230

7.3.2　自由口指令及应用 ········ 234

7.4　自由口模式下 PLC 与计算机
　　　的通信 ···················· 241

7.4.1　自由口模式下 PLC 串行
　　　　通信编程要点 ·········· 241

7.4.2　自由口模式下 PLC 与计算机
　　　　通信应用实例 ·········· 244

习题与思考题 ···················· 256

第 8 章　基于 SIMATIC S7 的工业
　　　　网络 ···················· 257

8.1　概述 ························ 257

8.2　MPI 网络···················· 260

8.2.1　全局数据通信 ············ 261

8.2.2　S7 基本通信 ·············· 264

8.2.3　MPI 网络实现 S7 通信······ 266

8.2.4　MPI 网络的其他通信功能 ··· 268

8.3　Profibus 网络················ 268

8.3.1　Profibus 网络简介 ·········· 268

8.3.2　Profibus 光缆通信网络 ····· 269

8.3.3　Profibus 的总线存取技术···· 269

8.3.4　Profibus-DP 总线的设备
　　　　分类 ···················· 270

8.3.5　Profibus-DP 网络组态 ······· 271

8.3.6　Profibus 网络中的其他
　　　　通信 ···················· 275

8.4　工业以太网 ················ 275

8.4.1　网络方案 ················ 276

8.4.2　网络部件 ················ 276

8.4.3　网卡和通信处理器 ········ 277

8.4.4　工业以太网的 STEP 7 组态 ··· 277

8.4.5　PROFINET 简介 ············ 279

习题与思考题 ···················· 279

第 9 章　PLC 与电气传动系统 ·········· 280

9.1　电气传动系统简述 ·········· 280

9.2　直流拖动系统简述 ·········· 280

9.3　交流拖动系统及 MM440
　　　变频器 ···················· 283

9.3.1　MM440 变频器的外部端口 ··· 284

9.3.2　MM440 变频器参数简介 ····· 285

9.3.3　变频器的参数组 ············ 286

9.3.4　外部设备与变频器内部参数的
　　　　关联 ···················· 287

9.3.5　MM440 变频器的 USS 通信 ··· 288

9.4　MM440 变频器与 S7-200 PLC 的
　　　系统组成及应用 ············ 289

9.4.1　几种常见控制系统的拓扑
　　　　结构 ···················· 289

9.4.2　应用举例 ··········· 292

习题与思考题 ························· 299

附录 A　特殊寄存器(SM)标志位 ········ 300

附录 B　错误代码信息 ·········· 304

附录 C　S7-200 可编程控制器指令集 ··· 307

附录 D　实验指导书 ············ 312

附录 E　课程设计指导书 ············ 319

附录 F　课程设计任务书 ············ 320

参考文献 ························ 323

绪　论

　　工业生产的各个领域,无论是过程控制系统还是传动控制系统,都包含着大量的开关量和模拟量。开关量也称数字量,如电动机的启停、电灯的亮灭、阀门的开闭、电子线路的置位与复位、计时、计数等;模拟量也称连续量,如不断变化的温度、压力、速度、流量、液位等。

　　从生产机械所应用的电器与控制方法看,最初是采用一些手动电器来控制执行电器,这类手动控制适用于一些容量小、操作单一的场合。随后发展为采用自动控制电器的继电器-接触器控制系统。这种控制系统主要由一些继电器、接触器、按钮、行程开关等组成,其特点是结构简单,价格低廉,维护方便,抗干扰强,因此广泛应用于各类机械设备上。采用继电器-接触器控制系统,不仅可以方便地实现生产过程自动化,而且还可以实现集中控制和远距离控制。目前,继电器-接触器控制仍然是最基本的电气控制形式之一。但由于该控制形式是固定接线,通用性和灵活性差,又由于采用有触点的开关动作,工作频率低,触点易损坏,可靠性差。

　　随着生产力的发展和科学技术的进步,人们对所用控制设备不断提出新的要求。在实际生产中,由于大量存在一些以开关量控制的程序控制过程,而生产工艺及流程经常变化,因而应用前述的继电器-接触器控制电路,就不能满足这种需要了。于是由集成电路组成的顺序控制器应运而生,它具有程序变更容易、程序存储量大、通用性强等优点。

　　20 世纪 60 年代,出现了板式顺序控制器 SC(Sequence Controller)。所谓顺序控制,是以预先规定好的时间或条件为依据,按预先规定好的动作次序,对控制过程各阶段顺序地进行以开关量为主的自动控制。曾经流行的顺序控制器主要有 3 种类型:基本逻辑型、条件步进型和时间步进型。其特点是:通用性和灵活性强,通过更改程序可以很方便地适应经常更改的控制要求,容易对大型、复杂系统进行控制,但程序的实现和更改方式并没有从本质上改变,仍然是对硬件进行设置和更改。

　　1969 年,出现了可编程逻辑控制器 PLC(Programmable Logic Controller),它是计算机技术与继电器-接触器控制技术相结合的产物,具有逻辑控制、定时、计数等功能,并取代了继电器-接触器控制。PLC 采用计算机存储程序和顺序执行的原理;编程语言采用直观的类似继电器-接触器控制电路图的梯形图语言,这使得控制现场的工作人员可以很容易地学习和使用。控制程序的更改可以通过直接改变存储器中的应用软件来实现,由于软件的更改极易实现,从而在实现方式上有了本质的飞跃,其通用性和灵活性进一步增强。

　　20 世纪 70 年代,出现了以一位微处理器为核心的可编程序控制器,又称为工业控制单元 ICU(Industrial Control Unit)。它是基于逻辑型和步进型顺序控制器的工作原理和目的而开发的,专门应用于工业逻辑控制的微处理器,并组成以 ICU 为核心的可编程顺序控制器。它将原来顺序控制器中程序的编制和执行改由计算机软件来实现,成为一种新型的工业控制装置,在顺序控制领域开辟了新的途径。

　　1980 年前后,出现了可编程控制器 PC(Programmable Controller),它是在可编程逻辑控制器 PLC 基础上进一步发展而来的。它是由中央微处理器(CPU)、大规模集成电路、电子开关、功率输出器件等组成的专用微型电子计算机,不但继承了 PLC 原有的功能,而且具有顺序控制、算术运算、数据转换和通信等更为强大的功能,指令系统丰富,程序结构灵活,用它可代替大量的继电器,且功耗低,体积小,在电气自动控制上获得了广泛应用。采用 CPU 技术使电动机的运行从断续控制步入了连续控制。

为了有别于个人计算机 PC(Personal Computer),人们通常仍习惯地称可编程控制器(PC)为 PLC。

虽然可编程控制器的功能极为强大,既可实现开关量(数字量)的控制,也可实现连续量(模拟量)的控制,但它最初是为了在数字量控制中取代继电器-接触器控制系统而产生的,设计思想源自继电器、接触器,两者有许多相同和相似之处。因此,熟悉继电器-接触器控制技术后,就很容易接受可编程控制器的编程语言,为进一步学习可编程序控制器奠定基础。

另一方面,许多控制要求不太复杂的场合仍在使用继电器-接触器控制系统。如电动机拖动中,主电路的通断仍由接触器来完成。另外,机床、电力设备和工业配电设备仍以继电器、接触器等为主。继电器-接触器控制与 PLC 控制各有特点,并不因为 PLC 的高性能而完全取代继电器、接触器等传统器件。可以预见,在今后相当长时间内,PLC 与继电器、接触器等传统器件仍将会是电气自动控制装置的主要器件。

目前可编程控制器 PLC 主要朝着小型化、廉价化、标准化、高速化、智能化、大容量化、网络化的方向发展,与计算机技术相结合,形成工业控制机系统、分布式控制系统 DCS(Distributed Control System)、现场总线控制系统 FCS(Fieldbus Control System),这将使 PLC 功能更强,可靠性更高,使用更方便,适用面更广。

第1章　常用低压控制电器

本章简要介绍继电器-接触器控制的基本知识,是了解和掌握基本电气控制的必修内容。本章介绍的低压控制电气元件,多数由专业化的元件制造厂家生产,就自动化专业的技术人员来说,主要是能正确地选用电气元件,因此本章不涉及元件的设计,而着重于应用。

本章主要内容:

● 常用的低压控制电器;

● 控制电器的结构与原理;

● 控制电器的选用原则。

核心是掌握接触器、继电器、断路器、按钮开关、主令电器等常规控制电器的动作特点,并能够正确选择使用。

1.1　概　　述

随着科技进步与经济发展,电能的应用越来越广泛,电器对电能的生产、输送、分配与应用起着控制、调节、检测和保护的作用,在电力输配电系统和电力拖动自动控制系统中应用极为广泛。

随着电子技术、自动化技术和计算机应用的迅猛发展,一些电气元件可能被电子线路所取代,但是由于电气元件本身也朝着新的领域扩展(表现在提高元件的性能、生产新型的元件,实现机、电、仪一体化,扩展元件的应用范围等),且有些电气元件有其特殊性,故是不可能完全被取代的。

1.1.1　电器的分类

电器是接通和断开电路或调节、控制和保护电路及电气设备用的电工器具。

电器的功能多,用途广,品种规格繁多,为了系统地掌握,必须加以分类。

1. 按工作电压等级分

① 高压电器　用于交流电压1200V、直流电压1500V及以上电路中的电器,如高压断路器、高压隔离开关、高压熔断器等。

② 低压电器　用于交流50Hz(或60Hz)额定电压为1200V以下、直流额定电压为1500V以下的电路内起通断、保护、控制或调节作用的电器(简称电器),如接触器、继电器等。

2. 按动作原理分

① 手动电器　手工操作发出动作指令的电器,如刀开关、按钮等。

② 自动电器　产生电磁吸力而自动完成动作指令的电器,如接触器、继电器、电磁阀等。

3. 按用途分

① 控制电器　用于各种控制电路和控制系统的电器,如接触器、继电器、电动机启动器等。

② 配电电器　用于电能的输送和分配的电器,如高压断路器等。

③ 主令电器　用于自动控制系统中发送动作指令的电器,如按钮、转换开关等。

④ 保护电器　用于保护电路及用电设备的电器,如熔断器、热继电器等。

⑤ 执行电器　用于完成某种动作或传送功能的电器,如电磁铁、电磁离合器等。

1.1.2　电力拖动自动控制系统中常用的低压控制电器

1. 接触器

① 交流接触器　采用交流励磁,主触头用于交流主电路的通、断控制。

② 直流接触器　采用直流励磁,主触头用于直流主电路的通、断控制。

2. 继电器

① 电磁式电压继电器　它是当电路中电压达到预定值时而动作的继电器。

② 电磁式电流继电器　若通过线圈的电流高于额定值时,触头动作;反之,不动作。

③ 电磁式中间继电器　用于自动控制装置中,以扩大被控制的电路并提高接通能力。

④ 直流电磁阻尼式时间继电器　利用阻尼的方法来延缓磁通变化的速度,以达到延时目的。

⑤ 空气阻尼式时间继电器　利用空气阻尼原理获得延时目的。

⑥ 电子式时间继电器　采用电容充放电再配合电子元件的原理来实现延时动作。

⑦ 热继电器　它是用于过载保护(不能做短路保护)的继电器。

⑧ 干簧继电器　能在磁力驱动下使触点接通或断开,以达到控制外电路的目的。

⑨ 速度继电器　是一种以转速为输入量的非电信号检测电器,它能在被测转速升或降至某一预先设定的动作时输出开关信号。

3. 熔断器

熔断器是一种用于过载和短路保护的电器,有瓷插式、螺旋式、有填料密闭管式、无填料密闭管式、快速熔断式、自复式等。

4. 低压断路器

① 框架式断路器　有绝缘衬垫的框架结构底座将所有的构件组装在一起,用于配电网络的保护。

② 塑料外壳式断路器　用模压绝缘材料制成的封闭型外壳将所有的构件组装在一起,用于配电网络的保护和电动机、照明电路及电热器等控制开关。

③ 快速直流断路器　具有快速电磁铁和强有力的灭弧装置,用于元件和整流保护。

④ 限流式断路器　能在交流短路电流尚未达到峰值之前就把故障电路切断。

⑤ 漏电保护器　用以对低压电网直接触电和间接触电进行有效保护。

5. 位置开关

将运动部件的位移变成电信号以控制运动的方向或行程,有直动式、滚动式和微动式3种。

6. 按钮、刀开关等

按钮在低压控制电路中用于手动发出控制信号;刀开关用作电路的电源开关和小容量电动机非频繁启动的操作开关。

1.1.3　我国低压控制电器的发展概况

低压电器是组成电气成套设备的基础配套元件。低压电器使用量大且面广,可分为低压配电电器和低压控制电器。

由发电厂生产的电能80%以上是以低压电形式付诸使用的,每生产1kW的发电设备,需生产4万件各种低压电气元件与之配套使用。一套1700mm连轧机的电气设备中,需使用成千上万件品种、规格不同的低压电气元件。

从刀开关、熔断器等最简单的低压电器算起,到多种规格的低压断路器、接触器、继电器及由它们组成的成套电气控制设备,都随着国民经济的发展而发展。

目前我国低压电器产品约1000个系列,生产企业1500家左右,年产值约200亿元人民币。但国内低压电器生产企业规模偏小、数量过多,90%以上企业处于中、低档产品的重复生产中。产品三代共存,按照产值计算,第一代产品市场占有率为15%,第二代产品市场占有率为45%,第三代产品市场占有率为40%。根据国家政策走向,在今后一段时间内,低压电器产品的结构需要进一步调整,工艺落后、体积大、能耗高又污染环境的产品将被淘汰。

在低压电器行业中,国有、民营、外资企业"三足鼎立"的局面已持续多年。ABB、西门子、施耐德电气等国际电气企业已悉数进入中国市场,并在占领高端产品市场的同时,积极进发国内中、低档市场。随着市场全球化,外资企业与国内企业相互渗透是低压电器行业发展的另一个必然趋向。这种渗透包括国内企业的高端产品向国外市场渗透;外资企业的产品向国内中、低档市场渗透。但就国内市场而言,外资企业研发、设计、管理能力较强,而国内企业,特别是民营企业,虽然经营思路灵活、销售渠道强大,但在企业规模、产品质量等方面良莠不齐,企业设计研发能力仍有待加强。低压电器企业向"专、精、特"方向发展,形成若干各具特色、重点突出的产业链,从而带动产业升级是必然趋势。

我们必须加速我国第三代、第四代高性能产品开发,尽快完善产品系列,加大我国产品的推广力度,明显提高产品可靠性和外观质量。具体体现在:提高电气元件的性能,大力发展机电一体化产品,研制开发智能化电器、电动机综合保护电器、有触头和无触头的混合式电器、模数化终端组合电器和节能电器。模数化终端组合电器是一种安装终端电器的装置,主要特点是实现了电器尺寸模数化、安装轨道化、外形艺术化和使用安全化,是理想的新一代配电装置。过程控制、生产自动化、配电系统及智能化楼宇等场合采用现场总线系统,对低压电器提出了可通信的要求。现场总线系统的发展与应用将从根本上改变传统的低压配电与控制系统及其装置,给传统低压电器带来改革性变化。发展智能化可通信低压电器势在必行,其产品的特征是:①装有微处理器;②带通信接口,能与现场总线连接;③采用标准化结构,具有互换性,采用模数化结构;④保护功能齐全,具有外部故障记录显示、内部故障自诊断、双向通信等功能。

低压电器系统集成和整体解决方案已引起行业的高度重视。在系统集成与总体方案上领先一步,就有可能在市场竞争中步步领先。为此,应在以下几个方面开展深入研究:①低压配电系统典型方案、各类低压断路器选用原则和性能协调研究;②低压配电与控制网络系统研究,包括网络系统、系统整体解决方案、各类可通信低压电器,以及其他配套元件选用和相互协调配合;③配电系统过电流保护整体解决方案,其目标是在极短时间内实现全范围、全电流选择性保护;④配电系统(包括新能源系统)过电压保护整体解决方案;⑤各类电动机启动、控制与保护整体解决方案;⑥双电源系统自动转换开关电器选用整体解决方案。

随着国民经济的发展,我国的电器工业将会大大缩短与世界先进国家的差距,发展到更高的水平,以满足国内外市场的需要。

1.2 接 触 器

接触器是电力拖动自动控制系统中使用量大且面广的一种低压控制电器,用来频繁地接通和分断交直流主回路和大容量控制电路。主要控制对象是电动机,能实现远距离控制,并具有欠(零)电压保护。

1.2.1 结构和工作原理

接触器主要由电磁系统、触头系统和灭弧装置组成,结构简图如图1-1所示。

1. 电磁系统

电磁系统包括动铁心(衔铁)、静铁心和电磁线圈3部分,其作用是将电磁能转换成机械能,产生电磁吸力带动触头动作。

① 电磁系统的结构形式根据铁心形状和衔铁运动方式,可分为3种:衔铁绕棱角转动拍合式、衔铁绕轴转动拍合式、衔铁直线运动螺管式,如图1-2所示。

图1-2(a)中,衔铁绕磁轭的棱角转动,磨损较小,铁心用软铁做成,适用于直流接触器;图1-2(b)中,衔铁绕轴转动,铁心用硅钢片叠成,用于交流接触器;图1-2(c)中,衔铁在线圈内做直线运动,用于交流接触器。

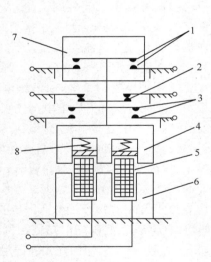

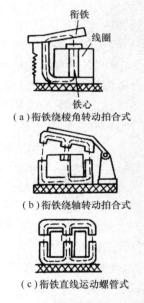

图1-1 接触器结构简图

1—主触头;2—常闭辅助触头;3—常开辅助触头;
4—动铁心;5—电磁线圈;6—静铁心;
7—灭弧罩;8—弹簧

图1-2 接触器电磁系统的结构图

(a)衔铁绕棱角转动拍合式
(b)衔铁绕轴转动拍合式
(c)衔铁直线运动螺管式

② 电磁系统按铁心形状分为 U 形(见图1-2(a))和 E 形(见图1-2(b)、(c))。

③ 电磁系统按电磁线圈的种类可分为直流线圈和交流线圈两种。

作用在衔铁上的力有两个:电磁吸力与反力。电磁吸力由电磁机构产生,反力则由释放弹簧和触点弹簧所产生。电磁系统的工作情况常用吸力特性和反力特性来表示。

电磁系统的电磁吸力 F 与气隙 δ 的关系曲线称为吸力特性。吸力特性随励磁电流的种类（交流或直流）、励磁线圈的连接方式（并联或串联）不同而不同，电磁吸力可按下式求得

$$F=\frac{10^7}{8\pi}B^2S \tag{1-1}$$

式中，F 为电磁吸力（N）；B 为气隙磁感应强度（T）；S 为铁心截面积（m^2）。

如果气隙 δ 不变，当线圈中通以直流电时，电磁吸力 F 为恒定值。当线圈中通以交流电时，由于外加正弦交流电压，其气隙磁感应强度亦按正弦规律变化，即

$$B=B_m\sin\omega t \tag{1-2}$$

代入式（1-1）可得

$$F=\frac{10^7}{8\pi}SB_m^2\sin^2\omega t=\frac{10^7}{8\pi}SB_m^2\frac{1-\cos2\omega t}{2} \tag{1-3}$$

由式（1-3）可见，电磁吸力最大值为

$$F_{max}=\frac{10^7}{8\pi}SB_m^2 \tag{1-4}$$

电磁吸力的最小值为

$$F_{min}=0 \tag{1-5}$$

不同的电磁机构，有不同的吸力特性。电磁机构动作时，其气隙 δ 是变化的，$F\propto B^2\propto\Phi^2$。对于直流电磁机构，其励磁电流的大小与气隙无关，衔铁动作过程中为恒磁动势工作。根据磁路定律 $\Phi=IN/R_m\propto 1/R_m$，式中，R_m 为气隙磁阻，则 $F\propto\Phi^2\propto 1/R_m^2\propto 1/\delta^2$，电磁吸力随气隙的减小而增大，所以吸力特性比较陡峭，如图1-3中的曲线1所示。而对交流电磁机构，设线圈外加电压 U 不变，交流电磁线圈的阻抗主要决定于线圈的电抗，若电阻忽略不计，则 $U\approx E=4.44f\Phi N$，$\Phi=U/(4.44fN)$，当电压频率 f、线圈匝数 N、外加电压 U 为常数时，气隙磁通 Φ 也为常数，即励磁电流与气隙成正比，衔铁动作过程中为恒磁通工作，但考虑到漏磁通的影响，其电磁吸力随气隙的减小略有增大，所以吸力特性比较平坦，如图1-3中的曲线2所示。

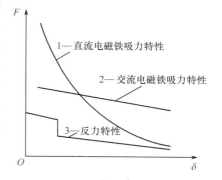

图1-3 吸力特性与反力特性的配合

所谓反力特性，是指反作用力与气隙 δ 的关系曲线，如图1-3中的曲线3所示。为了保证使衔铁能牢牢吸合，反作用力特性必须与吸力特性配合好，如图1-3所示。在整个吸合过程中，吸力都必须大于反作用力，即吸力特性高于反力特性，但不能过大或过小。吸力过大时，动、静触头接触时及衔铁与铁心接触时的冲击力也大，会使触头和衔铁发生弹跳，导致触头熔焊或烧毁，影响电器的机械寿命；吸力过小时，会使衔铁运动速度降低，难以满足高操作频率的要求。因此，吸力特性与反力特性必须配合得当，才有助于电器性能的改善。在实际应用中，可调整反力弹簧或触头初压力以改变反力特性，使之与吸力特性有良好配合。

2. 触头系统

触头是接触器的执行元件，用来接通或断开被控制电路。

触头的结构形式很多，按其所控制的电路，可分为主触头和辅助触头。主触头用于接通或断开主电路，允许通过较大的电流；辅助触头用于接通或断开控制电路，只能通过较小的电流。

触头按其原始状态可分为常开触头和常闭触头：原始状态时（即线圈未通电）断开，线圈通电后闭合的触头称为常开触头；原始状态闭合，线圈通电后断开的触头称为常闭触头（线圈断

电后所有触头复原）。

触头按其结构形式可分为桥形触头和指形触头，如图 1-4 所示。

触头按其接触形式可分为点接触、线接触和面接触 3 种，如图 1-5 所示。

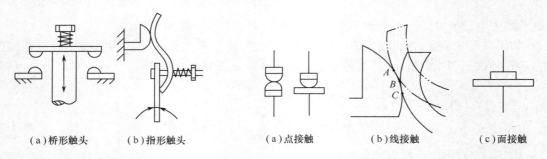

（a）桥形触头　　　（b）指形触头　　　　　（a）点接触　　　（b）线接触　　　（c）面接触

图 1-4　触头结构形式　　　　　　　　　图 1-5　触头接触形式

图 1-5(a)为点接触，它由两个半球形触头或一个半球形与一个平面形触头构成，常用于小电流的电器中，如接触器的辅助触头或继电器触头。图 1-5(b)为线接触，它的接触区域是一条直线，触头的通断过程是滚动式进行的。开始接通时，静、动触头在 A 点处接触，靠弹簧压力经 B 点滚动到 C 点；断开时做相反运动。这样可以自动清除触头表面的氧化物。线接触多用于中容量的电器，如接触器的主触头。图 1-5(c)为面接触，它允许通过较大的电流。这种触头一般在接触表面上镶有合金，以减小触头接触电阻并提高耐磨性，多用于大容量接触器的主触头。

3. 灭弧装置

当触头断开瞬间，触头间距离极小，电场强度极大，触头间产生大量的带电粒子，形成炽热的电子流，产生弧光放电现象，称为电弧。电弧的出现，既妨碍电路的正常分断，又会使触头受到严重腐蚀，为此必须采取有效的措施进行灭弧，以保证电路和电气元件工作安全可靠。要使电弧熄灭，应设法降低电弧的温度和电场强度。常用的灭弧装置有电动力灭弧、灭弧栅和磁吹灭弧。

（1）电动力灭弧

这种方法主要用于交流电器的灭弧。如图 1-6 所示为一种桥式结构双断口触头，当触头打开时，在断口处产生电弧，电弧电流在两电弧间产生于图中以 ⊗ 表示的磁场，根据左手定则，电弧电流要产生一个指向外侧的电动力 F，使电弧向外运动并拉长，迅速穿越冷却介质而加快冷却并熄灭。

（2）灭弧栅灭弧

灭弧栅的灭弧原理如图 1-7 所示。灭弧栅片由许多镀铜薄钢片组成，片间距离为 2～3mm，安放在触头上方的灭弧罩内。一旦出现电弧，电弧周围产生磁场，电弧被导磁钢片吸入栅片内，且被栅片分割成许多串联的短弧，当交流电压过零时电弧自然熄灭，两栅片间必须有 150～250V 电压，电弧才能重燃。这样，一方面电源电压不足以维持电弧，同时由于栅片的散热作用，电弧熄灭后就很难重燃，它常用于交流接触器。

（3）磁吹灭弧装置

磁吹灭弧装置的工作原理如图 1-8 所示，在触头电路中串入一吹弧线圈，它产生的磁通通过导磁夹片引向触头周围；电弧所产生的磁通方向如图 1-8 所示。

可见，在弧柱下吹弧线圈产生的磁通与电弧产生的磁通是相加的，而在弧柱上面的磁通彼此抵消，因此，就产生一个向上运动的力将电弧拉长并吹入灭弧罩中，熄弧角和静触头相连接，其作用是引导电弧向上运动，将热量传递给灭弧罩壁，促使电弧熄灭。由于这种灭弧装置是利用电弧电流本身灭弧的，故电弧电流越大，灭弧的能力也越强。它广泛应用于直流接触器。

接触器的图形、文字符号如图1-9所示。

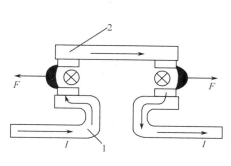

图1-6 电动力灭弧原理
1—静触头；2—动触头

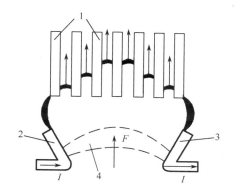

图1-7 灭弧栅灭弧原理
1—灭弧栅片；2—静触头；3—动触头；4—电弧

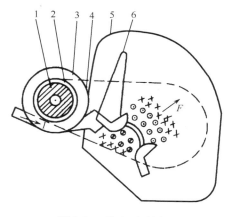

图1-8 磁吹灭弧原理
1—铁心；2—绝缘管；3—吹弧线圈；
4—导磁夹片；5—灭弧罩；6—熄弧角

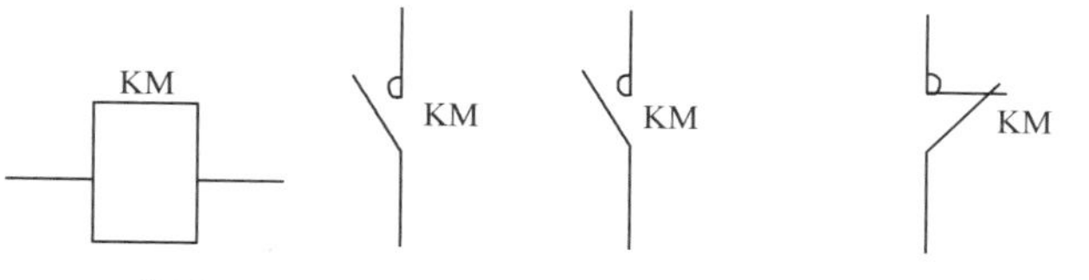

图1-9 接触器的图形、文字符号
（a）线圈 （b）主触头 （c）常开辅助触头 （d）常闭辅助触头

4. 接触器的工作原理

掌握了接触器的结构,就容易了解其工作原理。当电磁线圈通电后,线圈电流产生磁场,使静铁心产生电磁吸力吸引衔铁,并带动触头动作:常闭触头断开,常开触头闭合,两者是联动的。当线圈断电时,电磁吸力消失,衔铁在释放弹簧的作用下释放,使触头复原:常开触头断开,常闭触头闭合。

1.2.2 交、直流接触器的特点

接触器按其主触头所控制主电路电流的种类可分为交流接触器和直流接触器两种。

1. 交流接触器

交流接触器线圈通以交流电,主触头接通、分断交流主电路。

当交变磁通穿过铁心时,将产生涡流和磁滞损耗,使铁心发热。为减少铁损,铁心用硅钢片冲压而成。为便于散热,线圈做成短而粗的圆筒状绕在骨架上。

由于交流接触器铁心的磁通是交变的,故当磁通过零时,电磁吸力也为零,吸合后的衔铁在反力弹簧的作用下将被拉开,磁通过零后电磁吸力又增大,当吸力大于反力时,衔铁又被吸合。

这样，交流电源频率的变化使衔铁产生强烈振动和噪声，甚至使铁心松散。因此，交流接触器铁心端面上都安装一个铜制的短路环。短路环包围铁心端面约2/3的面积，如图1-10所示。

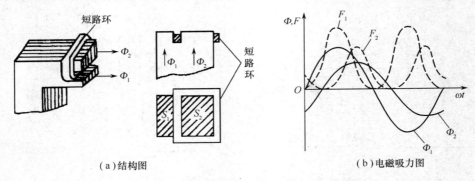

（a）结构图   （b）电磁吸力图

图1-10   交流接触器铁心的短路环

当交变磁通穿过短路环所包围的截面积 S_2 在环中产生涡流时，根据电磁感应定律，此涡流产生的磁通 Φ_2 在相位上落后于短路环外铁心截面 S_1 中的磁通 Φ_1，由 Φ_1、Φ_2 产生的电磁吸力为 F_1、F_2，作用在衔铁上的合成电磁吸力为 F_1+F_2，只要此合力始终大于其反力，衔铁就不会产生振动和噪声。

交流接触器的灭弧装置通常采用灭弧罩和灭弧栅进行灭弧。

2. 直流接触器

直流接触器线圈通以直流电流，主触头接通、切断直流主电路。

直流接触器的线圈通以直流电，铁心中不会产生涡流和磁滞损耗，所以不会发热。为方便加工，铁心用整块钢块制成。为使线圈散热良好，通常将线圈绕制成长而薄的圆筒状。

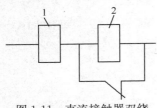

图1-11   直流接触器双绕组线圈接线图

对于250A以上的直流接触器，往往采用串联双绕组线圈，直流接触器双绕组线圈接线图如图1-11所示。图中，线圈1为启动线圈，线圈2为保持线圈，接触器的一个常闭辅助触头与保持线圈并联连接。在电路刚接通瞬间，保持线圈被常闭触头短接，可使启动线圈获得较大的电流和吸力。当接触器动作后，常闭触头断开，两线圈串联通电，由于电源电压不变，所以电流减小，但仍可保持衔铁吸合，因而可以节电和延长电磁线圈的使用寿命。

直流接触器灭弧比较困难，一般采用灭弧能力较强的磁吹灭弧装置。

1.2.3   接触器的主要技术参数与选用原则

1. 接触器的型号及代表意义

接触器的型号及代表意义如下：

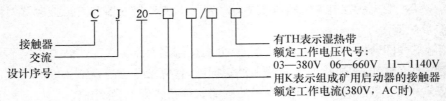

常用的CJ20系列交流接触器主要技术参数如表1-1所示。

表 1-1   CJ20 系列交流接触器主要技术参数

型　号	辅助触点额定电流/A	吸引线圈额定电压/V	主触点额定电流/A	主触点额定电压/V	可控制电动机最大功率/kW	机/电寿命/万次操作频率/(次/h)
CJ20—10			10		4/2.2	
CJ20—16			16		7.5/4.5	1000/100
CJ20—25			25		11/5.5	1200
CJ20—40			40		22/11	
CJ20—63	5	36,127,220,380	63	380/220	30/18	
CJ20—100			100		50/28	600/120
CJ20—160			160		85/48	1200
CJ20—250			250		132/80	300/60
CJ20—400			400		220/115	600

常用的 CZ0 系列直流接触器主要技术参数如表 1-2 所示。

表 1-2   CZ0 系列直流接触器主要技术参数

型　号	额定电压/V	额定电流/A	额定操作频率/(次/h)	主触点级数 动合	主触点级数 动断	最大分断电流/A	辅助触头形式及数目 动合	辅助触头形式及数目 动断	吸引线圈功率/W
CZ0—40/20		40	1200	2	—	160	2	2	22
CZ0—40/02		40	600	—	2	100	2	2	24
CZ0—100/10		100	1200	1	—	100	2	2	24
CZ0—100/01		100	600	—	1	250	2	1	24
CZ0—100/20		100	1200	2	—	400	2	2	30
CZ0—150/10		150	1200	1	—	600	2	1	30
CZ0—150/01	440	150	600	—	1	375	2	1	25
CZ0—150/20		150	1200	2	—	600	2	2	40
CZ0—250/10		250	600	1	—	1000			31
CZ0—250/20		250	600	2	—	1000	5(其中 1 对动合，另 4 对可任意组合成动合或动断)		40
CZ0—400/10		400	600	1	—	1600			28
CZ0—400/20		400	600	2	—	1600			43
CZ0—600/10		600	600	1	—	2400			50

2. 接触器选用原则

① 额定电压　接触器的额定电压是指主触头的额定电压,应等于负载的额定电压。通常电压等级分为交流接触器 380V、660V 及 1140V;直流接触器 220V、440V、660V。

② 额定电流　接触器的额定电流是指主触头的额定电流,应等于或稍大于负载的额定电流(按接触器设计时规定的使用类别来确定)。

③ 电磁线圈的额定电压　电磁线圈的额定电压等于控制回路的电源电压,通常电压等级分为交流线圈 36V、127V、220V、380V;直流线圈 24V、48V、110V、220V。

使用时,一般交流负载用交流接触器,直流负载用直流接触器,但对于频繁动作的交流负载,可选用带直流电磁线圈的交流接触器。

④ 触头数目　接触器的触头数目应能满足控制线路的要求。各种类型的接触器触头数目不同。交流接触器的主触头有 3 对(常开触头),一般有 4 对辅助触头(两对常开、两对常闭),最多可达到 6 对(3 对常开、3 对常闭)。

直流接触器主触头一般有两对（常开触头），辅助触头有 4 对（两对常开、两对常闭）。

⑤ 额定操作频率　接触器额定操作频率是指每小时的接通次数。通常交流接触器为 600 次/h；直流接触器为 1200 次/h。

1.3　继　电　器

继电器主要用于控制与保护电路或用于信号转换。当输入量变化到某一定值时，继电器动作，其触头接通或断开交、直流小容量的控制回路。

随着现代科技的高速发展，继电器的应用越来越广泛。为了满足各种使用要求，人们研制了一批新结构、高性能、高可靠性的继电器。

继电器的种类很多，常用的分类方法有：按用途分，有控制继电器和保护继电器；按动作原理分，有电磁式继电器、感应式继电器、电动式继电器、电子式继电器和热继电器；按输入信号的不同来分，有电压继电器、中间继电器、电流继电器、时间继电器、速度继电器等。

1.3.1　电磁式继电器

常用的电磁式继电器有电压继电器、中间继电器和电流继电器。

1. 电磁式继电器的结构与工作原理

电磁式继电器的结构和工作原理与接触器相似，是由电磁系统、触头系统和释放弹簧等组成的，电磁式继电器原理如图 1-12 所示。由于继电器用于控制电路，所以流过触头的电流比较小，故不需要灭弧装置。电磁式继电器的图形、文字符号如图 1-13 所示。

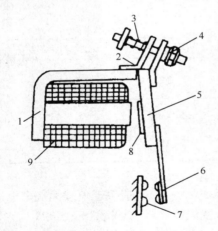

图 1-12　电磁式继电器原理

1—铁心；2—旋转棱角；3—释放弹簧；4—调节螺母；5—衔铁；

6—动触头；7—静触头；8—非磁性垫片；9—线圈

图 1-13　电磁式继电器的图形、文字符号

2. 电磁式继电器的特性

继电器的主要特性是输入/输出特性，又称继电特性，继电特性曲线如图 1-14 所示。

当继电器输入量 x 由零增至 x_2 以前，继电器输出量 y 为零。当输入量增加到 x_2 时，继电器吸合，输出量为 y_1，若 x 再增大，y_1 值保持不变。当 x 减小到 x_1 时，继电器释放，输出量由 y_1 降到零，x 再减小，y 值均为零。

在图 1-14 中，x_2 称为继电器吸合值，欲使继电器吸合，输入量必须等于或大于 x_2；x_1 称为继电器释放值，欲使继电器释放，输入量必须等于或小于 x_1。

$k = x_1/x_2$，称为继电器的返回系数，它是继电器重要参数之一。k 值是可以调节的，可通过调节释放弹簧的松紧程度（拧紧时，x_1 与 x_2 同时增大，k 增大；放松时，k 减小）或调整铁心与衔铁间非磁性垫片的厚薄（增厚时 x_1 增大，k 增大；减薄时 k 减小）来达到。不同场合要求不同的 k 值。例如，一般继电器要求低的返回系数，k 值应为 0.1～0.4，这样当继电器吸合后，输入量波动较大时不致引起误动作；欠电压继电器则要求高的返回系数，k 值应在 0.6 以上。设某继电器 $k = 0.66$，吸合电压为额定电压的 90%，则电压低于额定电压的 60% 时，继电器释放，起到欠电压保护作用。

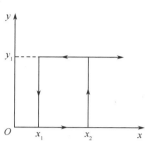

图 1-14　继电特性曲线

另一个重要参数是吸合时间和释放时间。吸合时间是指从线圈接收电信号到衔铁完全吸合所需的时间；释放时间是指从线圈失电到衔铁完全释放所需的时间。一般继电器的吸合时间与释放时间为 0.05～0.15s，快速继电器为 0.005～0.05s，其大小影响继电器的操作频率。

3. 电压继电器

电压继电器反映的是电压信号。使用时，电压继电器的线圈与负载并联，其线圈匝数多而线径细。常用的有欠（零）电压继电器和过电压继电器两种。

电路正常工作时，欠电压继电器吸合，当电路电压减小到某一整定值以下时［一般为（30%～50%）U_N］，欠电压继电器释放，对电路实现欠电压保护。

电路正常工作时，过电压继电器不动作，当电路电压超过某一整定值时［一般为（105%～120%）U_N］，过电压继电器吸合，对电路实现过电压保护。

零电压继电器是当电路电压降低到（5%～25%）U_N 时释放，对电路实现零电压保护。

中间继电器实质上是一种电压继电器，它的特点是触头数目较多，电流容量可增大，起到中间放大（触头数目和电流容量）的作用。

表 1-3 列出了 JZ7 系列电压继电器主要技术参数。

表 1-3　JZ7 系列电压继电器主要技术参数

型　号	触点额定电压 /V	触点额定电流 /A	触 点 对 数		吸引线圈额定电压/V	机/电寿命/万次 操作频率/(次/h)
			常开	常闭		
JZ7—44	500	5	4	4	交流 50Hz 时 12、36、127、220、380	300/100 1200
JZ7—62			6	2		
JZ7—80			8	0		

4. 电流继电器

电流继电器反映的是电流信号。在使用时，电流继电器的线圈和负载串联，其线圈匝数少而线径粗。这样线圈上的压降很小，不会影响负载电路的电流。常用的电流继电器有欠电流继电器和过电流继电器两种。

电路正常工作时，欠电流继电器吸合，当电路电流减小到某一整定值以下时，欠电流继电器释放，对电路起欠电流保护作用。

电路正常工作时，过电流继电器不动作，当电路中电流超过某一整定值时，过电流继电器吸合，对电路起过流保护作用。

表 1-4 列出了 JL18 系列交、直流电流继电器主要技术参数。

表 1-4　JL18 系列交、直流电流继电器主要技术参数

型　号	线圈额定值		结 构 特 征
	工作电压/V	工作电流/A	
JL18—1.0	交流 380 直流 220	1.0	触头工作电压:交流 380V　直流 220V　发热电流 10A,可自动及手动复位
JL18—1.6		1.6	
JL18—2.5		2.5	
JL18—4.0		4.0	
JL18—6.3		6.3	
JL18—10		10	
JL18—16		16	
JL18—25		25	
JL18—40		40	

电压、电流继电器型号及代表意义如下:

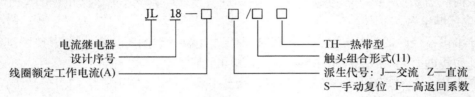

电流继电器
设计序号
线圈额定工作电流(A)

TH—热带型
触头组合形式(11)
派生代号:J—交流　Z—直流
S—手动复位　F—高返回系数

5. 电磁式继电器的选用

电磁式继电器选用时主要根据保护或控制对象对继电器的要求,考虑触点数量、种类、返回系数及控制电路的电压、电流、负载性质等来选择。

1.3.2　热继电器

热继电器是利用电流流过热元件时产生的热量,使双金属片发生弯曲而推动执行机构动作的一种保护电器。它主要用于交流电动机的过载保护、断相及电流不平衡运动的保护,以及其他电器设备发热状态的控制。热继电器还常和交流接触器配合组成电磁启动器,广泛用于三相异步电动机的长期过载保护。

电动机在实际运行中,常会遇到过载情况,但只要过载不严重、时间短,绕组不超过允许的温升,这种过载是允许的。但如果过载情况严重、时间长,则会加速电动机绝缘的老化,甚至烧毁电动机,因此必须对电动机进行长期过载保护。

1. 热继电器结构与工作原理

热继电器主要由热元件、双金属片和触头组成,如图 1-15 所示。

热元件由发热电阻丝制成。双金属片由两种热膨胀系数不同的金属碾压而成,当双金属片受热时,会出现弯曲变形。使用时,把热元件串接于电动机的主电路中,而常闭触头串接于电动机的控制电路中。当电动机正常运行时,热元件产生的热量虽能使双金属片弯曲,但还不足以使热继电器的触头动作。当电动机过载时,双金属片弯曲位移增大,推动导板使常闭触头断开,从而切断电动机控制电路以起到保护作用。

热继电器动作后,经过一段时间的冷却即能自动或手动复位。

在三相异步电动机电路中,一般采用两相结构的热继电器,即在两相主电路中串接热元件。如果发生三相电源严重不平衡、电动机绕组内部短路或绝缘不良等故障,使电动机某一相的线电流比其他两相要高,而这一相没有串接热元件,热继电器也不能起保护作用,这时需采用三相结构的热继电器。

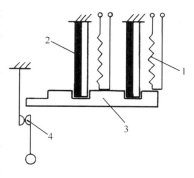

图1-15　热继电器结构
1—热元件;2—双金属片;
3—导板;4—触头

2. 断相保护热继电器

对于三相感应电动机,定子绕组为△连接的电动机必须采用带断相保护的热继电器。因为将热继电器的热元件串接在△连接的电动机的电源进线中,并且按电动机的额定电流来选择热继电器,当故障线电流达到额定电流时,在电动机绕组内部,电流较大的那一相绕组的故障相电流将超过额定相电流。但由于热元件串接在电源进线中,所以热继电器不会动作,但对电动机来说就有过热危险了。

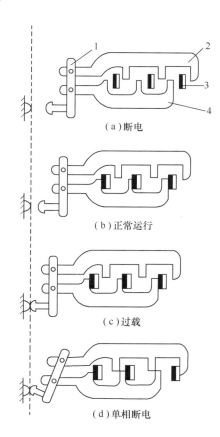

（a）断电

（b）正常运行

（c）过载

（d）单相断电

图1-16　断相保护热继电器的结构
1—杠杆;2—上导板;3—双金属片;4—下导板

3. 热继电器主要技术参数与选用

热继电器型号表示意义如下:

为了对△连接的电动机进行断相保护,必须将3个热元件分别串接在电动机的每相绕组中,这时热继电器的整定电流值按每相绕组的额定电流来选择。但是这种接线复杂、麻烦,且导线也较粗。我国生产的三相笼型电动机、功率在4kW或以上者大都采用△连接,为解决这类电动机的断相保护,设计了带有断相保护装置的三相结构热继电器。

JR16系列为断相保护热继电器。断相保护热继电器的结构如图1-16所示。图中,虚线表示动作位置,图1-16(a)为断电时的位置。当电流为额定电流时,3个热元件正常发热,其端部均向左弯曲并推动上、下导板同时左移,但不能到达动作线,继电器常开触头不会动作,如图1-16(b)所示。当电流过载到达整定的电流时,双金属片弯曲较大,把导板和杠杆推到动作位置,继电器触头动作,如图1-16(c)所示。当一相(设U相)断路时,U相热元件温度由原来正常发热状态下降,双金属片由弯曲状态伸直,推动上导板右移;同时由于V、W相电流较大,故推动下导板向左移,使杠杆扭转,继电器动作,起到断相保护作用。

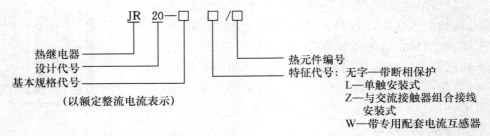

热继电器的选择主要根据电动机的额定电流来确定其型号及热元件的额定电流等级。热继电器的整定电流通常等于或稍大于电动机的额定电流,每一种额定电流的热继电器可装入若干种不同额定电流的热元件。

由于热惯性的原因,热继电器不能用于短路保护。因为发生短路事故时,要求电路立即断开,而热继电器却不能立即动作是因为热惯性在电动机启动或短时过载时,使继电器不会动作,从而保证了电动机的正常工作。

表 1-5 列出了 JR16 系列热继电器的主要技术参数。

表 1-5　JR16 系列热继电器的主要技术参数

热继电器型号	热继电器额定电流值/A	热元件规格		
		编号	额定电流值/A	额定电流调节范围值/A
JR16—20/3 JR16—20/3D	20	1	0.35	0.25~0.3~0.35
		2	0.5	0.32~0.4~0.5
		3	0.72	0.45~0.6~0.72
		4	1.1	0.68~0.9~1.1
		5	1.6	1.0~1.3~1.6
		6	2.4	1.6~2.0~2.4
		7	3.5	2.2~2.8~3.5
		8	5.0	3.2~4.0~5.0
		9	7.2	4.5~6.0~7.2
		10	11.0	6.8~9.0~11.0
		11	16.0	10.0~13.0~16.0
		12	22.0	14.0~18.0~22.0
JR16—60/3 JR16—60/3D	60	13	22.0	14.0~18.0~22.0
		14	32.0	20.0~26.0~32.0
		15	45.0	28.0~36.0~45.0
		16	63.0	40.0~50.0~63.0
JR16—150/3 JR16—150/3D	150	17	63.0	40.0~50.0~63.0
		18	85.0	53.0~70.0~85.0
		19	120.0	75.0~100.0~120.0
		20	160.0	100.0~130.0~160.0

JR20 系列热继电器是我国的新产品,250A 以上的都配有专门的速饱和电流互感器,其一次绕组串接于电动机主电路中,二次绕组与热元件串联。热继电器的图形、文字符号如图 1-17 所示。

1.3.3 时间继电器

从得到输入信号（线圈的通电或断电）开始，经过一定的延时后才输出信号（触头的闭合或断开）的继电器，称为时间继电器。

时间继电器的延时方式有通电延时和断电延时两种。

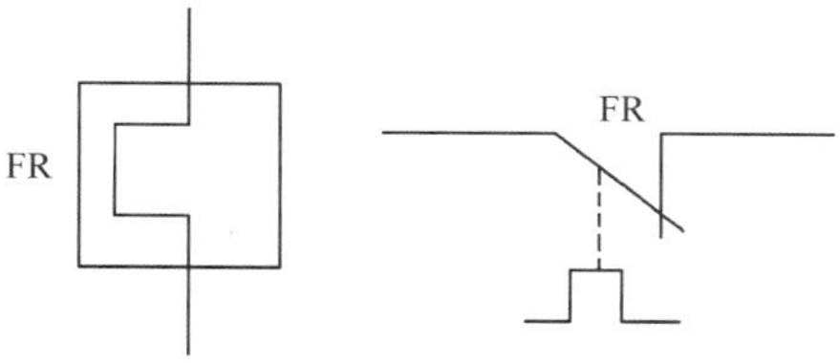

通电延时：接收输入信号后延迟一定的时间，输出信号才发生变化。当输入信号消失后，输出瞬时复原。

断电延时：接收输入信号时，瞬时产生相应的输出信号。当输入信号消失后，延迟一定的时间，输出才复原。

时间继电器的种类很多，常用的有空气阻尼式、电动机式、电子式等。

1. 空气阻尼式时间继电器

空气阻尼式时间继电器利用空气阻尼作用而达到延时的目的，由电磁机构、延时机构和触头组成。

空气阻尼式时间继电器的电磁机构有交流、直流两种。延时方式有通电延时型和断电延时型（改变电磁机构位置，将电磁铁翻转180°安装）。当动铁心（衔铁）位于静铁心和延时机构之间位置时为通电延时型；当静铁心位于动铁心和延时机构之间位置时为断电延时型。JS7—A系列时间继电器原理图如图1-18所示。

（图右上角）
FR

（a）发热元件 （b）常闭触点

图1-17 热继电器的图形、文字符号

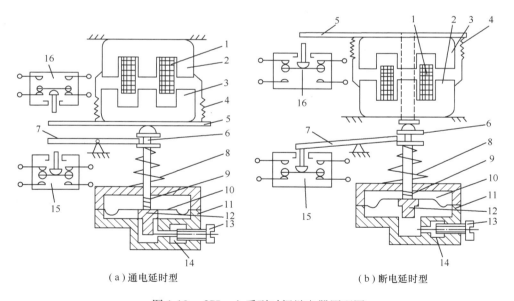

（a）通电延时型 （b）断电延时型

图1-18 JS7—A系列时间继电器原理图

1—线圈；2—铁心；3—衔铁；4—反力弹簧；5—推板；6—活塞杆；7—杠杆；8—塔形弹簧；9—弱弹簧；
10—橡皮膜；11—空气室壁；12—活塞；13—调节螺钉；14—进气孔；15、16—微动开关

现以通电延时型为例说明其工作原理。当线圈1得电后，衔铁（动铁心）3吸合，活塞杆6在塔形弹簧8作用下带动活塞12及橡皮膜10向上移动，橡皮膜下方空气室中的空气变得稀薄形成负压，活塞杆只能缓慢移动，其移动速度由进气孔气隙大小来决定。经一段延时后，活塞杆通过杠杆7压动微动开关15，使其触头动作，起到通电延时作用。

当线圈断电时,衔铁释放,橡皮膜下方空气室内的空气通过活塞肩部所形成的单向阀迅速排出,使活塞杆、杠杆、微动开关等迅速复位。由线圈得电到触头动作的一段时间即为时间继电器的延时时间,其大小可以通过调节螺钉 13 调节进气孔气隙大小来改变。

断电延时型的结构、工作原理与通电延时型相似,只是电磁铁安装方向不同,即当衔铁吸合时推动活塞复位,排出空气。当衔铁释放时,活塞杆在弹簧作用下使活塞向上移动,实现断电延时。

在线圈通电和断电时,微动开关 16 在推板 5 的作用下都能瞬时动作,其触头即为时间继电器的瞬动触头。

国产 JS7—A 系列空气阻尼式时间继电器主要技术参数如表 1-6 所示。其中,JS7—2A 型和 JS7—4A 型既带有延时动作触头,又带有瞬时动作触头;JS7—1A 型和 JS7—2A 型是通电延时型。

表 1-6　JS7—A 系列空气阻尼式时间继电器主要技术参数

型　号	吸引线圈额定电压/V	触头额定电压/V	触头额定电流/A	延时范围/s	延时动作触头				瞬时动作触头	
					通电延时		断电延时		常开	常闭
					常开	常闭	常开	常闭		
JS7—1A	14,36,110,127,220,380,420	380	5	各种型号均有0.4~0.6 和0.4~180 两种产品	1	1	—	—	—	—
JS7—2A					1	1	—	—	1	1
JS7—3A					—	—	1	1	—	—
JS7—4A					—	—	1	1	1	1

空气阻尼式时间继电器结构简单,价格低廉,延时范围 0.4~180s,但是延时误差较大,难以精确地整定延时时间,常用于延时精度要求不高的交流控制电路中。

日本生产的空气阻尼式时间继电器体积比 JS7 系列小 50% 以上,橡皮膜用特殊的塑料薄膜制成,其气孔精度要求很高,延时时间可达几十分钟,延时精度为 ±10%。

按照通电延时和断电延时两种形式,空气阻尼式时间继电器的延时触头有:延时断开常开触头、延时断开常闭触头、延时闭合常开触头和延时闭合常闭触头。

时间继电器的图形及文字符号如图 1-19 所示。

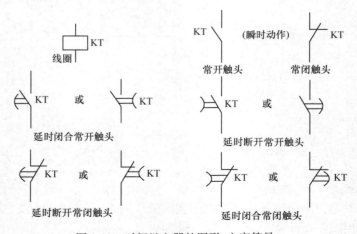

图 1-19　时间继电器的图形、文字符号

2. 电动机式时间继电器

它由同步电动机、减速齿轮机构、电磁离合系统及执行机构组成。电动机式时间继电器延时时间长,可达数十小时,延时精度高,但结构复杂,体积较大,常用的有JS10、JS11系列和7PR系列。

3. 电子式时间继电器

随着电子技术的发展,电子式时间继电器也迅速发展。这类时间继电器体积小、延时范围大、延时精度高、寿命长,已日益得到广泛应用。

早期产品多是阻容式,近期开发的产品多为数字式,又称计数式,其结构由脉冲发生器、计数器、放大器及执行机构组成,具有延时时间长、调节方便、精度高的优点,有的还带有数字显示,应用很广,可取代阻容式、空气阻尼式、电动机式等时间继电器。我国生产的产品有JSJ系列和JS14P系列等。

4. 时间继电器的选用

选用时间继电器时,首先应考虑满足控制系统所提出的工艺要求和控制要求,并根据对延时方式的要求选用通电延时型或断电延时型。对于延时要求不高和延时时间较短的,可选用价格相对较低的空气阻尼式;当要求延时精度较高、延时时间较长时,可选用晶体管式或数字式;在电源电压波动大的场合,采用空气阻尼式比用晶体管式的好,而在温度变化较大处,则不宜采用空气阻尼式时间继电器。总之,选用时除了考虑延时范围、准确度等条件,还要考虑控制系统对可靠性、经济性、工艺安装尺寸等的要求。

1.3.4 速度继电器

速度继电器主要用于笼型异步电动机的反接制动控制,也称反接制动继电器。其结构原理如图1-20所示。

速度继电器主要由定子、转子和触头3部分组成。定子的结构与笼型异步电动机相似,是一个笼型空心圆环,由硅钢片冲压而成,并装有笼型绕组。转子是一块永久磁铁。

速度继电器的轴与电动机的轴相连接。转子固定在轴上,定子与轴同心。当电动机转动时,速度继电器的转子随之转动,绕组切割磁场产生感应电动势和电流,此电流和永久磁铁的磁场作用产生转矩,使定子向轴的转动方向偏摆,通过定子柄拨动触头,使常闭触头断开、常开触头闭合。当电动机转速下降到接近零时,转矩减小,定子柄在弹簧力的作用下恢复原位,触头也复原。其图形及文字符号如图1-21所示。

速度继电器除JY1型外,还有一种JFZ0型。JFZ0型触头动作速度不受定子柄偏转快慢的影响,触头改用微动开关。

速度继电器额定工作转速有 $300\sim1000r/min$ 和 $1000\sim3000r/min$ 两种。动作转速在 $120r/min$ 左右,复位转速在 $100r/min$ 以下。

速度继电器有两组触头(各有一对常开触头和一对常闭触头),可分别控制电动机正、反转的反接制动。

速度继电器根据电动机的额定转速进行选择。使用时,速度继电器的转轴应与电动机同轴连接,安装接线时,正、反向的触头不能接错,否则,不能起到反接制动时接通和分断反向电源的作用。

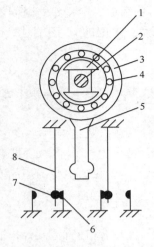

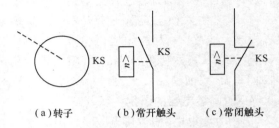

图 1-20　速度继电器结构原理图
1—转子；2—电动机轴；3—定子；4—绕组；
5—定子柄；6—静触头；7—动触头；8—簧片

图 1-21　速度继电器的图形、文字符号

（a）转子　　　（b）常开触头　　　（c）常闭触头

1.4　熔　断　器

熔断器是一种简单而有效的保护电器，在电路中主要起短路保护作用。使用时，熔体串接于被保护的电路中，当电路发生短路故障时，熔体被瞬时熔断而分断电路，从而起到保护作用。

1.4.1　熔断器的工作原理

熔断器主要由熔体（俗称保险丝）和安装熔体的熔管（或熔座）两部分组成。熔体由熔点较低的材料如铅、锡、锌或铅锡合金等制成，通常制成丝状或片状。熔管是装熔体的外壳，由陶瓷、绝缘钢纸或玻璃纤维制成，在熔体熔断时兼有灭弧作用。

1. 安-秒特性

熔断器的熔体串联在被保护电路中。当电路正常工作时，熔体允许通过一定大小的电流

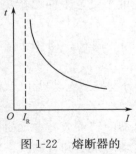

图 1-22　熔断器的安-秒特性

而长期不熔断；当电路严重过载时，熔体能在较短时间内熔断；而当电路发生短路故障时，熔体能在瞬间熔断。熔断器的特性可用通过熔体的电流和熔断时间的关系曲线来描述，如图 1-22 所示。它是一反时限特性曲线。因为电流通过熔体时产生的热量与电流的二次方和电流通过的时间成正比，因此电流越大，熔体熔断时间越短。这一特性又称为熔断器的安-秒特性。在安-秒特性中，有一条熔断电流与不熔断电流的分界线，与此相应的电流称为最小熔断电流 I_R。熔体在额定电流下，决不应熔断，所以最小熔断电流必须大于额定电流。

表 1-7 中列出了某熔断器的熔断电流与熔断时间的数值关系。

表 1-7　某熔断器安-秒特性数值关系

熔断电流	$(1.25\sim1.3)I_N$	$1.6I_N$	$2I_N$	$2.5I_N$	$3I_N$	$4I_N$
熔断时间	∞	1h	40s	8s	4.5s	2.5s

2. 极限分断能力

极限分断能力通常是指在额定电压及一定的功率因数(或时间常数)下切断短路电流的极限能力,常用极限断开电流值(周期分量的有效值)来表示。熔断器的极限分断能力必须大于线路中可能出现的最大短路电流。

1.4.2　熔断器的选用

熔断器用于不同性质的负载,其熔体额定电流的选用方法也不同。

1. 熔断器类型选择

其类型应根据线路的要求、使用场合和安装条件选择。

2. 熔断器额定电压的选择

其额定电压应大于或等于线路的工作电压。

3. 熔断器额定电流的选择

其额定电流必须大于或等于所装熔体的额定电流。

4. 熔体额定电流的选择

① 对于电炉、照明等电阻性负载的短路保护,熔体的额定电流等于或稍大于电路的工作电流。

② 在配电系统中,通常有多级熔断器保护,发生短路故障时,远离电源端的前级熔断器应先熔断。所以一般后一级熔体的额定电流比前一级熔体的额定电流至少大一个等级,以防止熔断器越级熔断而扩大停电范围。

③ 保护单台电动机时,考虑到电动机受启动电流的冲击,可按下式选择

$$I_{RN}\geqslant(1.5\sim2.5)I_N \tag{1-6}$$

式中,I_{RN}为熔体的额定电流(A);I_N为电动机的额定电流(A)。

轻载启动或启动时间短时,系数可取近 1.5,带重载启动或启动时间较长时,系数可取 2.5。

④ 保护多台电动机,可按下式选择

$$I_{RN}\geqslant(1.5\sim2.5)I_{N\,max}+\sum I_N \tag{1-7}$$

式中,$I_{N\,max}$为容量最大的一台电动机的额定电流(A);$\sum I_N$为其余电动机的额定电流之和(A)。

熔断器一般做成标准熔体。更换熔片或熔丝时应切断电源,并换上相同额定电流的熔体,不得随意加大、加粗熔体或用粗铜线代替。

5. 各种型号、规格熔断器主要技术参数

表 1-8 列出了 RC1A、RT0 等常用熔断器的主要技术参数。

表 1-8　常用熔断器的主要技术参数

型　　号	熔断器额定电流/A	额定电压/V		熔体额定电流/A	额定分断电流/kA	
RC1A—5	5	380		1,2,3,5	300(cosφ=0.4)	
RC1A—10	10			2,4,6,8,10	500(cosφ=0.4)	
RC1A—15	15			6,10,12,15	1500(cosφ=0.4)	
RC1A—30	30			15,20,25,30	3000(cosφ=0.4)	
RC1A—60	60			30,40,50,60	3000(cosφ=0.4)	
RC1A—100	100			60,80,100	3000(cosφ=0.4)	
RC1A—200	200			100,120,150,200	25(cosφ=0.4)	
RL1—15	15			2,4,5,10,15	25(cosφ=0.35)	
RL1—60	60			20,25,30,35,40,50,60	25(cosφ=0.35)	
RL1—100	100			60,80,100	50(cosφ=0.25)	
RL1—200	200			100,125,150,200	50(cosφ=0.25)	
RT0—50	50	(AC) 380	(DC) 440	5,10,15,20,30,40,50	(AC) 50	(DC) 25
RT0—100	100			30,40,50,60,80,100		
RT0—200	200			80,100,120,150,200		
RT0—400	400			150,200,250,300,350,400		
RM10—15	15	220		6,10,15	1.2	
RM10—60	60	220		15,20,25,36,45,60	3.5	
RM10—100	100	220		60,80,100	10	
RS3—50	50	500		10,15,30,50	50(cosφ=0.3)	
RS3—100	100	500		80,100	50(cosφ=0.5)	
RS3—200	200	500		150,200	50(cosφ=0.5)	
NT0	160	500		6,10,20,50,100,160	120	
NT1	250	500		80,100,200,250	120	
NT2	400	500		125,160,200,300,400	120	
NT3	630	500		315,400,500,630	120	
NGT00	125	380		25,32,80,100,125	100	
NGT1	250	380		100,160,250	100	
NGT2	400	380		200,250,355,400	100	

6. 熔断器的图形、文字符号

熔断器的图形、文字符号如图 1-23 所示。型号及表示的意义如下：

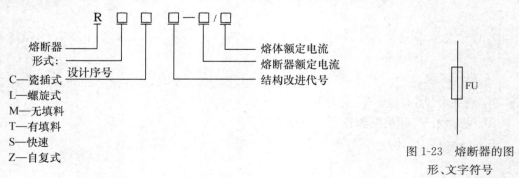

图 1-23　熔断器的图形、文字符号

1.5 低压开关和低压断路器

1.5.1 低压断路器

低压断路器曾称自动空气开关或自动开关。它相当于刀开关、熔断器、热继电器、过电流继电器和欠电压继电器的组合,是一种既有手动开关作用又能自动进行欠电压、失电压、过载和短路保护的电器。它是低压配电网络中非常重要的保护电器,且在正常条件下,也可用于不频繁地接通和分断电路及频繁地启动电动机。低压断路器与接触器不同的是:接触器允许频繁地接通和分断电路,但不能分断短路电流;而低压断路器不仅可分断额定电流、一般故障电流,还能分断短路电流,但单位时间内允许的操作次数较少。

低压断路器具有多种保护功能(过载、短路、欠电压保护等)、动作值可调、分断能力高、操作方便、安全等优点,所以目前被广泛应用。

低压断路器按其用途及结构特点,可分为万能式(曾称框架式)、塑料外壳式、直流快速式和限流式等。万能式断路器主要用于配电网络的保护开关,而塑料外壳式断路器除用于配电网络的保护开关外,还可用于电动机、照明电路及热电电路等的控制开关。有的低压断路器还带有漏电保护功能。

1. 结构和工作原理

低压断路器由操作机构、触头、保护装置(各种脱扣器)、灭弧系统等组成。低压断路器工作原理图如图 1-24 所示。

低压断路器的主触头是靠手动操作或电动合闸的。主触头闭合后,自由脱扣机构将主触头锁在合闸位置上。过电流脱扣器的线圈和热脱扣器的热元件与主电路串联,欠电压脱扣器的线圈和电源并联。当电路发生短路或严重过载时,过电流脱扣器 3 的衔铁吸合,使自由脱扣机构 2 动作,主触头断开主电路。当电路过载时,热脱扣器 5 的热元件发热使双金属片向上弯曲,推动自由脱扣机构动作。当电路欠电压时,欠电压脱扣器 6 的衔铁释放,也使自由脱扣机构动作。分励脱扣器 4 则用于远距离控制,在正常工作时,其线圈是断电的,在需要远距离控制时,按下启动按钮,使线圈通电,衔铁带动自由脱扣机构 2 动作,使主触头断开。

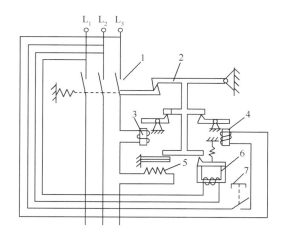

图 1-24 低压断路器工作原理图

1—主触头;2—自由脱扣机构;

3—过电流脱扣器;4—分励脱扣器;

5—热脱扣器;6—欠电压脱扣器;7—启动按钮

2. 低压断路器型号及代表意义

低压断路器型号及代表意义如下:

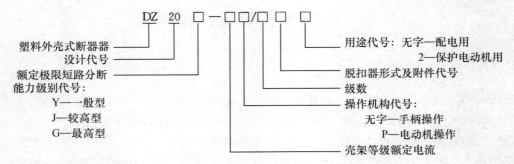

塑料外壳式断器 ————— DZ 20 □ — □□ / □□ □

设计代号 —————

额定极限短路分断
能力级别代号：
　　Y—一般型
　　J—较高型
　　G—最高型

用途代号：无字—配电用
　　　　　　2—保护电动机用

脱扣器形式及附件代号

级数

操作机构代号：
　　无字—手柄操作
　　P—电动机操作

壳架等级额定电流

3. 低压断路器的选用

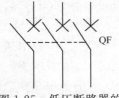

图 1-25　低压断路器的
图形、文字符号

① 断路器的额定电压和额定电流应大于或等于线路、设备的正常工作电压和工作电流。

② 断路器的极限通断能力大于或等于线路的最大短路电流。

③ 欠电压脱扣器的额定电压等于线路的额定电压。

④ 过电流脱扣器的额定电流大于或等于线路的最大负载电流。

低压断路器的图形、文字符号如图 1-25 所示。

国产低压断路器 DZ15、DZX10 系列的技术参数如表 1-9 和表 1-10 所示。

表 1-9　DZ15 系列低压断路器的技术参数

型　号	额定电流/A	额定电压/V	级数	脱扣器额定电流/A	额定短路通断能力/kA	机/电寿命/次
DZ15—40/1901		220	1			
DZ15—40/2901			2	6,10,16,20,25,32,40,	3 (cosφ=0.9)	15 000
DZ15—40/3901 3902	40	380	3			
DZ15—40/4901			4			
DZ15—63/1901		220	1			
DZ15—63/2901			2	10,16,20,25,32,40,50,63	5 (cosφ=0.7)	10 000
DZ15—63/3901 3902	63	380	3			
DZ15—63/4901			4			

1.5.2　漏电保护器

漏电保护器是最常用的一种漏电保护电器。当低压电网发生人身触电或设备漏电时，漏电保护器能迅速自动切断电源，从而避免造成事故。

漏电保护器按其检测故障信号的不同可分为电压型和电流型。前者存在可靠性差等缺点，已被淘汰，下面仅介绍电流型漏电保护器。

表 1-10　　DZX10 系列低压断路器的技术参数

型　　号	级数	脱扣器额定电流/A	附　　件	
			欠电压(或分励)脱扣器	辅助触点
DZX10—100/22	2	63,80,100		一开一闭 两开两闭
DZX10—100/23	2			
DZX10—100/32	3			
DZX10—100/33	3			
DZX10—200/22	2	100,120,140,170,200	欠电压:AC220,380 分励:AC220,380 DC24,48,110,220	
DZX10—200/23	2			
DZX10—200/32	3			
DZX10—200/33	3			两开两闭 四开四闭
DZX10—630/22	2	200,250,300,350,400,500,630		
DZX10—630/23	2			
DZX10—630/32	3			
DZX10—630/33	3			

1.　结构与工作原理

漏电保护器一般由 3 个主要部件组成:一是检测漏电流大小的零序电流互感器;二是能将检测到的漏电流与一个预定基准值相比较,从而判断是否动作的漏电脱扣器;三是受漏电脱扣器控制的能接通、分断被保护电路的开关装置。

目前常用的电流型漏电保护器根据其结构不同分为电磁式和电子式两种。

(1)电磁式电流型漏电保护器

电磁式电流型漏电保护器的特点是漏电电流直接通过漏电脱扣器来操作开关装置。

电磁式电流型漏电保护器由开关装置、试验回路、电磁式漏电脱扣器和零序电流互感器组成。其工作原理图如图 1-26 所示。

当电网正常运行时,不论三相负载是否平衡,通过零序电流互感器主电路的三相电流的相量和等于零,因此,其二次绕组中无感应电动势,漏电保护器也工作于闭合状态。一旦电网中发生漏电或触电事故,上述三相电流的相量和不再等于零,因为有漏电或触电电流通过人体和大地而返回变压器中性点。于是,互感器二次绕组中便产生感应电压加到漏电脱扣器上。当达到额定漏电动作电流时,漏电脱扣器就动作,推动开关装置的锁扣,使开关打开,分断主电路。

(2)电子式电流型漏电保护器

电子式电流型漏电保护器的特点是漏电电流经过电子放大线路放大后才能使漏电脱扣器动作,从而操作开关装置。

电子式电流型漏电保护器由开关装置、试验电路、零序电流互感器、电子放大器和漏电脱扣器组成,其工作原理图如图 1-27 所示。

电子式电流型漏电保护器的工作原理与电磁式的大致相同。只是当漏电电流超过基准值时,漏电电流立即被放大并输出具有一定驱动功率的信号使漏电脱扣器动作。

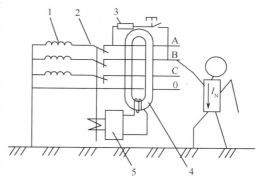

图 1-26　电磁式电流型漏电保护器工作原理图
1—电源变压器;2—主开关;3—试验回路;
4—零序电流互感器;5—电磁式漏电脱扣器

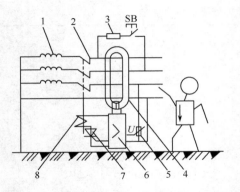

图 1-27　电子式电流型漏电保护器工作原理图

1—电源变压器；2—主开关；3—试验回路；
4—零序电流互感器；5—压敏电阻；6—电子放大器；
7—可控硅；8—脱扣器

2. 漏电保护器的选用

（1）漏电保护器的主要技术参数

① 额定电压（V）　指漏电保护器的使用电压，规定为 220V 或 380V。

② 额定电流（A）　指被保护电路允许通过的最大电流。

③ 额定动作电流（mA）　指在规定的条件下，必须动作的漏电电流值。当漏电电流等于此值时，漏电保护器必须动作。

④ 额定不动作电流（mA）　指在规定的条件下，不动作的漏电电流值。当漏电电流小于或等于此值时，保护器不应动作。此电流值一般为额定动作电流的一半。

⑤ 动作时间（s）　指从发生漏电到保护器动作断开的时间。快速型在 0.2s 以下，延时型一般为 0.2～2s。

（2）漏电保护器的选用

① 手持电动工具、移动电器、家用电器应选用额定漏电动作电流不大于 30mA 快速动作的漏电保护器（动作时间不大于 0.1s）。

② 单台机电设备可选用额定漏电动作电流为 30mA 及以上、100mA 以下快速动作的漏电保护器。

③ 有多台设备的总保护应选用额定漏电动作电流为 100mA 及以上快速动作的漏电保护器。

目前生产的 DZL18—20 型电子式漏电保护器，具有稳压、功耗低、稳定性好的特点，主要用于单相线路末端（如家用电器设备等负载）。其技术参数如表 1-11 所示。

表 1-11　DZL18—20 型电子式漏电保护器的技术参数

额定电压/V	额定电流/A	额定漏电动作电流/mA	额定漏电不动作电流/mA	动作时间/s
220	20	10,15,30	6,7.5,15	≤0.1

1.5.3　低压隔离器

低压隔离器也称刀开关。低压隔离器是低压电器中结构比较简单、应用十分广泛的一类手动操作电器，品种主要有低压刀开关、熔断器式刀开关和组合开关 3 种。

隔离器主要是在电源切除后，将线路与电源明显地隔开，以保障检修人员的安全。熔断器式刀开关由刀开关和熔断器组合而成，故兼有两者的功能，即电源隔离和电路保护功能，可分断一定的负载电流。

1. 胶壳刀开关

胶壳刀开关是一种结构简单、应用广泛的手动电器，主要用作电路的电源开关和小容量电动机非频繁启动的操作开关。

胶壳刀开关由操作手柄、熔丝、触刀、触刀座和底座组成，如图 1-28 所示。胶壳使电弧不致飞出而灼伤人员，防止级间电弧造成的电源短路；熔丝起短路保护作用。

刀开关安装时，手柄要向上，不得倒装或平装。倒装时，手柄有可能因自动下滑而引起误合闸,造成人身事故。接线时,应将电源线接在上端,负载接在熔丝下端。这样,拉闸后刀开关与电源隔离,便于更换熔丝。

胶壳刀开关的图形、文字符号如图 1-29 所示。

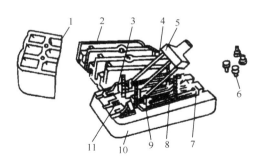

图 1-28　胶壳刀开关的结构图
1—上胶盖;2—下胶盖;3—插座;4—触刀;5—瓷柄;6—胶盖紧固螺母;
7—出线座;8—熔丝;9—触刀座;10—瓷底板;11—进线座

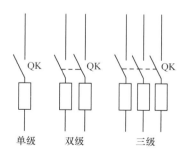

图 1-29　胶壳刀开关的图形、文字符号

刀开关的主要技术参数有长期工作所承受的最大电压——额定电压,长期通过的最大允许电流——额定电流,以及分断能力等。HK1 系列胶壳刀开关的技术参数如表 1-12 所示。

表 1-12　HK1 系列胶壳刀开关的技术参数

额定电流/A	级数	额定电压/V	可控制电动机最大容量/kW		触刀极限分断能力/A ($\cos\varphi=0.6$)	熔丝极限分断能力/A	配用熔丝规格			
							熔丝成分			熔丝直径/mm
			220V	380V			W_{Pb}	W_{Sn}	W_{Sb}	
15			—		30	500				1.45～1.59
30	2	220	—		60	1000				2.30～2.52
60			—		90	1500	98%	1%	1%	3.36～4.00
15			1.5	2.2	30	500				1.45～1.59
30	3	380	3.0	4.0	60	1000				2.30～2.52
60			4.4	5.5	90	1500				3.36～4.00

2. 铁壳刀开关

铁壳刀开关也称封闭式负荷开关,用于非频繁启动、28kW 以下的三相异步电动机。铁壳刀开关主要由钢板外壳、触刀、操作机构、熔断器等组成,如图 1-30 所示。

操作机构具有两个特点:一是采用储能合闸方式,在手柄转轴与底座间装有速断弹簧,以执行合闸或分闸,在速断弹簧的作用下,动触刀与静触刀分离,使电弧迅速拉长而熄灭;二是具有机械联锁,当铁盖打开时,刀开关被卡住,不能操作合闸。铁盖合上,操作手柄使刀开关合闸后,铁盖不能打开。

选用刀开关时,刀的级数要与电源进线相数相等;刀开关的额定电压应大于所控制的线路额定电压;刀开关的额定电流应大于负载的额定电流。

HH10 系列封闭式负荷开关的技术参数如表 1-13 所示。

表 1-13 HH10 系列封闭式负荷开关的技术参数

产品系列	负荷开关额定电流/A	熔断器额定电流/A	熔体额定电流/A	极限分断能力(1.1U_N,50Hz)				极限接通分断能力(1.1U_N,50Hz)					机械寿命(次)		电气寿命(额定电压,额定电流)	
				U_N/V	熔断器形式	极限分断能力/A	功率因数	分断次数	U_N/V	通断电流/A	功率因数	实验条件	实验条件	(次)	实验条件	次数
HH10	10	10	2,4,6,10	440	瓷插式	750	0.8	3	440	40	0.4	操作频率 1次/min; 通电时间不超过2s; 接通与分断10次		>10000	功率因数 0.8; 操作频率 2次/min; 通电时间不超过2s	>5000
	20	20	10,15,20		瓷插式	1500	0.8			80						
					RT10	50000	0.25									
	30	30	20,25,30		瓷插式	2000	0.8			120						
					RT10	50000	0.25									
	60	60	30,40,50,60		瓷插式	4000	0.8			240						
					RT10	50000	0.25									
	100	100	60,80,100		瓷插式	4000	0.8			250				>5000		>2000
					RT10	50000	0.25									

3. 组合开关

组合开关也是一种刀开关,不过它的刀片是转动的,操作比较轻巧。组合开关在机床电气设备中用作电源引入开关,也可用来直接控制小容量三相异步电动机的非频繁正、反转。

组合开关由动触头、静触头、方形转轴、手柄、定位机构和外壳组成。它的动触头分别叠装于数层绝缘座内,其结构和图形、文字符号如图 1-31 所示。当转动手柄时,每层的动触片随方形转轴一起转动,并使静触头插入相应的动触片中,接通电路。

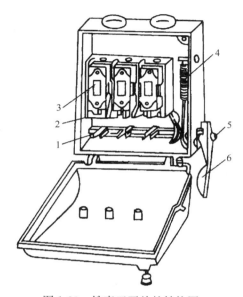

图 1-30 铁壳刀开关的结构图

1—触刀;2—夹座;3—熔断器;4—速断弹簧;5—转轴;6—手柄

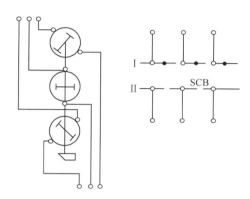

图 1-31 组合开关的结构和图形、文字符号

HZ10 系列组合开关的技术参数如表 1-14 所示。

表 1-14 HZ10 系列组合开关的技术参数

型 号	额定电压/V	额定电流/A	级数	极限操作电流①/A		可控制电动机最大容量和额定电流①		额定电压及额定电流下的通断次数			
								交流,cosφ		直流时间常数/s	
				接通	分断	容量/kW	额定电流/A	≥0.8	≥0.3	≤0.0025	≤0.01
HZ10—10	DC 220,AC 380	6	单数	94	62	3	7	20 000	10 000	20 000	10 000
		10									
HZ10—25		25	2,3	155	108	5.5	12				
HZ10—60		60									
HZ10—100		100		—	—	—	—	10 000	5000	10 000	5000

①均指三级组合开关。

1.6 主令电器

主令电器是在自动控制系统中发出指令或信号的电器,用来控制接触器、继电器或其他电器线圈,使电路接通或分断,从而达到控制生产机械的目的。

主令电器应用广泛、种类繁多。按其作用可分为:按钮、位置开关、接近开关、万能转换开关、主令控制器及其他主令电器(如脚踏开关、钮子开关、紧急开关)等。

1.6.1 按钮

按钮在低压控制电路中用于手动发出控制信号。

按钮由按钮帽、复位弹簧、桥式触头和外壳等组成,如图 1-32 所示。按用途和结构的不同,分为启动按钮、停止按钮和复合按钮等。

启动按钮带有常开触头,手指按下按钮帽,常开触头闭合;手指松开,常开触头复位。启动按钮的按钮帽采用绿色。停止按钮带有常闭触头,手指按下按钮帽,常闭触头断开;手指松开,常闭触头复位。停止按钮的按钮帽采用红色。复合按钮带有常开触头和常闭触头,手指按下按钮帽,先断开常闭触头再闭合常开触头;手指松开,常开触头和常闭触头先后复位。

在机床电气设备中,常用的按钮有 LA—18、LA—19、LA—20、LA—25 系列。LA—25 系列按钮的主要技术参数如表 1-15 所示。

表 1-15 LA—25 系列按钮的主要技术参数

型 号	触头组合	按钮颜色	型 号	触头组合	按钮颜色
LA25—10	一常开		LA25—33	三常开三常闭	
LA25—01	一常闭		LA25—40	四常开	
LA25—11	一常开一常闭		LA25—04	四常闭	
LA25—20	二常开		LA25—41	四常开一常闭	
LA25—02	二常闭		LA25—14	一常开四常闭	
LA25—21	二常开一常闭		LA25—42	四常开二常闭	
LA25—12	一常开二常闭	白、绿、黄、蓝、橙、黑、红	LA25—24	二常开四常闭	白、绿、黄、蓝、橙、黑、红
LA25—22	二常开二常闭		LA25—50	五常开	
LA25—30	三常开		LA25—05	五常闭	
LA25—03	三常闭		LA25—51	五常开一常闭	
LA25—31	三常开一常闭		LA25—15	一常开五常闭	
LA25—13	一常开三常闭		LA25—60	六常开	
LA25—32	三常开二常闭		LA25—06	六常闭	
LA25—23	二常开三常闭		—	—	

按钮的图形、文字符号如图 1-33 所示。

1.6.2 位置开关

位置开关是利用运动部件的行程位置实现控制的电气元件,常用于自动往返的生产机械中。按结构不同可分为直动式、滚轮式、微动式,如图 1-34 所示。

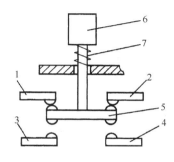

图 1-32　按钮的结构图

1、2—常闭静触头；3、4—常开静触头；

5—桥式动触头；6—按钮帽；7—复位弹簧

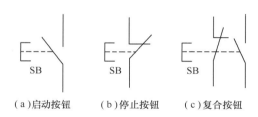

（a）启动按钮　　（b）停止按钮　　（c）复合按钮

图 1-33　按钮的图形、文字符号

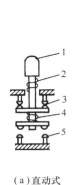

（a）直动式

1—顶杆；2—弹簧；3—常闭触头；

4—触头弹簧；5—常开触头

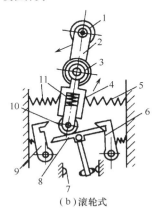

（b）滚轮式

1—滚轮；2—上转臂；3、5、11—弹簧；

4—套架；6、9—压板；7—触头；

8—触头推杆；10—小滑轮

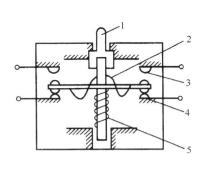

（c）微动式

1—推杆；2—弯形片状弹簧；

3—常开触头；4—常闭触头；

5—恢复弹簧

图 1-34　位置开关的结构图

位置开关的结构、工作原理与按钮相同。区别是位置开关不靠手动而是利用运动部件上的挡块碰压而使触头动作，有自动复位和非自动复位两种。

位置开关的图形、文字符号如图 1-35 所示。

常用的位置开关有 LX10、LX21、JLXK1 等系列。JLXK1 系列位置开关的技术参数如表 1-16 所示。

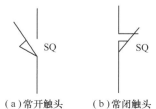

（a）常开触头　　（b）常闭触头

图 1-35　位置开关的图形、文字符号

表 1-16　JLXK1 系列位置开关的技术参数

型　号	额定电压/V		额定电流/A	触头数量		结构形式
	交　流	直　流		常　开	常　闭	
JLXK1—111	500	440	5	1	1	单轮防护式
JLXK1—211	500	440	5	1	1	双轮防护式
JLXK1—111M	500	440	5	1	1	单轮密封式
JLXK1—211M	500	440	5	1	1	双轮密封式
JLXK1—311	500	440	5	1	1	直动防护式
JLXK1—311M	500	440	5	1	1	直动密封式
JLXK1—411	500	440	5	1	1	直动滚轮防护式
JLXK1—411M	500	440	5	1	1	直动滚轮密封式

1.6.3 凸轮控制器与主令控制器

1. 凸轮控制器

凸轮控制器用于起重设备和其他电力拖动装置,以控制电动机的启动、正/反转、调速和制动。结构主要由手柄、定位机构、转轴、凸轮和触头组成,如图1-36所示。

转动手柄时,转轴带动凸轮一起转动,转到某一位置时,凸轮顶动滚子,克服弹簧压力使动触头顺时针方向转动,脱离静触头而分断电路。在转轴上叠装不同形状的凸轮,可以使若干个触头组按规定的顺序接通或分断。

国内生产的有 KT10、KT14 等系列交流凸轮控制器和 KTZ2 系列直流凸轮控制器。KT14 系列凸轮控制器的技术参数如表1-17所示。

表 1-17　**KT14 系列凸轮控制器的技术参数**

型　号	额定电流/A	位置数		转子最大电流/A	最大功率/kW	额定操作频率/(次/h)	最大工作周期/min
		左	右				
KT14—25J/1		5	5	32	11		
KT14—25J/2	25	5	5	2×32	2×5.5	600	10
KT14—25J/3		1	1	32	5.5		
KT14—60J/1		5	5	80	30		
KT14—60J/2	60	5	5	2×32	2×11	600	10
KT14—60J/4		5	5	2×80	2×30		

凸轮控制器的图形、文字符号如图1-37所示。

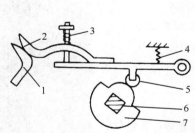

图 1-36　凸轮控制器结构图

1—静触头;2—动触头;3—触头弹簧;4—弹簧;
5—滚子;6—方轴;7—凸轮

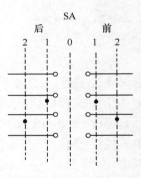

图 1-37　凸轮控制器的图形、文字符号

2. 主令控制器

当电动机容量较大、工作繁重、操作频繁、调速性能要求较高时,往往采用主令控制器操作。由主令控制器的触头来控制接触器,再由接触器来控制电动机。这样,触头的容量可大大减小,操作更为轻便。

主令控制器是按照预定程序转换控制电路的主令电器,其结构和凸轮控制器相似,只是触头的额定电流较小。

在起重机中,主令控制器是与控制屏相配合来实现控制的,因此,要根据控制屏的型号来选择主令控制器。

目前,国内生产的有 LK14～LK16 系列的主令控制器。LK14 系列主令控制器的技术参数如表 1-18 所示。

表 1-18　LK14 系列主令控制器的技术参数

型　号	额定电压/V	额定电流/A	控制电路数	外形尺寸/mm×mm×mm
LK14—12/90				
LK14—12/96	380	15	12	227×220×300
LK14—12/97				

习题与思考题

1. 何谓电磁机构的吸力特性与反力特性? 吸力特性与反力特性之间应满足怎样的配合关系?

2. 单相交流电磁机构为什么要设置短路环? 它的作用是什么? 三相交流电磁铁要不要装设短路环?

3. 从结构特征上如何区分交流、直流电磁机构?

4. 交流电磁线圈通电后,衔铁长时间被卡不能吸合,会产生什么后果?

5. 交流电磁线圈误接入直流电源,直流电磁线圈误接入交流电源,会发生什么问题? 为什么?

6. 线圈电压为 220V 的交流接触器,误接入 380V 交流电源会发生什么问题? 为什么?

7. 接触器是怎样选择的? 主要考虑哪些因素?

8. 两个相同的交流线圈能否串联使用? 为什么?

9. 常用的灭弧方法有哪些?

10. 熔断器的额定电流、熔体的额定电流和熔体的极限分断电流三者有何区别?

11. 如何调整电磁式继电器的返回系数?

12. 在电气控制线路中,既装设熔断器,又装设热继电器,各起什么作用? 能否相互代用?

13. 热继电器在电路中的作用是什么? 带断相保护和不带断相保护的三相式热继电器各用在什么场合?

14. 时间继电器和中间继电器在电路中各起什么作用?

15. 什么是主令电器? 常用的主令电器有哪些?

16. 试为一台交流 380V、4kW($\cos\varphi=0.88$)、△连接的三相笼型异步电动机选择接触器、热继电器和熔断器。

第 2 章　电气控制线路的基本原则和基本环节

在电力拖动自动控制系统中,各种生产机械均由电动机来拖动。不同的生产机械,对电动机的控制要求也是不同的。任何简单的、复杂的电气控制线路,都是按照一定的控制原则,由基本的控制环节组成的。掌握这些基本的控制原则和控制环节,是学习电气控制的基础,特别是对生产机械整个电气控制线路工作原理的分析与设计有很大的帮助。本章着重阐明组成电气控制线路的基本原则和基本环节。

本章主要内容:
- 电气图的基本知识;
- 电气控制线路分析基础;
- 电气控制线路设计方法。

核心是掌握阅读电气原理图的方法,培养读图能力,并通过读图分析各种典型控制环节的工作原理,为电气控制线路的设计、安装、调试、维护打下良好基础。

2.1　电气控制线路的绘制

由第 1 章中介绍的按钮、开关、接触器、继电器等有触头的低压控制电器所组成的控制线路,称为电气控制线路。

电气控制通常称为继电器-接触器控制,其优点是电路图较直观形象,装置结构简单,价格便宜,抗干扰能力强,可以很方便地实现简单和复杂的、集中和远距离生产过程的自动控制。

电气控制线路的表示方法有:电气原理图、电气元件布置图和电气安装接线图 3 种。

2.1.1　电气控制线路常用的图形、文字符号

电气控制线路图是工程技术的通用语言,为了便于交流与沟通,在电气控制线路中,各种电气元件的图形、文字符号必须符合国家标准。近年来,随着我国经济改革开放,相应地引进了许多国外先进设备。为了便于掌握引进的先进技术和先进设备,便于国际交流和满足国际市场的需要,国家标准化管理委员会参照国际电工委员会(IEC)颁布的有关文件,制定了我国电气设备有关国家标准,采用新的图形和文字符号及回路标号,颁布了 GB 4728—1984《电气图用图形符号》、GB 6988—1987《电气制图》和 GB 7159—1987《电气技术中的文字符号制订通则》。规定从 1990 年 1 月 1 日起,电气控制线路中的图形和文字符号必须符合新的国家标准。

国家标准 GB 7159—1987《电气技术中的文字符号制订通则》规定了电气工程图中的文字符号,分为基本文字符号和辅助文字符号。

基本文字符号有单字母符号和双字母符号。单字母符号表示电气设备、装置和元件的大类,如 K 为继电器类元件这一大类;双字母符号由一个表示大类的单字母与另一个表示元件某些特性的字母组成,如 KT 表示继电器类元件中的时间继电器,KM 表示继电器类元件中的接触器。

辅助文字符号用来进一步表示电气设备、装置和元件的功能、状态和特征。

表 2-1 至表 2-3 中列出了部分常用的电气图形符号和基本文字符号,实际使用时如需要更详细的资料,请查阅有关国家标准。

表 2-1　常用电气图形、文字符号新旧对照表

名　称		新标准		旧标准		名　称		新标准		旧标准	
		图形符号	文字符号	图形符号	文字符号			图形符号	文字符号	图形符号	文字符号
一般三相电源开关		（图形符号）	QK	（图形符号）	K	接触器	主触头	（图形符号）	KM	（图形符号）	C
低压断路器		（图形符号）	QF	（图形符号）	UZ		常开辅助触头	（图形符号）		（图形符号）	
位置开关	常开触头	（图形符号）	SQ	（图形符号）	XK		常闭辅助触头	（图形符号）		（图形符号）	
	常闭触头	（图形符号）		（图形符号）		速度继电器	常开触头	（图形符号）	KS	（图形符号）	SDJ
	复合触头	（图形符号）		（图形符号）			常闭触头	（图形符号）		（图形符号）	
熔断器		（图形符号）	FU	（图形符号）	RD	时间继电器	线圈	（图形符号）	KT	（图形符号）	SJ
按钮	启动	（图形符号）	SB	（图形符号）	QA		常开延时闭合触头	（图形符号）		（图形符号）	
	停止	（图形符号）		（图形符号）	TA		常闭延时打开触头	（图形符号）		（图形符号）	
							常闭延时闭合触头	（图形符号）		（图形符号）	
	复合	（图形符号）		（图形符号）	AN		常开延时打开触头	（图形符号）		（图形符号）	
接触器	线圈	（图形符号）	KM	（图形符号）	C	热继电器	热元件	（图形符号）	FR	（图形符号）	RJ

名　称		新　标　准		旧　标　准		名　称	新　标　准		旧　标　准	
		图形符号	文字符号	图形符号	文字符号		图形符号	文字符号	图形符号	文字符号
热继电器	常闭触头		FR		RJ	桥式整流装置		VC		ZL
继电器	中间继电器线圈		KA		ZJ	照明灯		EL		ZD
	欠电压继电器线圈		KU		QYJ	信号灯		HL		XD
	过电流继电器线圈		KI		GLJ	电阻器	或	R		R
	常开触头		相应继电器符号		相应继电器符号	接插器		X		CZ
	常闭触头					电磁铁		YA		DT
	欠电流继电器线圈		KI	与新标准相同	QLJ	电磁吸盘		YH		DX
转换开关			SA	与新标准相同	HK	串励直流电动机		M		ZD
						并励直流电动机				
制动电磁铁			YB		DT	他励直流电动机				
电磁离合器			YC		CH	复励直流电动机				
						直流发电机	G	G	F	ZF
电位器			RP	与新标准相同	W	三相笼型异步电动机	M 3~	M		D

名　称	新标准 图形符号	新标准 文字符号	旧标准 图形符号	旧标准 文字符号	名　称	新标准 图形符号	新标准 文字符号	旧标准 图形符号	旧标准 文字符号
三相绕线转子异步电动机		M		D	PNP型三极管				T
单相变压器		T		B	NPN型三极管		V		T
整流变压器				ZLB					
照明变压器				ZB					
控制电路电源用变压器		TC		B					
三相自耦变压器		T		ZOB	可控硅（阴极侧受控）				SCR
半导体二极管		V		D					

表 2-2　电气技术中常用基本文字符号

基本文字符号 单字母	基本文字符号 双字母	项目种类	设备、装置、器件举例	基本文字符号 单字母	基本文字符号 双字母	项目种类	设备、装置、器件举例
A	AT	组件部件	抽屉柜	Q	QF QM QS	开关器件	断路器 电动机保护开关 隔离开关
B	BP BQ BT BV	非电量到电量变换器或电量到非电量变换器	压力变换器 位置变换器 温度变换器 速度变换器	R	RP RT RV	电阻器	电位器 热敏电阻器 压敏电阻器
F	FU FV	保护器件	熔断器 限压保护器	S	SA SB SP SQ ST	控制、记忆、信号电路的开关器件选择器	控制开关 按钮开关 压力传感器 位置传感器 温度传感器
H	HA HL	信号器件	声响指示器 指示灯				
K	KA KM KP KR KT	继电器 接触器	瞬时接触继电器 交流继电器 接触器 中间继电器 极化继电器 簧片继电器 时间继电器	T	TA TC TM TV	变压器	电流互感器 电源变压器 电力变压器 电压互感器

基本文字符号		项 目 种 类	设备、装置、器件举例	基本文字符号		项 目 种 类	设备、装置、器件举例
单字母	双字母			单字母	双字母		
P	PA PJ PS PV PT	测量设备 试验设备	电流表 电度表 记录仪器 电压表 时钟、操作时间表	X	XP XS XT	端子、插头、插座	插头 插座 端子板
				Y	YA YV YB	电气操作的 机械器件	电磁铁 电磁阀 电磁离合器

表 2-3 电气技术中常用辅助文字符号

序号	文字符号	名称	英 文 名 称	序号	文字符号	名称	英 文 名 称
1	A	电流	Current	34	M	主	Main
2	A	模拟	Analog	35	M	中	Medium
3	AC	交流	Alternating current	36	M	中间线	Mid-wire
4	A、AUT	自动	Automatic	37	M、MAN	手动	Manual
5	ACC	加速	Accelerating	38	N	中性线	Neutral
6	ADD	附加	Add	39	OFF	断开	Open, off
7	ADJ	可调	Adjustability	40	ON	闭合	Close, on
8	AUX	辅助	Auxiliary	41	OUT	输出	Output
9	ASY	异步	Asynchronous	42	P	压力	Pressure
10	B、BRK	制动	Braking	43	P	保护	Protection
11	BK	黑	Black	44	PE	保护接地	Protective earthing
12	BL	蓝	Blue	45	PEN	保护接地与 中性线公用	Protective Earthing neutral
13	BW	向后	Backward	46	PU	不接地保护	Protective unearthing
14	CW	顺时针	Clockwise	47	R	右	Right
15	CCW	逆时针	Counter clockwise	48	R	反	Reverse
16	D	延时（延迟）	Delay	49	RD	红	Red
17	D	差动	Differential	50	R、RST	复位	Reset
18	D	数字	Digital	51	RES	备用	Reservation
19	D	降	Down, Lower	52	RUN	运转	Run
20	DC	直流	Direct current	53	S	信号	Signal
21	DEC	减	Decrease	54	ST	启动	Start
22	E	接地	Earthing	55	S、SET	置位、定位	Setting
23	F	快速	Fast	56	STE	步进	Stepping
24	FB	反馈	Feedback	57	STP	停止	Stop

序号	文字符号	名称	英 文 名 称	序号	文字符号	名称	英 文 名 称
25	FW	正、向前	Forward	58	SYN	同步	Synchronizing
26	GN	绿	Green	59	T	温度	Temperature
27	H	高	High	60	T	时间	Time
28	IN	输入	Input	61	TE	无噪声（防干扰）接地	Noiseless earthing
29	INC	增	Increase	62	V	真空	Vacuum
30	IND	感应	Induction	63	V	速度	Velocity
31	L	左	Left	64	V	电压	Voltage
32	L	限制	Limiting	65	WH	白	White
33	L	低	Low	66	YE	黄	Yellow

2.1.2 电气原理图

电气原理图是根据工作原理而绘制的,具有结构简单、层次分明、便于研究和分析电路的工作原理等优点。在各种生产机械的电气控制中,无论在设计部门或生产现场都得到广泛的应用。

1. 电路绘制

电气控制线路图中的支路、节点,一般都加上标号。

主电路标号由文字符号和数字组成。文字符号用以标明主电路中的元件或线路的主要特征;数字标号用以区别电路的不同线段。三相交流电源引入线采用 L_1、L_2、L_3 标号,电源开关之后的三相交流电源主电路分别标 U、V、W。如 U_{11} 表示电动机的第一相的第一个节点代号,U_{12} 为第一相的第二个节点代号。

控制电路由 3 位或 3 位以下的数字组成,交流控制电路的标号一般以主要压降元件(如电气元件线圈)为分界,左侧用奇数标号,右侧用偶数标号。直流控制电路中,正极按奇数标号,负极按偶数标号。

绘制电气原理图应遵循以下原则。

① 电气控制线路根据电路通过的电流大小可分为主电路和控制电路。主电路包括从电源到电动机的电路,是强电流通过的部分,用粗线条画在原理图的左边。控制电路是通过弱电流的电路,一般由按钮、电气元件的线圈、接触器的辅助触头、继电器的触头等组成,用细线条画在原理图的右边。

② 电气原理图中,所有电气元件的图形、文字符号必须采用国家规定的统一标准。

③ 采用电气元件展开图的画法。同一电气元件的各部件可以不画在一起,但需用同一文字符号标出。若有多个同一种类的电气元件,可在文字符号后加上数字序号,如 KM_1、KM_2 等。

④ 所有按钮、触头均按没有外力作用和没有通电时的原始状态画出。

⑤ 控制电路的分支线路,原则上按照动作先后顺序排列,两线交叉连接时的电气连接点需用黑点标出。

如图 2-1 所示为笼型电动机正、反转控制线路的电气原理图。

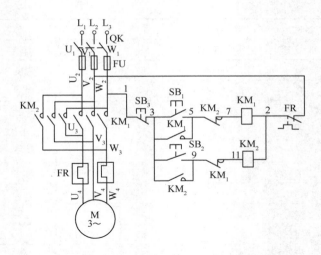

图 2-1 笼型电动机正、反转控制线路的电气原理图

2. 图上元件位置表示法

在绘制、阅读和使用电路时,往往需要确定元件、连线等的图形符号在图上的位置。例如:

● 当继电器、接触器在图上采用分开表示法(线圈与触头分开)绘制时,需要采用图或表格表明各部分在图上的位置;

● 较长的连接线采用中断画法,或者连接线的另一端需要画到另一张图上去时,除了要在中断处标注中断标记,还需标注另一端在图上的位置;

● 在供使用、维修的技术文件(如说明书)中,有时需要对某一元件做注释和说明,为了找到图中相应的元件的图形符号,也需要注明这些符号在图上的位置;

● 在更改电路设计时,需要表明被更改部分在图上的位置。

图上位置表示法通常有 3 种:电路编号法、表格法和横坐标图示法。

(1) 电路编号法

图 2-2 所示的某机床电气原理图就是用电路编号法来表示元件和线路在图上的位置的。

电路编号法特别适用于多分支电路,如继电器控制和保护电路,每一编号代表一个支路。编制方法是对每个电路或分支电路按照一定顺序(自左至右或自上至下)用阿拉伯数字编号,从而确定各支路项目的位置。例如,图 2-2(a)有 8 个电路或支路,在各支路的下方顺序标有电路编号 1~8。图上方与电路编号对应的方框内的"电源开关"等字样表明其下方元件或线路功能。

继电器和接触器的触头位置采用附加图表的方式表示,图表格式如图 2-2(b)所示。此图表可以画在电路图中相应线圈的下方,此时,可只标出触头的位置(电路编号)索引,也可以画在电路图上的其他地方。以图中线圈 KM_1 下方的图表为例,第一行用图形符号表示主、辅触头种类,表格中的数字表示此类触头所在支路的编号。例如,第 2 列中的数字"6"表示 KM_1 的一个常开触头在第 6 支路内,表中的"×"表示未使用的触头。有时,所附图表中的图形符号也可以省略不画。

(2) 横坐标图示法

电动机正、反转横坐标图示法电气原理图如图 2-3 所示。采用横坐标图示法,线路中各电气元件均按横向画法排列。各电气元件线圈的右侧,由上到下标明各支路的序号 1,2,…,并

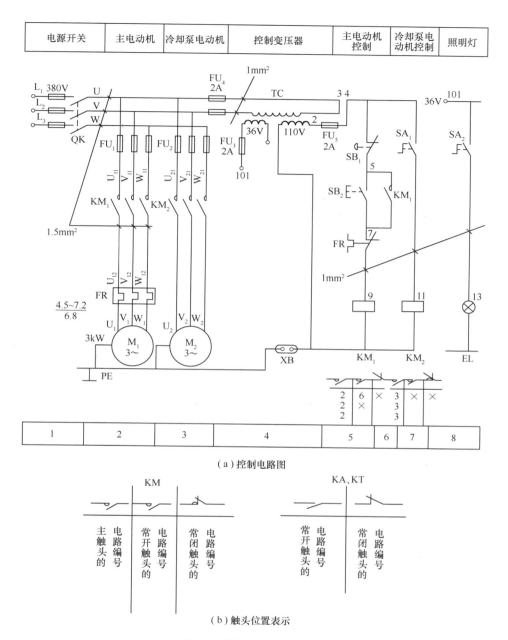

电源开关	主电动机	冷却泵电动机	控制变压器	主电动机控制	冷却泵电动机控制	照明灯

（a）控制电路图

1	2	3	4	5	6	7	8

（b）触头位置表示

图 2-2　某机床电气原理图

在该电气元件线圈旁标明其常开触头（标在横线上方）、常闭触头（标在横线下方）在电路中所在支路的标号，以便阅读和分析电路时查找。例如，接触器 KM_1 常开触头在主电路有 3 对，控制回路 2 支路中有一对；常闭触头在控制电路 3 支路中有一对。此种表示法在机床电气控制线路中普遍采用。

2.1.3　电气元件布置图

电气元件布置图主要用来表明电气设备上所有电动机、电器的实际位置，是机械电气控制设备制造、安装和维修必不可少的技术文件。布置图根据设备的复杂程度或集中绘制在一张

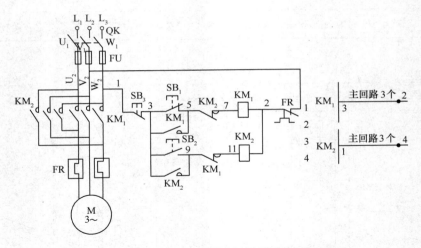

图 2-3 电动机正、反转横坐标图示法电气原理图

图上,或将控制柜与操作台的电气元件布置图分别绘制。绘制布置图时,机械设备轮廓用双点划线画出,所有可见的和需要表达清楚的电气元件及设备,用粗实线绘制出其简单的外形轮廓。电气元件及设备代号必须与有关电路图和清单上的代号一致,如图 2-4(a)所示。

2.1.4 电气安装接线图

电气安装接线图是按照电气元件的实际位置和实际接线绘制的,根据电气元件布置最合理、连接导线最经济等原则来安排。它为安装电气设备、电气元件之间进行配线及检修电气故障等提供了必要的依据。图 2-4(b)所示为笼型电动机正、反转控制的安装接线图。

绘制安装接线图应遵循以下原则:

① 各电气元件用规定的图形、文字符号绘制,同一电气元件各部件必须画在一起。各电气元件的位置,应与实际安装位置一致。

② 不在同一控制柜或配电屏上的电气元件的电气连接必须通过端子板进行。各电气元件的文字符号及端子板的编号应与原理图一致,并按原理图的接线进行连接。

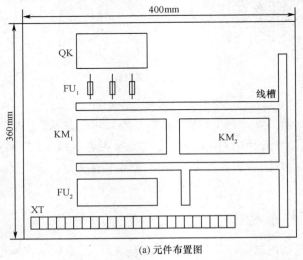

(a) 元件布置图

图 2-4 笼型电动机正、反转控制的元件布置图和安装接线图

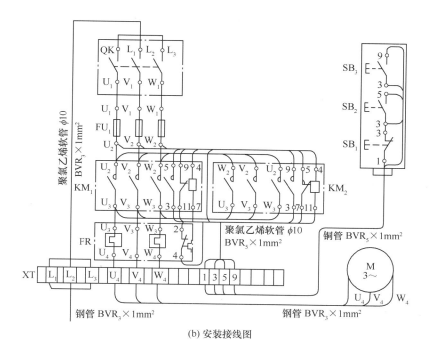

(b) 安装接线图

图 2-4　笼型电动机正、反转控制的元件布置图和安装接线图(续)

③ 走向相同的多根导线可用单线表示。

④ 画连接线时,应标明导线的规格、型号、根数和穿线管的尺寸。

2.2　三相异步电动机的启动控制

三相笼型异步电动机的启动控制环节是应用最广、也是最基本的控制线路之一。不同型号、不同功率和不同负载的电动机,往往有不同的启动方法,因而控制线路也不同。三相异步电动机一般有直接启动和减压启动两种方法。

2.2.1　三相笼型电动机直接启动控制

在供电变压器容量足够大时,小容量笼型电动机可直接启动。直接启动的优点是电气设备少,线路简单。缺点是启动电流大,引起供电系统电压波动,干扰其他用电设备的正常工作。

1. 采用刀开关直接启动控制

图 2-5 所示为采用刀开关直接启动控制线路。工作过程为:合上刀开关 QK,电动机 M 接通电源全电压直接启动;打开刀开关 QK,电动机 M 断电停转。这种线路适用于小容量、启动不频繁的笼型电动机,如小型台钻、冷却泵、砂轮机等。熔断器起短路保护作用。

2. 采用接触器直接启动控制

(1) 点动控制

如图 2-6 所示。主电路由刀开关 QK、熔断器 FU、交流接触器 KM 的主触头和笼型电动机 M 组成;控制电路由启动按钮 SB 和交流接触器线圈 KM 组成。

线路的工作过程如下:

启动　先合上刀开关 QK→按下启动按钮 SB→接触器 KM 线圈通电→KM 主触头闭合→电动机 M 通电直接启动。

停机　松开 SB→KM 线圈断电→KM 主触头断开→M 断电停转。

从线路可知,按下按钮,电动机转动;松开按钮,电动机停转,这种控制称为点动控制,它能实现电动机短时转动,常用于机床的对刀调整和"电动葫芦"等。

(2)连续运行控制

在实际生产中,往往要求电动机实现长时间连续转动,即所谓的长动控制,如图 2-7 所示。

主电路由刀开关 QK、熔断器 FU、接触器 KM 的主触头、热继电器 FR 的发热元件和电动机 M 组成,控制电路由停止按钮 SB₂、启动按钮 SB₁、接触器 KM 的常开辅助触头和线圈、热继电器 FR 的常闭触头组成。

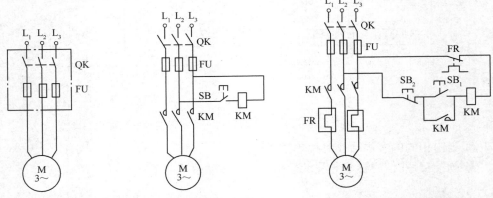

图 2-5　刀开关直接启动控制线路　　图 2-6　点动控制线路　　图 2-7　连续运行控制线路

线路的工作过程如下:

启动　合上刀开关 QK→按下启动按钮 SB₁→接触器 KM 线圈通电┌→KM 主触头闭合→
　　　　　　　　　　　　　　　　　　　　　　　　　　　　　└→KM 辅助触头闭合

$\xrightarrow{\text{(松开 SB}_1)}$电动机 M 接通电源运转。

停机　按下停止按钮 SB₂→KM 线圈断电→KM 主触头和辅助常开触头断开→电动机 M 断电停转。

在连续控制中,当启动按钮 SB₁ 松开后,接触器 KM 的线圈通过其辅助常开触头的闭合仍继续保持通电,从而保证电动机的连续运行。这种依靠接触器自身辅助常开触头而使线圈保持通电的控制方式,称为自锁或自保。起到自锁作用的辅助常开触头称为自锁触头。

在图 2-7 中,把接触器 KM、熔断器 FU、热继电器 FR 和按钮 SB₁、SB₂ 组装成一个控制装置,称为电磁启动器。电磁启动器有可逆与不可逆两种;不可逆电磁启动器可控制电动机单向直接启动、停止;可逆电磁启动器由两个接触器组成,可控制电动机的正、反转。

图 2-7 线路设有以下保护环节。

● 短路保护　短路时熔断器 FU 的熔体熔断而切断电路,起保护作用。

● 电动机长期过载保护　采用热继电器 FR。由于热继电器的热惯性较大,即使发热元件流过几倍于额定值的电流,热继电器也不会立即动作。因此,在电动机启动时间不太长的情况下,热继电器不会动作,只有在电动机长期过载时,热继电器才会动作,用它的常闭触头使控制电路断电。

● 欠电压、失电压保护 通过接触器 KM 的自锁环节来实现。当电源电压由于某种原因而严重欠电压或失电压(如停电)时,接触器 KM 断电释放,电动机停止转动。当电源电压恢复正常时,接触器线圈不会自行通电,电动机也不会自行启动,只有在操作人员重新按下启动按钮后,电动机才能启动。

图 2-7 控制线路具有如下优点:

① 防止电源电压严重下降时电动机欠电压运行;

② 防止电源电压恢复时,电动机自行启动而造成设备和人身事故;

③ 避免多台电动机同时启动造成电网电压的严重下降。

(3) 既能点动又能长动控制

在生产实践中,机床调整完毕后,需要连续进行切削加工,则要求电动机既能实现点动又能实现长动控制。控制线路如图 2-8 所示。

图 2-8(a)的线路比较简单,采用钮子开关 SA 实现控制。点动控制时,先把 SA 打开,断开自锁电路→按动 SB₂→KM 线圈通电→电动机 M 点动;长动控制时,把 SA 合上→按动 SB₂→KM 线圈通电,自锁触头起作用→电动机 M 实现长动。

图 2-8(b)的线路采用复合按钮 SB₃ 实现控制。点动控制时,按下复合按钮 SB₃,断开自锁回路→KM 线圈通电→电动机 M 点动;长动控制时,按下启动按钮 SB₂→KM 线圈通电,自锁触头起作用→电动机 M 长动运行。此线路在点动控制时,若接触器 KM 的释放时间大于复合按钮的复位时间,则点动结束,SB₃ 松开时,SB₃ 常开触头已闭合但接触器 KM 的自锁触头尚未打开,会使自锁电路继续通电,则线路不能实现正常的点动控制。

图 2-8(c)的线路采用中间继电器 KA 实现控制。点动控制时,按动启动按钮 SB₃→KM 线圈通电→电动机 M 实现点动;长动控制时,按下启动按钮 SB₂→中间继电器 KA 线圈通电→KM 线圈通电并自锁→电动机 M 实现长动。此线路多用了一个中间继电器,但提高了工作可靠性。

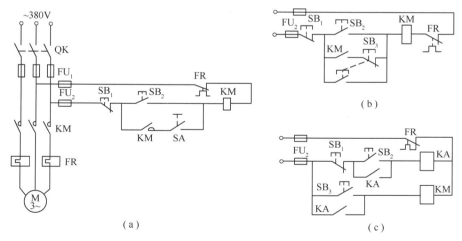

图 2-8 长动与点动控制线路

2.2.2 三相笼型电动机减压启动控制

三相笼型电动机直接启动控制线路简单、经济、操作方便。但是异步电动机的全压启动电流一般可达额定电流的 4～7 倍,过大的启动电流会降低电动机的寿命,使变压器二次电压大幅下降,减小了电动机本身的启动转矩,甚至使电动机无法启动,过大的电流还会引起电源电压波动,影响同一供电网路中其他设备的正常工作。所以对于容量较大的电动机来说,必须采用减压启动的方法,以限制启动电流。

减压启动虽然可以减小启动电流,但也降低了启动转矩,因此仅适用于空载或轻载启动。

三相笼型电动机的减压启动方法有定子绕组串电阻(或电抗器)减压启动、自耦变压器减压启动、Y-△减压启动、延边三角形减压启动等。

1. 定子绕组串电阻减压启动控制

控制线路按时间原则实现控制,依靠时间继电器延时动作来控制各电气元件的先后顺序动作。控制线路如图 2-9 所示。启动时,在三相定子绕组中串入电阻 R,从而降低了定子绕组上的电压,待启动后,再将电阻 R 切除,使电动机在额定电压下投入正常运行。

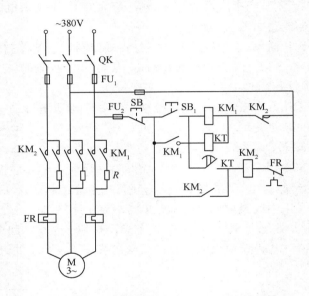

图 2-9 定子绕组串电阻减压启动控制线路

启动过程如下:

合上刀开关 QK→按下启动按钮 SB$_1$ → 接触器 KM$_1$ 通电 →KM$_1$ 主 ─
  └→ 时间继电器 KT 通电 ──── 延时 t(s) ────

 ┌→ 触头闭合,定子绕组串入电阻 R 启动
 └→ KT 延时闭合常开触头→接触 KM$_2$ 线圈通电─→KM$_2$ 主触头闭合,短接电阻 R→电动机 M 全压投入运行
  └→ KM$_2$ 常闭辅助触头断开─→KM1 断电
   └→ KT 断电

2. Y-△减压启动控制

电动机绕组接成三角形时,每相绕组所承受的电压是电源的线电压(380V);而接成星形时,每相绕组所承受的电压是电源的相电压(220V)。因此,对于正常运行时定子绕组接成三角形的笼型异步电动机,控制线路也是按时间原则实现控制的。启动时将电动机定子绕组连

接成星形,加在电动机每相绕组上的电压为额定电压的 $1/\sqrt{3}$,从而减小了启动电流。待启动后按预先整定的时间把电动机换成三角形连接,使电动机在额定电压下运行。控制线路如图 2-10 所示。

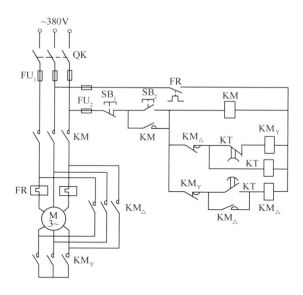

图 2-10　Y-△减压启动控制线路

启动过程如下:

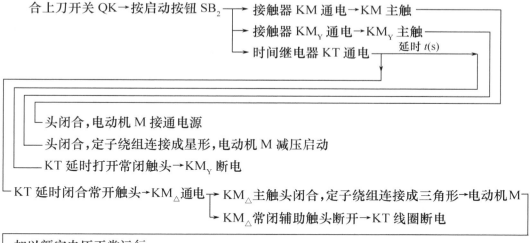

该线路结构简单,缺点是启动转矩也相应下降为三角形连接的 1/3,转矩特性差。因而本线路适用于电网电压 380V、额定电压 660/380V、Y-△连接的电动机轻载启动的场合。

3. 自耦变压器减压启动控制

启动时电动机定子串入自耦变压器,定子绕组得到的电压为自耦变压器的二次电压,启动完毕,自耦变压器被切除,额定电压加于定子绕组,电动机以全电压投入运行。控制线路如图 2-11 所示。

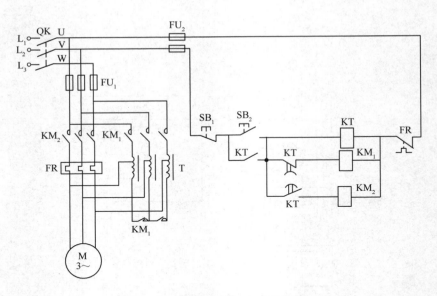

图 2-11　自耦变压器减压启动的控制线路

启动过程如下：

合上刀开关 QK→按下启动按钮 SB$_2$ —→ 接触器 KM$_1$ 线圈通电→KM$_1$ 主
　　　　　　　　　　　　　　　—→ 时间继电器 KT 线圈通电—→ 延时 t(s)

└─ 触头和辅助触头闭合→电动机定子串自耦变压器减压启动
└─ KT 延时打开常闭触头→KM$_1$ 线圈断电→切除自耦变压器
└─ KT 延时闭合常开触头→KM$_2$ 线圈通电→KM$_2$ 主触头闭合→电动机 M 全压正常运行

该控制线路对电网的电流冲击小,损耗功率也小,但是自耦变压器价格较贵,主要用于启动较大容量的电动机。

4. 延边三角形减压启动控制

上面介绍的 Y-△启动控制有很多优点,但不足的是启动转矩太小,如果要求兼取星形连接启动电流小、三角形连接启动转矩大的优点,则可采用延边三角形减压启动。延边三角形减压启动控制线路如图 2-12 所示,它适用于定子绕组特别设计的电动机,这种电动机共有 9 个出线头。延边三角形-三角形绕组连接如图 2-13 所示。启动时将电动机定子绕组接成延边三角形,在启动结束后,再换成三角形连接法,投入全电压正常运行。

启动过程如下：

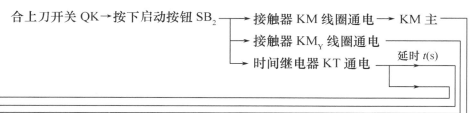

合上刀开关 QK → 按下启动按钮 SB₂ →

接触器 KM 线圈通电 → KM 主

接触器 KMᵧ 线圈通电

时间继电器 KT 通电 —— 延时 t(s)

└── 触头闭合 → 定子绕组节点 1、2、3 接通电源
└── 主触头闭合 → 绕组节点 (4-8)、(5-9)、(6-7) 连接，使电动机连接成延边三角形启动
└── 延时打开常闭触头 → 接触器 KMᵧ 断电
└── 延时闭合常开触头 → 接触器 KM△ 线圈通电 → KM△ 主触头闭合 → 绕组节点 (1-6)、
└── (2-4)、(3-5) 相连而连接成三角形投入运行

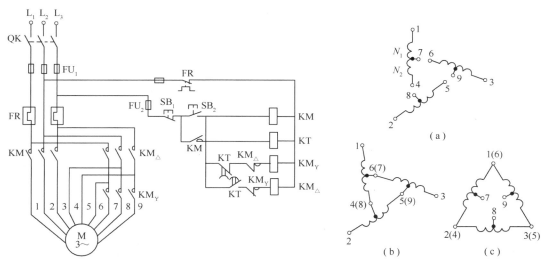

图 2-12　延边三角形减压启动控制线路　　　　图 2-13　延边三角形-三角形绕组连接

上面介绍的几种启动控制线路，均按时间原则采用时间继电器实现减压启动，这种控制方式线路工作可靠，受外界因素如负载、飞轮惯量及电网波动的影响较小，结构比较简单，因而被广泛采用。

2.2.3　三相绕线转子电动机的启动控制

在大、中容量电动机的重载启动时，增大启动转矩和限制启动电流两者之间的矛盾十分突出。三相绕线式电动机的优点之一，是可以在转子绕组中串接电阻或频敏变阻器进行启动，由此达到减小启动电流、提高转子电路的功率品质因数和增加启动转矩的目的。一般在要求启动转矩较高的场合，绕线式异步电动机的应用非常广泛，如桥式起重机吊钩电动机、卷扬机等。

1. 转子绕组串接启动电阻启动控制

串接于三相转子电路中的启动电阻，一般都连接成星形。在启动前，启动电阻全部接入电

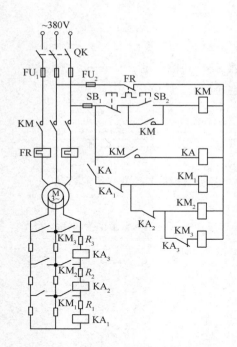

图 2-14 转子绕组串电阻启动控制线路

路,在启动过程中,启动电阻被逐级地短接。电阻被短接的方式有三相电阻不平衡短接法和三相电阻平衡短接法。不平衡短接法是转子每相的启动电阻按先后顺序被短接,而平衡短接法是转子三相的启动电阻同时被短接。使用凸轮控制器来短接电阻宜采用不平衡短接法,因为凸轮控制器中各对触头闭合顺序一般是按不平衡短接法来设计的,故控制线路简单,如桥式起重机就是采用这种控制方式。使用接触器来短接电阻时宜采用平衡短接法。下面介绍使用接触器控制的平衡短接法启动控制。

转子绕组串电阻启动控制线路如图 2-14 所示。该线路按照电流原则实现控制,利用电流继电器根据电动机转子电流大小的变化来控制电阻的分组切除。$KA_1 \sim KA_3$ 为欠电流继电器,其线圈串接于转子电路中,$KA_1 \sim KA_3$ 3 个电流继电器的吸合电流值相同,但释放电流值不同,KA_1 的释放电流最大,首先释放,KA_2 次之,KA_3 的释放电流最小,最后释放。刚启动时启动电流较大,$KA_1 \sim KA_3$ 同时吸合动作,使全部电阻接入。随着电动机转速升高电流减小,$KA_1 \sim KA_3$ 依次释放,分别短接电阻,直到将转子串接的电阻全部短接。

启动过程如下:合上开关 QK→按下启动按钮 SB_2→接触器 KM 通电,电动机 M 串入全部电阻($R_1 + R_2 + R_3$)启动→中间继电器 KA 通电,为接触器 $KM_1 \sim KM_3$ 通电做准备→随着转速的升高,启动电流逐步减小,首先 KA_1 释放→KA_1 常闭触头闭合→KM_1 通电,转子电路中 KM_1 常开触头闭合→短接第一级电阻 R_1→然后 KA_2 释放→KA_2 常闭触头闭合→KM_2 通电、转子电路中 KM_2 常开触头闭合→短接第二级电阻 R_2→KA_3 最后释放→KA_3 常闭触头闭合→KM_3 通电,转子电路中 KM_3 常开闭合→短接最后一段电阻 R_3,电动机启动过程结束。

控制线路中设置了中间继电器 KA,是为了保证转子串入全部电阻后电动机才能启动。若没有 KA,当启动电流由零上升至尚未到达电流继电器的吸合电流值时,$KA_1 \sim KA_3$ 不能吸合,将使接触器 $KM_1 \sim KM_3$ 同时通电,则转子电阻($R_1 + R_2 + R_3$)全部被短接,则电动机直接启动。设置 KA 后,在 KM 通电后才能使 KA 通电,KA 常开触头闭合,此时启动电流已达到欠电流继电器的吸合值,其常闭触头全部断开,使 $KM_1 \sim KM_3$ 线圈均断电,确保转子串入全部电阻,防止电动机直接启动。

2. 转子绕组串接频敏变阻器启动控制

在绕线转子电动机的转子绕组串电阻启动过程中,由于逐级减小电阻,启动电流和转矩突然增加,故产生一定的机械冲击力。同时由于串接电阻启动,使线路复杂,工作不可靠,而且电阻本身比较粗笨,能耗大,使控制箱体积较大。从 20 世纪 60 年代开始,我国开始推广应用自己独创的频敏变阻器启动。频敏变阻器的阻抗随着转子电流频率的下降自动减小,常用于较大容量的绕线转子电动机,是一种较理想的启动方法。

频敏变阻器实质上是一个特殊的三相电抗器。铁心由 E 形厚钢板叠成,为三相三柱式,每个铁心柱上套有一个绕组,三相绕组连接成星形,将其串接于电动机转子电路中,相当于接入一个铁损较大的电抗器,频敏变阻器等效电路如图 2-15 所示。图中,R_d 为绕组直流电阻,R 为铁损等效电阻,L 为等效电感,R、L 值与转子电流频率有关。

在启动过程中,转子电流频率是变化的。刚启动时,转速等于 0,转差率 $s=1$,转子电流的频率 f_2 与电源频率 f_1 的关系为 $f_2=sf_1$,所以刚启动时 $f_2=f_1$,频敏变阻器的电感和电阻均为最大,转子电流受到抑制。随着电动机转速的升高而 s 减小,f_2 下降,频敏变阻器的阻抗也随之减小。所以,绕线转子电动机转子串接频敏变阻器启动时,随着电动机转速的升高,变阻器阻抗也自动逐渐减小,实现了平滑的无级启动。此种启动方式在桥式起重机和空气压缩机等电气设备中获得广泛应用。

转子绕组串接频敏变阻器的启动控制线路如图 2-16 所示。该线路可利用转换开关 SC 选择自动控制和手动控制两种方式。在主电路中,TA 为电流互感器,作用是将主电路中的大电流变换成小电流进行测量。另外,在启动过程中,为避免因启动时间较长而使热继电器 FR 误动作,在主电路中,用 KA 的常闭触头将 FR 的发热元件短接,启动结束投入正常运行时,FR 的发热元件才接入电路。

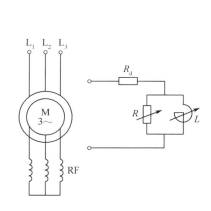

图 2-15　频敏变阻器等效电路

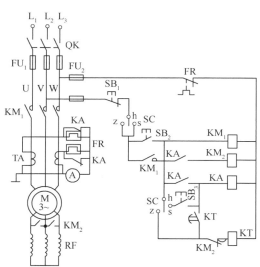

图 2-16　转子绕组串接频敏变阻器的启动控制线路

启动过程如下:

自动控制　将转换开关 SC 置于"z"位置→合上刀开关 QK→按下启动按钮 SB$_2$ ──→ 接触器 KM$_1$ 通电→KM$_1$ 主触头闭合→电动机 ─── ──→ 时间继电器 KT 通电 ──延时 t(s)──→ KT 延时闭 ───

└ M 转子电路串入频敏变阻器启动

└ 合常开触头→中间继电器 KA 通电→KA 常开触头闭合→接触器 KM$_2$ 通电→KM$_2$ 主触头闭合,将频敏变阻器短接→时间断电器 KT 断电,启动过程结束

手动控制　将转换开关 SC 置于"s"位置→按下启动按钮 SB$_2$→接触器 KM$_1$ 通电→KM$_1$ 主触头闭合,电动机 M 转子电路中串入频敏变阻器启动→待电动机启动结束,按下启动按钮 SB$_3$→中间继电器通电→接触器 KM$_2$ 通电→KM$_2$ 主触头闭合,将频敏变阻器短接,启动过程结束。

2.3　三相异步电动机的正、反转控制

在实际应用中,往往要求生产机械改变运动方向,如工作台前进与后退、起重机起吊重物的上升与下降、电梯的上升与下降等,这就要求电动机能实现正、反转。

由三相异步电动机转动原理可知,若要电动机逆向运行,只要将接于电动机定子的三相电源线中的任意两相对调一下即可,可通过两个接触器来改变电动机定子绕组的电源相序来实现。电动机正、反转控制线路如图 2-17 所示。图中,接触器 KM_1 为正向接触器,控制电动机 M 正转;接触器 KM_2 为反向接触器,控制电动机 M 反转。

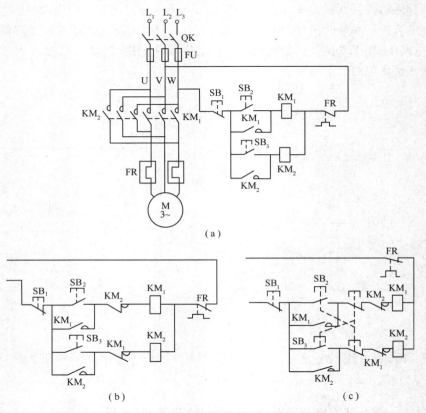

图 2-17　电动机正、反转控制线路

图 2-17(a)的工作过程如下:

正转控制　合上刀开关 QK→按下正向启动按钮 SB_2→正向接触器 KM_1 通电→KM_1 主触头和自锁触头闭合→电动机 M 正转。

反转控制　合上刀开关 QK→按下反向启动按钮 SB_3→反向接触器 KM_2 通电→KM_2 主触头和自锁触头闭合→电动机 M 反转。

停机　按下停止按钮 SB_1→KM_1(或 KM_2)断电→M 停转。

该控制线路必须要求 KM_1 与 KM_2 不能同时通电,否则会引起主电路电源短路,为此要求线路设置必要的联锁环节,如图 2-17(b)所示。将其中一个接触器的常闭触头串入另一个接触器线圈电路中,则任何一个接触器先通电后,即使按下相反方向的启动按钮,另一个接触器也无法通电,这种利用两个接触器的辅助常闭触头互相控制的方式,称为电气互锁,或称为

电气联锁。起互锁作用的常闭触头称为互锁触头。另外,该线路只能实现"正→停→反"或者"反→停→正"控制,即必须按下停止按钮后,再反向或正向启动,这对需要频繁改变电动机运转方向的设备来说,是很不方便的。为了提高生产效率,简化正、反向操作,常利用复合按钮组成"正→反→停"或"反→正→停"的互锁控制,如图 2-17(c)所示。复合按钮的常闭触头同样起到互锁的作用,这样的互锁称为机械互锁。该线路既有接触器常闭触头的电气互锁,也有复合按钮常闭触头的机械互锁,即具有双重互锁。该线路操作方便,安全可靠,故应用广泛。

2.4 三相异步电动机的调速控制

异步电动机调速常用来改善机床的调速性能和简化机械变速装置。根据三相异步电动机的转速公式

$$n = \frac{60 f_1}{p}(1-s) \tag{2-1}$$

式中,s 为转差率;f_1 为电源频率(Hz);p 为定子绕组的磁极对数。

三相异步电动机的调速方法有:改变电动机定子绕组的磁极对数 p;改变电源频率 f_1;改变转差率 s。改变转差率调速,又可分为:绕线转子电动机在转子电路串接电阻调速;绕线转子电动机串级调速;异步电动机交流调压调速;电磁离合器调速。下面分别介绍几种常用的异步电动机调速控制线路。

2.4.1 三相笼型电动机的变极调速控制

三相笼型电动机采用改变磁极对数调速,改变定子极数时,转子极数也同时改变,笼型转子本身没有固定的极数,它的极数随定子极数而定。

改变定子绕组极对数的方法有:

① 装一套定子绕组,改变它的连接方式,得到不同的极对数;

② 定子槽里装两套极对数不一样的独立绕组;

③ 定子槽里装两套极对数不一样的独立绕组,而每套绕组本身又可以改变其连接方式,得到不同的极对数。

多速电动机一般有双速、三速、四速之分。双速电动机的定子槽里装有一套绕组,三速、四速电动机则装有两套绕组。双速电动机三相绕组连接图如图 2-18 所示。图 2-18(a)为三角形与双星形连接法;图 2-18(b)为星形与双星形连接法。应注意,当三角形或星形连接时,$p=2$(低速),各相绕组互为 240°电角度;当双星形连接时,$p=1$(高速),各相绕组互为 120°电角度。为保持变速前、后转向不变,改变磁极对数时必须改变电源相序。

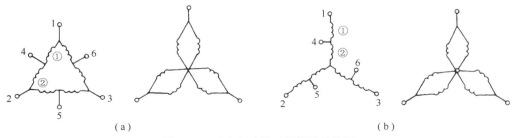

(a)   (b)

图 2-18 双速电动机三相绕组连接图

双速电动机调速控制线路如图 2-19 所示。图中，SC 为转换开关，置于"低速"位置时，电动机连接成三角形，低速运行；SC 置于"高速"位置时，电动机连接成双星形，高速运行。

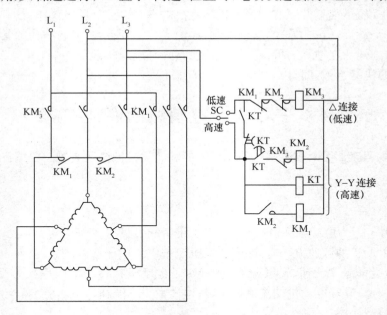

图 2-19　双速电动机调速控制线路

工作过程如下：

低速运行　SC 置于低速位置→接触器 KM₃ 通电→KM₃ 主触头闭合→电动机 M 连接成三角形，低速运行。

高速运行　SC 置于高速位置→时间继电器 KT 通电→接触器 KM₃ 通电→电动机 M 先连接成三角形以低速启动$\xrightarrow{\text{延时}\ t(\text{s})}$KT 延时打开常闭触头→KM₃ 断电→KT 延时闭合常开触头→接触器 KM₂ 通电→接触器 KM₁ 通电→电动机连接成双星形投入高速运行。

电动机实现先低速后高速的控制，目的是限制启动电流。

2.4.2　绕线转子电动机转子串电阻的调速控制

绕线转子电动机可采用转子串电阻的方法调速。随着转子所串电阻的增大，电动机的转速降低，转差率增大，使电动机工作在不同的人为特性上，以获得不同的转速，实现调速的目的。

绕线转子电动机一般采用凸轮控制器进行调速控制，目前在吊车、起重机一类的生产机械上仍被普遍采用。

如图 2-20 所示为采用凸轮控制器控制的电动机正、反转和调速的控制线路。在电动机 M 的转子电路中，串接三相不对称电阻，作为启动和调速之用。转子电路的电阻和定子电路相关部分与凸轮控制器的各触头连接。

凸轮控制器的触头展开图如图 2-20(c) 所示，黑点表示该位置触头接通，没有黑点则表示不通。触头 KT₁～KT₅ 和转子电路串接的电阻相连接，用于短接电阻，控制电动机的启动和调速。

工作过程如下：凸轮控制器手柄置"0"，KT₁₀、KT₁₁、KT₁₂ 3 对触头接通→合上刀开关 QK→按下启动按钮 SB₂→KM 接触器通电→KM 主触头闭合→把凸轮控制器手柄置正向"1"位

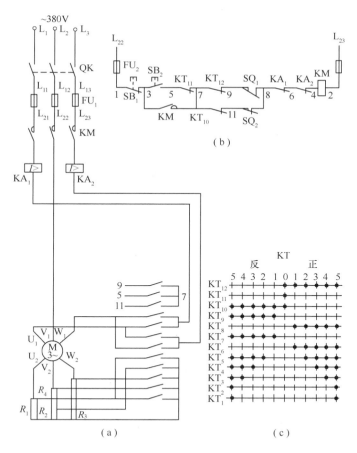

图 2-20　采用凸轮控制器控制电动机正、反转和调速的控制线路

→触头 KT_{12}、KT_6、KT_8 闭合→电动机 M 接通电源,转子串入全部电阻($R_1+R_2+R_3+R_4$)正向低速启动→KT 手柄位置打向正向"2"位→KT_{12}、KT_6、KT_8、$KT_5$4 对触头闭合→电阻 R_1 被切除,电动机转速上升。当凸轮控制器手柄从正向"2"位依次转向"3""4""5"位时,触头 KT_4~KT_1 先后闭合,电阻 R_2,R_3,R_4 被依次切除,电动机转速逐步升高,直至以额定转速运转。

当凸轮控制器手柄由"0"位扳向反向"1"位时,触头 KT_{10}、KT_9、KT_7 闭合,电动机 M 电源相序改变而反向启动。手柄位置从"1"位依次扳向"5"位时,电动机转子所串电阻被依次切除,电动机转速逐步升高。过程与正转相同。

另外,为了安全运行,在终端位置设置了两个限位开关 SQ_1、SQ_2,分别与触头 KT_{12}、KT_{10} 串接,在电动机正、反转过程中,当运动机构到达终端位置时,挡块压动限位开关,切断控制电路电源,使接触器 KM 断电,切断电动机电源,电动机停止运转。

2.4.3　电磁调速异步电动机的控制

电磁调速异步电动机由异步电动机、电磁离合器、控制装置 3 部分组成,是通过改变电磁离合器的励磁电流实现调速的。

电磁离合器由电枢与磁极两部分组成,如图 2-21 所示。电枢由铸钢制成圆筒形,直接与异步电动机轴相连。磁极由铁磁材料形成爪形,并装有励磁线圈,爪形磁极的轴与生产机械相连接,励磁线圈经集电环通入直流励磁电流。

异步电动机运转时,带动电磁离合器电枢旋转,这时若励磁绕组没有直流电流,则磁极与生产机械不转动。若加入励磁电流,则电枢中产生感应电动势,产生感应电流。感应电流与爪形磁极相互作用,使爪形磁极受到与电枢转向相同的电磁转矩。因为只有它们之间存在转差时才能产生感应电流和转矩,所以爪形磁极必然以小于电枢的转速作用同方向运转。

电磁离合器的磁极的转速与励磁电流的大小有关。励磁电流越大,建立的磁场越强,在一定的转差率下产生的转矩越大。对于一定的负载转矩,励磁电流不同,转速也不同,因此,只要改变电磁离合器的励磁电流,就可以调节转速。

电磁调速异步电动机的机械特性较软,为了得到平滑稳定的调速特性,需加自动调速装置。

电磁调速异步电动机的控制线路如图 2-22 所示。图中,VC 是可控硅整流电源,提供电磁离合器的直流励磁电流,其大小可通过可变电阻 R 进行调节。由测速发电机取出的转速信号反馈给 VC,起速度负反馈作用,以调节和稳定电动机的转速,改善异步电动机的机械特性。

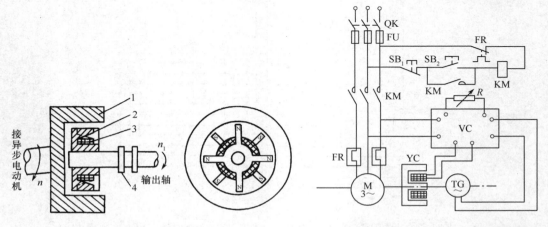

图 2-21　电磁离合器结构图　　　　　图 2-22　电磁调速异步电动机的控制线路
1—电枢；2—磁极；3—线圈；4—集电环

工作过程如下:合上刀开关 QK→按下启动按钮 SB_2→接触器 KM 通电→电动机 M 运转→VC 输出直流电流给电磁离合器 YC,建立磁场,磁极随电动机和电枢同向转动→调节可变电阻 R 改变励磁电流大小,使生产机械达到所要求的转速。

2.5　三相异步电动机的制动控制

三相异步电动机从切断电源到安全停止转动,由于惯性的关系总要经过一段时间,影响了劳动生产率。在实际生产中,为了实现快速、准确停车,缩短时间,提高生产效率,对要求停转的电动机强迫其迅速停车,必须采取制动措施。

三相异步电动机的制动方法有机械制动和电气制动两种。

机械制动是利用机械装置使电动机迅速停转。常用的机械装置是电磁抱闸,抱闸装置由制动电磁铁和闸瓦制动器组成。机械制动可分为断电制动和通电制动。制动时,将制动电磁铁的线圈切断或接通电源,通过机械抱闸制动电动机。

电气制动方法有反接制动、能耗制动、发电制动和电容制动等。

2.5.1　三相异步电动机反接制动控制

反接制动是利用改变电动机电源相序,使定子绕组产生的旋转磁场与转子旋转方向相反,
因而产生制动力矩的一种制动方法。应注意的
是,当电动机转速接近零时,必须立即断开电源,
否则电动机会反向旋转。

另外,由于反接制动电流较大,制动时需在
定子回路中串入电阻以限制制动电流。反接制
动电阻的接法有两种:对称电阻接法和不对称电
阻接法,如图 2-23 所示。

单向运行的三相异步电动机反接制动控制
线路如图 2-24 所示。控制线路按速度原则实现
控制,通常采用速度继电器。速度继电器与电动
机同轴相连,在 120～3000r/min 范围内,速度继
电器触头动作;当转速低于 100r/min 时,其触头
复位。

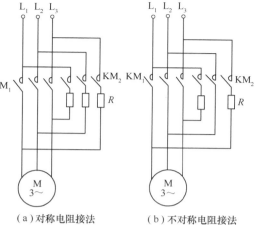

（a）对称电阻接法　　（b）不对称电阻接法

图 2-23　三相异步电动机反接制动电阻接法

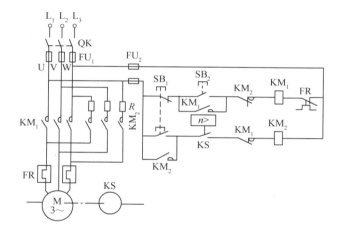

图 2-24　单向运行的三相异步电动机反接制动控制线路

工作过程如下:合上刀开关 QK→按下启动按钮 SB_2→接触器 KM_1 通电→电动机 M 启动
运行→速度继电器 KS 常开触头闭合,为制动做准备。制动时按下停止按钮 SB_1→KM_1 断电
→KM_2 通电(KS 常开触头尚未打开)→KM_2 主触头闭合,定子绕组串入限流电阻 R 进行反接
制动→$n\approx0$ 时,KS 常开触头断开→KM_2 断电,电动机制动结束。

如图 2-25 所示为电动机可逆运行的反接制动控制线路。图中,KS_F 和 KS_R 是速度继
电器 KS 的两组常开触头,正转时 KS_F 闭合,反转时 KS_R 闭合,工作过程请读者自行分析。

2.5.2　三相异步电动机能耗制动控制

三相异步电动机能耗制动时,切断定子绕组的交流电源后,在定子绕组任意两相通入直流
电流,形成一固定磁场,与旋转着的转子中的感应电流相互作用产生制动力矩。制动结束后,
必须及时切除直流电源。

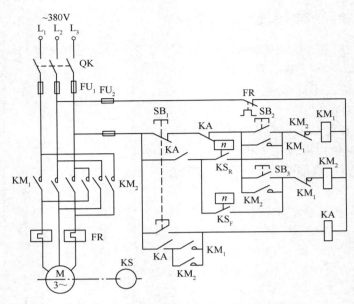

图 2-25　电动机可逆运行的反接制动控制线路

能耗制动控制线路如图 2-26 所示。

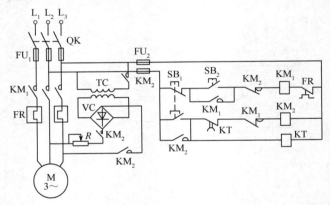

图 2-26　能耗制动控制线路

工作过程如下:合上刀开关 QK→按下启动按钮 SB₂→接触器 KM₁ 通电→电动机 M 启动运行。

制动时,按下复合按钮SB₁→KM₁断电→电动机 M 断开交流电源┬→KM₂ 通电→电动机M┐
　　　　　　　　　　　　　　　　　　　　　　　　　　　　　　└→时间继电器 KT────┘

┌───
└两相定子绕组通入直流电,开始能耗制动

└通电 ──延时 *t*(s)──→ KT 延时打开常闭触头→KM₂断电┬→电动机M切断直流电→能耗制动结束
　　　　　　　　　　　　　　　　　　　　　　　　　　└→KT断电

该控制线路制动效果好,但对于较大功率的电动机要采用三相整流电路,则所需设备多、投资成本高。

对于 10kW 以下的电动机,在制动要求不高的场合,可采用无变压器单相半波整流控制线路,如图 2-27 所示。

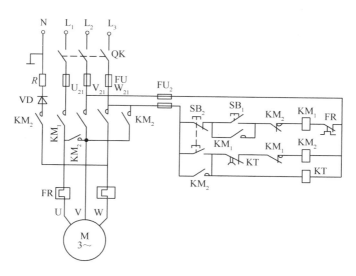

图 2-27　无变压器单相半波整流控制线路

2.5.3　三相异步电动机电容制动控制

电容制动是在切断三相异步电动机的交流电源后,在定子绕组上接入电容器,转子内剩磁切割定子绕组产生感应电流,向电容器充电,充电电流在定子绕组中形成磁场,该磁场与转子感应电流相互作用,产生与转向相反的制动力矩,使电动机迅速停转。电容制动控制线路如图 2-28 所示。

工作过程如下:合上刀开关 QK→按下启动按钮 SB$_2$→接触器 KM$_1$ 通电→电动机 M 运行→时间继电器 KT 通电→KT 瞬时闭合常开触头。制动时,按下停止按钮 SB$_1$→KM$_1$ 断电→KM$_2$ 通电,电容器接入,制动开始。

→KT 断电 $\xrightarrow{\text{延时 }t(s)}$ KT 延时打开常开触头→KM$_2$ 断电→电容器断开,制动结束。

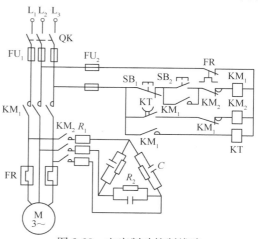

图 2-28　电容制动控制线路

2.6　其他典型控制环节

在实际生产设备的控制中,除上述介绍的几种基本控制线路外,为了满足某些特殊要求和工艺需要,还有一些其他的控制环节,以实现诸如多地点控制、顺序控制、循环控制及各种保护控制等。

2.6.1 多地点控制

有些电气设备,如大型机床、起重运输机等,为了操作方便,常要求能在多个地点对同一台电动机实现控制。这种控制方法称为多地点控制。

图 2-29 所示为三地点控制线路。把一个启动按钮和一个停止按钮组成一组,并把 3 组启动、停止按钮分别放置三地,即能实现三地点控制。

多地点控制的接线原则是:启动按钮应并联连接,停止按钮应串联连接。

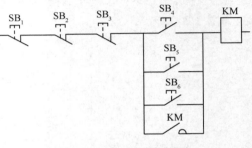

图 2-29 三地点控制线路

2.6.2 多台电动机先后顺序控制

在很多生产过程或机械设备中,常常要求电动机按一定顺序启动。例如,机床中要求润滑电动机启动后,主轴电动机才能启动;铣床进给电动机必须在主轴电动机已启动的情况下才能启动工作。图 2-30 所示为两台电动机顺序启动控制线路。

在图 2-30(a)中,接触器 KM_1 控制电动机 M_1 的启动、停止;接触器 KM_2 控制电动机 M_2 的启动、停止。现要求电动机 M_1 启动后,电动机 M_2 才能启动。工作过程如下:合上刀开关 QK→按下启动按钮 SB_2→接触器 KM_1 通电→电动机 M_1 启动→KM_1 常开辅助触头闭合→按下启动按钮 SB_4→接触器 KM_2 通电→电动机 M_2 启动。

按下停止按钮 SB_1,两台电动机同时停止。如改用图 2-30(b)线路的接法,可以省去接触器 KM_1 的常开触头,使线路得到简化。

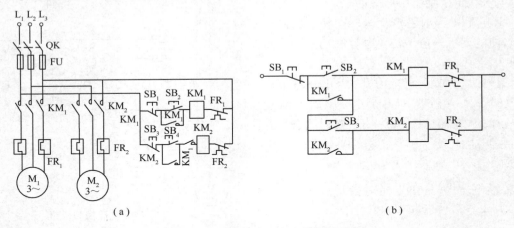

（a）   （b）

图 2-30 两台电动机顺序启动控制线路

电动机顺序控制的接线规律是:

① 要求接触器 KM_1 动作后接触器 KM_2 才能动作,故将接触器 KM_1 的常开触头串接于接触器 KM_2 的线圈电路中;

② 要求接触器 KM_1 动作后接触器 KM_2 不能动作,故将接触器 KM_1 的常闭辅助触头串接于接触器 KM_2 的线圈线路中。

如图 2-31 所示为采用时间继电器按时间原则顺序启动的控制线路。该线路要求电动机 M_1 启动 $t(s)$ 后,电动机 M_2 自动启动。可利用时间继电器的延时闭合常开触头来实现。

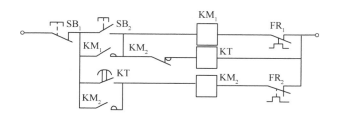

图 2-31　采用时间继电器实现顺序启动的控制线路

2.6.3　自动循环控制

在机床电气设备中,有些是通过工作台自动往复循环工作的,如龙门刨床的工作台前进、后退等。电动机的正、反转是实现工作台自动往复循环的基本环节。自动循环控制线路如图 2-32所示。

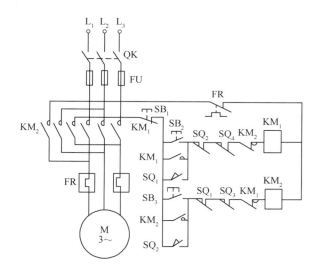

图 2-32　自动循环控制线路

控制线路按照行程控制原则,利用生产机械运动的行程位置实现控制,通常采用限位开关。

工作过程如下:

合上刀开关 QK → 按下启动按钮 SB_2 → 接触器 KM_1 通电→电动机 M 正转,工作台向前 →工作台前进到一定位置,撞块压动限位开关SQ_2→ SQ_2 常闭触头断开→KM_1 断电→电动机 M 停止向前

└→SQ_2常开触头闭合→KM_2通电→电动机M

改变电源相序而反转,工作台向后→工作台向后退到一定位置,撞块压动限位开关

SQ_1 → SQ_1 常闭触头断开→KM_2 断电→M 停止反退

└→SQ_1 常开触头闭合→KM_1 通电→电动机 M 又正转,工作台又向前

如此往复循环工作,直至按下停止按钮 SB_1→KM_1(或 KM_2)断电→电动机停转。

另外，SQ_3、SQ_4 分别为反、正向终端保护限位开关，防止出现限位开关 SQ_1 和 SQ_2 失灵时造成工作台从床身上冲出的事故。

2.7 电气控制线路的设计方法

人们希望在掌握了电气控制的基本原则和基本控制环节后，不仅能分析生产机械的电气控制线路的工作原理，而且还能根据生产工艺的要求，设计电气控制线路。

电气控制线路的设计方法通常有两种：经验设计法和逻辑设计法。

2.7.1 经验设计法

经验设计是根据生产机械的工艺要求和加工过程，利用各种典型的基本控制环节，加以修改、补充、完善，最后得出最佳方案。若没有典型的控制环节可采用，则按照生产机械的工艺要求逐步进行设计。

经验设计法比较简单，但必须熟悉大量的控制线路，掌握多种典型线路的设计资料，同时具有丰富的实践经验。由于是靠经验进行设计的，故没有固定模式，通常是先采用一些典型的基本环节，实现工艺基本要求，然后逐步完善其功能，并加上适当的联锁与保护环节。初步设计出来的线路可能有几种，要加以分析比较，甚至通过试验加以验证，检验线路的安全和可靠性，最后确定比较合理、完善的设计方案。采用经验设计法，一般应注意以下几个问题。

1. 保护控制线路工作的安全和可靠性

电气元件要正确连接，电器的线圈和触头连接不正确，会使控制线路发生误动作，有时会造成严重的事故。

① 线圈的连接。在交流控制线路中，不能串联接入两个电器线圈，如图 2-33 所示。即使外加电压是两个线圈额定电压之和，也是不允许的。因为每个线圈上所分配到的电压与线圈阻抗成正比，两个电器动作总有先后，先吸合的电器，磁路先闭合，其阻抗比没吸合的电器大，电感显著增加，线圈上的电压也相应增大，故没吸合电器的线圈的电压达不到吸合值。同时电路电流将增加，有可能烧毁线圈。因此，两个电器需要同时动作时，线圈应并联连接。

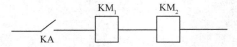

图 2-33 不能串联接入两个电器线圈

② 电器触头的连接。同一个电器的常开触头和常闭触头位置靠得很近，不能分别接在电源的不同相上。不正确连接电器的触头如图 2-34(a)所示，限位开关 SQ 的常开触头和常闭触头不是等电位的，当触头断开产生电弧时，很可能在两触头之间形成飞弧而引起电源短路。正确连接电器的触头如图 2-34(b)所示，则两触头电位相等，不会造成飞弧而引起的电源短路。

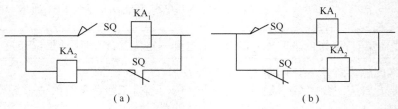

| (a) | (b) |

图 2-34 电器触头的连接

③ 线路中应尽量减少多个电气元件依次动作后才能接通另一个电气元件,如图 2-35 所示。在图 2-35(a)中,线圈 KA_3 的接通要经过 KA、KA_1、KA_2 3 对常开触头。若改为图 2-35(b),则每一线圈的通电只需经过一对常开触头,工作较可靠。

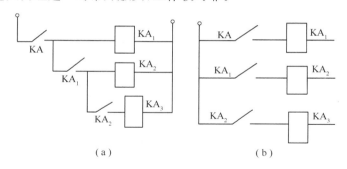

(a)   (b)

图 2-35　减少多个电气元件依次通电

④ 应考虑电器触头的接通和分断能力,若容量不够,可在线路中增加中间继电器,或增加线路中触头数目。增加接通能力用多触头并联连接;增加分断能力用多触头串联连接。

⑤ 应考虑电气元件触头"竞争"问题。同一继电器的常开触头和常闭触头有"先断后合"型和"先合后断"型。

通电时常闭触头先断开,常开触头后闭合;断电时常开触头先断开,常闭触头后闭合,属于"先断后合"型。而"先合后断"型则相反:通电时常开触头先闭合,常闭触头后断开;断电时常闭触头先闭合,常开触头后断开。如果触头动作先后发生"竞争"的话,电路工作则不可靠。触头"竞争"线路如图 2-36 所示,若继电器

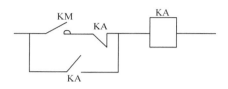

图 2-36　触头"竞争"线路

KA 采用"先合后断"型,则自锁环节起作用,若 KA 采用"先断后合"型,则自锁不起作用。

2. 控制线路力求简单、经济

① 尽量减少触头的数目。尽量减少电气元件和触头的数目,所用的电器、触头越少,则越经济,出故障的机会也越少,如图 2-37 所示。

② 尽量减少连接导线。将电气元件触头的位置合理安排,可减少导线根数和缩短导线的长度,以简化接线,如图 2-38 所示,启动按钮和停止按钮同放置在操作台上,而接触器放置在电气柜内。从按钮到接触器要经过较远的距离,所以必须把启动按钮和停止按钮直接连接,这样可减少连接线。

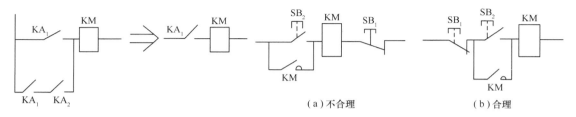

图 2-37　减少触头数目　　　　　　　　图 2-38　减少连接导线

③ 控制线路在工作时,除必要的电气元件必须长期通电外,其余电器应尽量不长期通电,以延长电气元件的使用寿命和节约电能。

3. 防止寄生电路

控制线路在工作中出现意外接通的电路称为寄生电路。寄生电路会破坏线路的正常工作，造成误动作。图 2-39 所示为一个具有过载保护和指示灯显示的可逆电动机的控制线路，电动机正转时过载，则热继电器动作时会出现寄生电路，如图中虚线所示，使接触器 KM₁ 不能断电，起不到保护作用。

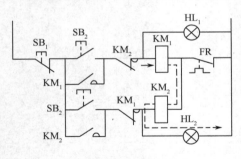

图 2-39　寄生电路

4. 应具有必要的保护环节

（1）短路保护

在电气控制线路中，通常采用熔断器或断路器作短路保护。当电动机容量较小时，其控制线路不需另外设置熔断器作短路保护，因主电路的熔断器同时可作控制线路的短路保护；若电动机容量较大，则控制电路要单独设置熔断器作短路保护。断路器既可作短路保护，又可作过载保护，线路出故障，断路器跳闸，经排除故障后，只要重新合上断路器即能重新工作。

（2）过流保护

不正确的启动方法和过大的负载转矩常引起电动机的过电流故障。过电流一般比短路电流要小。过电流保护常用于直流电动机和绕线转子电动机的控制线路中，采用过电流继电器和接触器配合使用。将过电流继电器线圈串接于被保护的主电路中，其常闭触头串接于接触器控制电路中，当电流达到整定值时，过电流继电器动作，其常闭触头断开，切断控制电路电源，接触器断开电动机的电源而起到保护作用。

（3）过载保护

三相笼型电动机的负载突然增加、断相动作或电网电压降低都会引起过载，笼型电动机长期过载运行，会引起过热而使绝缘损坏。通常采用热继电器作笼型电动机的长期过载保护。

（4）零电压保护

零电压保护通常采用并联在启动按钮两端的接触器的自锁触头来实现。当采用主令控制器 SA 控制电动机时，则通过零电压继电器来实现。零电压保护线路如图2-40所示。主令控制器 SA 置于"0"位时，零电压继电器 KA 吸合并自锁。当 SA 置于"1"位时，保证了接触器的接通。当断电时，KA 释放，当电网再通电时，必须先将 SA 置于"0"位，使 KA 通电吸合，才能使电动机重新启动，起到零电压保护作用。

对电动机的基本保护，如过载保护、断相保护、短路保护等，最好能在一个保护装置内同时实现，多功能保护器就是这种装置。电动机多功能保护装置品种很多，性能各异，如图 2-41 所示为其中的一种。图中保护信号由电流互感器 TA₁、TA₂、TA₃ 串联后取得。这种互感器选用具有较低饱和磁通密度的磁环（如用软磁铁氧体 MX0—2000 型锰锌磁环）做成。电动机运行时，磁环处于饱和状态，因此互感器二次绕组中的感应电动势除基波外还有三次谐波成分。

电动机正常运行时，三相的线电流基本平衡（大小相等，相位互差 120°），因此，在互感器二次绕组中的基波电动势合成为零，但三次谐波电动势合成后是每相电动势的 3 倍。取得的三次谐波电动势经过二极管 VD₂ 整流、VD₁ 稳压、电容器 C₁ 滤波，再经过 R₁ 与 R₂ 分压后，供给晶体管 VT 的基极，使 VT 饱和导通。于是继电器 KA 吸合，KA 常开触头闭合。按下启动按钮 SB₂ 时，接触器 KM 通电。

当电动机电源断开一相时，其余两相线电流大小相等、方向相反，互感器 3 个串联的二次

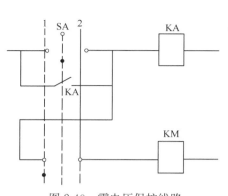

图 2-40　零电压保护线路

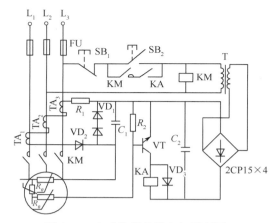

图 2-41　多功能保护器电气原理图

绕组中只有两个绕组的感应电动势,且大小相等、方向相反,结果互感器二次绕组总电动势为零,既不存在基波电动势,也不存在三相谐波电动势,于是 VT 的基极电流为零,VT 截止,接在 VT 集电极的继电器 KA 释放,接触器 KM 断电,KM 主触头断开,切断电动机电源。

当电动机由于过载或其他故障使其绕组温度过高时,热敏电阻 R_θ 的阻值急剧上升,改变了 R_1 和 R_2 的分压差,使晶体管 VT 的基极电流下降到很低的数值,VT 截止,使继电器 KA 释放,同时能切断电动机电源。

为了更好地解决电动机的保护问题,现代技术提供了更加广阔的途径。例如,研制发热时间常数小的新型 PTC 热敏电阻,增加电动机绕组对热敏电阻的热传导。采用新材料的电动机工作时,绕组电流密度增大(采用新型电磁材料和绝缘材料),当电动机过载时,绕组温度升高速度比过去的电动机大 2～2.5 倍,这就要求温度检测元件具有更小的发热时间常数,保护装置具有更高的灵敏度和精度。另外,发展高性能和多功能综合保护装置,其主要方向是采用固态集成电路和微处理器作为电流、电压、时间、频率、相位和功率等检测和逻辑单元。

对于频繁操作及大容量的电动机,它们的转子温升比定子绕组温升高,较好的办法是检测转子的温度,用红外线温度计从外部检测转子温度并加以保护,国外已有用红外线保护装置的实际应用。

对电动机的保护是生产设备工作可靠的一个保证。下面通过实例来介绍经验设计法的应用。如图 2-42所示为钻削加工时刀架的自动循环示意图,具体要求如下:

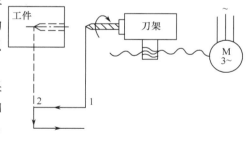

图 2-42　刀架的自动循环示意图

① 自动循环,即刀架由位置"1"移动到位置"2"进行钻削加工后自动退回位置"1",实现自动循环。

② 无进给切削,即钻头到达位置"2"时不再进给,但钻头继续旋转进行无进给切削,以提高工件加工精度。

③ 快速停车。停车时,要求快速停车以减少辅助工时。

了解清楚生产工艺要求后则可进行线路的设计,具体设计步骤如下:

① 设计主电路。因为要求刀架自动循环,故电动机实现正、反向运转,故采用两个接触器以改变电源相序,主电路如图 2-43 所示。

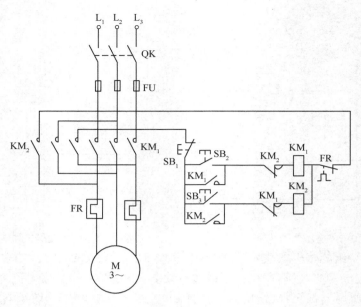

图 2-43　刀架前进、后退的控制线路

② 确定控制电路的基本部分。设置由启动、停止按钮、正反向接触器组成的控制电动机正、反转的基本控制环节,以及必要的自锁环节和互锁环节,如图 2-43 所示为刀架前进、后退的基本控制线路。

③ 设计控制电路的特殊部分,工艺要求如下:

● 刀架能自动循环

应采用限位开关 SQ_1 和 SQ_2,分别作为测量刀架运动的行程位置元件,由它们发出的控制信号通过接触器作用于电动机。将 SQ_2 的常闭触头串接于正向接触器 KM_1 线圈电路中,SQ_2 的常开触头与反向启动按钮 SB_3 并联连接。这样,当刀架前进到位置"2"时,压动限位开关 SQ_2,其常闭触头断开,切断正向接触器线圈电路的电源,KM_1 断电;SQ_2 常开触头闭合,使反向接触器 KM_2 通电,刀架后退,退回到位置"1"时,压动限位开关 SQ_1。同样,把 SQ_1 的常闭触头串接于反向接触器 KM_2 线圈电路中,SQ_1 的常开触头与正向启动按钮 SB_2 并联连接,则刀架又自动向前,刀架就这样不断地循环工作。

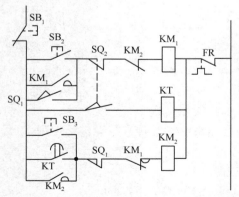

图 2-44　无进给切削的控制线路

● 实现无进给切削

为了提高加工精度,要求刀架前进到位置"2"时进行无进给切削,即刀架不再前进,但钻头继续转动切削(钻头转动由另一台电动机拖动),无进给切削一段时间后,刀架再后退。故线路根据时间原则,采用时间继电器来实现无进给切削控制,如图 2-44 所示。

当刀架到达位置"2"时,压动限位开关 SQ_2,SQ_2 的常闭触头断开,切断正向接触器 KM_1 线圈电路,使刀架不再进给(但钻头继续转动切削),同时 SQ_2 的常开触头闭合,使时间继电器 KT 通电,到达整定时间后,KT 的延时闭合常开触头闭合,使反向接触器 KM_2 通电,刀架后退。

● 快速停车

对笼型电动机来说,通常采用反接制动的方法。按速度原则采用速度继电器来实现,如图 2-45所示。完整的钻削加工时刀架自动循环控制线路的工作过程如下:按下启动按钮 SB$_2$→接触器 KM$_1$ 通电→电动机 M 正转→速度继电器正向常闭触头 KS$_F$ 断开,正向常开触头闭合→制动时,按下停止按钮 SB$_1$(快速松开)→接触器 KM$_1$ 断电→接触器 KM$_2$ 通电,进行反接制动,当转速接近零时,速度继电器正向常开触头 KS$_F$ 断开→接触器 KM$_2$ 断电,反接制动结束。

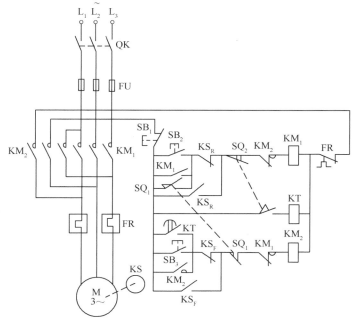

图 2-45　完整的钻削加工时刀架自动循环控制线路

当电动机转速接近零时,速度继电器的常开触头 KS$_F$ 断开后,常闭触头 KS$_F$ 不立即闭合,因而 KM$_2$ 有足够的断电时间使铁心释放,自锁触头断开,不会造成电动机反向启动。

电动机反转时的反接制动过程与正向的反接制动过程一样,不同的是反向转动时,速度继电器反向触头 KS$_R$ 动作。

● 设置必要的保护环节

该线路采用熔断器 FU 作短路保护,热继电器 FR 作过载保护。

2.7.2　逻辑设计法

逻辑设计法利用逻辑代数这一数学工具来设计电气控制线路,同时也可以用于线路的简化。

把电气控制线路中的接触器、继电器等线圈的通电和断电、触头的闭合和断开看成逻辑变量,线圈的通电状态和触头的闭合状态设定为"1"态;线圈的断电状态和触头的断开状态设定为"0"态。根据工艺要求,将这些逻辑变量关系表示为逻辑函数的关系式,再运用逻辑函数基本公式和运算规律,对逻辑函数式进行化简,然后由简化的逻辑函数式画出相应的电气原理图,最后再进一步检查、完善,以期得到既满足工艺要求,又经济合理、安全可靠的最佳设计线路。

用逻辑函数来表示控制元件的状态,实质上是以触头的状态作为逻辑变量,通过简单的"逻辑与"、"逻辑或"、"逻辑非"等基本运算,得出其运算结果,此结果即表明电气控制线路的结果。

1. 逻辑与

图 2-46 表示常开触头 KA_1 与 KA_2 串联的逻辑与电路。当常开触头 KA_1 与 KA_2 同时闭合时,即 $KA_1=1$,$KA_2=1$,则接触器 KM 通电,即 KM=1;当常开触头 KA_1 与 KA_2 任一不闭合时,即 $KA_1=0$ 或 $KA_2=0$,则 KM 断电,即 KM=0。图 2-46 可用逻辑与关系式表示为

$$KM=KA_1 \cdot KA_2 \tag{2-2}$$

逻辑与的真值表如表 2-4 所示。

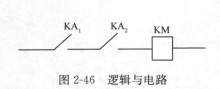

图 2-46　逻辑与电路

表 2-4　逻辑与的真值表

KA_1	KA_2	$KM=KA_1 \cdot KA_2$
0	0	0
1	0	0
0	1	0
1	1	1

2. 逻辑或

图 2-47 表示常开触头 KA_1 与 KA_2 并联的逻辑或电路。当常开触头 KA_1 或 KA_2 闭合(即 $KA_1=1$ 或 $KA_2=1$)时,则 KM 通电,即 KM=1;当 KA_1、KA_2 都不闭合时,KM=0。图 2-47 可用逻辑或关系式表示为

$$KM=KA_1+KA_2 \tag{2-3}$$

逻辑或的真值表如表 2-5 所示。

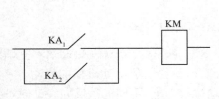

图 2-47　逻辑或电路

表 2-5　逻辑或的真值表

KA_1	KA_2	$KM=KA_1+KA_2$
0	0	0
1	0	1
0	1	1
1	1	1

3. 逻辑非

如图 2-48 表示与继电器常开触头 KA 相对应的常闭触头 $\overline{KA}$ 与接触器线圈 KM 串联的逻辑非电路。当继电器线圈通电(即 $KA=1$)时,常闭触头 $\overline{KA}$ 断开(即 $\overline{KA}=0$),则 KM=0;当 KA 断电(即 $KA=0$)时,常闭触头 $\overline{KA}$ 闭合(即 $\overline{KA}=1$),则 KM=1。

图 2-48 可用逻辑非关系式表示为

$$KM=\overline{KA} \tag{2-4}$$

逻辑非的真值表如表 2-6 所示。

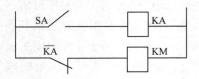

图 2-48　逻辑非电路

表 2-6　逻辑非的真值表

KA	$KM=\overline{KA}$
1	0
0	1

逻辑函数的化简可以使电气控制线路简化,可运用逻辑运算的基本公式和运算规律进行化简,表 2-7 列出了逻辑代数常用的基本公式和运算规律。例如:

$$KM = KA_1 \cdot KA_3 + \overline{KA_1} \cdot KA_2 + KA_1 \cdot \overline{KA_3}$$
$$= KA_1 \cdot (KA_3 + \overline{KA_3}) + \overline{KA_1} \cdot KA_2$$
$$= KA_1 + \overline{KA_1} \cdot KA_2$$
$$= KA_1 + KA_2$$
$$KM = KA_1 \cdot (KA_1 + \overline{KA_2}) + \overline{KA_2} \cdot (KA_2 + \overline{KA_1})$$
$$= KA_1 + KA_1 \cdot \overline{KA_2} + \overline{KA_2} \cdot KA_2 + \overline{KA_1} \cdot \overline{KA_2}$$
$$= KA_1 + \overline{KA_2}$$

表 2-7　逻辑代数常用的基本公式和运算规律

序号	名 称		恒 等 式	对应的继电控制线路
1	基本定律	0 和 1 定则	$0 + A = A$	
1′			$1 \cdot A = A$	
2			$1 + A = 1$	
2′			$0 \cdot A = 0$	
3		互补定律	$A + \overline{A} = 1$	
3′			$A \cdot \overline{A} = 0$	
4		同一定律	$A + A = A$	
4′			$A \cdot A = A$	
5		反转定律	$\overline{\overline{A}} = A$	
6	交换律		$A + B = B + A$	
6′			$A \cdot B = B \cdot A$	
7	结合律		$(A + B) + C = A + (B + C)$	
7′			$(A \cdot B) \cdot C = A \cdot (B \cdot C)$	

序号	名　称	恒　等　式	对应的继电控制线路
8	分配律	$A \cdot (B+C) = A \cdot B + A \cdot C$	
8′		$A + B \cdot C = (A+B) \cdot (A+C)$	
9	德·摩根定律（反演律）	$\overline{A+B} = \overline{A} \cdot \overline{B}$	
9′		$\overline{A \cdot B} = \overline{A} + \overline{B}$	
10	吸收律	$A + A \cdot B = A$	
10′		$A \cdot (A+B) = A$	
11		$A + \overline{A} \cdot B = A + B$	
11′		$A \cdot (\overline{A} + B) = A \cdot B$	
12		$A \cdot B + \overline{A} \cdot C + B \cdot C = A \cdot B + \overline{A} \cdot C$	
12′		$(A+B)(\overline{A}+C)(B+C)$ $= (A+B)(\overline{A}+C)$	

　　逻辑电路有两种基本类型：一种为逻辑组合电路；另一种为逻辑时序电路。

　　逻辑组合电路没有反馈电路（如自锁电路），对于任何信号都没有记忆功能，控制线路的设计比较简单。

　　例如，某电动机只有在继电器 KA_1、KA_2、KA_3 中任何一个或任何两个继电器动作时才能运转，而在其他任何情况下都不运转，试设计其控制线路。

　　电动机的运转由接触器 KM 控制。根据题目的要求，列出接触器通电状态的真值表，如表 2-8 所示。

表 2-8 接触器通电状态的真值表

KA_1	KA_2	KA_3	KM
0	0	0	0
0	0	1	1
0	1	0	1
0	1	1	1
1	0	0	1
1	0	1	1
1	1	0	1
1	1	1	0

根据真值表,继电器 KA_1、KA_2、KA_3 中任何一个继电器动作时,接触器 KM 通电的逻辑函数式为

$$KM=KA_1 \cdot \overline{KA_2} \cdot \overline{KA_3}+\overline{KA_1} \cdot KA_2 \cdot \overline{KA_3}+\overline{KA_1} \cdot \overline{KA_2} \cdot KA_3$$

继电器 KA_1、KA_2、KA_3 中任何两个继电器动作时,接触器 KM 通电的逻辑函数关系式为

$$KM=KA_1 \cdot KA_2 \cdot \overline{KA_3}+KA_1 \cdot \overline{KA_2} \cdot KA_3+\overline{KA_1} \cdot KA_2 \cdot KA_3$$

因此,接触器 KM 通电的逻辑函数关系式为

$$KM=KA_1 \cdot \overline{KA_2} \cdot \overline{KA_3}+\overline{KA_1} \cdot KA_2 \cdot \overline{KA_3}+\overline{KA_1} \cdot \overline{KA_2} \cdot KA_3+$$
$$KA_1 \cdot KA_2 \cdot \overline{KA_3}+KA_1 \cdot \overline{KA_2} \cdot KA_3+\overline{KA_1} \cdot KA_2 \cdot KA_3$$

利用逻辑代数基本公式进行化简得

$$KM=\overline{KA_1} \cdot (\overline{KA_2} \cdot KA_3+KA_2 \cdot \overline{KA_3}+KA_2 \cdot KA_3)+KA_1 \cdot$$
$$(\overline{KA_2} \cdot \overline{KA_3}+\overline{KA_2} \cdot KA_3+KA_2 \cdot \overline{KA_3})$$
$$=\overline{KA_1} \cdot [KA_3 \cdot (\overline{KA_2}+KA_2)+KA_2 \cdot \overline{KA_3}]+KA_1 \cdot$$
$$[\overline{KA_3} \cdot (\overline{KA_2}+KA_2)+\overline{KA_2} \cdot KA_3]$$
$$=\overline{KA_1} \cdot (KA_3+KA_2 \cdot \overline{KA_3})+KA_1 \cdot (\overline{KA_3}+\overline{KA_2} \cdot KA_3)$$
$$=\overline{KA_1} \cdot (KA_2+KA_3)+KA_1 \cdot (\overline{KA_3}+\overline{KA_2})$$

根据简化的逻辑函数关系式,可绘制如图 2-49 所示的电气控制电路。

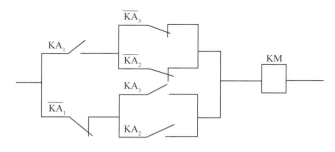

图 2-49 电气控制电路

逻辑时序电路具有反馈电路,即具有记忆功能,设计过程比较复杂,一般按照以下步骤进行:

① 根据工艺要求,作出工作循环图;

② 根据工作循环图作出执行元件和检测元件的状态表——转换表;

③ 根据转换表,增设必要的中间记忆元件(中间继电器);

· 71 ·

④ 列出中间记忆元件逻辑函数关系式和执行元件的逻辑函数关系式,并进行化简;

⑤ 根据逻辑函数关系式绘出相应的电气控制线路;

⑥ 检查并完善所设计的控制线路。

这种设计方法比较复杂,难度较大,在一般常规设计中很少采用。

习题与思考题

1. 自锁环节怎样组成?它起什么作用?并具有什么功能?

2. 什么是互锁环节?它起到什么作用?

3. 分析如图 2-50 所示线路中,哪种线路能实现电动机正常连续运行和停止?哪种不能?为什么?

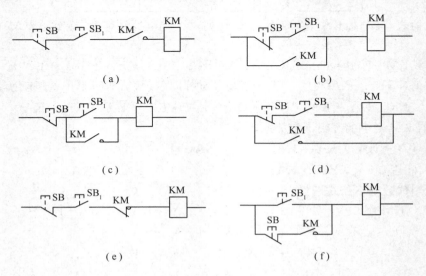

图 2-50 习题 3 图

4. 试采用按钮、刀开关、接触器和中间继电器,画出异步电动机点动、连续运行的混合控制电路。

5. 试设计用按钮和接触器控制异步电动机的启动、停止,用组合开关选择电动机旋转方向的控制线路(包括主电路、控制回路和必要的保护环节)。

6. 电气控制线路常用的保护环节有哪些?各采用什么电气元件?

7. 为什么电动机要设零电压和欠电压保护?

8. 在有自动控制的机床上,电动机由于过载而自动停车后,有人立即按启动按钮,但不能开车,试说明可能是什么原因。

9. 试设计电气控制线路,要求:第一台电动机启动 10s 后,第二台电动机自动启动,运行 5s 后,第一台电动机停止,同时第三台电动机自动启动,运行 15s 后,全部电动机停止。

10. 供油泵向两个地方供油,油都达到规定油位时,供油泵停止供油,只要有一处油不足,则继续供油,试用逻辑设计法设计控制线路。

11. 简化图 2-51 所示控制电路。

12. 电厂的闪光电源控制电路如图 2-52 所示,当发生故障时,事故继电器 KA 通电动作,试分析信号灯发出闪光的工作原理。

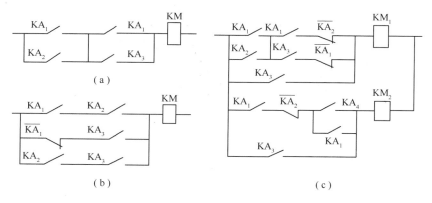

（a）

（b）

（c）

图 2-51　习题 11 图

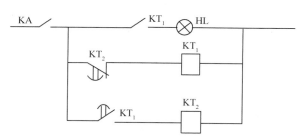

图 2-52　习题 12 图

第3章　可编程控制器基础

本章内容包括可编程控制器产生的背景、特点、组成、发展及其工作的一般原理。通过对本章的学习,掌握可编程控制器的基础知识,有利于后面章节的学习。

本章主要内容:
- 可编程控制器产生的背景、特点、性能指标及今后的发展方向;
- 可编程控制器的硬件组成;
- 可编程控制器的软件及工作过程。

本章重点内容是对可编程控制器工作原理的熟悉和掌握。

3.1　可编程控制器概述

可编程控制器的英文名称是 Programmable Controller,早期简称 PC,后来为了与个人计算机(PC)区分,在行业中多称之为 Programmable Logic Controller,即可编程逻辑控制器,简称 PLC,而这种称呼又与可编程控制器的起源及其自身的特点有关。

3.1.1　可编程控制器的产生与发展

在制造业和过程工业中,除了以模拟量为被控对象的反馈控制,还存在着大量的以开关量(数字量)为主的逻辑顺序控制,这一点在以改变几何形状和机械性能为特征的制造工业中显得尤为突出。它要求控制系统按照逻辑条件和一定的顺序、时序产生控制动作,并能够对来自现场的大量开关量、脉冲、计时、计数及模拟量的越限报警等数字信号进行监控和处理。这些工作在早期是由继电器-接触器电路来实现的,其缺点是体积庞大、故障率高、功耗大、不易维护、不易改造和升级等。

对于传统的继电器-接触器控制系统的一系列缺点,1968 年,美国通用汽车公司(GM)提出了研制新型控制器的设想,总结出新型控制器应当具备的 10 项指标,并以此公开在社会上招标,这 10 项指标是:

① 编程方便,可在现场修改程序;

② 维护方便,最好是插件式;

③ 可靠性高于继电器-接触器控制柜;

④ 体积小于继电器-接触器控制柜;

⑤ 可将数据直接送入管理计算机;

⑥ 在成本上可与继电器-接触器控制柜竞争;

⑦ 输入为交流 115V;

⑧ 输出为交流 115V/2A 以上,能直接驱动电磁阀、接触器等;

⑨ 在扩展时,原有系统改变最少;

⑩ 用户程序存储器至少可扩展到 4KB。

美国数字设备公司(DEC)根据这 10 项指标,于 1969 年研制出第一台控制器,型号为 PDP—14,它的开创性意义在于引入了程序控制功能,为计算机技术在工业控制领域的应用开辟了空间。

至 20 世纪 70 年代,PLC 技术已经进入成熟期。推动 PLC 技术发展的动力主要来自两个方面,其一是企业对高性能、高可靠性自动控制系统的客观需要,如关于 PLC 最初的性能指标就是由用户提出的。其次,大规模及超大规模集成电路技术的飞速发展,微处理器性能的不断提高,为 PLC 技术的发展奠定了基础并开拓了空间。这两个因素的结合,使得当今的 PLC 控制器已经在所有性能上都大大超越了前述的 10 项指标。

目前,PLC 控制器的程序存储容量多以 MB 为单位,随着超大规模集成电路技术的发展,微处理器的性能大幅提高,指令执行速度达到微秒级,从而极大提高了 PLC 的数据处理能力。高档的 PLC 可以进行复杂的浮点数运算,并增加了许多特殊功能,如高速计数、脉宽调制变换、PID 闭环控制、定位控制等,从而在以模拟量为主的过程控制领域也占有了一席之地,在一定程度上具备了组建 DCS 系统的能力。此外,PLC 的通信功能和远程 I/O 能力非常强大,可以组建成分布式通信网络系统。

在组成结构上,PLC 具有一体化结构和模块式结构两种模式。一体化结构的 PLC 追求功能的完善,性能的提高,体积越来越小,有利于安装。而模块式结构的 PLC 则利用单一功能的各种模块拼装成一台完整的 PLC,用户在设计自己的 PLC 控制系统时拥有极大的灵活性,并使设备的性价比达到最优。同时,模块式结构也有利于系统的维护、换代和升级,并使系统的扩展能力大大加强。

在控制规模上,PLC 向小型化和大型化两个方向发展。大型 PLC 是基于满足大规模、高性能控制系统的要求而设计的,在规模上,可带的 I/O 点数(通道数量)达到数千点乃至上万点。在对高性能的追求上,主要体现在以下几个方面。

① 增强网络通信功能。这是 PLC 的一个重要发展趋势,伴随着现场总线(Fieldbus)技术的应用,由多个 PLC、多个分布式 I/O 模块、人机界面、编程设备相互连接成的网络,与工业计算机和以太网等构成整个工厂的自动控制系统。PLC 采用了计算机信息处理技术、网络通信技术和图形显示技术,使得 PLC 系统的生产控制功能和信息管理功能融为一体。

② 发展智能模块。智能模块以微处理器为核心,与 PLC 的 CPU 并行工作,完成专一功能,大量节省主 CPU 的时间和资源,对提高用户程序的扫描速度和完成特殊的控制要求非常有利。如通信模块、位置控制模块、模糊逻辑控制模块、高速计数器模块等。

③ 高可靠性。PLC 广泛采用自诊断技术,向用户提供故障分析的信息和提示。同时,大力发展冗余技术、容错技术及模块的热插拔功能,保障 PLC 能够长时间地可靠运行。

④ 编程软件标准化。长期以来,PLC 的生产厂家各自为战,各产品在硬件结构和软件体系上都是封闭的,不对外开放,因而导致硬件互不通用、软件互不兼容,为用户带来很大的不便。为此,国际电工委员会(IEC)制定了 IEC 1131 标准,以引导 PLC 向标准化方向发展。该标准包含 5 个部分:PLC 的定义等一般信息、装备与测试、编程语言、用户导则、通信规范等,力图通过一系列的标准来规范各个厂家的产品。目前,有很多厂家都推出了符合 IEC 1131—3 标准的软件系统,如西门子公司的 STEP 7 软件包等。

⑤ 编程软件和语言向高层次发展。PLC 的编程语言在原有的梯形图、顺序功能图、指令表语言的基础上,不断丰富并向高层次发展。大部分厂商都提供可在个人计算机上运行的开发软件包,开发环境完备且友好,可向开发人员提供丰富的帮助信息及调试、诊断、模拟仿真等功能。例如,西门子公司的 STEP 7 软件包,运行在 Windows 环境下,在编程的过程中可随时查询指令,其内容及详细程度与编程手册相同。

小型化 PLC 的发展方向是体积减小、成本下降、功能齐全、性能提高、简单易用。其针对目标是取代广泛分布在企业和民用领域的小规模继电器-接触器系统，以及需要采用逻辑顺序控制的小规模场合。其特点是安装方便、可靠性高、开发和改造周期短。

3.1.2　可编程控制器的特点

可编程控制器的产生是基于工业控制的需要，是面向工业控制领域的专用设备，具有以下几个特点。

① 可靠性高，抗干扰能力强。用程序来实现逻辑顺序和时序，最大限度地取代传统继电器-接触器系统中的硬件线路，大量减少机械触点和连线的数量。单从这一角度而言，PLC 在可靠性上优于继电器-接触器系统是明显的。

在抗干扰性能方面，PLC 在结构设计、内部电路设计、系统程序执行等方面都给予了充分的考虑。例如，主要器件和部件用导磁良好的材料进行屏蔽、供电系统和输入电路采用多种形式的滤波、I/O 回路与微处理器电路之间用光电耦合器隔离、系统软件具有故障检测功能、信息保护和恢复、循环扫描时间的超时警戒等。

② 灵活性强，控制系统具有良好的柔性。当生产工艺和流程进行局部的调整和改动时，通常只需要对 PLC 的程序进行改动，或者配合外围电路的局部调整即可实现对控制系统的改造。

③ 编程简单，使用方便。梯形图语言是 PLC 最重要也是最普及的一种编程语言，其电路符号和表达方式与继电器-接触器电路原理图相似，读者可以很快掌握梯形图语言，并用来编制用户程序。

④ 控制系统易于实现，开发工作量少，周期短。由于 PLC 的系列化、模块化、标准化及良好的扩展性和连网性能，在大多数情况下，PLC 系统是一个较好的选择。它不仅能够完成多数情况下的控制要求，还能够大量节省系统设计、安装、调试的时间和工作量。

⑤ 维修方便。PLC 有完善的故障诊断功能，可以根据装置上的发光二极管和软件提供的故障信息，方便地查明故障源。而由于 PLC 的体积小，并且有些采用模块化结构，因而可以通过更换整机或模块迅速排除故障。

⑥ 体积小，能耗低。由软件实现的逻辑控制，可以大量节省继电器、定时器的数量。一台小型的 PLC，只相当于几个继电器的体积，控制系统所消耗的能量也大大降低。

⑦ 功能强，性价比高。用户程序所要实现的逻辑控制，需要的继电器、中间继电器、定时器、计数器等功能元件都由存储单元来替代，因而数量非常大。一台小型的 PLC 所具备的元件（软元件）数量就可达到成百上千个，相当于过去一个大规模甚至超大规模的继电器-接触器控制系统。另外，PLC 所提供的软元件的触点（如软继电器）可以无限次使用，方便实现复杂的控制功能。同时，PLC 的联网通信功能有利于实现分散控制、远程控制、集中管理等功能，与同等规模或成本的继电器-接触器控制系统相比，无论其功能和性能，都具有无可比拟的优势。

3.2　可编程控制器的组成

PLC 是一种工业控制用的专用计算机，在设计理念上，是计算机技术与继电器-接触器控制电路相结合的产物，因而它与工业控制对象有非常强的接口能力。由于 PLC 本质上仍然是一台适合于工业控制的微型计算机,所以其基本结构和组成也具备一般微型计算机的特点:以中央处理单元(CPU)为核心,在系统程序(相当于操作系统)的管理下运行。PLC 与控制对象的接口由专门设计的 I/O 部件来完成,通常还需要配以专用的供电电源及其他专用功能模块。PLC 的基本组成部件如图 3-1 所示。

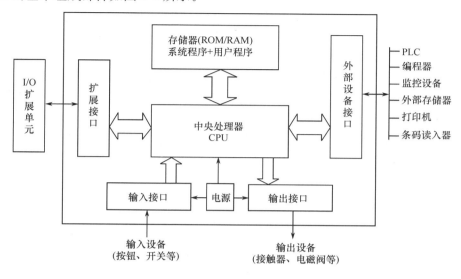

图 3-1　PLC 的基本组成部件

3.2.1　中央处理单元(CPU)

与一般微处理器的概念相同,CPU 是 PLC 的核心部件,负责完成逻辑运算、数字运算及协调系统内各部分的工作。它在系统程序的管理下运行,主要功能有:

① 接收并存储由编程器输入的用户程序和数据;

② 诊断电源故障及用户程序的语法错误;

③ 读取输入状态和数据并存储到相应的存储区;

④ 读取用户程序指令,解释执行用户程序,完成逻辑运算、数字运算、数据传递等任务,刷新输出映像,将输出映像内容送至输出单元。

目前大中型 PLC 多采用 16 位或 32 位的微处理器作为 CPU,有些厂家的高档 PLC 还采用微处理器冗余技术,由多个 CPU 并行工作,当主 CPU 正常工作时,其他 CPU 处于热备用状态,随时可接替发生故障的 CPU 的工作,大大提高了系统的可靠性。

3.2.2　存储器单元

PLC 的存储器单元分为两个部分:系统程序存储器和用户程序存储器。

1. 系统程序存储器

系统程序存储器用于存放 PLC 生产厂家编写的系统程序,系统程序在出厂时已经被固化在 PROM 或 EPROM 中。这部分存储区不对用户开放,用户程序不能访问和修改。PLC 的所有功能都是在系统程序的管理下实现的。

2. 用户程序存储器

用户程序存储器可分为程序存储区和数据存储区。程序存储区用于存放用户编写的控制程序,数据存储区存放的是程序执行过程中所需要的或者所产生的中间数据,包括输入/输出过程映像、定时器、计数器的预置值和当前值等。用户程序存储器容量的大小才是我们真正关心的,通常情况下,厂家提供的 PLC 存储器容量,若无特别说明,均指用户程序存储器容量。

3.2.3   电源单元

电源单元将外界提供的电源转换成 PLC 的工作电源后,提供给 PLC。有些电源单元也可以作为负载电源,通过 PLC 的 I/O 接口向负载提供直流 24V 电源。PLC 的电源一般采用开关电源,输入电压范围宽,抗干扰能力强。电源单元的输入与输出之间有可靠的隔离,以确保外界的扰动不会影响到 PLC 的正常工作。

电源单元还提供掉电保护电路和后备电池电源,以维持部分 RAM 存储器的内容在外界电源断电后不会丢失。在控制面板上通常有发光二极管(LED)指示电源的工作状态,便于判断电源工作是否正常。

3.2.4   输入/输出单元

PLC 的输入/输出单元也叫 I/O 单元,对于模块式的 PLC 来说,I/O 单元以模块形式出现,所以又称为 I/O 模块。I/O 单元是 PLC 与工业现场的接口,现场信号与 PLC 之间的联系通过 I/O 单元来实现。工业现场的输入和输出信号包括数字量和模拟量两类,因此,I/O 单元也有数字 I/O 和模拟 I/O 两种,前者又称为 DI/DO,后者又称为 AI/AO。

输入单元将来自现场的电信号转换为中央处理器能够接收的电平信号。如果是模拟信号,就需要进行 A/D 转换,变成数字量,最后送给中央处理器进行处理;输出单元则将用户程序的执行结果转换为现场控制电平或者模拟量,输出至被控对象,如电磁阀、接触器、执行机构等。

作为抗干扰措施,输入/输出单元都带有光电耦合电路,将 PLC 与外部电路隔离。此外,输入单元带有滤波电路和显示,输出单元带有输出锁存器、显示、功率放大等部分。

PLC 的输入单元类型通常有直流、交流、交直流 3 种;输出单元通常有继电器方式、晶体管方式、可控硅方式 3 种。继电器输出方式可带交、直流两种负载,晶体管方式可带直流负载,可控硅方式可带交流负载。

PLC 的输入/输出单元还应包括一些功能模块。所谓功能模块,就是一些智能化的输入和输出模块。例如,温度检测模块、位置检测模块、位置控制模块、PID 控制模块等。

3.2.5   接口单元

接口单元包括扩展接口、通信接口、编程器接口和存储器接口等。PLC 的 I/O 单元也属于接口单元的范畴,它完成 PLC 与工业现场之间电信号的往来联系。除此之外,PLC 与其他外界设备和信号的联系都需要相应的接口单元。

1. I/O 扩展接口

I/O 扩展接口用于扩展输入/输出点数(通道数量),当主机的 I/O 点数不能满足系统要求时,需要增加扩展单元,这时需要用到 I/O 扩展接口将扩展单元与主机连接起来。西门子公司S7-300/400中的接口模块(如 IM365、IM360/361 等)就是专用于连接中央机架和扩展机架的扩展接口。

2. 通信接口

在 PLC 的 CPU 单元或者专用的通信模块上,集成有 RS-232C 接口或 RS-422 接口,可与 PLC、上位机、远程 I/O、监视器、编程器等外部设备相连,实现 PLC 与上述设备之间的数据及信息的交换,组成局域网络或"集中管理,分散控制"的多级分布式控制系统。

3. 编程器接口

编程器接口是连接编程器的,PLC 本体通常是不带编程器的。为了能对 PLC 编程和监控,PLC 上专门设置有编程器接口。通过这个接口,可以连接各种形式的编程装置,还可以利用此接口做通信、监控等工作。

4. 存储器接口

存储器接口是为了扩展存储区而设置的,用于扩展用户程序存储区和用户数据存储区,可以根据使用的需要扩展存储器。

5. 其他外部设备接口

其他外部设备接口包括条码读入器的接口、打印机接口等。

3.2.6 外部设备

PLC 的外部设备种类很多,总体来说可以概括为 4 大类:编程设备、监控设备、存储设备、输入/输出设备。

1. 编程设备

简易的编程器体积很小,也叫手持式编程器,用通信电缆与 CPU 单元的编程接口相连,可对 PLC 在线编程和修改程序,通常只接收语句表形式的编程语言。另有一些编程器可使用梯形图语言,并能脱机编程,待将程序编好后再联机下载给 PLC,这种编程器被称为智能型编程器。编程器除了用于编程,还可对系统做一些设定,以确定 PLC 的工作方式。编程器还可监控 PLC 及 PLC 所控制系统的工作状况,以进行 PLC 用户程序的调试。

采用个人计算机作为 PLC 系统的开发工具是目前的发展趋势,各厂家均提供可安装在个人计算机上的专用编程软件,用户可直接在计算机上以联机或脱机的方式编写程序,可使用多种编程语言,开发功能也非常强大,具备监控能力、通信能力,还可对用户程序进行仿真。

2. 监控设备

PLC 将现场数据实时上传给监控设备,监控设备则将这些数据动态实时显示出来,以便操作人员和技术人员随时掌握系统运行的情况,操作人员能够通过监控设备向 PLC 发送操控指令,通常把具有这种功能的设备称为人机界面。PLC 厂家通常都提供专用的人机界面设备,目前使用较多的有操作屏和触摸屏等,通过专用的开发软件可设计用户工艺流程图,与 PLC 联机后能够实现现场数据的实时显示。操作屏同时还提供多个可定义功能的按键,而触摸屏则可以将控制键直接定义在流程图的画面中,使得控制操作更加直观。

3. 存储设备

存储设备用于保存用户数据,避免用户程序丢失。主要有存储卡、存储磁带或只读存储器等多种形式,配合这些存储载体,有相应的读/写设备和接口部件。

4. 输入/输出设备

输入/输出设备是用于接收信号和输出信号的专用设备,如条码读入器、打印机等。

3.3 可编程控制器的工作原理

可编程控制器是基于计算机的工业控制器,从 PLC 产生的背景来看,PLC 系统与继电器-接触器控制系统有着极深的渊源,因此,可以比照继电器-接触器控制系统来学习 PLC 的工作原理。

3.3.1 可编程控制器的等效电路

一个继电器-接触器控制系统包含 3 个部分:输入部分、逻辑电路部分、输出部分。输入部分的组成元件大体上是各类按钮、转换开关、行程开关、接近开关、光电开关等;输出部分则是各种电磁阀线圈、接触器、信号指示灯等执行元件。将输入与输出联系起来的就是逻辑电路部分,一般由继电器、计数器、定时器等元件的触点、线圈按照要求的逻辑关系连接而成,能够根据一定的输入状态输出所要求的控制动作。

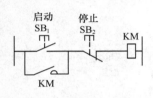

图 3-2 继电器启动/停止
控制电路

PLC 系统也同样包含这 3 个部分,唯一的区别是:PLC 的逻辑电路部分用软件来实现,用户所编制的控制程序体现了特定的输入/输出逻辑关系。举例来说,如图 3-2 所示为一个典型的启动/停止控制电路,由继电器元件组成。电路中有两个输入,分别为启动按钮(SB_1)、停止按钮(SB_2);一个输出为接触器 KM。图中的输入/输出逻辑关系由硬件连线实现。

当用 PLC 来完成这个控制任务时,可将输入条件接入 PLC,而用 PLC 的输出单元驱动接触器 KM,它们之间要满足的逻辑关系由程序实现。与图 3-2 等效的 PLC 控制器如图 3-3 所示。两个输入按钮信号经过 PLC 的接线端子进入输入接口电路,PLC 的输出经过输出接口、输出端子驱动接触器 KM;用户程序所采用的编程语言为梯形图语言。两个输入分别接入 X403 和 X407 端口,输出所用端口为 Y432,图中各画出 8 个输入端口和 8 个输出端口,实际使用时可任意选用。输入映像对应的是 PLC 内部的数据存储器,而非实际的继电器线圈。

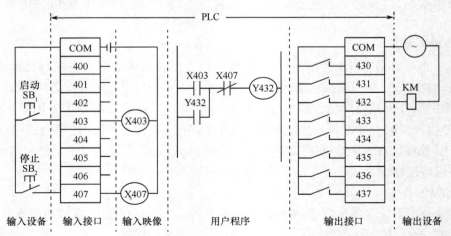

图 3-3 PLC 等效电路

图 3-3 中,X400～X407,Y430～Y437 分别表示输入、输出接口的地址,也对应着存储器空

间中特定的存储位,这些位的状态(ON 或者 OFF)表示相应输入、输出接口的状态。每个输入、输出接口的地址是唯一固定的,PLC 的接线端子号与这些地址一一对应。由于所有的输入、输出状态都由存储器位来表示,它们并不是物理上实际存在的继电器线圈,所以常称它们为"软元件",它们的常开、常闭触点可以在程序中无限次使用。

3.3.2　可编程控制器的工作过程

PLC 的工作过程以循环扫描的方式进行,当 PLC 处于运行状态时,其运行周期可划分为 3 个基本阶段:输入采样阶段、程序执行阶段、输出刷新阶段。

1. 输入采样阶段

在这个阶段,PLC 逐个扫描每个输入端口,将所有输入设备的当前状态保存到相应的存储区,把专用于存储输入设备状态的存储区称为输入映像寄存器。图 3-3 中以线圈形式标出的 X403、X407,实际上是输入映像寄存器的形象比喻。

输入映像寄存器的状态被刷新后,将一直保存,直至下一个循环才会被重新刷新,所以当输入采样阶段结束后,如果输入设备的状态发生变化,也只能在下一个周期才能被 PLC 接收到。

2. 程序执行阶段

PLC 将所有的输入状态采集完毕后,进入用户程序的执行阶段。所谓用户程序的执行,并非是系统将 CPU 的工作交由用户程序来管理,CPU 所执行的指令仍然是系统程序中的指令。在系统程序的指示下,CPU 从用户程序存储区逐条读取用户指令,经解释后执行相应动作,产生相应结果,刷新相应的输出映像寄存器,这期间需要用到输入映像寄存器、输出映像寄存器的相应状态。

当 CPU 在系统程序的管理下扫描用户程序时,按照自上而下、先左后右的顺序依次读取梯形图中的指令。以图 3-3 中的用户程序为例,CPU 首先读到的是常开触点 X403,然后在输入映像寄存器中找到 X403 的当前状态,接着从输出映像寄存器中得到 Y432 的当前状态,两者的当前状态进行"或"逻辑运算,结果暂存;CPU 读到的下一条梯形图指令是 X407 的常闭触点,同样从输入映像寄存器中得到 X407 的状态,将 X407 常闭触点的当前状态与上一步的暂存结果进行逻辑"与"运算,最后根据运算结果得到输出线圈 Y432 的状态(ON 或者 OFF),并将其保存到输出映像寄存器中,也就是对输出映像寄存器进行刷新。注意:程序执行过程中用到了 Y432 的状态,该状态是上一个周期执行的结果。

当用户程序被完全扫描一遍后,所有的输出映像寄存器都被依次刷新,系统进入下一个阶段——输出刷新阶段。

3. 输出刷新阶段

在这个阶段,系统程序将输出映像寄存器中的内容传送到输出锁存器中,经过输出接口、输出端子输出,驱动外部负载。输出锁存器一直将状态保持到下一个循环周期,而输出映像寄存器的状态在程序执行阶段是动态的。

4. 小结

根据上述过程的描述,可以对 PLC 工作过程的特点小结如下。

① PLC 采用集中采样、集中输出的工作方式,这种方式减少了外界干扰的影响。

② PLC 的工作过程是循环扫描的过程,循环扫描时间的长短取决于指令执行速度、用户程序的长度等因素。

③ 输出对输入的响应有滞后现象。PLC 采用集中采样、集中输出的工作方式,当采样阶段结束后,输入状态的变化将要等到下一个采样周期才能被接收,因此这个滞后时间的长短又主要取决于循环周期的长短。此外,影响滞后时间的因素还有输入电路滤波时间、输出电路的滞后时间等。

④ 输出映像寄存器的内容取决于用户程序扫描执行的结果。

⑤ 输出锁存器的内容由上一次输出刷新期间输出映像寄存器中的数据决定。

⑥ PLC 当前实际的输出状态由输出锁存器的内容决定。

除上面总结的 6 条外,需要补充说明的是,当系统规模较大、I/O 点数众多、用户程序比较长时,单纯采用上面的循环扫描工作方式会使系统的响应速度明显降低,甚至会丢失、错漏高频输入信号,因此,大多数大中型 PLC 在尽量提高程序指令执行速度的同时,也采取了一些其他措施来加快系统的响应速度。例如,采用定周期输入采样、输出刷新,直接输入采样、直接输出刷新,中断输入、输出,或者开发智能 I/O 模块,模块本身带有 CPU,可以与主机的 CPU 并行工作,分担一部分任务,从而加快整个系统的执行速度。

3.4　可编程控制器的硬件基础

I/O 单元是组成 PLC 系统的重要环节,本节以介绍 I/O 单元的硬件电路为主,在此基础上简单介绍 PLC 系统的硬件配置。应当说明的是,不同 PLC 在硬件的具体实现方案上总是有区别的,本节的任务是讨论一般性的原理,而非某一具体型号的结构特征,本书后续章节将针对不同型号的 PLC 分别介绍其特点。

3.4.1　可编程控制器的 I/O 模块

正如 3.2 节中所介绍的,PLC 的输入/输出部分可以分为数字量 I/O(DI/DO)和模拟量 I/O(AI/AO)两大类。

1. 数字量 I/O(DI/DO)

PLC 一般总是将输入/输出分成若干组,每组公用一个输入/输出端口,下面分别介绍数字量输入/输出电路的具体形式。

(1)数字量输入单元

数字量输入电路有多种形式,能分别适用于直流和交流的数字输入量。而在直流数字量的输入电路中,根据具体的电路形式又有源型和漏型之别。图 3-4 所示为漏型数字量输入电路示意图。

在图 3-4 中,若干个输入点组成一组,公用一个公共端(COM)。每个点都构成一个回路,图中只画出了一路。回路的电流流向是从输入端口流入 PLC,从公共端流出。电阻 R_2 和电容 C 构成 RC 滤波电路,光电耦合器将现场信号与 PLC 内部电路隔离,并且将现场信号的电平(图中为 DC 24V)转换为 PLC 内部电路可以接受的电平。发光二极管(LED)用来指示当前数字量输入信号的高、低电平状态。

源型输入电路的形式与图 3-4 基本相似,不同之处在于光电耦合器、发光二极管、DC 24V 电源均反向,电流流向是从公共端(COM)流入 PLC,从信号端流出。

目前有很多 PLC 采用双向光电耦合器,并且使用两个反向并联的发光二极管,这样一来,DC 24V 电源的极性可以任意接,电流的流向也可以是任意的,这种形式的电路可参考第 4 章中关于西门子 S7-200 PLC 的相关介绍。

交流数字量输入电路也有多种形式,有些采用桥式整流电路将交流信号转换成直流,然后经过光电耦合器隔离输入内部电路;而有些 PLC 则直接使用双向光电耦合器和双向发光二极管,从而省去了桥式整流电路。图 3-5 所示为带整流桥的交流输入电路示意图,后一种交流输入电路可参见第 4 章中关于西门子 S7-200 PLC 的相关介绍。

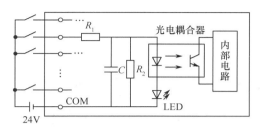

图 3-4 漏型数字量输入电路示意图

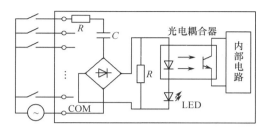

图 3-5 带整流桥的交流输入电路示意图

(2)数字量输出单元

PLC 的数字量输出有 3 种形式:继电器模式、晶体管模式、可控硅模式,分别用于驱动不同形式的负载。图 3-6 所示为继电器输出模式的原理图,图中的 KA 为输出继电器,它的线包由光电耦合器驱动,而光电耦合器的状态取决于 PLC 内部电路中的输出锁存器。继电器输出模式可以带交流、直流两种负载。

不同的 PLC 在具体电路的实施上会有所不同。在本书 4.2 节中,有针对性地对西门子 S7-200 PLC 的 3 种输出模式做了更为详细的介绍,可供读者借鉴和参考,因此这里不再给出晶体管模式和可控硅模式的原理图。

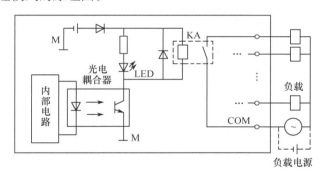

图 3-6 继电器输出模式原理图

2. 模拟量 I/O(AI/AO)

PLC 的模拟量 I/O 接口用于处理连续变化的电压或电流信号,在过程控制领域和数据采集及监控系统中用途极广。

(1)模拟量输入单元

传感器将被控对象中连续变化的物理量(如温度、压力、流量、速度等)转换成对应的连续电量(电压或电流)并送给 PLC,PLC 的模拟量输入单元将其转换成数字量后,CPU 可对其进行运算处理。因此,模拟量输入单元的核心部件是 A/D 转换器,对于多路输入的模块,需要多路开关配合使用,图 3-7 所示为具有 8 个输入通道的模拟量输入单元原理框图。

模拟量输入信号可以是电压或电流,在选型时要考虑输入信号的范围及系统要求的 A/D 转换精度。常见的输入范围有 DC±10V,0~10V,±20mA,4~20mA 等,转换精度有 8 位、10

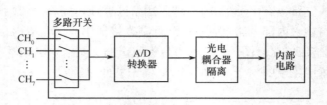

图 3-7　8 个输入通道的模拟输入量单元原理框图

位、11 位、12 位、16 位等,PLC 生产厂家的相关技术手册都会提供这些参数。此外,选型时还需要考虑接线形式是否与传感器匹配等。

（2）模拟量输出单元

模拟量输出的过程与输入正好相反,它将 PLC 运算处理过的二进制数转换成相应的电量（如 4～20mA,0～10V 等）,输出至现场的执行机构,其核心部件是 D/A 转换器,图 3-8 所示为模拟量输出单元的原理框图。

图 3-8　模拟量输出单元原理框图

模拟量输出单元的主要技术指标同样包括输出信号形式（电压或电流）、输出信号范围（如 4～20mA,0～10V 等）及接线形式等,在选型时要充分考虑这些因素与工业现场执行元件相互结合的问题。

3.4.2　可编程控制器的配置

PLC 的品种繁多,其结构形式、性能、容量、指令系统、编程方法、价格等各有自己的特点,适用场合也各有侧重。从硬件选型的角度,首先需要考虑设备容量与性能是否与任务相适应;其次要看 PLC 运行速度是否能够满足实时控制的要求。

所谓设备容量,主要是指系统 I/O 点数的多少及扩充的能力。对于纯开关量控制的应用系统,如果对控制速度的要求不高,比如单台机械的自动控制,可选用小型一体化 PLC,如三菱公司的 FX$_{2N}$ 系列 PLC。这种类型的 PLC,体积小,安装方便,主机加扩展单元基本能够满足小规模系统的要求,可以采用简易编程器在线编程。

对于以开关量控制为主、带有部分模拟量控制的应用系统,如工业中常遇到的温度、压力、流量、液位等,应配备模拟量 I/O（AI/AO）,并且选择运算功能较强的小型 PLC,如西门子公司的 S7-200 系列 PLC（见第 4 章）。

对于比较复杂、控制功能要求较高的系统,比如需要 PID 调节、位置控制、高速计数、通信联网等功能时,应当选用中、大型 PLC。这一类 PLC 多为模块式结构,除了基本的模块,还提供专用的特殊功能模块。当系统的各个部分分布在不同的地域时,可以利用远程 I/O 组成分布式控制系统,适合这一类型的产品有西门子公司的 S7-300/400 系列 PLC 等。

此外,PLC 的输出控制相对于输入的变化总是有滞后的,最大可至 2～3 个循环周期,这对于一般的工业控制是允许的。但有些系统的实时性要求较高,不允许有较大的滞后时间,在这种要求比较高的场合,必须格外重视 PLC 的指令执行速度指标,选择高性能、模块式结构的 PLC 较为理想。例如,西门子公司的 S7-300/400 PLC,浮点运算指令的执行时间可以达到微秒级,另一个好处是可以配备专用的智能模块,这些模块都自带 CPU 独立完成操作,可大大提高控制系统的实时性。

关于电源问题,一体化 PLC 将电源部件集成在主机内,只需从电网引入外界电源即可,扩展单元的用电通过扩展电缆馈送。模块式 PLC 通常需要专用的电源模块,在选择电源模块时要考虑功率问题,可以通过查阅技术手册得到各个模块的功耗,其总和加上余量就是选择电源模块的依据。注意:有些情况下需要 PLC 电源通过 I/O 单元驱动传感器和负载,这一部分功耗也须考虑在内。

3.5　可编程控制器的软件基础

PLC 是一种通用的、商业化的工业控制计算机,与个人计算机相仿,用户程序必须在系统程序的管理下才能运行。下面首先介绍 PLC 系统监控程序的运行情况,然后再介绍用户指令系统的相关内容。

3.5.1　系统监控程序

系统监控程序的运行从设备上电开始,经过初始化程序后进入循环执行阶段。在循环执行阶段,要完成的操作有 4 大类:以故障诊断、通信处理为主的公共操作;联系工业现场的数据输入/输出操作;执行用户程序的操作;服务于外部设备的操作。如图 3-9 所示为系统监控程序执行过程的框图,图中的输入刷新、用户程序执行、输出刷新等 3 个部分在 3.3 节已介绍,这里只介绍其他几个部分。

1.　上电初始化

上电初始化的作用是清零各个标志寄存器,清零输入/输出映像寄存器,清零各计数器、复位定时器等,为 PLC 开始正常工作"清理现场"。

2.　CPU 自诊断

CPU 自诊断主要包括检查电源电压是否正常、I/O 单元的连接是否正常、用户程序是否存在语法错误、对监控定时器定期复位等。监控定时器又常被称为"看门狗"(WatchDog Timer,WDT),其定时时间略长于整个程序的循环周期,系统程序总在某一固定阶段对它重新装入定时初值,所以只要系统工作正常,监控定时器就永远不会申请定时到中断。反过来说,如果监控定时器申请定时时间到中断,就一定意味着系统的某处出现问题,系统会响应其中断,并在中断处理程序中对故障信息做相应处理。

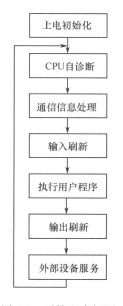

图 3-9　系统程序框图

3.　通信信息处理

这个阶段 PLC 要完成与网络及总线上其他设备的通信任务,包括与 PLC、计算机、智能 I/O 模块、数字处理器(DPU)等设备之间的信息交换。

4.　外部设备服务

PLC 在这个阶段与外部设备交换信息,包括编程器、图形监视器(监控设备)、打印机等。PLC 允许在线编程,能够与人机界面实时交换信息,所以要在每个循环周期内执行此项操作。

3.5.2　用户应用程序

用户程序是由用户编写,能够完成系统控制任务的指令序列。不同厂家的 PLC,会提供不同的指令集,但基本的编程元件和编程形式有许多共同之处。

1. PLC 的编程元件

PLC 的编程元件也称为逻辑部件,是 PLC 指令系统中的基本要素,PLC 指令系统通常提供以下逻辑部件。

(1) 继电器

输入/输出映像寄存器里的每一位在指令系统中都对应一个固定的编号,在图形编程语言(如梯形图语言)中形象地用继电器线圈来表示,因此也常称为输入继电器、输出继电器。同时为了满足对复杂逻辑关系的编程要求,还提供大量的中间辅助继电器,它们也对应存储器中的某一固定区域。这些继电器都是所谓的"软元件",它们的状态用一个二进制位就可以表示,1 对应 ON 状态,0 对应 OFF 状态,在用户程序中可以无限次使用它们的常开、常闭触点。

(2) 定时器

类似于继电器-接触器电路中的时间继电器,有延时接通、延时断开、脉冲定时等多种形式,可以组成复杂的时间顺序逻辑。定时器指令一般由线圈、定时时间设定值和当前计时值组成,PLC 专门在存储器中开辟出一个区域,用以保存各个定时器线圈当前的状态(ON 或 OFF)及时间的设定值和当前值。定时器的常开、常闭触点可以在用户程序中无限次使用。

(3) 计数器

用软件实现的计数器指令,用于实现脉冲计数功能,有递减计数、递增计数等形式,不同的 PLC 在计数器数量、计数长度等方面都有所区别。计数器指令一般包含计数器线圈、计数值设定、计数器复位、计数信号输入、当前计数值等。计数器的常开、常闭触点可以在用户程序中无限次使用。

(4) 触发器

该指令用于对状态位的置 1 和清零,状态位即为触发器线圈,它的 ON 状态一旦触发可以自保持,直至复位条件满足才变为 OFF 状态。触发器的常开、常闭触点同样可以无限次使用。

(5) 其他元件及指令

除上述 4 种逻辑元件外,PLC 指令系统一般还提供移位寄存器、数据寄存器、边沿检测、比较、运算、ASCII 码处理及数制转换等多种指令。

2. PLC 的编程语言

常用的编程语言有梯形图语言、语句表语言、功能块图等。

(1) 梯形图语言(LAD)

这是一种使用最广泛的语言,与继电器-接触器电路图非常相似,具有直观易懂的优点,很容易被熟悉电气控制的工程技术人员掌握。前面介绍的编程元件及它们的线圈、触点等,都是基于梯形图语言而言的。下面通过一个简单的继电器-接触器电路和与之对应的梯形图语言程序的对比,来说明梯形图语言的应用,如图 3-10 所示。

图 3-10(a)中,按钮 SB_{11}、SB_{12}、SB_{21}、SB_{22} 分别接入 PLC 的数字量输入点 X400、X401、X402、X403,在实际接法上均使用按钮的常开触点;接触器线圈 KM_1、KM_2 分别由 PLC 的数字量输出点 Y432、Y433 驱动。

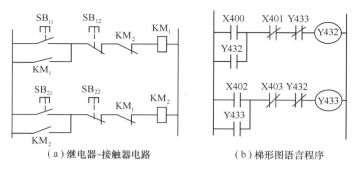

（a）继电器-接触器电路　　　　　　　（b）梯形图语言程序

图 3-10　梯形图语言

由图 3-10 可见，梯形图语言的形式与继电器-接触器电路图的形式很接近，其逻辑关系也是自上而下、自左而右展开的，左、右两条竖线也称为母线。从左母线开始，按照控制要求依次连接各个触点，最后以输出线圈结束，称为一个逻辑行，或一个"梯级"，完整的用户程序就是由若干逻辑行构成的。

在阅读梯形图程序时，可按照阅读继电器-接触器电路图的习惯，对每一逻辑行来说，假设能量的流动由左母线向右流动，如果各触点的逻辑状态使得"能流"可以达到最右边的线圈，则该线圈的输出状态为 ON，否则为 OFF。

在编写梯形图程序时，有一些被普遍遵守的原则，它们也都是出自继电器-接触器电路的设计原则。例如，在一个逻辑行中不应串联两个线圈，同一个线圈不应出现在不同逻辑行中等。

（2）语句表语言（STL）

语句表语言类似于微机中的汇编语言，由多条语句组成一个程序段，适合于经验丰富的程序员使用，可以实现某些用梯形图难以实现的功能。在使用简易编程器编程时，常常需要将梯形图转换为语句表才能输入 PLC。例如，将图 3-10（b）的梯形图转换成语句表后为

0　LD　X400　1　OR　Y432　2　ANI　X401　3　ANI　Y433
4　OUT　Y432　5　LD　X402　6　OR　Y433　7　ANI　X403
8　ANI　Y432　9　OUT　Y433

这里采用的是三菱 FX 系列 PLC 的语句表语言，各厂家的语句表助记符不尽相同，具体使用时要参看相应的软件手册。

（3）其他编程语言

PLC 的编程语言种类是很丰富的，除上述两种编程语言外，还有采用布尔逻辑代数的图形符号编程的功能块图语言（FBD）、顺序功能图（SFC）及结构文本（ST）等，限于篇幅这里不予介绍。

3.6　可编程控制器的性能指标及分类

前面对 PLC 的工作原理和编程形式做了简单介绍，除此之外，如果对 PLC 设备的基本性能指标及类型情况有所了解的话，则对具体的系统设计和选型非常有帮助。

3.6.1　可编程控制器的性能指标

各个厂家的 PLC 产品虽然各有特色，但从总体来讲，均可用以下几项指标来衡量对比其性能。

1. I/O 点数

I/O 点数是评价一个系列的 PLC 可适用于何等规模的系统的重要参数,通常厂家的技术手册都会给出相应 PLC 的最大数字量 I/O 点数及最大模拟量 I/O 点数,以反映该类型 PLC 的最大输入、输出规模。

2. 存储器容量

厂家提供的存储器容量指标一般均指用户程序存储器容量,体现了用户程序可以达到的规模。一般以 KB(千字节)、MB(百万字节)表示,有些 PLC 的用户程序存储器需要另购外插的存储器卡,或者用存储卡扩充。

3. 扫描速度

扫描速度指标体现了 PLC 指令执行速度的快慢,是对控制系统实时性能的评价指标。一般用 ms/k 单位来表示,即执行 1k 步所需时间。

4. 内部寄存器

内部寄存器用于存放中间结果、中间变量等数据,其数量的多少及容量的大小直接关系到编程的方便、灵活与否。

5. 指令系统

指令种类的多少是衡量 PLC 软件系统功能强弱的重要指标,指令越丰富,用户编程越方便,越容易实现复杂功能,从而说明 PLC 的软件系统功能越强。

6. 特殊功能及模块

除基本功能外,评价 PLC 技术水平的指标还可以看一些特殊功能,如自诊断功能、通信联网功能、远程 I/O 能力等,以及 PLC 所能提供的特殊功能模块。例如,高速计数模块、位置控制模块、闭环控制模块等。

7. 工作环境

PLC 对工作环境有一定的要求,应尽量避免安装在有大量粉尘和金属屑、腐蚀性气体和易燃气体的场所,避免阳光直射,尽量避免连续的震动和冲击,PLC 适宜的温度范围通常为 0～55℃,对湿度的要求是小于 85%(无结露)。

3.6.2　可编程控制器的分类

可编程控制器的品种很多,发展也很快,在分类上并没有严格统一的标准,目前较为通行的分类方法有两种:按结构分类和按控制规模分类。

1. 按结构分类

PLC 在结构上主要有两种类型:整体式和模块式。整体式的 PLC 将 CPU 单元、存储器单元、I/O 单元、电源单元都集中安装在一个箱体内,是不可分的,称为主机。主机上通常有编程接口和扩展接口,前者用于连接编程器,后者用于连接扩展单元。整体式 PLC 又称一体化 PLC、箱体式 PLC 等。

模块式 PLC 是将各个功能单元制作成独立的模块,如 CPU 模块、数字量输入/输出模块、模拟量输入/输出模块、电源模块及其他特殊功能模块和智能模块,用户根据控制需要选择相应的模块,将其组装在一起构成完整的 PLC。模块之间的数据传递和信息交换是通过内部总线完成的,因此每个模块都有总线接口,总线的连接形式多种多样,涉及 PLC 的安装形式,具体要参看相关厂家的产品技术手册。

2. 按控制规模分类

控制规模是 PLC 的性能指标之一,习惯上总是用数字量 I/O 点数的多少来衡量 PLC 系统规模的大小。目前关于控制规模的划分方式并不统一,较为细致的划分可以将 PLC 分为微型机(数十点)、小型机(500 点以下)、中型机(500 点至上千点)、大型机(数千点)、超大型机(上万点)等多种级别。也有粗略地划分为小型机(256 点以下)、中型机(256~2048 点)、大型机(2048 点以上)等级别的。

上述标准主要是基于习惯,但 PLC 的发展趋势总是在不断地突破人们的习惯,所以上述的划分并不严格,其目的是便于用户在选型时有一个数量级别的概念,从而便于选择,尽量使控制系统的性价比达到最优。

习题与思考题

1. 可编程控制器的特点有哪些?
2. 可编程控制器与传统的继电器-接触器控制系统相比有哪些优点?
3. 可编程控制器在结构上有哪两种形式?说明它们的区别。
4. 如果某一系统需要对模拟量进行闭环控制,对实时性要求较高时,应重点考虑 PLC 的哪几个性能指标?为什么?
5. 从软、硬件两个角度说明 PLC 的高抗干扰性能。
6. PLC 怎样执行用户程序?说明 PLC 在正常运行时的工作过程。
7. 如果数字量输入的脉冲宽度小于 PLC 的循环周期,是否能够保证 PLC 检测到该脉冲?为什么?
8. 影响 PLC 输出响应滞后的因素有哪些?你认为最重要的原因是哪一个?
9. 图 3-11 所示的梯形图说明了编程顺序对输出响应滞后时间的影响,如果在第一个扫描周期中,输入 X400 的状态为 ON,则 Y430、Y431、Y432 将分别在第几个周期内变为 ON 状态?如果要改善输出响应的滞后时间,应当怎样修改该程序?

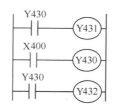

图 3-11 编程顺序对滞后的影响

第 4 章   S7-200 PLC 的系统配置与开发环境

西门子公司的 S7-200 系列 PLC 可以满足多种多样的自动化控制的需要。由于具有紧凑的设计、良好的扩展性、低廉的价格及强大的指令系统，S7-200 可以近乎完美地满足小规模的控制要求。此外，丰富的 CPU 类型和电压等级使其在解决用户的工业自动化问题时，具有很强的适应性和可选择性。

S7-200 CPU22X 系列 PLC，是 S7-200 CPU21X 系统的替代产品，由于它具有多种功能模块和人机界面可供选择，因此很容易组成 PLC 网络。本章以 CPU22X 为重点进行介绍。

本章主要内容：

- S7-200 PLC 系统的基本组成；
- S7-200 PLC 的接口模块；
- S7-200 PLC 的系统配置；
- STEP 7-Micro/WIN 开发环境简介。

本章重点是熟练掌握 S7-200 PLC 的系统配置，掌握 S7-200 PLC 的接口模块。通过对本章的学习，做到根据需要配置 S7-200 PLC 的基本单元及扩展模块，构成一个满足用户要求的控制系统。

4.1   S7-200 PLC 系统的基本组成

S7-200 PLC 硬件系统的组成采用整体式加积木式，即主机中包括一定数量的 I/O 接口，同时还可以扩展各种功能模块。

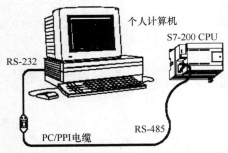

图 4-1   S7-200 PLC 系统构成

S7-200 PLC 由基本单元（S7-200 CPU 模块）、扩展单元、个人计算机（PC）或编程器、STEP 7-Micro/WIN 编程软件及通信电缆等组成，如图 4-1 所示。

1. 基本单元

基本单元（S7-200 CPU 模块）也称为主机。由中央处理单元（CPU）、电源及数字量输入/输出单元组成。这些都被紧凑地安装在一个独立的装置中。基本单元可以构成一个独立的控制系统。

如图 4-2 所示，在 CPU 模块的顶部端子盖内有电源及输出端子；在底部端子盖内有输入端子及传感器电源；在中部右侧前盖内有 CPU 工作方式开关（RUN/STOP）、模拟调节电位器和扩展 I/O 接口；在模块的左侧分别有状态 LED 指示灯、存储卡及通信接口。

（1）中央处理单元（CPU）

PLC 实质上就是一台专用的工业控制计算机，通常一个主机模块都安装有一个或多个 CPU。若是多个 CPU，那其中必定有一个主 CPU，其余的为辅助 CPU，它们协同工作，大大提高了整个系统的运算速度和功能，缩短了程序的执行时间。

S7-200 是一个系列，其中包括多种型号的 CPU，以适应不同需求的控制场合。

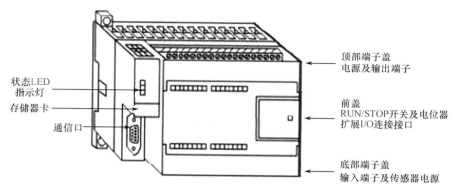

状态LED
指示灯
存储器卡
通信口

顶部端子盖
电源及输出端子

前盖
RUN/STOP开关及电位器
扩展I/O连接接口

底部端子盖
输入端子及传感器电源

图 4-2　S7-200 CPU 模块

近几年西门子公司推出的 S7-200 CPU22X 系列产品有：CPU221 模块、CPU222 模块、CPU224 模块、CPU226 模块、CPU226XM 模块。S7-200 CPU22X 系列产品的主要性能如表 4-1 所示，供用户在进行系统设计时查询。CPU22X 系列产品指令丰富、速度快、具有较强的通信能力。例如，CPU226 模块的 I/O 总数为 40 点，其中输入点 24 点，输出点 16 点；可带 7个扩展模块；用户程序存储器容量为 8KB；内置高速计数器，具有 PID 控制器的功能；有 2 个高速脉冲输出端和 2 个 RS-485 接口；具有 PPI 通信协议、MPI 通信协议和自由口协议的通信能力；运行速度快、功能强，适用于要求较高的中小型控制系统。

表 4-1　**S7-200 CPU 系列产品的主要性能表**

特性	CPU221	CPU222	CPU224	CPU224XP	CPU226
外形尺寸/mm×mm×mm	90×80×62	90×80×62	120.5×80×62	140×80×62	190×80×62
程序存储器：					
运行模式下编辑	4096 字节	4096 字节	8192 字节	12288 字节	16384 字节
非运行模式下编辑	4096 字节	4096 字节	12288 字节	16384 字节	24576 字节
数据存储区	2048 字节	2048 字节	8192 字节	10240 字节	10240 字节
掉电保护时间	50 小时	50 小时	100 小时	100 小时	100 小时
本机数字量 I/O	6 入/4 出	8 入/6 出	14 入/10 出	24 入/10 出	24 入/16 出
本机模拟量 I/O	无	无	无	2 入/1 出	无
数字 I/O 映像区	256(128 入/128 出)				
模拟 I/O 映像区	无	32(16 入/16 出)	64(32 入/32 出)	64(32 入/32 出)	64(32 入/32 出)
脉冲捕捉输入	6	8	14	14	24
扩展模块数量	0 个模块	2 个模块	7 个模块	7 个模块	7 个模块
高速计数器	总共 4 个	总共 4 个	总共 6 个	总共 6 个	总共 6 个
单相	4 路 30kHz	4 路 30kHz	6 路 30kHz	4 路 30kHz 2 路 200kHz	6 路 30kHz
两相	2 路 20kHz	2 路 20kHz	4 路 20kHz	3 路 20kHz 1 路 100kHz	4 路 20kHz
脉冲输出(DC)	2 路 20kHz	2 路 20kHz	2 路 20kHz	2 路 100kHz	2 路 20kHz
模拟电位器	1 个(8 位分辨率)		2 个(8 位分辨率)		
实时时钟	配时钟卡	配时钟卡	内置	内置	内置
RS-485 接口	1	1	1	2	2
布尔指令执行速度	0.22 μs/指令				
浮点数运算	有				

（2）存储器

PLC 的存储器主要用于存放系统程序、用户程序和工作状态数据。它的种类和形式很多：从存储器种类划分，有 ROM、EPROM、EEPROM、RAM；从安装形式划分，有直接插入的集成块、存储器板、IC 卡等；从用途划分，有系统程序存储器、数据存储器和用户存储器。

值得一提的是，RAM 单元可进行数据和程序的读出/写入。一旦掉电，在 RAM 中所保存的内容就会丢失。为了保存其内容，PLC 采用锂电池或电容来进行保护。在环境为 25℃时，装上新电池存储的内容可保存 5 年之久。若用电容保护，则 PLC 主机关断后，存储的内容可保持 20 天。

若用 EPROM 单元，则需用 EPROM 写入器把程序写入 EPROM 芯片中，然后装入 EPROM 单元。

若用 EEPROM 单元，则与 RAM 单元一样，可以随时进行程序或数据的写入/读出，不同的是 EEPROM 不需要电池或电容进行保护。

（3）通信接口

近年来出产的 PLC 产品一般都带有通信接口。在 S7-200 主机模块上，都至少有一个或多个通信接口，可与手持式编程器、计算机或其他的外围设备相连，以实现编程、调试、运行、监控、打印和数据传送等功能。

若有两个通信接口，则其中一个可用于与编程器相连，另一个用于与上位机相连。S7-200 提供的是 RS-485 接口，与计算机相连时需使用专业的 PC/PPI 电缆。

RS-485 串行通信接口的功能包括串行/并行数据的转换、通信格式的识别、数据传输的出错检验、信号电平的转换等。通信接口是 PLC 主机实现人机对话、机机对话的通道。通过通信接口，PLC 可以和编程器、彩色图形显示器、打印机等外部设备相连，也可以和其他 PLC 或上位机连接。

（4）电池

在主机模块中通常配有锂电池，用于在掉电时保存系统配置参数和相关数据。

（5）LED 指示灯

在主机模块上安装有 LED 指示灯，用于指示 PLC 电源（POWER）、运行（RUN）、编程（PROG）、测试（TEST）、断开（BREAK）、出错（ERROR）、电池电量不足（BATT）、警告（ALARM）等工作状态。

（6）I/O 端子

有的 PLC 在主机模块上配有少量的 I/O 端子。PLC 的 I/O 功能主要靠配置各种 I/O 模块来实现。

输入端子、输出端子是 PLC 与外部输入信号、外部负载联系的窗口。

输入/输出扩展接口是 PLC 主机为了扩展输入/输出点数和类型的部件。输入/输出扩展接口有并行接口、串行接口和双口存储器接口等多种形式。

根据控制的需要，PLC 主机可以通过输入/输出扩展接口扩展系统，即在 PLC 主机的右侧插上一块或几块扩展模块，并用扩展电缆将它们连接起来。扩展模块包括数字量输入/输出扩展模块、模拟量输入/输出扩展模块或智能输入/输出扩展模块等。

图 4-3 所示为一台 PLC 主机带一块扩展模块的结构。主机与扩展模块之间由导轨连接固定。

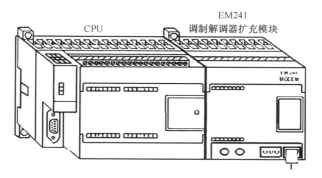

CPU   EM241
调制解调器扩充模块

图 4-3 　带一块扩展模块的 S7-200 CPU 模块

2. 与计算机的连接

为了实现 PLC 与计算机之间的通信,西门子公司为用户提供了两种硬件连接方式:一种是通过 PC/PPI 电缆直接连接,另一种是通过带有 MPI 电缆的通信处理器连接。典型的单主机与 PLC 直接连接如图 4-1 所示,它不需要其他的硬件设备,方法是把 PC/PPI 电缆的 PC 端连接到计算机的 RS-232 接口(一般是 COM1),把 PC/PPI 电缆的 PPI 端连接到 PLC 的 RS-485 接口。

3. STEP 7-Micro/WIN 编程软件

西门子 S7-200 可编程控制器使用 STEP 7-Micro/WIN32 编程软件进行编程,功能强大,主要用于开发程序,也可用于实时监控用户程序的执行状态。STEP 7-Micro/WIN 编程软件开发环境如图 4-4 所示。

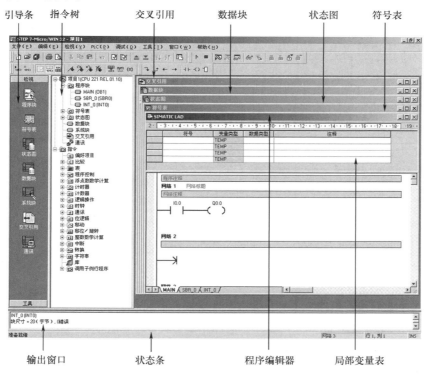

图 4-4 　STEP 7-Micro/WIN 编程软件开发环境

4. 通信电缆

通信电缆是 PLC 用来与个人计算机(PC)实现通信的"纽带"。可以用 PC/PPI 电缆;使用通信处理器(CP)时,可用多点接口(MPI)电缆;使用 MPI 卡时,可用 MPI 卡专用通信电缆。

5. 人机界面

人机界面主要指专用操作员界面,如操作员面板、触摸屏、文本显示器等,这些设备可以使用户通过友好的操作界面轻松地完成各种调试和控制任务。

操作员面板(如 OP27,OP37)和触摸屏(如 TP27,TP37)的基本功能是过程状态和过程控制的可视化,可以用 Protool 软件组态它们的显示与控制功能。

文本显示器(如 TD200)的基本功能是文本信息显示和实施操作。在控制系统中,可以设定和修改参数。可编程的 8 个功能键可以作为控制键,文本显示器还能扩展 PLC 的输入和输出端子数。

4.2   S7-200 PLC 的接口模块

S7-200 PLC 系列 CPU 提供一定数量的主机数字量 I/O 点,当主机点数不够或者处理的信息是模拟量时,就必须使用扩展的接口模块。S7-200 PLC 的接口模块有数字量模块、模拟量模块和智能模块等。

4.2.1   数字量 I/O 模块

S7-200 主机的输入、输出点数不能满足控制的需要时,可以选配各种数字量模块来扩展,数字量模块有数字量输入模块、数字量输出模块和数字量输入/输出模块。

1. 数字量输入模块

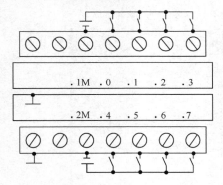

图 4-5   直流输入模块端子接线图

数字量输入模块的每个输入点都可接收一个来自用户设备的离散信号(ON/OFF),典型的输入设备有按钮、限位开关、选择开关、继电器触点等。一个输入点与一个且仅与一个输入电路相连,通过输入接口电路把现场开关信号变成 CPU 能接收的标准电信号。数字量输入模块可分为直流输入模块和交流输入模块,以适应实际生产中输入信号电平的多样性。

(1) 直流输入模块

直流输入模块(EM221   8×DC 24V)有 8 个数字量输入端子。图 4-5 所示为直流输入模块端子接线图,图中 8 个数字量输入点分成两组。1M,2M 分别是两组输入点内部电路的公共端,每组都需用户提供一个 DC 24V 电源。

直流输入模块的输入电路如图 4-6 所示。光电耦合器隔离了输入电路与 PLC 内部电路的电气连接,使外部信号通过光电耦合器变成内部电路能接收的标准信号。当现场开关 SB₁ 闭合后,外部直流电压经过电阻 R_1 和阻容滤波后加到光电耦合器的发光二极管上,经光电耦合器,光敏晶体管接收光信号,并将接收的信号送入内部电路,在输入采样时送至输入映像寄存器。现场开关通/断状态对应输入映像寄存器的 1/0 状态,即当现场开关闭合时,对应的输入映像寄存器为"1"状态;当现场开关断开时,对应的输入映像寄存器为"0"状态。当输入端的双向发光二极管

(VL)点亮,即指示现场开关闭合。外部直流电源用于检测输入点的状态,其极性可以任意接入。

图 4-6 中,电阻 R_2 和电容 C 构成滤波电路,可滤掉输入信号的高频抖动。双向光电耦合器起整流和隔离的双重作用,双向发光二极管 VL 用于状态指示。

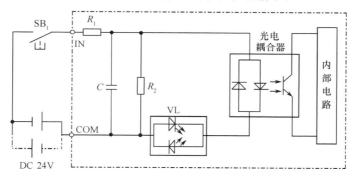

图 4-6　直流输入模块的输入电路

（2）交流输入模块

交流输入模块(EM221　8×AC 120/230V)有 8 个分隔式数字量输入端子,交流输入模块端子接线图如图 4-7 所示。图中每个输入点都占用 2 个接线端子,它们各自使用 1 个独立的交流电源(由用户提供)。这些交流电源可以不同相。

交流输入模块的输入电路如图 4-8 所示。当现场开关 SB_1 闭合后,交流电源经 C、R_2、光电耦合器中的一个发光二极管,使发光二极管发光,经光电耦合器,光敏晶体管接收光信号,并将该信号送至 PLC 内部电路,供 CPU 处理。双向发光二极管 VL 指示输入状态。

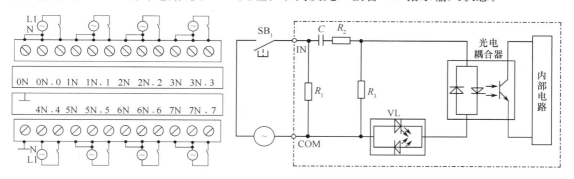

图 4-7　交流输入模块端子接线图　　　图 4-8　交流输入模块的输入电路

为防止输入信号过高,每路输入信号都并接取样电阻 R_1,用来限幅;为减少高频信号串扰,串接 R_2、C 作为高频去耦电路。

2. 数字量输出模块

数字量输出模块的每个输出点都能控制一个用户的离散型(ON/OFF)负载。典型的负载包括继电器线圈、接触器线圈、电磁阀线圈、指示灯等。一个输出点与一个且仅与一个输出电路相连,通过输出电路把 CPU 运算处理的结果转换成驱动现场执行机构的各种大功率开关信号。

由于现场执行机构所需电流是多种多样的,因而,数字量输出模块分为直流输出模块、交流输出模块、交直流输出模块 3 种。

（1）直流输出模块

直流输出模块(EM222　8×DC 24V)有 8 个数字量输出点,图 4-9 所示为直流输出模块端子接线图,图中 8 个数字量输出点分成两组,1L+,2L+分别是两组输出点内部电路的公共端,每组都需要用户提供一个 DC 24V 的电源。

直流输出模块是晶体管输出方式,或用场效应晶体管(MOSFET)驱动。图 4-10 所示为直流输出模块的输出电路。当 PLC 进入输出刷新阶段时,通过数据总线把 CPU 的运算结果由输出映像寄存器集中传送给输出锁存器;输出锁存器的输出使光电耦合器的发光二极管发光,光敏晶体管受光导通后,使场效应晶体管饱和导通,相应的直流负载在外部直流电源的激励下通电工作。当对应的输出映像寄存器为“1”状态时,负载在外部电源激励下通电工作;当对应的输出映像寄存器为“0”状态时,外部负载断电,停止工作。图 4-10 中光电耦合器实现光电隔离,场效应晶体管作为功率驱动的开关器件,稳压管用于防止输出端过电压以保护场效应晶体管,发光二极管 VL 用于指示输出状态。

晶体管(或场效应晶体管)输出方式的特点是输出响应速度快。场效应晶体管的工作频率可达 20kHz。

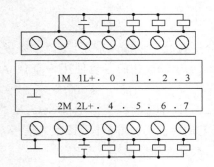

图 4-9　直流输出模块端子接线图

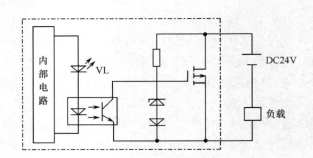

图 4-10　直流输出模块的输出电路

(2) 交流输出模块

交流输出模块(EM222　8×AC 120/230V)有 8 个分隔式数字量输出点,图 4-11 所示为交流输出模块端子接线图。图中每个输出点都占用两个接线端子,且它们各自都由用户提供一个独立的交流电源,这些交流电源可以不同相。

交流输出模块是晶闸管输出方式,其特点是输出启动电流大。当 PLC 有信号输出时,通过输出电路使发光二极管导通,通过光电耦合器使双向晶闸管导通,交流负载在外部交流电源的激励下得电。发光二极管 VL 点亮,指示输出有效。图 4-12 中,固态继电器(AC SSR)作为功率放大的开关器件,同时也是光电隔离器件,电阻 R_2 和电容 C 组成高频滤波电路,压敏电阻起过电压保护作用,消除尖峰电压。

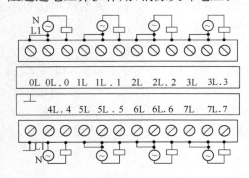

图 4-11　交流输出模块端子接线图

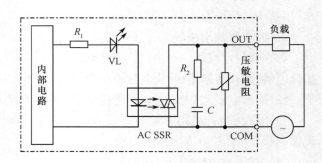

图 4-12　交流输出模块的输出电路

（3）交直流输出模块

交直流输出模块（EM222 8×继电器）有 8 个输出点，分成两组，1L、2L 是每组输出点内部电路的公共端。每组都需用户提供一个外部电源（可以是直流或交流电源）。图 4-13 所示为交直流输出模块端子接线图。

交直流输出模块是继电器输出方式，其输出电路如图 4-14 所示。当 PLC 有信号输出时，输出接口电路使继电器线圈激励，继电器触点的闭合使负载回路接通，同时状态指示发光二极管 VL 导通点亮。根据负载的性质（直流负载或交流负载）来选用负载回路的电源（直流电源或交流电源）。

图 4-14 中，继电器作为功率放大的开关器件，同时又是电气隔离器件。为消除继电器触点的火花，并联有阻容熄弧电路。在继电器的触点两端，还并联有金属氧化膜压敏电阻，当外接交流电压低于 150V 时，其阻值极大，视为开路；当外接交流电压为 150V 时，压敏电阻开始导通，随着电压的增加其导通程度迅速增加，以使电平被钳位，不使继电器触点在断开时出现两端电压过高的现象，从而保护该触点。电阻 R_1 和发光二极管 VL 组成输出状态显示电路。继电器输出方式的特点是输出电流大（可达 2～4A），可带交流、直流负载，适应性强，但响应速度慢。

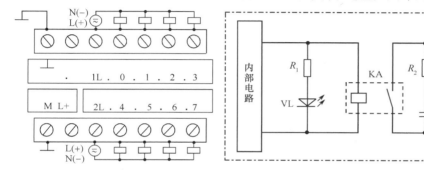

图 4-13　交直流输出模块端子接线图　　　图 4-14　交直流输出模块的输出电路

3. 数字量输入/输出模块

S7-200 PLC 配有数字量输入/输出模块（EM223）。在一块模块上，既有数字量输入点又有数字量输出点，这种模块称为组合模块或输入/输出模块。数字量输入/输出模块的输入电路及输出电路的类型与上述介绍的相同。在同一块模块上，输入/输出电路类型的组合多种多样，用户可根据控制需求选用。有了数字量组合模块，可使系统配置更加灵活。

4.2.2　模拟量 I/O 模块

在工业控制中，除了用数字量信号来控制，有时还要用模拟量信号来进行控制。模拟量模块有模拟量输入模块、模拟量输出模块、模拟量输入/输出模块。

1. 模拟量输入模块（A/D）

模拟量信号是一种连续变化的物理量，如电流、电压、温度、压力、位移、速度等。工业控制中，要对这些模拟量进行采集并送给 PLC 的 CPU，就必须先对这些模拟量进行模数（A/D）转换。模拟量输入模块就是用来将模拟信号转换成 PLC 所能接收的数字信号的。生产过程的模拟信号是多种多样的，类型和参数大小也不相同，因此，一般先用现场信号变送器把它们变换成统一的标准信号（如 4～20mA 的直流电流信号、0～5V 的直流电压信号等），然后再送入模拟量输入模块将模拟量信号转换成数字量信号，以便 PLC 的 CPU 进行处理。模拟量输入模块一般由滤波、模数（A/D）转换、光电耦合器等部分组成。光电耦合器有效防止了电磁干扰。对多通道的模拟量输入单元，通常设置多路转换开关进行通道的切换，且在输出端设置信号寄存器。

模拟量输入模块设有电压信号和电流信号输入端。输入信号经滤波、放大、模数(A/D)转换得到数字量信号,再经光电耦合器进入 PLC 内部电路。

模拟量输入模块(EM231)具有 4 个模拟量输入通道。输入信号经 A/D 转换后的数字量是 12 位二进制数(即精度为 12 位)。单极性全量程输入范围对应的数字量输出为 0~32000,双极性为−32000~+32000。模拟量转换为数字量的 12 位读数是左对齐的,最高有效位是符号位,0 表示正值。在单极性格式中,最高 1 位始终为 0,最低 3 位是 3 个连续的 0,中间 12 位为数据值,16 位数字量的值相当于 A/D 转换值被乘以 8。在双极性格式中,最低位是 4 个连续的 0,相当于 A/D 转换值被乘以 16。每个通道占有存储器 AI 区域 2 字节(16 位),应从偶数字节地址开始存放。该模块模拟量的输入值为只读数据。电压输入范围:单极性 0~10V,0~5V;双极性−5~+5V,−2.5~+2.5V,电流输入范围:0~20mA。模拟量到数字量的最大转换时间为 250μs。该模块需要直流 24V 供电,可由 CPU 模块的传感器电源 DC 24V/400mA 供电,也可由用户提供外部电源。

2. 模拟量输出模块(D/A)

在工业控制中,有些现场设备需要用模拟量信号控制,如电动阀门、液压电磁阀等执行机械,需要用连续变化的模拟信号来控制或驱动。这就要求把 PLC 输出的数字量变换成模拟量,以满足这些设备的需求。

模拟量输出模块的作用就是把 PLC 输出的数字量信号转换成相应的模拟量信号,以适应模拟量控制的要求。模拟量输出模块一般由光电耦合器、数模(D/A)转换器和信号驱动等环节组成。

模拟量输出模块(EM232)具有 2 个模拟量输出通道。每个输出通道占用存储器 AQ 区域 2 字节。该模块输出的模拟量可以是电压信号,也可以是电流信号。输出信号的范围:电压输出为−10~+10V,电流输出为 0~20mA。满量程时电压输出和电流输出的分辨率分别为 12 位和 11 位,对应的数字量分别为−32000~+32000 和 0~32000。电压输出的设置时间为 100μs,电流输出的设置时间为 2ms。用户程序无法读取模拟量输出值。该模块需要 DC 24V 供电,可由 CPU 模块的传感器电源 DC 24V/400mA 供电,也可由用户提供外部电源。

3. 模拟量输入/输出模块

S7-200 还配有模拟量输入/输出模块(EM235),EM235 具有 4 个模拟量输入通道、1 个模拟量输出通道。该模块的模拟量输入功能同 EM231 模拟量输入模块,技术参数基本相同,只是电压输入范围有所不同:单极性为 0~10V,0~5V,0~1V,0~500mV,0~100mV,0~50mV;双极性为−10~+10V,−5~+5V,−2.5~+2.5V,−1~+1V,−500~+500mV,−250~+250mV,−100~+100mV,−50~+50mV,−25~+25mV。

该模块的模拟量输出功能同 EM232 模拟量输出模块,技术参数也基本相同。

该模块需要 DC 24V 供电。可由 CPU 模块的传感器电源 DC 24V/400mA 供电,也可由用户提供外部电源。

4.2.3 智能模块

为了满足更加复杂的控制功能的需要,PLC 还配有多种智能模块,以适应工业控制的多种需求。智能模块由处理器、存储器、输入输出单元、外部设备接口等组成。智能模块都有其自身的处理器,它是一个独立的自治系统,不依赖于主机的运行方式而独立运行。智能模块在自身系统程序的管理下,对输入的控制信号进行检测、处理和控制,并通过外部设备接口与

PLC 主机实现通信。主机运行时,每个扫描周期都要与智能模块交换信息,以便综合处理。这样,智能模块用来完成特定的功能,而 PLC 只是对智能模块的信息进行综合处理,以便使 PLC 可以处理其他更多的工作。

常见的智能模块有:测量温度扩展模块、位置控制模块、称重模块等。

1. 测量温度扩展模块

测量温度扩展模块属于模拟量输入扩展模块的一种,可以将外部多输入通道的温度传感器测量输入,转换为 PLC 内部处理需要的 15 位数字量。测量温度扩展模块型号也简称 EM231,但产品订货号不同,根据所连接测量元件不同,分为 EM231 热电偶(TC)和热电阻 (RTD)两种扩展模块。EM231 热电偶、热电阻扩展模块可以与 S7-200 CPU222、CPU224 和 CPU226 配套使用。EM231 热电偶模块具有特殊的冷端补偿电路,该电路用来测量模块连接器上的温度,并适当改变测量值,以补偿参考温度与模块温度之间的温度差。如果环境温度迅速变化,则会产生额外的误差,建议将热电偶和热电阻模块安装在环境温度稳定的地方。EM231 热电偶、热电阻扩展模块技术规范如表 4-2 所示。

表 4-2 EM231 热电偶、热电阻扩展模块技术规范

常 规	热电偶(EM231 TC)	热电阻(EM231 RTD)
隔离: 现场测到逻辑 现场测到 DC 24V DC 24V 到逻辑	AC 500V AC 500V AC 500V	AC 500V AC 500V AC 500V
共模输入范围 (输入通道到输入通道)	AC 120V	0
共模抑制	>120dB@ AC 120V	>120dB@ AC 120V
输入类型	悬浮型热电偶	模块参考接地的热电阻
输入范围	TC 类型(选择一种): S,T,R,E,N,K,J 电压范围:±80mV	RTD 类型(选择一种): 铂(Pt)、铜(Cu)、镍(Ni)或电阻
输入分辨率: 温度 电压 电阻	0.1℃/0.1℉ 15 位加符号位 —	0.1℃/0.1℉ — 15 位加符号位
测量原理	Sigma→delta	Sigma→delta
模块更新时间: 所有通道	405ms	405ms(Pt10000 为 700ms)
导线长度	到传感器最长为 100m	到传感器最长为 100m
导线回路电阻	最大 100Ω	20Ω,2.7Ω,对于 Cu 的最大值
干扰抑制	85dB 在 50Hz/60Hz/400Hz 时	85dB 在 50Hz/60Hz/400Hz 时
数据字格式	电压:−27648～+27648	电阻:−27648～ +27648
传感器最大散热功率	—	1mW
输入阻抗	≥1MΩ	≥10MΩ
最大输入电压	DC 30V	DC 30V(检测),DC 5V(源)

常　规	热电偶（EM231 TC）	热电阻（EM231 RTD）
输入滤波衰减	−3dB@21kHz	−3dB@3.6kHz
基本误差	0.1％FS（电压）	0.1％FS（电阻）
重复性	0.05％FS	0.05％FS
冷端误差	±1.5℃	—
DC 24V 电压范围	DC 20.4～28.8V（等级 2,开关电源,或来自 PLC 的传感器电源）	

EM231 TC 热电偶模块为 S7-200 系列 PLC 连接 7 种类型热电偶提供了带隔离的接口,可用于 J、K、E、N、S、T 和 R 型热电偶,在 ±80mV 范围内也可能检测到低电平模拟信号。对于 4 输入的 EM231 热电偶模块,所有连接到该模块的热电偶都必须是同一类型。EM231 热电偶模块使用模块下方的 DIP 开关进行参数设置,可以选择热电偶模块的类型、断线检测、温度范围和冷端补偿等。要使 DIP 开关设置起作用,需要给 PLC 或用户的 24V 电源重新上电。

EM231 RTD 热电阻模块的接线方式有 2 线、3 线和 4 线三种。因为受接线误差的影响,2 线方式的精度最低,4 线方式的精度最高。EM231 热电阻模块可通过 DIP 开关来选择热电阻的类型、接线方式、温度测量单位和传感器熔断方向等。对于 2 输入的 EM231 热电阻模块,连接到同一个扩展模块上的热电阻必须是相同类型的。要使 DIP 开关设置起作用,需要给 PLC 或用户的 24V 电源重新上电。

2. 位置控制模块

EM253 位置控制模块是为 S7-200 系列 PLC 配置的特殊功能模块,它能够产生系列脉冲串用于步进电机、伺服电机速度和位置的开环控制。集成的脉冲接口能够产生高达 200kHz 的脉冲信号,用来指定位置、速度和方向。集成的定位开关输入能够脱离中央处理单元独立地完成位置控制任务。

EM253 位置控制模块的性能如下:

① 每秒产生的脉冲可在 20～200 000 个范围内变化,方便地实现对步进电机的速度控制;

② 通过组态和编程设置,可容易地实现 S 曲线或线性加速、减速控制及啮合间隙补偿功能;

③ 可以使用工程单位（如英寸或厘米）,也可以使用脉冲数来设置系统参数;

④ 能够支持绝对、相对和手动的位置控制方式;

⑤ 能够提供 25 个包络,每个最多 4 种速度,实现各种连续操作;

⑥ 能够提供 4 种不同的参考点寻找模式,每种模式都可以对起始的寻找方向和最终的接近方向进行选择。

EM253 位置控制模块与常规扩展模块采用相同的方式进行安装,通过一体化连接电缆连接到 S7-200 扩展总线上。连接之后,从 CPU 自动读出配置数据,并支持 RS-422/485 差动输出和漏极开路输出。EM253 位置控制模块输入、输出特性如表 4-3 所示。

表 4-3　EM253 位置控制模块输入、输出特性

输入特性		输出特性	
输入数量	5 点	输出数量	8 点（4 信号）
输入类型	漏型/源型（IEC 类型 1 漏型,除 ZP 外）	输出类型 P0＋,P0−,P1＋,P1−,P0,P1,DIS,CLR	RS-422/485 驱动 漏极输出

输入特性		输出特性	
输入电压		输出电压	
允许的最大持续电压	DC 30V	P0,P1,RS-422 驱动,差分输出电压	
STP,RPS,LMT+,LMT−,	DC 30V,20mA,最大	断路	3.5V 典型
ZP	DC 35V,0.5s	光耦合二极管,具有 200Ω 电阻	2.8V 最小
浪涌(所有输入)		100Ω 负载	1.5V 最小
额定值		54Ω 负载	1.0V 最小
STP,RPS,LMT+,LMT−,	24V DC,4mA,额定	P0,P1,DIS,CLR 漏型	
ZP	24V DC,15mA,额定	建议电压,开路	DC 5V,来自模块
逻辑"1"信号(最小)		允许电压,开路	DC 30V
STP,RPS,LMT+,LMT−,	DC 15V,2.5mA,最小	漏电流	50mA 最大
ZP	DC 3V,8.0mA,最小	接通状态电阻	15Ω 最大
逻辑"0"信号(最大)		断开状态下漏电流,DC 30V	10μA 最大
STP,RPS,LMT+,LMT−,	DC 5V,1mA,最大	上拉电阻,到 T1 的漏型输出	3.3Ω
ZP	DC 1V,1mA,最大		
隔离(现场与逻辑)	AC 500V,1min	隔离(现场与逻辑)	
光电隔离	1 点,STP,RPS 和 ZP	光电隔离	AC 500V,1min
组隔离	2 点,LMT+ 和 LMT−		
输入延迟时间		输出延迟时间	
STP,RPS,LMT+,LMT−,	0.2~12.8ms,用户选择	DIS,CLR:断开到接通/接通到断开	30μs,最大
ZP(可计脉冲宽度)	2μs,最小		
连接 2 线接近开关传感器		切换频率	
(Bero)允许的源电流	1mA,最大	P0+,P0−,P1+,P1−,P0 和 P1	200kHz
电缆长度		脉冲畸变	
未屏蔽		P0,P1,输出,RS-422 驱动	
STP,RPS,LMT+,LMT−,	30m	100Ω 外部负载	75ns 最大
ZP	不建议使用	P0,P1 输出,漏型	
屏蔽		5V/470Ω 外部负载	300ns 最大
STP,RPS,LMT+,LMT−,	100m		
ZP	10m		
同时接通的输入数	所有的都在 55℃(水平)	电缆长度	
	所有的都在 45℃(垂直)	未屏蔽	不推荐
		屏蔽	10m

3. 称重模块

SIWAREX MS 是一种多用途称重模块,用于各种简单称重和测力应用。在 S7-200 自动化系统中,可以很容易安装紧凑型模块。SIWAREX MS 模块直接在 S7-200 CPU 中存取设置和称重数据,与 PLC 数据传送不需要外加其他通信接口。

SIWAREX MS 称重模块的性能如下:

① 采用统一的设计和安装技术,可集成在 S7-200 系统中;

② 可使用 STEP 7-Micro/WIN 软件包进行统一设计;

③ 测量精度为 0.05%,分辨率为 65535,重量值数据格式为 2 字节;

④ 使用"快速启动"软件包可快速启动和运行称重模块;

⑤ 丰富的自诊断能力，每秒测量次数为 50 或 30 可选；

⑥ 使用 SIWATOOL MS 软件，通过 RS-232 接口可方便地进行设置和校正称重模块；

⑦ 具有理论标定功能，无须校验砝码，更换模块无须重新校准；

⑧ 通过 TTY 接口可连接远程显示器；

⑨ 可用于 Ex 防爆区域的应用。

除此之外，智能模块还有高速脉冲输出模块、阀门控制模块、通信模块等类型，部分智能模块在后续章节中陆续介绍。智能模块为 PLC 的功能扩展和性能提高提供了极为有利的条件。随着智能模块品种的增加，PLC 的应用领域也将越来越广泛，PLC 的主机最终将变成一个中央信息处理机，对与之相连的各种智能模块的信息进行综合处理。

4.3 S7-200 PLC 的系统配置

4.3.1 S7-200 PLC 的基本配置

S7-200 PLC 任一型号的主机，都可单独构成基本配置，作为一个独立的控制系统，S7-200 CPU22X 系列产品的基本配置如表 4-1 所示。S7-200 PLC 各型号主机的 I/O 配置是固定的，它们具有固定的 I/O 地址。S7-200 CPU22X 系列产品的 I/O 配置及地址分配如表 4-4 所示。

表 4-4 S7-200 CPU22X 系列产品的 I/O 配置及地址分配

项 目	CPU221	CPU222	CPU224	CPU226
本机数字量输入地址分配	6 输入 I0.0～I0.5	8 输入 I0.0～I0.7	14 输入 I0.0～I0.7 I1.0～I1.5	24 输入 I0.0～I0.7 I1.0～I1.7 I2.0～I2.7
本机数字量输出地址分配	4 输出 Q0.0～Q0.3	6 输出 Q0.0～Q0.5	10 输出 Q0.0～Q0.7 Q1.0～Q1.1	16 输出 Q0.0～Q0.7 Q1.0～Q1.7
本机模拟量输入/输出	无	无	无	无
扩展模块数量	无	2 个模块	7 个模块	7 个模块

4.3.2 S7-200 PLC 的扩展配置

可以采用主机带扩展模块的方法扩展 S7-200 PLC 的系统配置。采用数字量模块或模拟量模块可扩展系统的控制规模；采用智能模块可扩展系统的控制功能。S7-200 主机带扩展模块进行扩展配置时会受到相关因素的限制。

1. 允许主机所带扩展模块的数量

各类主机可带扩展模块的数量是不同的。CPU221 模块不允许带扩展模块；CPU222 模块最多可带 2 个扩展模块；CPU224 模块、CPU226 模块、CPU226XM 模块最多可带 7 个扩展模块，且 7 个扩展模块中最多只能有 2 个智能扩展模块。

2. 数字量 I/O 映像区的大小

S7-200 PLC 各类主机提供的数字量 I/O 映像区区域为 128 个输入映像寄存器（I0.0～

I15.7)和 128 个输出映像寄存器(Q0.0～Q15.7),最大 I/O 配置不能超过此区域。

PLC 系统配置时,要对各类输入/输出模块的输入/输出点进行编址。主机提供的 I/O 具有固定的 I/O 地址。扩展模块的地址由 I/O 模块类型及模块在 I/O 链中的位置决定。编址时,按同类型的模块对各输入点(或输出点)顺序编址。数字量输入/输出映像区的逻辑空间是以 8 位(1 字节)递增的。编址时,对数字量模块物理点的分配也是按 8 点来分配地址的。即使有些模块的端子数不是 8 的整数倍,也仍以 8 点来分配地址。例如,4 入/4 出模块也占用 8 个输入点和 8 个输出点的地址,那些未用的物理点地址不能分配给 I/O 链中的后续模块,那些与未用物理点相对应的 I/O 映像区的空间就会丢失。对于输出模块,这些丢失的空间可用来作内部标志位存储器;对于输入模块却不可,因为每次输入更新时,CPU 都对这些空间清零。

3. 模拟量 I/O 映像区的大小

主机提供的模拟量 I/O 映像区区域为:CPU222 模块,16 入/16 出;CPU224 模块、CPU226 模块、CPU226XM 模块,32 入/32 出。模拟量的最大 I/O 配置不能超出此区域。模拟量扩展模块总是以 2 字节递增的方式来分配空间的。

数字量、模拟量 I/O 映像区有效地址的范围参见本书第 5 章表 5-5。

现选用 CPU226 模块作为主机进行系统的 I/O 配置,如表 4-5 所示。

表 4-5　CPU226 模块的 I/O 配置及地址分配

主　机	模块 0	模块 1	模块 2	模块 3
CPU226	8IN	4IN/4OUT	4AI/1AQ	4AI/1AQ
I0.0～I2.7/ Q0.0～Q1.7	I3.0～I3.7	I4.0/Q2.0	AIW0/AQW0	AIW8/AQW2
		I4.1/Q2.1	AIW2	AIW10
		I4.2/Q2.2	AIW4	AIW12
		I4.3/Q2.3	AIW6	AIW14

CPU226 模块可带 7 个扩展模块,表 4-5 中 CPU226 模块带了 4 个扩展模块,提供的主机 I/O 点有 24 个数字量输入点和 16 个数字量输出点。

模块 0 是一块具有 8 个输入点的数字量扩展模块。

模块 1 是一块 4IN/4OUT 的数字量扩展模块,实际上它却占用了 8 个输入点地址和 8 个输出点地址,即(I4.0～I4.7/Q2.0～Q2.7)。其中,输入点地址(I4.4～I4.7)、输出点地址(Q2.4～Q2.7)由于没有提供相应的物理点与之相对应,那么与之对应的输入映像寄存器(I4.4～I4.7)、输出映像寄存器(Q2.4～Q2.7)的空间就丢失了,且不能分配给 I/O 链中的后续模块。由于输入映像寄存器(I4.4～I4.7)在每次输入更新时被清零,因此不能用于内部标志位存储器,而输出映像寄存器(Q2.4～Q2.7)可以作为内部标志位存储器使用。

模块 2、模块 3 是具有 4 个输入通道和 1 个输出通道的模拟量扩展模块。模拟量扩展模块是以 2 字节递增的方式来分配空间的。

4.3.3　内部电源的负载能力

1. PLC 内部 DC 5V 电源的负载能力

CPU 模块和扩展模块正常工作时,需要 DC 5V 工作电源。S7-200 PLC 内部电源单元提供的 DC 5V 电源为 CPU 模块和扩展模块提供了工作电源,其中,扩展模块所需的 DC 5V 工作电源是由 CPU 模块通过总线连接器提供的。CPU 模块向其总线扩展接口提供的电流值是有限制的。在配置扩展模块时,应注意 CPU 模块所提供 DC 5V 电源的负载能力。电源超载会发生难以预料的故障或事故。为确保电源不超载,应使各扩展模块消耗 DC 5V 电源的电流总和不超过 CPU 模块所提供电流值;否则的话,要对系统重新配置。

系统配置后,必须对 S7-200 主机内部的 DC 5V 电源的负载能力进行校验。

2. PLC 内部 DC 24V 电源的负载能力

S7-200 主机的内部电源单元除了提供 DC 5V 电源,还提供 DC 24V 电源。DC 24V 电源也称为传感器电源,它可以作为 CPU 模块和扩展模块用于检测直流信号输入点状态的 DC 24V电源。如果用户使用传感器的话,也可作为传感器的电源。一般情况下,CPU 模块和扩展模块的输入/输出点所用的 DC 24V 电源是由用户外部提供的。如果使用 CPU 模块内部的 DC 24V 电源的话,应注意该 DC 24V 电源的负载能力,使 CPU 模块及各扩展模块所消耗电流的总和不超过该内部 DC 24V 电源所提供的最大电流(400mA)。

使用时,若需用户提供外部电源(DC 24V),应注意电源的接法:主机的传感器电源与用户提供的外部 DC 24V 电源不能采用并联连接,否则将会导致两个电源的竞争而影响它们各自的输出。这种竞争的结果可缩短设备的寿命,或者使得一个电源或两者同时失效,并且使 PLC 系统产生不正确的操作。

4.4 STEP 7-Micro/WIN 开发环境简介

4.4.1 系统要求

计算机软件配置:STEP 7-Micro/WIN 编程软件是基于 Windows 操作系统平台的应用软件,适用的操作系统为 Windows XP、Windows 7 及更高版本。STEP 7-Micro/WIN 的各个版本与 Windows 操作系统的各个版本之间有一定的兼容关系。如果安装的 Micro/WIN 版本和操作系统不兼容,则会发生各种问题,如比较常见的通信不正常的现象。各个版本的 STEP 7 软件与 Windows 操作系统的兼容情况可以参见软件的版本说明。

计算机硬件配置为内存、显示器、硬盘空间支持 Windows 操作系统平台运行的硬件配置即可。

通信方式有 3 种:①通过 PC/PPI 多主站电缆直接连接;②通过带有 MPI 电缆的通信处理器卡连接;③通过一块 MPI 卡和配套的电缆相连接。

4.4.2 硬件连接

要将计算机连接至 S7-200,采用 PC/PPI 电缆建立个人计算机与 PLC 之间的通信是最常见和最经济的方式。这是单主机与个人计算机的连接,不需要其他硬件,如调制解调器和编程设备等。

典型的单主机连接示意图如图 4-15(a)所示。首先把 PC/PPI 电缆的 PC 端连接到计算机的 RS-232 接口(可以是 COM1 或 COM2 中的任一个),把 PC/PPI 电缆的 PPI 端连接到 PLC的 RS-485 接口。接着设置 PC/PPI 电缆上的 DIP 开关,选定计算机所支持的波特率和帧模式。DIP 开关中用开关 1、2、3 设定波特率,开关 4、5 设置帧模式。设置界面如图 4-15(b)所示。

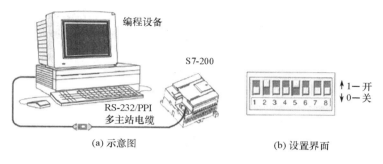

(a) 示意图   (b) 设置界面

图 4-15　主机与计算机连接

4.4.3　设置和修改 PLC 通信参数

利用软件检查、设置和修改 PLC 的通信参数的具体步骤如下：

① 打开系统块对话框。方法有两种：① 单击引导条中的"系统块"图标；② 从"检视（V）"菜单中选择"系统块"选项。

② 设置和修改 PLC 的通信参数。具体操作是单击"通信"选项卡，检查各参数正确无误后单击"确认"按钮。如果需要修改某些参数，可以先进行有关的修改，再单击"确认"按钮退出。

③ 参数下载。具体操作是单击工具条中的"下载"按钮，即可把设置好的参数下载到 PLC 上。

用户可以通过选择主菜单"PLC"中的"信息（Information）"选项来了解所使用的 PLC 的相关信息。

4.4.4　软件功能与界面

STEP 7-Micro/WIN 的基本功能是协助用户完成开发应用软件的任务，如创建用户程序、修改和编辑原有的用户程序。它也可以直接设置 PLC 的工作方式和参数，进行上传与下载用户程序和程序运行监控等操作。编辑过程中还具有简单语法检查、用户程序的文档管理、加密和在线帮助等功能。程序编辑过程中的语法检查功能可以提前避免一些语法和数据类型方面的错误。梯形图中错误处的下方自动加红色曲线（数据类型错误），语句表中错误行前有"×"号，且错误处的下方加曲线，如图 4-16 所示。

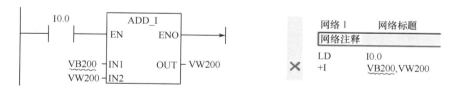

图 4-16　自动语法错误检查

软件功能的实现可以在联机工作方式（在线方式）下进行，部分功能的实现也可以在离线工作方式下进行。联机方式是指安装有编程软件的计算机与 PLC 连接，允许两者之间直接通信。联机方式下可直接针对相连的 PLC 进行操作，如上传和下载用户程序和组态数据等操作。离线方式是指安装有编程软件的计算机与 PLC 断开连接，而且能完成大部分基本功能，如编程、编译和调试程序、系统组态等。离线方式下不直接与 PLC 联系，所有程序和参数都暂时存放在磁盘上，等联机后再下载到 PLC 中。

上传和下载用户程序是指在编程时 PLC 和计算机之间进行程序、数据及参数的传送操作。上传用户程序是指将 PLC 中的程序和数据通过通信设备上传到计算机中进行程序的检查和修改。下载用户程序是指将编制好的程序、数据及参数通过通信设备下载到 PLC 中进行运行调试。

STEP 7-Micro/WIN 编程软件主界面如图 4-17 所示。

软件主界面主要包括引导条(快捷操作窗口)、菜单条(包含 8 个主菜单项)、指令树(快捷操作窗口)、工具条(快捷按钮)4 个分区,另外还有输出窗口、状态条、程序编辑器和局部变量表等窗口(可以同时或分别打开 5 个用户窗口),除菜单条外,用户可根据需要决定其他窗口的取舍和样式的设置。

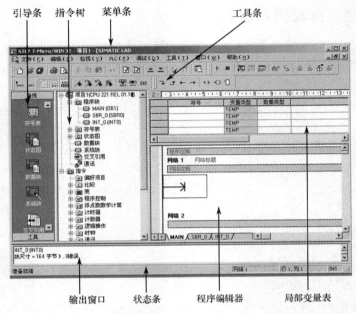

图 4-17　编程软件主界面

4.4.5　程序文件来源

程序文件来源有 3 个:新建、打开和上传。

1. 新建文件

单击菜单"文件(F)"→"新建(New)"命令或单击工具条中的"新建"按钮,建立新的程序文件,新建程序文件的主程序区将显示在主窗口中。如图 4-18 所示为一个新建程序文件的指令树,新建的项目文件以"项目 1"命名,CPU221 为系统默认的 PLC 的 CPU 型号。

用户可以根据实际编程需要进行以下设置。

(1) 选择 PLC 的主机型号

在"CPU 221"图标上右击,弹出一个菜单,单击"类型(Type)"或单击菜单"PLC"→"类型(Type)"命令,在弹出的对话框中选择所用的 PLC 型号及 CPU 版本。

(2) 程序文件更名

项目文件更名:如果新建了一个程序文件,则单击菜单"文件(F)"→"另存为(Save As)"命令,然后在弹出的对话框中输入新的项目文件名。

子程序和中断程序更名过程：在指令树窗口中，选择要更名的子程序或中断程序名称并右击，在弹出的选择按钮中单击"重命名（Rename）"，然后输入新的程序名即可。

主程序的名称一般用默认的 MAIN，任何项目文件的主程序只有一个。

（3）添加一个子程序

添加一个子程序可用以下 3 种方法中的任意一种实现：① 在指令树窗口中，右击"程序块"图标，在弹出的选择按钮中单击"插入"命令选择"子例行程序"项；② 用"编辑（E）"菜单中的"插入"命令选择"子例行程序"项；③ 在编辑窗口中右击编辑区，在弹出的菜单选项中选择"插入"命令，再选择"子例行程序"项即可。新生成的子程序根据已有子程序的数目，默认名称为 SBR_n，用户可以自行更名。

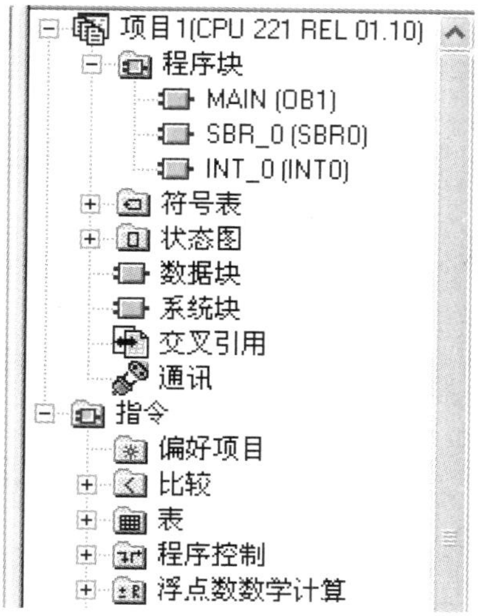

（4）添加一个中断程序

添加一个中断程序可用以下 3 种方法中的任意一种实现：① 在指令树窗口中，右击"程序块"图标，在弹出的选择按钮中单击"插入"命令选择"中断"项；② 用"编辑（E）"菜单中的"插入"命令选择"中断"项；③ 在编辑窗口中右击编辑区，在弹出的菜单选项中选择"插入"命令，再选择"中断"项即可。新生成的中断程序根据已有中断程序的数目，默认名称为 INT_n，用户可以自行更名。

（5）编辑程序

要编辑程序块中的任何一个程序，只要在指令树窗口中双击该程序的图标即可。

2. 打开已有项目文件

单击菜单"文件（F）"→"打开（Open）"命令，可以打开一个已存在的项目文件，在弹出的对话框中选择已存在的项目文件，也可以单击工具条中的"打开"按钮来实现。

3. 上传项目文件

已经与 PLC 建立通信后，如果要上传 PLC 存储器中的项目文件，可单击菜单"文件（F）"中的"上传"选项，也可单击工具条中的"上传"按钮来完成。上传时，S7-200 从 RAM 中上传系统块，从 EEPROM 中上传程序块和数据块。

图 4-18　新建程序结构

4.4.6　程序的调试及运行监控

STEP 7-Micro/WIN 编程软件提供了系列工具，可使用户直接在软件环境下调试并监控用户程序的执行情况。

STEP 7-Micro/WIN 编程软件可选择单次或多次扫描来监控用户程序，可以指定主机以有限的扫描次数执行用户程序。通过选择主机扫描次数，当过程变量改变时，可以监控用户程序的执行情况。

STEP 7-Micro/WIN 编程软件可使用状态表来监控用户程序。在程序运行时，可以用状态表来读/写监控 PLC 的内部变量，并可以通过强制操作来修改用户程序中的变量。使用状态表，用户可以跟踪程序的输入、输出或者变量，显示它们的当前值。

在运行模式下编辑时，可以在对控制过程影响较小的情况下，对用户程序进行少量的修改。修改后的程序下载时，将立即影响系统的控制运行，所以使用时应特别注意。S7-200

PLC 可进行这种操作的有 CPU224、CPU226 和 CPU226XM 等。

利用梯形图编辑器可以监控在线程序状态,如图 4-19 所示。图中被点亮的元件表示处于接触状态。梯形图中显示所有操作数的值,所有这些操作数状态都是 PLC 在扫描周期完成时的结果。使用梯形图监控时,不是在每个扫描周期都采集状态值,并在屏幕的梯形图中显示,而是间隔多个扫描周期采集一次状态值,然后刷新梯形图中各值的状态显示。在通常情况下,梯形图的状态显示不反映程序执行时的每个编程元素的实际状态,但这并不影响使用梯形图来监控程序状态。

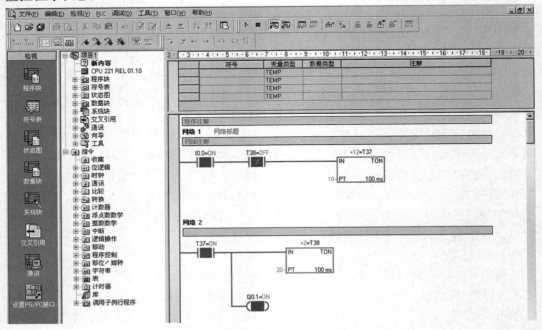

图 4-19　梯形图监控在线程序状态

习题与思考题

1. 叠装式 PLC 系统的配置有什么特点?

2. S7-200 的接口模块有多少种类? 各有什么用途?

3. 简述 S7-200 PLC 系统的基本构成。

4. S7-200 CPU22X 系列有哪些产品?

5. 常用的 S7-200 的扩展模块有哪些? 各适用于什么场合?

6. CPU226 主机扩展配置时,应考虑哪些因素? I/O 是如何编制的?

7. 某 PLC 控制系统,经估算需要数字量输入点 20 个、数字量输出点 10 个、模拟量输入通道 5 个、模拟量输出通道 3 个。请选择 S7-200 PLC 的机型及其扩展模块,要求按空间分布位置对主机及各模块的输入/输出点进行编址,并对主机内部的 DC 5V 电源的负载能力进行校验。

第5章 S7-200 PLC 的指令系统

S7-200 系列 PLC 主机中有两类指令集：IEC 1131—3 指令集和 SIMATIC 指令集。

IEC 1131—3 指令集是国际电工委员会（IEC）制定的 PLC 国际标准 1131—3 Programming Language（编程语言）中推荐的标准语言，只能用梯形图（LAD）和功能块图（FBD）编程语言编程，通常指令执行时间较长。SIMATIC 指令集是西门子公司为 S7-200 PLC 设计的编程语言，该指令通常执行时间短，而且可以用梯形图（LAD）、功能块图（FBD）和语句表（STL）3 种编程语言。本章系统概括 SIMATIC 指令集中的常用指令及其使用方法。

本章主要内容：
- 编程基础；
- 基本指令及编程方法；
- 功能指令及编程方法。

本章重点是熟练掌握梯形图和语句表的编程方法，掌握基本指令和功能指令中的常用指令，了解和运用其他指令。通过对本章的学习，做到可以根据需要编制出结构较复杂的控制程序。

5.1 S7-200 PLC 编程基础

5.1.1 编程语言

SIMATIC 指令集是西门子公司专为 S7-200 PLC 设计的编程语言。该指令集中，大多数指令也符合 IEC 1131—3 标准。SIMATIC 指令集不支持系统完全数据类型检查。使用 SIMATIC 指令集，可以用梯形图（LAD）、功能块图（FBD）和语句表（STL）编程语言编程。

梯形图和功能块图是一种图形语言，语句表是一种类似于汇编语言的文本型语言。

1. 梯形图（LAD）编程语言

梯形图（LAD）是与电气控制电路相呼应的图形语言。它沿用了继电器、触头、串并联等术语和类似的图形符号，并简化了符号，还增加了一些功能性的指令。梯形图是集逻辑操作、控制于一体，面向对象的、实时的、图形化的编程语言。梯形图按自上而下、从左到右的顺序排列，最左边的竖线称为起始母线（也称左母线），然后按一定的控制要求和规则连接各个节点，最后以继电器线圈（或再接右母线）结束，称为一个逻辑行或一个"梯级"。通常一个梯形图中有若干逻辑行（梯级），形似梯子，如图 5-1 所示，梯形图由此而得名。梯形图信号流向清楚、简单、直观、易懂，很适合电气工程人员使用。梯形图在 PLC 中用得非常普遍，通常各厂家、各型号 PLC 都把它作为第一用户语言。

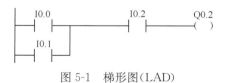

图 5-1 梯形图（LAD）

2. 功能块图(FBD)编程语言

功能块图(FBD)类似于普通逻辑功能图,它沿用了半导体逻辑电路的逻辑框图的表达方式。一般用一种功能方框表示一种特定的功能,框图内的符号表达了该功能块图的功能。

功能块图是图形化的高级编程语言。通过软连接的方式把所需的功能块图连接起来,用于实现系统的控制。功能块图的表达格式有利于程序流的跟踪。

功能块图有基本逻辑功能、计时和计数功能、运算和比较功能及数据传送功能等。功能块图通常有若干个输入端和若干个输出端。输入端是功能块图的条件,输出端是功能块图的运算结果。

如图 5-2 所示,功能块图(FBD)没有触头和线圈,也没有左、右母线的概念。但"能流"的术语仍适用于功能块图。

功能块图与梯形图可以相互转换,有时功能块图和梯形图的指令是一样的。

对于熟悉逻辑电路和具有逻辑代数基础的技术人员来说,使用功能块图编程是非常方便的。

3. 语句表(STL)编程语言

语句表(STL)是用助记符来表达 PLC 的各种控制功能的。它类似于计算机的汇编语言,但比汇编语言更直观易懂,编程简单,因此也是应用很广泛的一种编程语言。这种编程语言可使用简易编程器编程,但比较抽象,一般与梯形图语言配合使用,互为补充。目前,大多数PLC 都有语句表编程功能,但各厂家生产的 PLC 语句表所用的助记符互不相同,不能兼容。STEP 7-Micro/WIN 的语句表如图 5-3 所示。

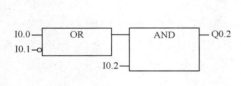

图 5-2　功能块图(FBD)

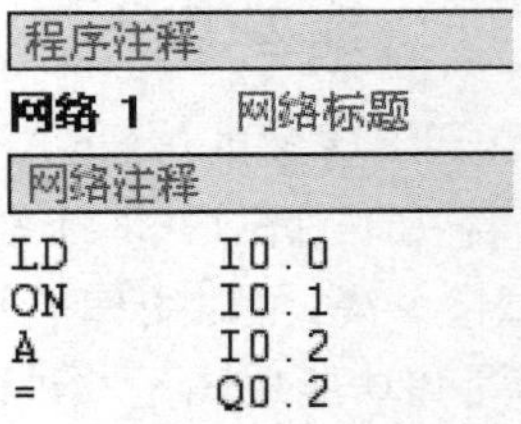

程序注释	
网络 1	网络标题
网络注释	
LD	I0.0
ON	I0.1
A	I0.2
=	Q0.2

图 5-3　语句表(STL)

通常梯形图程序、功能块图程序、语句表程序可有条件地方便转换。但是,语句表可以编写梯形图或功能块图无法实现的程序。熟悉 PLC 和逻辑编程的有经验的程序员,最适合使用语句表语言编程。

5.1.2　数据类型

1. 基本数据类型及数据类型检查

(1) 基本数据类型

S7-200 PLC 的指令参数所用的基本数据类型有 1 位布尔型(BOOL)、8 位字节型(BYTE)、16 位无符号整数(WORD)、16 位有符号整数(INT)、32 位无符号双字整数(DWORD)、32 位有符号双字整数(DINT)、32 位实数型(REAL)。

实数型(REAL)是按照 ANSI/IEEE 754—1985 标准(单精度)的表示格式规定的。

(2) 数据类型检查

PLC 对数据类型检查有助于避免常见的编程错误。数据类型检查分为 3 级:完全数据类型检查、简单数据类型检查和无数据类型检查。

S7-200 PLC 的 SIMATIC 指令集不支持完全数据类型检查。使用局部变量时,执行简单数据类型检查;使用全局变量时,指令操作数为地址而不是可选的数据类型时,执行无数据类型检查。

完全数据类型检查时,用户选定的数据类型和等价的数据类型如表 5-1 所示。

简单数据类型检查时,用户选定的数据类型和等价的数据类型如表 5-2 所示。

在无数据类型检查时,用户选定的地址与分配的等价数据类型如表 5-3 所示。

表 5-1　完全数据类型检查

用户选定的数据类型	等价的数据类型
BOOL	BOOL
BYTE	BYTE
WORD	WORD
INT	INT
DWORD	DWORD
DINT	DINT
REAL	REAL

表 5-2　简单数据类型检查

用户选定的数据类型	等价的数据类型
BOOL	BOOL
BYTE	BYTE
WORD	WORD,INT
INT	WORD,INT
DWORD	DWORD,DINT
DINT	DWORD,DINT
REAL	REAL

表 5-3　无数据类型检查

用户选定的地址	分配的等价数据类型
V0.0	BOOL
VB 0	BYTE
VW 0	WORD,INT
VD 0	DWORD,DINT,REAL

2. 数据长度与数值范围

CPU 存储器中存放的数据类型可分为 BOOL、BYTE、WORD、INT、DWORD、DINT、REAL。不同的数据类型,具有不同的数据长度和数值范围。在上述数据类型中,用 B(字节型)、W(字型)、D(双字型)分别表示 8 位、16 位、32 位数据的数据长度。不同的数据长度对应的数值范围如表 5-4 所示。例如,数据长为 W(字型)的无符号整数(WORD)的数值范围为 0~65 535。不同数据长度的数值所能表示的数值范围是不同的。

表 5-4　数据长度与数值

数据长度	无符号数		有符号数	
	十进制数	十六进制数	十进制数	十六进制数
B(字节型) 8 位值	0~255	0~FF		
W(字型) 16 位值	0~65 535	0~FFFF	−32 768~32 767	8 000~7FFF
D(双字型) 32 位值	0~4 294 967 295	0~FFFFFFFF	−2 147 483 648~2 147 483 647	80 000 000~7FFFFFFF
R(实数型) 32 位值	+1.175 495E−38~+3.402 823E+38(正数) −1.175 495E−38~−3.402 823E+38(负数)			

SIMATIC 指令集中，指令的操作数具有一定的数据和长度。如整数乘法指令的操作数是字型数据；数据传送指令的操作数可以是字节、字或双字型数据。由于 S7-200 SIMATIC 指令集不支持完全数据类型检查，因此，编程时应注意操作数的数据类型和指令标识符相匹配。

5.1.3 存储器区域

PLC 的存储器分为程序区、系统区、数据区。

程序区用于存放用户程序，存储器为 EEPROM。

系统区用于存放有关 PLC 配置结构的参数，如 PLC 主机及扩展模块的 I/O 配置和编址、配置 PLC 站地址、设置保护口令、停电记忆保持区、软件滤波功能等，存储器为 EEPROM。

数据区是 S7-200 CPU 提供的存储器的特定区域，包括输入映像寄存器（I）、输出映像寄存器（Q）、变量存储器（V）、内部标志位存储器（M）、顺序控制继电器存储器（S）、特殊标志位存储器（SM）、局部存储器（L）、定时器存储器（T）、计数器存储器（C）、模拟量输入映像寄存器（AI）、模拟量输出映像寄存器（AQ）、累加器（AC）、高速计数器（HC）。数据区空间是用户程序执行过程中的内部工作区域，数据区使 CPU 的运行更快、更有效。存储器为 EEPROM 和 RAM。

用户对程序区、系统区和部分数据区进行编辑，编辑后写入 PLC 的 EEPROM。RAM 为 EEPROM 存储器提供备份存储区，用于 PLC 运行时动态使用。RAM 由大容量电容做停电保持。

1. 数据区存储器的地址表示格式

存储器是由许多存储单元组成的，每个存储单元都有唯一的地址，可以依据存储器地址来存取数据。数据区存储器地址的表示格式有位、字节、字、双字地址格式。

（1）位地址格式

数据区存储器区域的某一位的地址格式为：Ax. y。

必须指定存储器区域标识符 A、字节地址 x 及位号 y。例如，I4.5 表示图 5-4 中黑色标记的位地址。I 是变量存储器的区域标识符，4 是字节地址，5 是位号，在字节地址 4 与位号 5 之间用点号"."隔开。图 5-4 中，MSB 表示最高位，LSB 表示最低位。

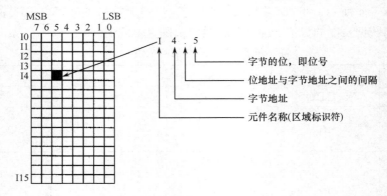

图 5-4 位地址格式

（2）字节、字、双字地址格式

数据区存储器区域的字节、字、双字地址格式为：ATx。

必须指定区域标识符 A，数据长度 T 及该字节、字或双字的起始字节地址 x。如图 5-5 所示,用 VB100、VW100、VD100 分别表示字节、字、双字的地址。VW100 由 VB100、VB101 两个字节组成;VD100 由 VB100～VB103 的 4 个字节组成。

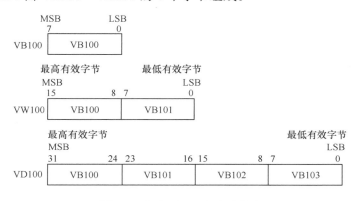

图 5-5　字节、字、双字地址格式

（3）其他地址格式

数据区存储器区域中,还包括定时器存储器(T)、计数器存储器(C)、累加器(AC)、高速计数器(HC)等,它们是模拟相关的电气元件的,地址格式为:Ay。

由区域标识符 A 和元件号 y 组成。例如,T24 表示某定时器的地址,T 是定时器的区域标识符,24 是定时器号,同时 T24 又可以表示此定时器的当前值。

2. 数据区存储器区域

（1）输入/输出映像寄存器(I/Q)

① 输入映像寄存器(I)。PLC 的输入端子是从外部接收输入信号的窗口,每个输入端子与输入映像寄存器(I)的相应位相对应。输入点的状态,在每次扫描周期开始(或结束)时进行采样,并将采样值存于输入映像寄存器,作为程序处理时输入点状态的依据。一般情况下,输入映像寄存器的状态只能由外部输入信号驱动,而不能在内部由程序指令来改变,否则编程易出错。输入映像寄存器(I)的地址格式为:

位地址——I[字节地址].[位地址],如 I0.1;

字节、字、双字地址——I[数据长度][起始字节地址],如 IB4,IW6,ID10。

CPU226 模块输入映像寄存器的有效地址范围为:I(0.0～15.7),IB(0～15),IW(0～14),ID(0～12)。

② 输出映像寄存器(Q)。每个输出模块的端子与输出映像寄存器的相应位相对应。CPU将输出判断结果存放在输出映像寄存器中,在扫描周期的结尾,CPU 以批处理方式将输出映像寄存器的数值复制到相应的输出端子上,通过输出模块将输出信号传送给外部负载。可见,PLC的输出端子是 PLC 向外部负载发出控制命令的窗口。输出映像寄存器(Q)地址格式为:

位地址——Q[字节地址].[位地址],如 Q1.1;

字节、字、双字地址——Q[数据长度][起始字节地址],如 QB5,QW8,QD11。

CPU226 模块输出映像寄存器的有效地址范围为:Q(0.0～15.7),QB(0～15),QW(0～14),QD(0～12)。

I/O 映像区实际上就是外部输入/输出设备状态的映像区,PLC 通过 I/O 映像区的各个位与外部物理设备建立联系。I/O 映像区每个位都可以分别映像输入/输出单元上的每个端子状态。

在程序的执行过程中,对于输入或输出的存取通常是通过映像寄存器,而不是实际的输入/输出端子。S7-200 CPU 执行有关输入/输出程序时的操作过程如图 5-6 所示。

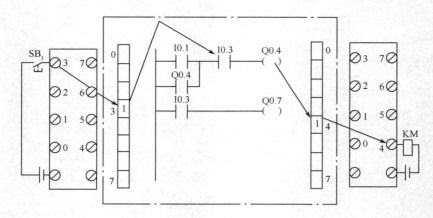

图 5-6　S7-200 CPU 输入/输出的操作

梯形图中的输入/输出继电器的状态是对应于输入/输出映像寄存器相应位的状态,这就使得系统在程序执行期间完全与外界隔开,从而提高了系统的抗干扰能力。建立了 I/O 映像区,用户程序存取映像寄存器中的数据要比存取输入/输出物理点快得多,加速了运算速度。此外,外部输入点的存取只能按位进行,而 I/O 映像寄存器的存取可按位、字节、字、双字进行,因而使操作更灵活。

(2) 内部标志位存储器(M)

内部标志位存储器(M)也称内部线圈,是模拟继电器-接触器控制系统中的中间继电器,它存放中间操作状态,或存储其他相关的数据。内部标志位存储器(M)以位为单位使用,也可以字节、字、双字为单位使用。内部标志位存储器(M)的地址格式为:

位地址——M[字节地址].[位地址],如 M26.7;

字节、字、双字地址——M[数据长度][起始字节地址],如 MB11,MW23,MD26。

CPU226 模块内部标志位存储器的有效地址范围为:M(0.0～31.7),MB(0～31),MW(0～30),MD(0～28)。

(3) 变量存储器(V)

变量存储器(V)存放全局变量、存放程序执行过程中控制逻辑操作的中间结果或其他相关的数据。变量存储器是全局有效的,全局有效是指同一个存储器可以在任一程序分区(主程序、子程序、中断程序)被访问。V 存储器的地址格式为:

位地址——V[字节地址].[位地址],如 V10.2;

字节、字、双字地址——V[数据长度][起始字节地址],如 VB20,VW100,VD320。

CPU226 模块变量存储器的有效地址范围为:V(0.0～5119.7),VB(0～5119),VW(0～5118),VD(0～5116)。

(4) 局部存储器(L)

局部存储器用来存放局部变量。局部存储器是局部有效的,局部有效是指某一局部存储器只能在某一程序分区(主程序或子程序或中断程序)中使用。

S7-200 PLC 提供 64 字节局部存储器(其中,LB60～LB63 为 STEP 7-Micro/WIN V3.0 及其以后版本软件所保留);局部存储器可用作暂时存储器或为子程序传递参数。

可以按位、字节、字、双字访问局部存储器;可以把局部存储器作为间接寻址的指针,但是不能作为间接寻址的存储器区。局部存储器(L)的地址格式为:

位地址——L[字节地址].[位地址],如L0.0;

字节、字、双字地址——L[数据长度][起始字节地址],如LB33,LW44,LD55。

CPU226模块局部存储器的有效地址范围为:L(0.0~63.7),LB(0~63),LW(0~62),LD(0~60)。

(5) 顺序控制继电器存储器(S)

顺序控制继电器存储器(S)用于顺序控制(或步进控制)。顺序控制继电器指令(SCR)基于顺序功能图(SFC)的编程方式。SCR指令提供控制程序的逻辑分段,从而实现顺序控制。顺序控制继电器存储器(S)的地址格式为:

位地址——S[字节地址].[位地址],如S3.1;

字节、字、双字地址——S[数据长度][起始字节地址],如SB4,SW10,SD21。

CPU226模块顺序控制继电器存储器的有效地址范围为:S(0.0~31.7),SB(0~31),SW(0~30),SD(0~28)。

(6) 特殊标志位存储器(SM)

特殊标志位即特殊内部线圈。它是用户程序与系统程序之间的界面,为用户提供一些特殊的控制功能及系统信息,用户对操作的一些特殊要求也通过特殊标志位(SM)通知系统。特殊标志位区域分为只读区域(SM0.0~SM29.7,前30字节为只读区)和可读/写区域,在只读区特殊标志位,用户只能利用其触点。例如:

SM0.0——RUN监控,PLC在RUN模式时,SM0.0总为1;

SM0.1——初始脉冲,PLC由STOP模式转为RUN模式时,SM0.1接通一个扫描周期;

SM0.3——PLC上电进入RUN模式时,SM0.3接通一个扫描周期;

SM0.5——秒脉冲,占空比为50%,周期为1s的脉冲等。

可读/写特殊标志位用于特殊控制功能。例如,用于自由通信口设置的SMB30,用于定时中断间隔时间设置的SMB34/SMB35,用于高速计数器设置的SMB36~SMB65,用于脉冲串输出控制的SMB66~SMB85,等等。

附录A列出了关于SM的详细信息。尽管SM区基于位存取,但也可以按字节、字、双字来存取数据。特殊标志位存储器(SM)的地址表示格式为:

位地址——SM[字节地址].[位地址],如SM0.1;

字节、字、双字地址——SM[数据长度][起始字节地址],如SMB86,SMW100,SMD12。

CPU226模块特殊标志位存储器的有效地址范围为:SM(0.0~549.7),SMB(0~549),SMW(0~548),SMD(0~546)。

(7) 定时器存储器(T)

定时器是模拟继电器-接触器控制系统中的时间继电器。S7-200 PLC定时器的时基有3种:1ms,10ms,100ms。通常定时器的设定值由程序赋予,需要时也可在外部设定。

定时器存储器地址表示格式为:T[定时器号],如T24。

S7-200 PLC定时器存储器的有效地址范围为:T(0~255)。

(8) 计数器存储器(C)

计数器是累计其计数输入端脉冲电平由低到高的次数,有3种类型:增计数、减计数和增减计数。通常计数器的设定值由程序赋予,需要时也可在外部设定。

计数器存储器地址表示格式为:C[计数器号],如 C3。

S7-200 PLC 计数器存储器的有效地址范围为:C(0～255)。

(9) 模拟量输入映像寄存器(AI)

模拟量输入模块将外部输入的模拟信号的模拟量转换成 1 个字长的数字量,存放在模拟量输入映像寄存器(AI)中,供 CPU 运算处理。模拟量输入的值为只读值。

模拟量输入映像寄存器(AI)的地址格式为:AIW[起始字节地址],如 AIW4。

模拟量输入映像寄存器(AI)的地址必须用偶数字节地址(如 AIW0,AIW2,AIW4,…)来表示。

CPU226 模块模拟量输入映像寄存器(AI)的有效地址范围为:AIW(0～62)。

(10) 模拟量输出映像寄存器(AQ)

CPU 运算的相关结果存放在模拟量输出映像寄存器(AQ)中,供 D/A 转换器将 1 个字长的数字量转换为模拟量,以驱动外部模拟量控制的设备。模拟量输出映像寄存器(AQ)中的数字量为只写值。

模拟量输出映像寄存器(AQ)的地址格式为:AQW[起始字节地址],如 AQW10。

模拟量输出映像寄存器(AQ)的地址必须用偶数字节地址(如 AQW0,AQW2,AQW4,…)来表示。

CPU226 模块模拟量输出映像寄存器(AQ)的有效地址的范围为:AQW(0～62)。

(11) 累加器(AC)

累加器是用来暂时存储计算中间值的存储器,也可向子程序传递参数或返回参数。S7-200 CPU 提供了 4 个 32 位累加器(AC0,AC1,AC2,AC3)。

累加器的地址格式为:AC[累加器号],如 AC0。

CPU226 模块累加器的有效地址范围为:AC(0～3)。

累加器是可读/写单元,可以按字节、字、双字存取累加器中的数值,由指令标识符决定存取数据的长度。例如,MOVB 指令存取累加器的字节,DECW 指令存取累加器的字,INCD 指令存取累加器的双字。按字节、字存取时,累加器只存取存储器中数据的低 8 位、低 16 位;以双字存取时,则存取存储器的 32 位。

(12) 高速计数器(HC)

高速计数器用来累计高速脉冲信号。当高速脉冲信号的频率比 CPU 扫描速率更高时,必须要用高速计数器计数。高速计数器的当前值寄存器为 32 位(bit),读取高速计数器当前值应以双字(32 位)来寻址。高速计数器的当前值为只读值。

高速计数器的地址格式为:HC[高速计数器号],如 HC1。

CPU226 模块高速计数器的有效地址范围为:HC(0～5)。

5.1.4　寻址方式

指令中如何提供操作数或操作数地址,称为寻址方式。S7-200 PLC 的寻址方式有:立即寻址、直接寻址、间接寻址。

1. 立即寻址

立即寻址方式是指令直接给出操作数,操作数紧跟着操作码,在取出指令的同时也就取出了操作数,立即有操作数可用,所以称为立即寻址。立即寻址方式可用来提供常数、设置初始值等。指令中常常使用常数,常数值可分为字节、字、双字型等数据。CPU 以二进制方式存储所有常数。指令中可用十进制数、十六进制数、ASCII 码或浮点数形式来表示。十进制数、十六进制数、ASCII 码浮点数的表示格式举例如下：

十进制常数：30112

十六进制常数：16♯42F

ASCII 常数：'INPUT '

实数或浮点常数：＋1.112234e－10（正数），－1.328465e－10（负数）

二进制常数：2♯01011110

上述例子中的♯为常数的进制格式说明符。如果常数无任何格式说明符，系统默认为十进制数。

2. 直接寻址

直接寻址方式是指令直接使用存储器或寄存器的元件名称和地址编号，根据这个地址就可以立即找到该操作数。操作数的地址应按规定的格式表示。指令中，数据类型应与指令标识符相匹配。

不同数据长度的寻址指令举例如下：

位寻址：A　Q5.5

字节寻址：ORB　VB33，LB21

字寻址：MOVW　AC0，AQW2

双字寻址：MOVD　AC1，VD200

3. 间接寻址

间接寻址方式是指令给出存放操作数地址的存储单元的地址（也称地址指针）。S7-200 CPU 以变量存储器（V）、局部存储器（L）或累加器（AC）的内容值为地址进行间接寻址。可间接寻址的存储器区域有：I，Q，V，M，S，T（仅当前值），C（仅当前值）。对独立的位（bit）值或模拟量值不能进行间接寻址。

（1）建立指针

间接寻址前，应先建立指针。指针为双字长，是所要访问的存储单元的 32 位物理地址。只能使用变量存储器（V）、局部存储器（L）或累加器（AC1，AC2，AC3）作为指针，AC0 不能用作间接寻址的指针。将所要访问的存储器单元的地址装入用作指针的存储器单元或寄存器，装入的是地址而不是数据本身，格式如下：

MOVD　&VB200，AC1

"&"为地址符号，与单元组合表示所对应单元的 32 位物理地址；"VB200"只是一个直接地址编码，并不是它的物理地址。

指令中的第二个地址数据长度必须是双字长，如 AC、LD 和 VD。这里地址"VB200"要用 32 位表示，因而必须使用双字传送指令（MOVD）。

指令中的 &VB200 如果改为 &VW200 或 &VD200，效果完全相同。

（2）间接存取

依据指针中的内容值作为地址存取数据。使用指针可存取字节、字、双字型的数据，下面两条指令是建立指针和间接存取的应用方法：

MOVD　&VB200，AC1

MOVW　＊AC1，AC0

执行指令 MOVW　＊AC1，AC0，把指针中的内容值（VB200）作为地址，由于指令

MOVW 的标识符是"W",因而指令操作数的数据长度应是字型,把地址 VB200、VB201 两个字节的内容(1234)传送到 AC0。指针处的值(即 1234)为字型数据,如图 5-7 所示,操作数(AC1)前面的"＊"号表示该操作数(AC1)为指针。

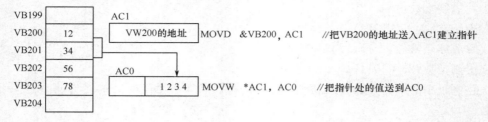

图 5-7　间接寻址

（3）修改指针

存取连续地址的存储单元中数据时,通过修改指针可以非常方便地存取数据。

在 S7-200 PLC 中,指针的内容不会自动改变,可用自增或自减等指令修改指针值。这样就可连续地存取存储单元中的数据。指针中的内容为双字型数据,应使用双字指令来修改指针值。

图 5-8 中,用两次自增指令 INCD　AC1,将 AC1 指针中的值(VB200)修改为 VB202 后,指针即指向新地址 VB202。执行指令 MOVW　＊AC1,AC0,这样就可在变量存储器(V)中连续地存取数据,将 VB202、VB203 两个字节的数据(5678)传送到 AC0。

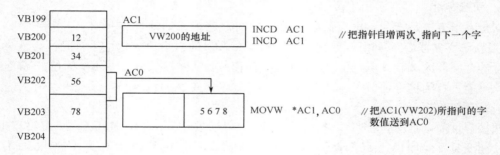

图 5-8　修改指针

修改指针值时,应根据存取的数据长度来进行调整。若对字节进行存取,指针值加 1(或减 1);若对字进行存取,或对定时器、计数器的当前值进行存取,指针值加 2(或减 2);若对双字进行存取,则指针值加 4(或减 4)。图 5-8 中,存取的数据长度是字型数据,因而指针值加 2。

5.1.5　用户程序结构

用户程序可分为 3 个程序分区:主程序、子程序(可选)和中断程序(可选)。

主程序(OB1):是用户程序的主体。CPU 在每个扫描周期都要执行一次主程序指令。

子程序:是程序的可选部分,只有当主程序调用时,才能够执行。合理使用子程序,可以优化程序结构,减少扫描时间。

中断程序:是程序的可选部分,只有当中断事件发生时,才能够执行。中断程序可在扫描周期的任意点执行。

5.1.6 编程的一般规则

1. 网络

在梯形图(LAD)中,程序被分成网络的一些梯级。每个梯形图网络由一个或多个梯级组成。

功能块图(FBD)中,使用网络概念给程序分段。

语句表(STL)程序中,使用"网络"这个关键词对程序分段。

对梯形图、功能块图、语句表程序分段后,就可通过编程软件实现它们之间的相互转换。

2. 梯形图(LAD)/功能块图(FBD)

梯形图中的左、右垂直线称为左、右母线。STEP 7-Micro/WIN 梯形图编辑器在绘图时,通常将右母线省略。在左、右母线之间是由触点、线圈或功能框组合的有序排列。梯形图的输入总是在图形的左边,输出总是在图形的右边,因而触点与左母线相连,线圈或功能框终止于右母线,从而构成一个梯级。在一个梯级中,左、右母线之间是一个完整的"电路",不允许"短路"、"开路",也不允许"能流"反向流动。

功能块图中的输入总是在框图的左边,输出总是在框图的右边。

3. 允许输入端、允许输出端

在梯形图(LAD)/功能块图(FBD)中,功能框的 EN 端是允许输入端,功能框的允许输入端必须存在"能流",即与之相连的逻辑运算结果为 1(EN=1),才能执行该功能框的功能。

在语句表(STL)程序中没有 EN 端,允许执行 STL 指令的条件是栈顶的值必须为"1"。

在梯形图(LAD)/功能块图(FBD)中,功能框的 ENO 端是允许输出端,允许功能框的布尔量输出,用于指令的级联。

如果功能框允许输入端(EN)存在"能流",且功能框准确无误地执行了其功能,那么允许输出端(ENO)将把"能流"传到下一个功能框,此时,ENO=1。如果执行过程中存在错误,那么"能流"就在出现错误的功能框终止,即 ENO=0。

在语句表(STL)程序中用 AENO(ANDENO)指令询问,可以产生与功能框的允许输出端(ENO)相同的效果。

4. 条件/无条件输入

条件输入:在梯形图(LAD)/功能块图(FBD)中,与"能流"有关的功能框或线圈不直接与左母线连接。

无条件输入:在梯形图(LAD)/功能块图(FBD)中,与"能流"无关的功能框或线圈直接与左母线连接,如 LBL、NEXT、SCR、SCRE 等。

5. 无允许输出端的指令

在梯形图(LAD)、功能块图(FBD)中,无允许输出端(ENO)的指令方框,不能用于级联。如 CALL SBR_N(N1,…)子程序调用指令和 LBL、SCR 等。

5.2 S7-200 PLC 的基本指令及编程方法

S7-200 PLC 的基本指令多用于开关量逻辑控制,本节着重介绍梯形图指令和语句表指令,并讨论基本指令的功能及编程方法。

编程时,应注意各操作数的数据类型及数值范围。CPU 对非法操作数将生成编译错误代码。有关 S7-200 CPU 模块操作数的范围如表 5-5 所示。

表 5-5　S7-200 CPU 模块操作数的范围

存取方式	编程元件	CPU221	CPU222	CPU224,CPU226	CPU226XM
位存取(字节,位)	V	0.0～2047.7		0.0～5119.7	0.0～10 239.7
	I	0.0～15.7			
	Q	0.0～15.7			
	M	0.0～31.7			
	SM	0.0～179.7	0.0～299.7	0.0～549.7	
	S	0.0～31.7			
	T	0～255			
	C	0～255			
	L	0.0～63.7			
字节存取	VB	0～2047		0～5119	0～10 239
	IB	0～15			
	QB	0～15			
	MB	0～31			
	SMB	0～179	0～299	0～549	
	SB	0～31			
	LB	0～63			
	AC	0～3			
	常数	常数			
字存取	VW	0～2046		0～5118	0～10 238
	IW	0～14			
	QW	0～14			
	MW	0～30			
	SMW	0～178	0～298	0～548	
	SW	0～30			
	T	0～255			
	C	0～255			
	LW	0～62			
	AC	0～3			
	AIW	0～30		0～62	
	AQW	0～30		0～62	
	常数	常数			

存取方式	编程元件	CPU221	CPU222	CPU224,CPU226	CPU226XM
双字存取	VD	0~2044		0~5116	0~10 236
	ID	0~12			
	QD	0~12			
	MD	0~28			
	SMD	0~176	0~296	0~546	
	SD	0~28			
	LD	0~60			
	AC	0~3			
	HC	0,3,4,5		0~5	
	常数	常数			

5.2.1 基本逻辑指令

基本逻辑指令在语句表语言中是指对位存储单元的简单逻辑运算,在梯形图中是指对触点的简单连接和对标准线圈的输出。

语句表语言用指令助记符创建控制程序,它是一种面向具体机器的语言,可被 PLC 直接执行。一般来说,语句表语言更适合于熟悉可编程控制器和逻辑编程方面有经验的编程人员。用这种语言可以编写出用梯形图或功能块图无法实现的程序。选择语句表时,进行位运算要考虑主机的内部存储结构。

S7-200 可编程控制器使用一个逻辑堆栈来分析控制逻辑,用语句表编程时要根据这一堆栈逻辑进行组织程序,用相关指令来实现堆栈操作。用梯形图和功能框图时,程序员不必考虑主机的这一逻辑,这两种编程工具会自动插入必要的指令来处理各种堆栈逻辑操作。

可编程控制器中的堆栈与计算机中的堆栈结构相同,堆栈是一组能够存储和取出数据的暂时存储单元。堆栈的存取特点是"后进先出",S7-200 可编程控制器的主机逻辑堆栈结构如表 5-6 所示。

这种逻辑堆栈结构是由 9 个堆栈存储器位组成的串联堆栈,栈顶是布尔型数据进出堆栈的必由之路。进栈时,数据由栈顶压入,堆栈中原来所存的数据被串行下移一格,如果原来 STACK 8 中存有数据,则该数据被推出堆栈而自动丢失。出栈时,数据从栈顶被取出,所有数据串行上移一格,STACK 8 中随机地装入一个数值,用语句表编程时应该注意这一特点。

表 5-6 逻辑堆栈结构

堆栈结构	名 称	说 明
S0	STACK 0	第一个堆栈(即栈顶)
S1	STACK 1	第二个堆栈
S2	STACK 2	第三个堆栈
S3	STACK 3	第四个堆栈
S4	STACK 4	第五个堆栈
S5	STACK 5	第六个堆栈
S6	STACK 6	第七个堆栈
S7	STACK 7	第八个堆栈
S8	STACK 8	第九个堆栈

栈顶 STACK 0 在此逻辑堆栈的位运算中兼有累加器的作用,存放第一操作数。对于简单逻辑指令,通常是进行进栈操作和一些最简单的位运算,这些运算是栈顶与第二个堆栈的内

容进行与、或、非等逻辑运算。对于复杂指令,可以是堆栈中的其他数据位直接进行运算,结果经栈顶弹出。

基本逻辑指令主要包括标准触点指令、正负跳变指令、置位和复位指令等,主要是与位相关的输入/输出及触点的简单连接。

1. 标准触点指令

标准触点指令有 LD、LDN、A、AN、O、ON、NOT、＝指令(语句表)。这些指令对存储器位在逻辑堆栈中进行操作,如果数据类型是输入继电器 I 或输出继电器 Q,则从存储器或是映像寄存器存取数值。

由于堆栈存储单元数的限制,语句表中 A、O、AN、ON 指令最多可以连用有限次。同样,梯形图中,最多一次串联或并联的触点数也有一定限制,功能框图中 AND 和 OR 指令盒中输入的个数也不能超过这个范围。

标准触点指令中如果有操作数,则为 BOOL 型,操作数的编址范围可以是:I,Q,M,SM,T,C,S,V,L。

(1) 装入常开指令:LD

在梯形图中,每个从左母线开始的单一逻辑行、每个程序块(逻辑梯级)的开始、指令盒的输入端都必须使用 LD 和 LDN 这两条指令。以常开触点开始时用 LD 指令,以常闭触点开始时则用 LDN 指令。本指令对各类内部编程元件的常开触点都适用。

  指令格式:LD   bit
  例: LD I0.2

(2) 装入常闭指令:LDN

每个以常闭触点开始的逻辑行都使用这一指令,各类内部编程元件的常闭触点都适用。

  指令格式:LDN   bit
  例: LDN I0.2

(3) 与常开指令:A

与常开指令,即串联一个常开触点。由于堆栈存储器数量的限制,对于指令盒,最多可以使用 7 个输入。

  指令格式:A   bit
  例: A M2.4

(4) 与常闭指令:AN

与常闭指令,即在梯形图中串联一个常闭触点。对于指令盒,最多可以使用 7 个输入。

  指令格式:AN   bit
  例: AN M2.4

(5) 或常开指令:O

或常开指令,即并联一个常开触点。对于指令盒,最多可以使用 7 个输入。

  指令格式:O   bit
  例: O M2.6

(6) 或常闭指令:ON

或常闭指令,即并联一个常闭触点。对于指令盒,最多可以使用 7 个输入。

  指令格式:ON   bit
  例: ON M2.6

（7）输出指令：＝

将逻辑运算结果输出到指定存储器位或输出继电器对应的映像寄存器位，以驱动本位线圈。

指令格式：＝　　　bit

例：　　　＝　　　Q2.6

在语句表中，LD、LDN、A、AN、O、ON 这几条指令的执行对逻辑堆栈的影响分别如表5-7、表5-8 及其后的说明所示。

指令 LD　I0.1（假设 I0.1＝1）执行情况如表 5-7 所示。

表 5-7　指令 LD　I0.1 的执行情况

名　称	执行前	执行后	说　明
STACK 0	S0	1	将新值 I0.1＝1 装入堆栈，原值 S0 串行下移一个单元
STACK 1	S1	S0	由 S0 串行下移一个单元得到
STACK 2	S2	S1	由 S1 串行下移一个单元得到
STACK 3	S3	S2	由 S2 串行下移一个单元得到
STACK 4	S4	S3	由 S3 串行下移一个单元得到
STACK 5	S5	S4	由 S4 串行下移一个单元得到
STACK 6	S6	S5	由 S5 串行下移一个单元得到
STACK 7	S7	S6	由 S6 串行下移一个单元得到
STACK 8	S8	S7	由 S7 串行下移一个单元得到，S8 自动丢失

如果是 LDN 指令，则执行结果是将指令所跟的操作数取反后再装入栈顶，其他部分的执行情况与 LD 完全相同。

指令 A　I0.2（假设 I0.2＝0）执行情况如表 5-8 所示。

表 5-8　指令 A　I0.2 的执行情况

名　称	执行前	执行后	说　明
STACK 0	1	0	执行前栈顶值为 1 执行是用栈顶值（值为 1）和指令操作数（I0.2 的值为 0）进行与运算，结果放回栈顶 即： S0 * I0.2 ＝1 * 0 ＝0→S0
STACK 1	S1	S1	
STACK 2	S2	S2	
STACK 3	S3	S3	
STACK 4	S4	S4	
STACK 5	S5	S5	
STACK 6	S6	S6	
STACK 7	S7	S7	
STACK 8	S8	S8	

如果是 AN 指令，则是指令操作数先变反后再和栈顶值进行与运算，结果放回栈顶。即1 * 1＝1→S0。

O 和 ON 指令与 A 和 AN 指令的执行情况相似,只是和栈顶进行的是或运算,而不是与运算。上例指令应改为:O I0.2(其他条件不变),执行结果是:S0+I0.2=1+0=1→ S0。

程序实例:本程序段用于介绍标准触点指令在梯形图、语句表和功能块图 3 种语言编程中的应用,仔细比较不同编程工具的区别与联系。

其梯形图和语句表程序如图 5-9 所示。

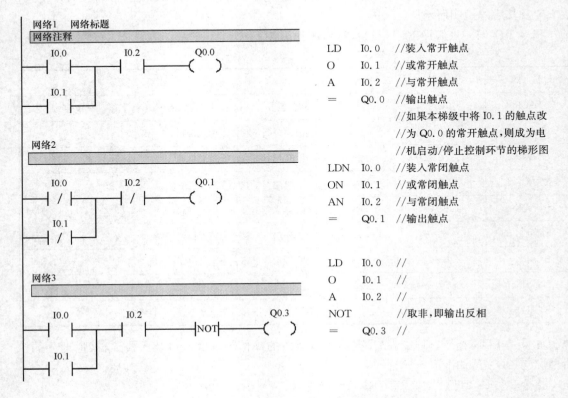

图 5-9   标准触点的梯形图和语句表程序

本程序对应的功能框图如图 5-10 所示。在功能框图中,常闭触点的装入和串并联用指令盒的对应输入信号端加圆圈来表示。

程序执行的时序图如图 5-11 所示。

2. 正负跳变指令

正负跳变指令在梯形图中以触点形式使用。用于检测脉冲的正跳变(上升沿)或负跳变(下降沿),利用跳变让能流接通一个扫描周期,即可以产生一个扫描周期长度的微分脉冲,常用此脉冲触发内部继电器线圈。

(1)正跳变指令:EU

正跳变触点检测到脉冲的每一次正跳变后,产生一个微分脉冲。

指令格式:EU (无操作数)

(2)负跳变指令:ED

负跳变触点检测到脉冲的每一次负跳变后,产生一个微分脉冲。

指令格式:ED (无操作数)

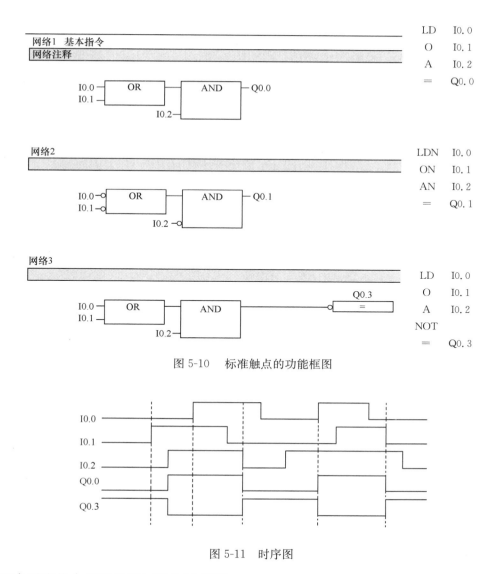

图 5-10　标准触点的功能框图

图 5-11　时序图

正负跳变指令编程举例如图 5-12 所示。

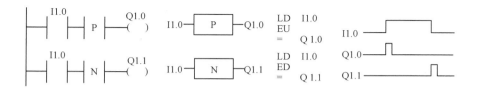

图 5-12　正负跳变触点指令编程举例

3. 置位和复位指令

置位即置 1,复位即置 0。置位和复位指令可以将位存储区的某位开始的一个或多个(最多可达 255 个)同类存储器位置 1 或置 0。这两条指令在使用时需指明 3 点:操作性质、开始位和位的数量。置位和复位指令操作数类型及范围如表 5-9 所示。

表 5-9 置位和复位指令操作数类型及范围

操作数	范 围	类 型
位 bit	I,Q,M,SM,T,C,V,S,L	BOOL 型
数量 N	VB,IB,QB,MB,SMB,LB,SB,AC, * VD, * AC, * LD,常数	BYTE 型

(1) 置位指令:S

将位存储区的指定位(位 bit)开始的 N 个同类存储器位置位。

指令格式: S bit, N

例: S Q0.0, 1

(2) 复位指令:R

将位存储区的指定位(位 bit)开始的 N 个同类存储器位复位。当用复位指令时,如果是对定时器 T 位或计数器 C 位进行复位,则定时器或计数器位被复位,同时,定时器或计数器的当前值被清零(减计数器除外)。

指令格式: R bit, N

例: R Q0.2, 3

在语句表(STL)中,当栈顶值为 1 时,才能执行置位指令 S 或复位指令 R。置位后即使栈顶值变为 0,仍保持置位;复位后即使栈顶值变为 0,仍保持复位。可见,这两条指令均有"记忆"功能。

置位和复位指令编程举例如图 5-13 所示。它可用于电动机的启动/停止控制程序。

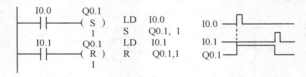

图 5-13 置位和复位指令编程举例

5.2.2 立即操作指令

立即操作指令允许对输入和输出点进行快速和直接存取。当用立即操作指令读取输入点的状态时,相应的输入映像寄存器中的值并未发生更新;用立即操作指令访问输出点时,访问的同时,相应的输出寄存器的内容也被刷新。只有输入继电器 I 和输出继电器 Q 可以使用立即操作指令。

1. 立即触点指令

在每个标准触点指令的后面加"I"。指令执行时,立即读取物理输入点的值,但是不刷新相应映像寄存器的值。

这类指令包括 LDI、LDNI、AI、ANI、OI 和 ONI。下面以 LDI 指令为例。

指令格式:LDI bit(bit 只能是 I 类型)

例: LDI I0.2

2. 立即输出指令

＝I,立即输出指令。用立即指令访问输出点时,把栈顶值立即复制到指令所指定的物理输出点,同时,相应的输出映像寄存器的内容也被刷新。

指令格式:＝I bit(bit 只能是 Q 类型)

例：　　　＝I　Q0.2

3. 立即置位指令

SI,立即置位指令。用立即置位指令访问输出点时,从指令所指出的位(bit)开始的 N 个(最多为 128 个)物理输出点被立即置位,同时,相应的输出映像寄存器的内容也被刷新。

指令格式：SI　bit,　　　N

例：　　　SI　Q0.0,　　2

4. 立即复位指令

RI,立即复位指令。用立即复位指令访问输出点时,从指令所指出的位(bit)开始的 N 个(最多为 128 个)物理输出点被立即复位,同时,相应的输出映像寄存器的内容也被刷新。

指令格式：RI　bit,　　　N

例：　　　RI　Q0.0,　　1

立即置位和立即复位指令的操作数类型及范围如表 5-10 所示。

表 5-10　立即置位和立即复位指令操作数类型及范围

操作数	范　　围		类　　型
位 bit	Q	BOOL	型
数量 N	VB,IB,QB,MB,SMB,LB,SB,AC,＊VD,＊AC,＊LD,常数		BYTE 型

应用举例：图 5-14 所示为立即指令应用的一段程序,图 5-15 所示是程序对应的时序图。

时序图中的 Q0.1 和 Q0.2 的跳变与扫描周期的输入扫描时刻不同步,这是由于两者的跳变发生在程序执行阶段,立即输出和立即置位指令执行完成的那一刻。

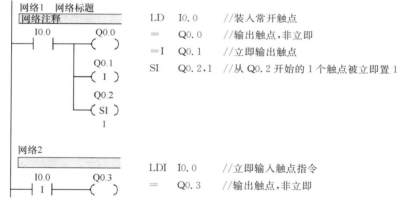

图 5-14　立即操作指令程序

5.2.3　复杂逻辑指令

基本逻辑指令涉及可编程元件的触点和线圈的简单连接,不能表达在梯形图中触点的复杂连接结构。复杂逻辑指令主要用来描述对触点进行的复杂连接,同时,它们对逻辑堆栈也可以实现非常复杂的操作。

本类指令包括 ALD、OLD、LPS、LRD、LPP 和 LDS,这些指令中除 LDS 外,其余指令都无操作数。

1. 栈装载与指令

ALD,栈装载与指令(与块),用于将并联电路块进行串联连接。执行 ALD 指令,将堆栈中的第一级和第二级的值进行逻辑"与"操作,结果置于栈顶(堆栈第一级),并将堆栈中的第三

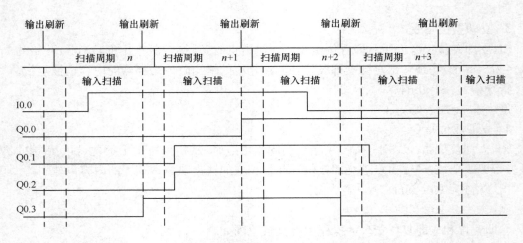

图 5-15 立即操作指令时序图

级至第九级的值依次上弹一级。

2. 栈装载或指令

OLD,栈装载或指令(或块),用于将串联电路块进行并联连接。执行 OLD 指令,将堆栈中的第一级和第二级的值进行逻辑"或"操作,结果置于栈顶(堆栈第一级),并将堆栈中其余各级依次上弹一级。

栈装载与指令和栈装载或指令的操作过程如图 5-16 所示,图中的"x"表示不确定值。

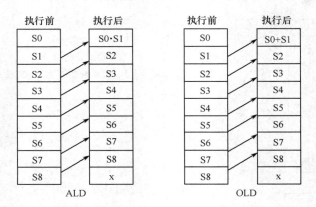

图 5-16 栈装载与指令和栈装载或指令的操作过程

3. 逻辑推入栈指令

LPS,逻辑推入栈指令(分支或主控指令),用于复制栈顶的值并将这个值推入栈顶,原堆栈中各级栈值依次下压一级。在梯形图中的分支结构中,用于生成一条新的母线,左侧为主控逻辑块时,第一个完整的从逻辑行由此处开始。

4. 逻辑读栈指令

LRD,逻辑读栈指令,把堆栈中第二级的值复制到栈顶。堆栈没有推入栈或弹出栈操作,但原栈顶值被新的复制值取代。在梯形图中的分支结构中,当左侧为主控逻辑块时,开始第二个和后边更多的从逻辑块。应注意,LPS 后第一个和最后一个从逻辑块不用本指令。

5. 逻辑弹出栈指令

LPP,逻辑弹出栈指令(分支结束或主控复位指令),堆栈做弹出栈操作,将栈顶值弹出,原堆栈中各级栈值依次上弹一级,堆栈第二级的值成为新的栈顶值。在梯形图中的分支结构中,用于将 LPS 指令生成的一条新母线进行恢复。应注意,LPS 与 LPP 必须配对使用。

6. 装入堆栈指令

LDS,装入堆栈指令,复制堆栈中的第 n 级的值到栈顶。原栈中各级栈值依次下压一级,栈底值丢失。

LPS、LRD、LPP、LDS 指令的操作过程如图 5-17 所示。

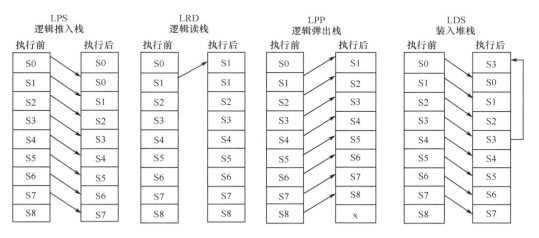

图 5-17　LPS、LRD、LPP、LDS 指令的操作过程

应用举例:图 5-18 所示是复杂逻辑指令在实际应用的一段程序。

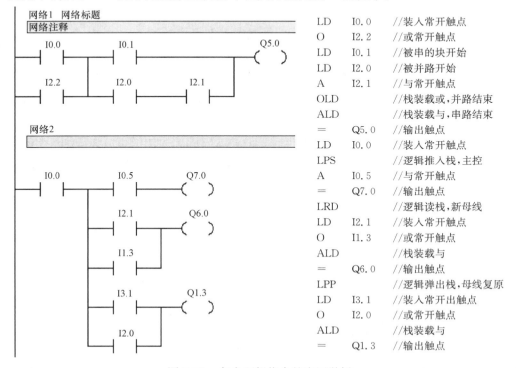

LD	I0.0	//装入常开触点
O	I2.2	//或常开触点
LD	I0.1	//被串的块开始
LD	I2.0	//被并路开始
A	I2.1	//与常开触点
OLD		//栈装载或,并路结束
ALD		//栈装载与,串路结束
=	Q5.0	//输出触点
LD	I0.0	//装入常开触点
LPS		//逻辑推入栈,主控
A	I0.5	//与常开触点
=	Q7.0	//输出触点
LRD		//逻辑读栈,新母线
LD	I2.1	//装入常开触点
O	I1.3	//或常开触点
ALD		//栈装载与
=	Q6.0	//输出触点
LPP		//逻辑弹出栈,母线复原
LD	I3.1	//装入常开出触点
O	I2.0	//或常开触点
ALD		//栈装载与
=	Q1.3	//输出触点

图 5-18　复杂逻辑指令的应用举例

5.2.4 取非触点指令和空操作指令

1. 取非触点指令

NOT,取非触点指令,用来改变能流的状态。能流到达取非触点时,能流就停止;能流未到达取非触点时,能流就通过。

在语句表中,取非触点指令对堆栈的栈顶作取反操作,改变栈顶值。栈顶值由 0 变为 1,或者由 1 变为 0。取非触点指令无操作数。

取非触点指令编程举例如图 5-19 所示。

I0.0
NOT
Q0.1
I0.0
Q0.1
=
LD I0.0
NOT
= Q0.1

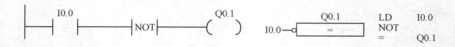

图 5-19 取非触点指令编程举例

2. 空操作指令

NOP,空操作指令,使能输入有效时,执行空操作指令。空操作指令不影响用户程序的执行,操作数 N 是标号,是一个 0～225 的常数。空操作指令编程举例如图 5-20 所示。

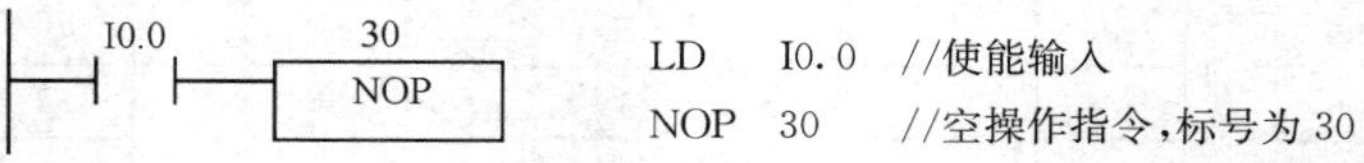

I0.0
30
NOP
LD I0.0 //使能输入
NOP 30 //空操作指令,标号为 30

图 5-20 空操作指令编程举例

5.2.5 定时器和计数器指令

1. 定时器指令

定时器是由集成电路构成,是 PLC 中的重要硬件编程元件。定时器编程时提前输入时间预设值,在运行时当定时器的输入条件满足时开始计时,当前值从 0 开始按一定的时间单位增加,当定时器的当前值达到预设值时,定时器发生动作,发出中断请求,以便 PLC 响应而作出相应的动作。此时它对应的常开触点闭合,常闭触点断开。利用定时器的输入与输出触点就可以得到控制所需的延时时间。

系统提供 3 种定时指令:TON(通电延时)、TONR(有记忆通电延时)和 TOF(断电延时)。

S7-200 定时器的分辨率有 3 个等级:1ms、10ms 和 100ms,分辨率等级和定时器号关系如表 5-11 所示。

定时时间的计算公式如下:

$$T=\mathrm{PT}\times S$$ (T 为实际定时时间,PT 为预设值,S 为分辨率等级)

例如,TON 指令用定时器 T33,预设值为 125,则实际定时时间为

$$T=125\times 10=1250\mathrm{ms}$$

指令操作数有 3 个:编号、预设值和使能输入。

① 编号:用定时器的名称和它的常数编号(最大 255)来表示,即 Txxx,如 T4。T4 不仅仅是定时器的编号,它还包含两方面的变量信息:定时器位和定时器当前值。

定时器位:定时器位与时间继电器的输出相似,当定时器的当前值达到预设值 PT 时,该位被置为 1。

表 5-11　定时器号和分辨率

定时器类型	分辨率/ms	计时范围/s	定时器号
TON TOF	1	32.767	T32,T96
	10	327.67	T33～T36,T97～T100
	100	3276.7	T37～T63,T101～T255
TONR	1	32.767	T0,T64
	10	327.67	T1～T4,T65～T68
	100	3276.7	T5～T31,T69～T95

定时器当前值:存储定时器当前所累计的时间,它用 16 位符号整数来表示,故最大计数值为 32 767。

② 预设值 PT:数据类型为 INT 型。寻址范围可以是 VW、IW、QW、MW、SW、SMW、LW、AIW、T、C、AC、*VD、*AC、*LD 和常数。

③ 使能输入(只对 LAD 和 FBD):BOOL 型,可以是 I、Q、M、SM、T、C、V、S、L 和能流。

可以用复位指令来对 3 种定时器复位,复位指令的执行结果是:使定时器位变为 OFF;定时器当前值变为 0。

(1) 接通延时定时器指令:TON

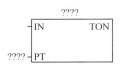

(???? 表示编程时,该处需设置参数。下同)

接通延时定时器指令用于单一间隔定时。上电周期或首次扫描中,定时器位为 OFF,当前值为 0。使能输入接通时,定时器位为 OFF,当前值从 0 开始计数时间,当前值达到预设值时,定时器位为 ON,当前值连续计数到 32 767。使能输入断开,定时器自动复位,即定时器位为 OFF,当前值为 0。

指令格式:TON　Txxx,PT

例:　　　TON　T120,8

(2) 有记忆接通延时定时器指令:TONR

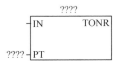

有记忆接通延时定时器指令用于对许多间隔的累计定时。上电周期或首次扫描中,定时器位为 OFF,当前值保持。使能输入接通时,定时器位为 OFF,当前值从 0 开始累计计数时间。使能输入断开,定时器位和当前值保持最后状态。使能输入再次接通时,当前值从上次的保持值继续计数,当累计当前值达到预设值时,定时器位为 ON,当前值连续计数到 32 767。

TONR 定时器只能用复位指令进行复位操作,使当前值清零。

指令格式:TONR　Txxx,PT

例:　　　TONR　T20,63

(3) 断开延时定时器指令:TOF

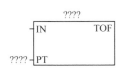

断开延时定时器指令用于断开后的单一间隔定时。上电周期或首次扫描中,定时器位为 OFF,当前值为 0。使能输入接通时,定时器位为 ON,当前值为 0。当使能输入由接通到断开时,定时器开始计数,当前值达到预设值时,定时器位为 OFF,当前值等于预设值,停止计数。

TOF 复位后,如果使能输入再有从 ON 到 OFF 的负跳变,则可实现再次启动。

指令格式:TOF　Txxx,PT

例:　　　TOF　T35,6

（4）应用举例

图 5-21 所示是介绍 3 种定时器的工作特性的程序片段,其中 T35 为通电延时定时器,T2 为有记忆通电延时定时器,T36 为断电延时定时器。本梯形图程序中的输入/输出执行时序关系如图 5-22 所示。

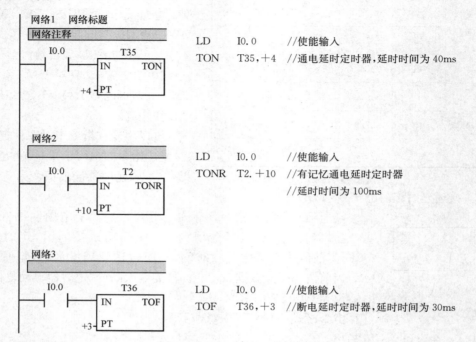

网络1　网络标题

| LD | I0.0 | //使能输入 |
| TON | T35,+4 | //通电延时定时器,延时时间为 40ms |

网络2

LD	I0.0	//使能输入
TONR	T2.+10	//有记忆通电延时定时器
		//延时时间为 100ms

网络3

| LD | I0.0 | //使能输入 |
| TOF | T36,+3 | //断电延时定时器,延时时间为 30ms |

图 5-21　定时器的工作特性

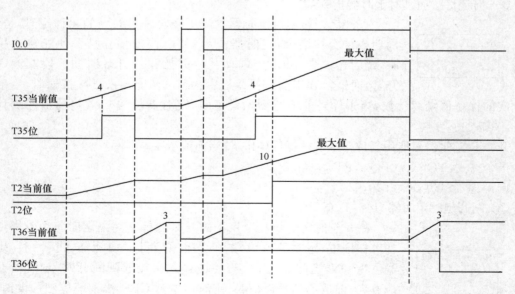

图 5-22　定时器时序图

（5）应用定时器指令应注意的问题

① 不能把一个定时器号同时用作断开延时定时器(TOF)和接通延时定时器(TON)。

② 使用复位(R)指令对定时器复位后,定时器位为 0,定时器当前值为 0。

③ 有记忆接通延时定时器(TONR)只能通过复位指令进行复位。

④ 对于断开延时定时器(TOF),需要输入端有一个负跳变(由 ON 到 OFF)的输入信号启动计时。

⑤ 不同精度的定时器,它们当前值的刷新周期是不同的,具体情况如下:

● 1ms 分辨率定时器

1ms 分辨率定时器启动后,定时器对 1ms 的时间间隔(时基信号)进行计时。定时器当前值每隔 1ms 刷新一次,在一个扫描周期中要刷新多次,而不和扫描周期同步。

1ms 定时器的编程举例如图 5-23 所示。在图 5-23(a)中,T32 定时器 1ms 更新一次。当定时器当前值 100 在图示 A 处刷新,Q0.0 可以接通一个扫描周期;若在其他位置刷新,Q0.0 则永远不会接通。而在 A 处刷新的概率是很小的。若改为图 5-23(b),就可保证当定时器当前值达到设定值时,Q0.0 会接通一个扫描周期。

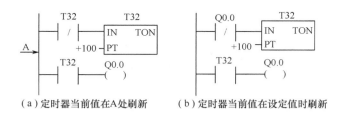

(a)定时器当前值在A处刷新　　(b)定时器当前值在设定值时刷新

图 5-23　1ms 定时器的编程举例

● 10ms 分辨率定时器

10ms 分辨率定时器启动后,定时器对 10ms 的时间间隔进行计时。程序执行时,在每次扫描周期开始对 10ms 定时器刷新,在一个扫描周期内定时器当前值保持不变。图 5-23(a)同样不适合 10ms 分辨率定时器。

● 100ms 分辨率定时器

100ms 分辨率定时器启动后,定时器对 100ms 的时间间隔进行计时。只有在定时器指令执行时,100ms 定时器的当前值才被刷新。

在子程序和中断程序中不宜使用 100ms 定时器。子程序和中断程序不是每个扫描周期都执行的,那么在子程序和中断程序中的 100ms 定时器的当前值就不能及时刷新,造成时基脉冲丢失,致使计时失准;在主程序中,不能重复使用同一个 100ms 的定时器号,否则该定时器指令在一个扫描周期中多次被执行,定时器的当前值在一个扫描周期中多次被刷新。这样,定时器就会多计了时基脉冲,同样造成计时失准。因而,100ms 定时器只能用于每个扫描周期内同一定时器指令执行一次且仅执行一次的场合。100ms 定时器的应用举例如图 5-24 所示。

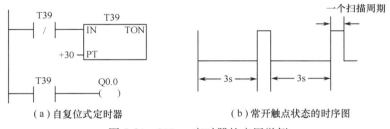

(a)自复位式定时器　　　　　(b)常开触点状态的时序图

图 5-24　100ms 定时器的应用举例

图 5-24(a)所示的定时器是一种自复位式定时器。定时器 T39 的常开触点每隔100ms×30＝3s 就闭合一次,持续一个扫描周期。可以利用这种特性产生脉宽为一个扫描周期的脉冲信号。改变定时器的设定值,就可以改变脉冲信号的频率。T39 常开触点状态的时序图如图 5-24(b)所示。

2. 计数器指令

计数器用来累计输入脉冲的次数。计数器也是由集成电路构成的,是应用非常广泛的编程元件,经常用来对产品进行计数。

计数器与定时器的结构和使用基本相似,编程时输入它的预设值 PV(计数的次数),计数器累计它的脉冲输入端电位上升沿(正跳变)个数,当计数器达到预设值 PV 时,发出中断请求信号,以便 PLC 作出相应的处理。

计数器指令有 3 种:增计数 CTU、增减计数 CTUD 和减计数 CTD。

指令操作数有 4 个:编号、预设值、脉冲输入和复位输入。

编号:用计数器名称和它的常数编号(最大 255)来表示,即 Cxxx,如 C6。C6 不仅仅是计数器的编号,还包含两方面的变量信息:计数器位和计数器当前值。

计数器位:表示计数器是否发生动作的状态,当计数器的当前值达到预设值 PV 时,该位被置为 1。

计数器当前值:存储计数器当前所累计的脉冲个数,它用 16 位符号整数(INT)来表示,故最大计数值为 32 767。

预设值(PV):数据类型为 INT 型。寻址范围是 VW、IW、QW、MW、SW、SMW、LW、AIW、T、C、AC、＊VD、＊AC、＊LD 和常数。

脉冲输入:数据类型为 BOOL 型,寻址范围是 I、Q、M、SM、T、C、V、S、L 和能流。

复位输入:与脉冲输入同类型和范围。

(1) 增计数器指令:CTU

首次扫描时,计数器位为 OFF,当前值为 0。在增计数器的计数输入端(CU)脉冲输入的每个上升沿,计数器都计数 1 次,当前值增加 1 个单位,当前值达到预设值时,计数器位为 ON,当前值继续计数到 32 767 停止计数。复位输入有效或执行复位指令,计数器自动复位,即计数器位 OFF,当前值为 0。

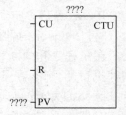

指令格式:CTU　Cxxx,PV

例:　　　　CTU　C20,3

程序实例:图 5-25 所示为增计数器的程序片段和时序图。

(2) 增减计数器指令:CTUD

该指令有两个脉冲输入端:CU 输入端用于递增计数,CD 输入端用于递减计数。首次扫描时,计数器位为 OFF,当前值为 0。CU 输入的每个上升沿,计数器当前值增加 1 个单位。CD 输入的每个上升沿,都使计数器当前值减少 1 个单位,当前值达到预设值时,计数器位为 ON。

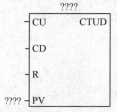

增减计数器计数到 32 767(最大值)后,下一个 CU 输入的上升沿将使当前值跳变为最小值(－32 768);反之,当前值达到最小值(－32 768)时,下一个 CD 输入的上升沿将使当前值跳变为最大值(32 767)。复位输入有效或执行复位指令,计数器自动复位,即计数器位为 OFF,当前值为 0。

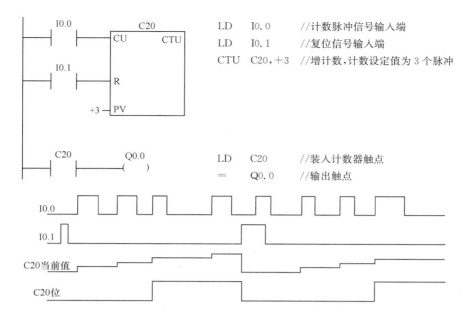

LD   I0.0   //计数脉冲信号输入端
LD   I0.1   //复位信号输入端
CTU   C20,+3   //增计数,计数设定值为 3 个脉冲

LD   C20   //装入计数器触点
=   Q0.0   //输出触点

图 5-25　增计数器的程序及时序图

指令格式:CTUD　Cxxx,PV

例:　　　CTUD　C30,5

程序实例:如图 5-26 所示为增减计数器的程序片段和时序图。

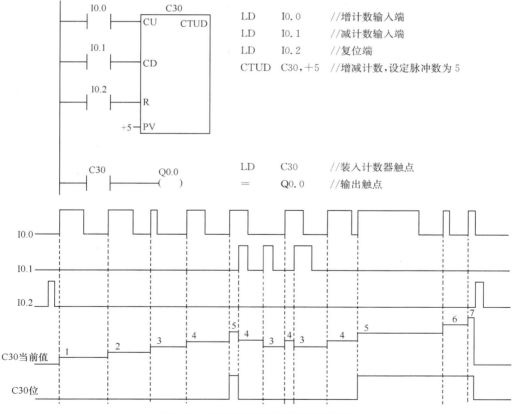

LD   I0.0   //增计数输入端
LD   I0.1   //减计数输入端
LD   I0.2   //复位端
CTUD C30,+5   //增减计数,设定脉冲数为 5

LD   C30   //装入计数器触点
=   Q0.0   //输出触点

图 5-26　增减计数器的程序及时序图

（3）减计数器指令：CTD

首次扫描时，计数器位为 OFF，当前值为预设值 PV。计数器检测到 CD 输入的每个上升沿时，计数器当前值都减少 1 个单位，当前值减到 0 时，计数器位为 ON。

复位输入有效或执行复位指令，计数器自动复位，即计数器位为 OFF，当前值复位为预设值，而不是 0。

指令格式：CTD　Cxxx，PV

例：　　　　CTD　C40，4

程序实例：图 5-27 所示为减计数器的程序片段和时序图。

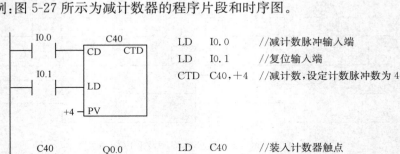

```
LD    I0.0      //减计数脉冲输入端
LD    I0.1      //复位输入端
CTD   C40,+4    //减计数,设定计数脉冲数为4

LD    C40       //装入计数器触点
=     Q0.0      //输出触点
```

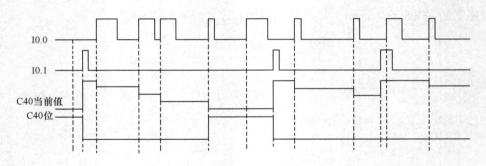

图 5-27　减计数器的程序及时序图

（4）应用举例

计数器在实际生产中应用非常广泛，最常用于对各种脉冲的计数，有时根据它的工作特点也用在其他方面。下面仅举两个实例。

① 循环计数。如果在使用以上 3 种类型的计数器时，将计数器位的常开触点作为复位输入信号，则可以实现循环计数。

② 用计数器和定时器配合增加延时时间，如图 5-28 所示。通过分析可知，程序中的实际延时时间为 100ms×30 000×10＝30 000s。

（5）应用计数器指令应注意的问题

① 可以用复位指令来对 3 种计数器复位，复位指令的执行结果是：使计数器位变为 OFF；计数器当前值变为 0（CTD 变为预设值 PV）。

② 在一个程序中，同一个计数器编号只能使用一次。

③ 脉冲输入和复位输入同时有效时，优先执行复位操作。

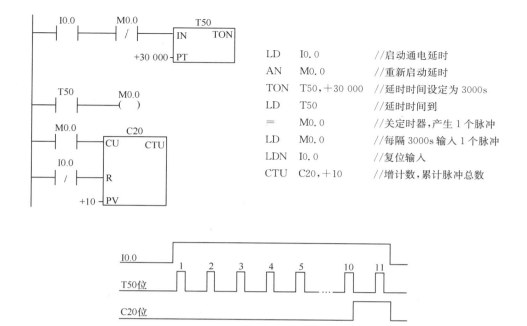

LD	I0.0	//启动通电延时
AN	M0.0	//重新启动延时
TON	T50,+30 000	//延时时间设定为3000s
LD	T50	//延时时间到
=	M0.0	//关定时器,产生1个脉冲
LD	M0.0	//每隔3000s输入1个脉冲
LDN	I0.0	//复位输入
CTU	C20,+10	//增计数,累计脉冲总数

图 5-28　计数器应用举例

5.2.6　顺序控制继电器指令

工业控制中常有顺序控制的要求。所谓顺序控制,是使生产过程按工艺要求事先安排的顺序自动地进行控制。对于复杂的控制系统,由于内部关系复杂,若用一般指令进行编程将使程序变得冗长,非常不方便。

S7-200 CPU 含有 256 个顺序控制继电器(SCR)用于顺序控制。S7-200 包含顺序控制指令,可以模仿控制进程的步骤,对程序逻辑分段;可以将程序分成单个流程的顺序步骤,也可同时激活多个流程;可以使单个流程有条件地分成多支单个流程,也可以使多个流程有条件地重新汇集成单个流程,从而对一个复杂的工程可以十分方便地编制控制程序。

系统提供 3 个顺序控制指令:段开始指令(LSCR)、段转移指令(SCRT)和段结束指令(SCRE)。

1. 顺序继电器指令

(1) 段开始指令:LSCR

段开始指令定义一个顺序控制继电器段的开始。操作数为顺序控制继电器位 Sx.y,Sx.y 作为本段的段标志位。当 Sx.y 位为 1 时,允许该 SCR 段工作。

(2) 段结束指令:SCRE

一个 SCR 段必须用该指令来结束。

(3) 段转移指令:SCRT

该指令用来实现本段与另一段之间的切换。操作数为顺序控制继电器位 Sx.y,Sx.y 是下一个 SCR 段的标志位。当使能输入有效时,一方面对 Sx.y 置位,以便让下一个 SCR 段开始工作;另一方面对本 SCR 段的标志位复位,以便本段停止工作。

2. 使用顺序继电器指令的限制

只能使用顺序控制继电器位作为段标志位。一个顺序控制继电器位 Sx. y 在各程序块中只能使用一次。例如,如果在主程序中使用了 S10.0,就不能再在子程序、中断程序或主程序的其他地方重复使用它。

在一个 SCR 段中不能出现跳入、跳出或段内跳转等程序结构,即在段中不能使用 JMP 和 LBL 指令。同样,在一个 SCR 段中不允许出现循环程序结构和条件结束,即禁止使用 FOR、NEXT 和 END 指令。

指令格式: LSCR   bit   (段开始指令)
          SCRT   bit   (段转移指令)
          SCRE   (段结束指令)

3. 顺序结构

通过用以上 3 条顺序控制指令灵活编程,可以实现多种顺序控制程序结构,如并发顺序(包括并发开始和并发结束)、选择顺序和循环顺序等。

4. 程序实例

根据舞台灯光效果的要求,控制红、绿、黄三色灯。要求:红灯先亮,2s 后绿灯亮,再过 3s 后黄灯亮。待红灯、绿灯、黄灯全亮 3min 后,全部熄灭。程序如图 5-29 所示。

每个 SCR 程序段中均包含 3 个要素。①输出对象:在该步序中应完成的动作;②转移条件:满足转移条件后,实现 SCR 段的转移;③转移目标:转移到下一个步序。

5.2.7　移位寄存器指令

移位寄存器指令都是对无符号数进行处理,执行时只考虑要移位的存储单元每一位的数字状态,而不管数据的值的大小。本类指令在一个数字量输出点对应多个相对固定状态的情况下有广泛的应用。

1. 左移和右移

左移和右移根据所移位的数的长度可分为字节型、字型、双字型。移位特点如下所述:

移位数据存储单元的移出端与 SM1.1(溢出)相连,所以最后被移出的位被放到 SM1.1 位存储单元。

移位时,移出位进入 SM1.1,另一端自动补 0。例如,在右移时,移位数据的最右端位移入 SM1.1,左端每次补 0。SM1.1 始终存放最后一次被移出的位。

移位次数与移位数据的长度有关,如果所需移位次数大于移位数据的位数,则超出的次数无效。字左移时,若移位次数设定为 20,则指令实际执行结果是只能移位 16 次,而不是设定值 20 次。

如果移位操作使数据变为 0,则零存储器位(SM1.0)自动置位。

移位指令影响的特殊存储器位:SM1.0(零),SM1.1(溢出)。

使能流输出 ENO 断开的出错条件:0006(间接寻址)。

移位次数 N 为字节型数据。

(1) 字节左移和字节右移指令:SLB,SRB

使能输入有效时,把字节输入数据 IN 左移或右移 N 位后,再将结果输出到 OUT 所指的字节存储单元(在语句表中,IN 与 OUT 使用同一个单元)。最大实际可移位次数为 8。

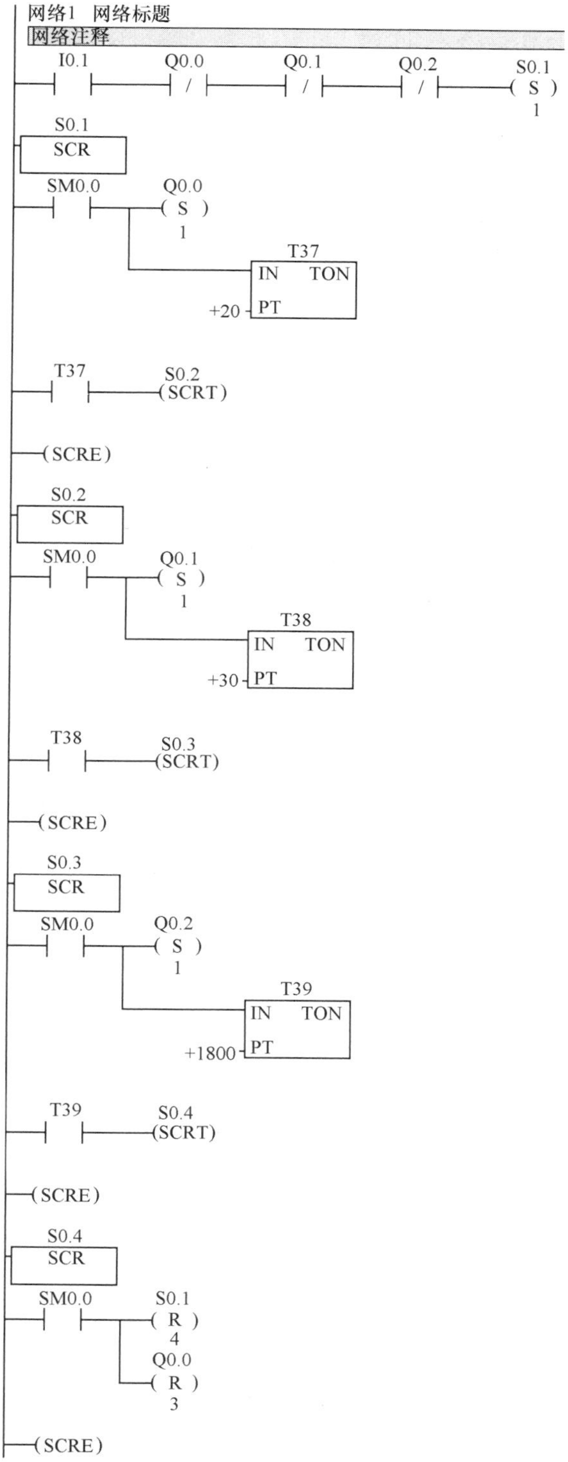

网络1 网络标题
网络注释

```
LD    I0.1
AN    Q0.0
AN    Q0.1
AN    Q0.2              //在初始状态下启动,置
S     S0.1,1            //S0.1=1
LSCR  S0.1   //S0.1=1,激活第一 SCR 程序段,
                        //进入第一步序
LD    SM0.0
S     Q0.0,1            //红灯亮,并保持
TON   T37,+20           //启动 2s 定时器
LD    T37
                //2s 后程序转移到第二 SCR 段,
SCRT  S0.2             //(S0.2=1,S0.1=0)
SCRE                   // 第一 SCR 段结束
LSCR  S0.2   //S0.2=1,激活第二 SCR 程序段,
                        //进入第二步序
LD    SM0.0
S     Q0.1,1            //绿灯亮,并保持
TON   T38,+30          //启动 3s 定时器
LD    T38
                //3s 后程序转移到第三 SCR 段,
SCRT  S0.3            //(S0.3=1,S0.2=0)
SCRE                 //第二 SCR 段结束
LSCR  S0.3  //S0.3=1,激活第三 SCR 程序段,
                        //进入第三步序
LD    SM0.0
S     Q0.2,1           //黄灯亮,并保持
TON   T39,+1800        //启动 3min 定时器
LD    T39
              //3min 后程序转移到第四 SCR 段,
SCRT  S0.4            //(S0.4=1,S0.3=0)
SCRE                  //第三 SCR 段结束
LSCR  S0.4  //S0.4=1,激活第四 SCR 程序段,
                        //进入第四步序
LD    SM0.0
R     S0.1,4
R     Q0.0,3           //红、绿、黄灯全灭
SCRE                  //第四 SCR 段结束
```

图 5-29 SCR 指令编程

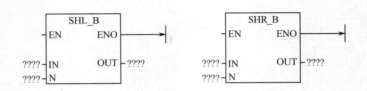

指令格式： SLB   OUT，N   （字节左移）

           SRB   OUT，N   （字节右移）

例：   SLB   MB0，2

           SRB   LB0，3

以第一条指令为例，指令执行结果如表 5-12 所示。

表 5-12   指令 SLB 执行结果

移位次数	地　址	单元内容	位 SM1.1	说　　明
0	MB0	10110101	X	移位前（SM1.1 不确定）
1	MB0	01101010	1	数左移，移出位 1 进入 SM1.1，右端补 0
2	MB0	11010100	0	数左移，移出位 0 进入 SM1.1，右端补 0

（2）字左移和字右移指令：SLW，SRW

指令盒与字节移位比较，只是名称变为 SHL_W 和 SHR_W。使能输入有效时，把字型输入数据 IN 左移或右移 N 位后，再将结果输出到 OUT 所指的字存储单元（在语句表中，IN 与 OUT 使用同一个单元）。最大实际可移位次数为 16。

指令格式： SLW   OUT，N   （字左移）

           SRW   OUT，N   （字右移）

例：   SLW   MW0，2

           SRW   LW0，3

以第二条指令为例，指令执行结果如表 5-13 所示。

表 5-13   指令 SRW 执行结果

移位次数	地　址	单元内容	位 SM1.1	说　　明
0	LW0	1011010100110011	X	移位前（SM1.1 不确定）
1	LW0	0101101010011001	1	右移，1 进入 SM1.1，左端补 0
2	LW0	0010110101001100	1	右移，1 进入 SM1.1，左端补 0
3	LW0	0001011010100110	0	右移，0 进入 SM1.1，左端补 0

（3）双字左移和双字右移指令：SLD，SRD

指令盒与字节移位比较，只是名称变为 SHL_DW 和 SHR_DW，其他部分完全相同。使能输入有效时，把双字型输入数据 IN 左移或右移 N 位后，再将结果输出到 OUT 所指的双字存储单元（在语句表中，IN 与 OUT 使用同一个单元）。最大实际可移位次数为 32。

指令格式： SLD   OUT，N   （双字左移）

           SRD   OUT，N   （双字右移）

例： SLD　MD0,2
　　　SRD　LD0,3

2. 循环左移、循环右移

循环左移和循环右移根据所循环移位的数的长度分别又可分为字节型、字型、双字型。循环移位特点如下所述：

移位数据存储单元的移出端与另一端相连，同时又与 SM1.1（溢出）相连，所以最后被移出的位被移到另一端的同时，也被放到 SM1.1 位存储单元。例如在循环右移时，移位数据的最右端位移入最左端，同时又进入 SM1.1。SM1.1 始终存放最后一次被移出的位。

移位次数与移位数据的长度有关，如果移位次数设定值大于移位数据的位数，则执行循环移位之前，系统先对设定值取以数据长度为底的模，用小于数据长度的结果作为实际循环移位的次数。如字左移时，若移位次数设定为 36，则先对 36 取以 16 为底的模，得到小于 16 的结果 4，故指令实际循环移位 4 次。

如果移位操作使数据变为 0，则零存储器位（SM1.0）自动置位。

移位指令影响的特殊存储器位：SM1.0（零）；SM1.1（溢出）。

使能流输出 ENO 断开的出错条件：0006（间接寻址）。

移位次数 N 为字节型数据。

(1) 字节循环左移和字节循环右移指令：RLB,RRB

使能输入有效时，把字节型输入数据 IN 循环左移或循环右移 N 位后，再将结果输出到 OUT 所指的字节存储单元（在语句表中，IN 与 OUT 使用同一个单元）。实际移位次数为设定值取以 8 为底的模所得的结果。

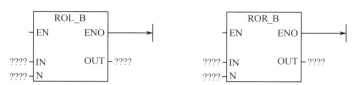

指令格式： RLB　OUT,N　　（字节循环左移）
　　　　　 RRB　OUT,N　　（字节循环右移）
例： 　　　 RLB　MB0,2
　　　　　 RRB　LB0,3

(2) 字循环左移和字循环右移指令：RLW,RRW

指令盒与字节循环移位只是名称变为 ROL_W 和 ROR_W，其他部分完全相同。使能输入有效时，把字型输入数据 IN 循环左移或循环右移 N 位后，再将结果输出到 OUT 所指的字存储单元（在语句表中，IN 与 OUT 使用同一个单元）。实际移位次数为设定值取以 16 为底的模所得的结果。

指令格式： RLW　OUT,N　　（字循环左移）
　　　　　 RRW　OUT,N　　（字循环右移）
例： 　　　 RLW　MW0,2
　　　　　 RRW　LW0,3

以指令 RRW　LW0,3 为例，指令执行结果如表 5-14 所示。

表 5-14　指令 RRW 执行结果

移位次数	地　址	单元内容	位 SM1.1	说　　明
0	LW0	1011010100110011	X	移位前(SM1.1 不确定)
1	LW0	1101101010011001	1	右端 1 移入 SM1.1 和 LW0 左端
2	LW0	1110110101001100	1	右端 1 移入 SM1.1 和 LW0 左端
3	LW0	0111011010100110	0	右端 0 移入 SM1.1 和 LW0 左端

（3）双字循环左移和双字循环右移指令：RLD，RRD

指令盒与字节循环移位只是名称变为 ROL_DW 和 ROR_DW，其他部分完全相同。使能输入有效时，把双字型输入数据 IN 循环左移或循环右移 N 位后，再将结果输出到 OUT 所指的双字存储单元(在语句表中，IN 与 OUT 使用同一个单元)。实际移位次数为设定值取以 32 为底的模所得的结果。

指令格式：　RLD　OUT，N　　（双字循环左移）
　　　　　　　RRD　OUT，N　　（双字循环右移）

例：　　　　RLD　MD0，2
　　　　　　RRD　LD0，3

3. 寄存器移位

SHRB，寄存器移位指令。该指令在梯形图中有 3 个数据输入端：DATA 为数值输入，将该位的值移入移位寄存器；S_BIT 为移位寄存器的最低位端；N 指定移位寄存器的长度。每次使能输入有效时，整个移位寄存器移动 1 位。移位特点如下所述：

移位寄存器长度在指令中指定，没有字节型、字型、双字型之分。可指定的最大长度为 64 位，可正也可负。

移位数据存储单元的移出端与 SM1.1（溢出）相连，所以最后被移出的位被放到 SM1.1 位存储单元。

移位时，移出位进入 SM1.1，另一端自动补以 DATA 移入位的值。

移位方向分为正向移位和反向移位。正向移位时长度 N 为正值，移位是从最低字节的最低位 S_BIT 移入，从最高字节的最高位 MSB.b 移出；反向移位时，长度 N 为负值，移位是从最高字节的最高位移入，从最低字节的最低位 S_BIT 移出。

最高位的计算方法：(N 的绝对值－1＋(S_BIT 的位号))/8，相除结果中，余数即是最高位的位号，商与 S_BIT 的字节号之和即是最高位的字节号。

例如，如果 S_BIT 是 V22.5，N 是 8，那么 MSB.b 是 V23.4。具体计算如下：

MSB.b→V22＋(8－1＋5)÷8＝V22＋12÷8＝V22＋1(余数为 4)→V23.4

移位指令影响的特殊存储器位：SM1.1（溢出）。

使能流输出 ENO 断开的出错条件：SM4.3（运行时间）；0006（间接寻址）；0091（操作数超界）；0092（计数区错误）。

指令格式：SHRB　DATA，S_BIT，N

例：　　　　SHRB　I0.5，V20.0，5

以本条指令为例，指令执行结果如表 5-15 所示。

表 5-15　指令 SHRB 执行结果

脉冲数	I0.5 值	VB20 内容	位 SM1.1	说　　明
0	1	10110101	X	移位前。移位时，从 V20.0 移入，从 V20.4 移出
1	1	10101011	1	移入 SM1.1，I0.5 的脉冲前值进入右端
2	1	10110111	0	0 移入 SM1.1，I0.5 的脉冲前值进入右端
3	0	10101110	1	1 移入 SM1.1，I0.5 的脉冲前值进入右端

5.2.8　比较指令

比较指令是一种比较判断，用于比较两个有符号数或无符号数。

在梯形图中以带参数和运算符号的触点的形式编程，当这两数的比较式结果为真时，该触点闭合。

在功能块图中以指令盒的形式编程，当比较式结果为真时，输出接通。

在语句表中使用 LD 指令进行编程时，当比较式结果为真时，主机将栈顶置 1。使用 A/O 指令进行编程时，当比较式结果为真时，则在栈顶执行 A/O 操作，并将结果放入栈顶。

比较指令的类型有：字节比较、整数比较、双字整数比较和实数比较。

比较运算符有：＝、＞＝、＜＝、＞、＜和＜＞（＜＞表示不等于）。

1. 字节比较

字节比较用于比较两个字节型整数 IN1 和 IN2 的大小，字节比较是无符号的。比较式可以是 LDB、AB 或 OB 后直接加比较运算符构成。

如：LDB＝、AB＜＞、OB＞＝等。

整数 IN1 和 IN2 的寻址范围为 VB、IB、QB、MB、SB、SMB、LB、＊VD、＊AC、＊LD 和常数。

指令格式例：LDB＝　VB10，　VB12
　　　　　　AB＜＞　MB0，　MB1
　　　　　　OB＜＝　AC1，　116

2. 整数比较

整数比较用于比较两个一字长整数 IN1 和 IN2 的大小，整数比较是有符号的（整数范围为 16♯8000 和 16♯7FFF 之间）。比较式可以是 LDW、AW 或 OW 后直接加比较运算符构成。

如：LDW＝、AW＜＞、OW＞＝ 等。

整数 IN1 和 IN2 的寻址范围为 VW、IW、QW、MW、SW、SMW、LW、AIW、T、C、AC、＊VD、＊AC、＊LD 和常数。

指令格式例：LDW＝　VW10，VW12
　　　　　　AW＜＞　MW0，　MW4
　　　　　　OW＜＝　AC2，　1160

3. 双字整数比较

双字整数比较用于比较两个双字长整数 IN1 和 IN2 的大小，双字整数比较是有符号的（双字整数范围为 16♯80 000 000 和 16♯7FFFFFFF 之间）。比较式可以是 LDD、AD 或 OD 后直接加比较运算符构成。

如：LDD=、AD<>、OD>= 等。

双字整数 IN1 和 IN2 的寻址范围为 VD、ID、QD、MD、SD、SMD、LD、HC、AC、* VD、
* AC、* LD 和常数。

指令格式例：LDD=　 VD10，VD14

　　　　　　AD<> MD0，MD8

　　　　　　OD<= AC0， 1 160 000

4. 实数比较

实数比较用于比较两个双字长实数 IN1 和 IN2 的大小,实数比较是有符号的(负实数范
围为$-1.175495e-38$ 和$-3.402823e+38$,正实数范围为$+1.175495e-38$ 和$+3.402823e+38$)。
比较式可以是 LDR、AR 或 OR 后直接加比较运算符构成。

如：LDR=、AR<>、OR>= 等。

整数 IN1 和 IN2 的寻址范围为 VD、ID、QD、MD、SD、SMD、LD、AC、* VD、* AC、* LD
和常数。

指令格式例：LDR=　 VD10，　 VD18

　　　　　　AR<> MD0，　 MD12

　　　　　　OR<= AC1，　 1160.478

5. 应用举例

一个自动仓库存放某种货物,最多 6000 箱,需对所存的货物进出计数。货物多于 1000
箱,灯 L1 亮;货物多于 5000 箱,灯 L2 亮。

其中,L1 和 L2 分别受 Q0.0 和 Q0.1 控制,数值 1000 和 5000 分别存储在 VW20 和
VW30 字存储单元中。

本控制系统的程序如图 5-30 所示,程序执行时序如图 5-31 所示。

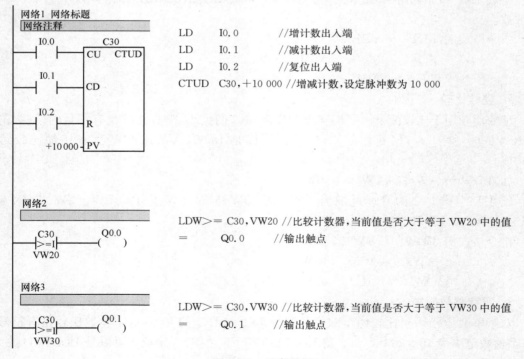

图 5-30　程序举例

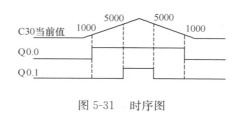

图 5-31 时序图

5.3 S7-200 PLC 的功能指令及编程方法

PLC 是由取代继电器-接触器控制系统开始产生和发展的。早期的 PLC 多用于机电系统的顺序控制,因而许多人习惯于把 PLC 看作继电器、定时器和计数器的集合。这种看法,对于原先从事继电器-接触器控制系统设计、维护的人员掌握 PLC 的应用技术曾起了很大的作用。但是,同时也要认识到 PLC 实际上就是工业控制计算机。它具有计算机控制系统的功能,例如算术逻辑运算、程序流控制、通信等极为强大的功能。这些功能通常是通过功能指令的形式来实现的。

功能指令(Function Instruction)又称为应用指令,它是指令系统中应用于复杂控制的指令。功能指令包括数学运算指令、逻辑运算指令、表功能指令、转换指令、特殊指令等。这些功能指令实际上是厂商为满足各种用户的特殊需要而开发的通用子程序。功能指令的丰富程度及其使用的方便程度是衡量 PLC 性能的一个重要指标。

功能指令的助记符与汇编语言很相似,略具计算机知识的人不难记住。但功能指令毕竟太多,一般读者不必准确记住其详尽用法,只要理解指令的原理,使用时再把本书当作手册查阅即可。

5.3.1 数学运算指令

1. 加法运算指令

加法指令是对有符号数进行相加操作,包括有整数加法、双字整数加法和实数加法。

加法指令影响的特殊存储器位:SM1.0(零)、SM1.1(溢出)、SM1.2(负)。

使能流输出 ENO 断开的出错条件:0006(间接寻址)、SM1.1(溢出)。

(1)整数加法指令:+I

使能输入有效时,将两个单字长(16 位)的符号整数 IN1 和 IN2 相加,产生一个 16 位整数结果 OUT。

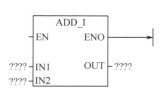

在 LAD 和 FBD 中,以指令盒形式编程,执行结果为 IN1+IN2→OUT。

在 STL 中,通常将 IN2 与 OUT 公用一个地址单元,执行结果为 IN1+OUT→OUT。

指令格式:+I IN1, OUT

IN1 和 IN2 的寻址范围为 VW、IW、QW、MW、SW、SMW、LW、AIW、T、C、AC、* AC、* VD、* LD 和常量。

OUT 的寻址范围为 VW、IW、QW、MW、SW、SMW、LW、T、C、AC、* AC、* VD、* LD。

程序实例:如图 5-32 所示。

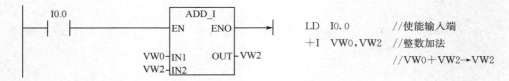

LD I0.0   //使能输入端
+I VW0，VW2   //整数加法
                //VW0+VW2→VW2

图 5-32　整数加法例 1

程序实例：图 5-33 中，整数加法指令中 IN2(VW2)与 OUT(VW4)不是用同一地址单元。操作时，先用 MOV_W 指令将 IN1(注意：不是 IN2)传送到 OUT，然后再执行整数加法操作。事实上，减法、除法、乘法指令等遇到上述情况，也可进行类似的处理。

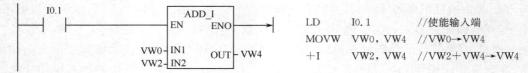

LD   I0.1   //使能输入端
MOVW VW0，VW4   //VW0→VW4
+I   VW2，VW4   //VW2+VW4→VW4

图 5-33　整数加法例 2

（2）双字整数加法指令：+D

使能输入有效时，将两个双字长(32 位)的符号整数 IN1 和 IN2 相加，产生一个 32 位整数结果 OUT。

在 LAD 和 FBD 中，以指令盒形式编程，执行结果为 IN1+IN2→OUT。

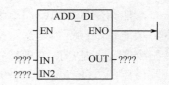

在 STL 中，通常将 IN2 与 OUT 公用一个地址单元，执行结果为 IN1+OUT→OUT。

指令格式：+D IN1， OUT

IN1 和 IN2 的寻址范围为 VD、ID、QD、MD、SD、SMD、LD、HC、AC、＊AC、＊VD、＊LD 和常量。

OUT 的寻址范围为 VD、ID、QD、MD、SD、SMD、LD、AC、＊VD、＊AC、＊LD。

（3）实数加法指令：+R

使能输入有效时，将两个双字长(32 位)的实数 IN1 和 IN2 相加，产生一个 32 位实数结果 OUT。

在 LAD 和 FBD 中，以指令盒形式编程，执行结果为 IN1+IN2→OUT。

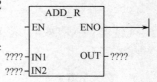

在 STL 中，通常将 IN2 与 OUT 公用一个地址单元，执行结果为 IN1+OUT→OUT。

指令格式：+R IN1， OUT

IN1 和 IN2 的寻址范围为 VD、ID、QD、MD、SD、SMD、LD、AC、＊VD、＊AC、＊LD 和常量。

OUT 的寻址范围为 VD、ID、QD、MD、SD、SMD、LD、AC、＊VD、＊AC、＊LD。

2. 减法运算指令

减法指令是对有符号数进行相减操作，包括整数减法、双字整数减法和实数减法，这 3 种减法指令与所对应的加法指令除运算法则不同之外，其他方面基本相同。

减法指令影响的特殊存储器位：SM1.0(零)、SM1.1(溢出)、SM1.2(负)。

使能流输出 ENO 断开的出错条件:0006(间接寻址)、SM1.1(溢出)。

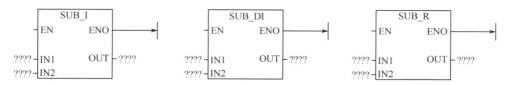

在 LAD 和 FBD 中,以指令盒形式编程,执行结果为 IN1－IN2→OUT。

在 STL 中,通常将 IN1 与 OUT 公用一个地址单元,执行结果为 OUT－IN2→OUT。

指令格式:－I　IN2,　OUT　　//整数减法,OUT－IN2→OUT

　　　　　－D　IN2,　OUT　　//双字整数减法

　　　　　－R　IN2,　OUT　　//实数减法

程序实例:图 5-34 整数减法指令执行前后的结果如表 5-16 所示。

图 5-34　整数减法举例

表 5-16　操作数执行前后的结果

操作数	地址单元	单元长度(字节)	运算前的值	运算后的值
IN1	VW0	2	6000	5000
IN2	VW2	2	1000	1000
OUT	VW0	2	6000	5000

3. 乘法运算指令

乘法运算指令是对有符号数进行相乘运算,包括整数乘法、完全整数乘法、双字整数乘法和实数乘法。

乘法指令影响的特殊存储器位:SM1.0(零)、SM1.1(溢出)、SM1.2(负)。

使能流输出 ENO 断开的出错条件:0006(间接寻址)、SM1.1(溢出)。

(1) 整数乘法指令:＊I

使能输入有效时,将两个单字长(16 位)的符号整数 IN1 和 IN2 相乘,产生一个 16 位整数结果 OUT。

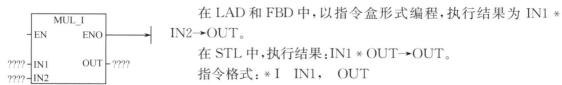

在 LAD 和 FBD 中,以指令盒形式编程,执行结果为 IN1 ＊ IN2→OUT。

在 STL 中,执行结果:IN1 ＊ OUT→OUT。

指令格式:＊I　IN1,　OUT

IN1 和 IN2 的寻址范围为 VW、IW、QW、MW、SW、SMW、LW、AIW、T、C、AC、＊AC、＊VD、＊LD 和常量。

OUT 的寻址范围为 VW、IW、QW、MW、SW、SMW、LW、T、C、AC、＊VD、＊LD、＊AC。

程序实例:如图 5-35 所示。

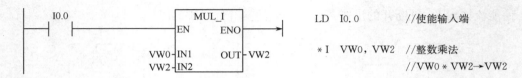

図 5-35　整数乗法挙例

（2）完全整数乗法指令：MUL

使能输入有效时，将两个单字长（16位）的符号整数 IN1 和 IN2 相乘，产生一个 32 位双整数结果 OUT。

在 LAD 和 FBD 中，以指令盒形式编程，执行结果为 IN1 * IN2 →OUT。

在 STL 中，32 位 OUT 的低位字（16位）被用作乘数。执行结果为 IN1 * OUT→OUT。

指令格式：* I　IN1,OUT

IN1 和 IN2 的寻址范围为 VW、IW、QW、MW、SW、SMW、LW、AIW、T、C、AC、* AC、* VD、* LD 和常量。

OUT 的寻址范围为 VD、ID、QD、MD、SMD、SD、LD、AC、* VD、* LD、* AC。

（3）双字整数乘法指令：* D

使能输入有效时，将两个双字长（32位）的符号整数 IN1 和 IN2 相乘，产生一个 32 位整数结果 OUT。

在 LAD 和 FBD 中，以指令盒形式编程，执行结果为 IN1 * IN2 →OUT。

在 STL 中，通常将 IN2 与 OUT 公用一个地址单元，执行结果为 IN1 * OUT→OUT。

指令格式：* D　IN1,OUT

IN1 和 IN2 的寻址范围为 VD、ID、QD、MD、SMD、SD、LD、HC、AC、* VD、* LD、* AC 和常量。

OUT 的寻址范围为 VD、ID、QD、MD、SMD、SD、LD、AC、* VD、* LD 和 * AC。

程序实例：如图 5-36 所示（IN2 与 OUT 不是公用一个地址单元时）。

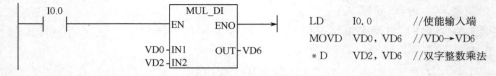

图 5-36　双整数乘法举例

（4）实数乘法指令：* R

使能输入有效时，将两个双字长（32位）的符号整数 IN1 和 IN2 相乘，产生一个 32 位整数结果 OUT。

运算结果如果大于 32 位二进制数表示的范围，则产生溢出。溢出及输入非法参数，或运算中产生非法值，都会使特殊标志位 SM1.1 置位。

在 LAD 和 FBD 中，以指令盒形式编程，执行结果为 IN1 * IN2→OUT。

· 148 ·

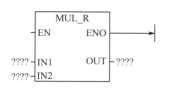

在 STL 中,通常将 IN2 与 OUT 公用一个地址单元,执行结果为 IN1 * OUT→OUT。

指令格式: * R　IN1,OUT

IN1 和 IN2 的寻址范围为 VD、ID、QD、MD、SMD、SD、LD、HC、AC、* VD、* LD、* AC 和常量。

OUT 的寻址范围为 VD、ID、QD、MD、SMD、SD、LD、AC、* VD、* LD、* AC。

4. 除法运算指令

除法运算指令是对有符号数进行相除操作,包括整数除法、完全整数除法、双字整数除法和实数除法。这 4 种除法指令与所对应的乘法指令除运算法则不同之外,其他方面基本相同。

除法指令影响的特殊存储器位:SM1.0(零)、SM1.1(溢出)、SM1.2(负)、SM1.3(除数为 0)。

使能流输出 ENO 断开的出错条件:0006(间接寻址)、SM1.1(溢出)、SM1.3(除数为 0)。

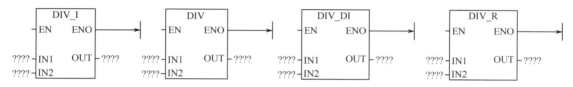

在 LAD 和 FBD 中,以指令盒形式编程,执行结果为 IN1/IN2→OUT。

在 STL 中,通常将 IN1 与 OUT 公用一个地址单元,执行结果为 OUT/IN2→OUT。

指令格式:/I　IN2,　OUT　　//整数除法,OUT/IN2→OUT

　　　　　DIV　IN2,　OUT　　//整数完全除法

　　　　　/D　IN2,　OUT　　//双字整数除法

　　　　　/R　IN2,　OUT　　//实数除法

在整数除法中,两个 16 位的整数相除,产生一个 16 位的整数商,不保留余数。双字整数除法也是同样过程,只是位数变为 32 位。

在整数完全除法中,两个 16 位的符号整数相除,产生一个 32 位结果,其中,低 16 位为商,高 16 位为余数。32 位结果的低 16 位运算前被兼用来存放被除数。

程序实例:图 5-37 中,VD10 包含 VW10 和 VW12,进行整数完全除法时,指令将两个 16 位整数相除(其中被除数是 VD10 的低 16 位,即 VW12 中的值 12 345),得出一个 32 位结果,其中包括一个 16 位余数(高位 VW10)和一个 16 位商(低位 VW12)。运算结束后,VW10=45,VW12=123。在 S7-200 PLC 中,当数据长度为字或双字时,最高有效字节为起始地址字节。

5. 增、减指令

增、减指令,又称自增、自减指令,是对无符号或有符号整数进行自动增加或减少一个单位的操作,数据长度可以是字节、字或双字。

使能流输出 ENO 断开的出错条件:0006(间接寻址)、SM1.1(溢出)。

(1) 字节增和字节减指令:INCB,DECB

使能输入有效时,把一字节长的无符号输入数 IN 加 1 或减 1,得到一字节的无符号输出结果 OUT。

IN 的寻址范围为 VB、IB、QB、MB、SB、SMB、LB、AC、* VD、* LD、* AC 和常量。

OUT 的寻址范围为 VB、IB、QB、MB、SB、SMB、LB、AC、* VD、* LD、* AC。

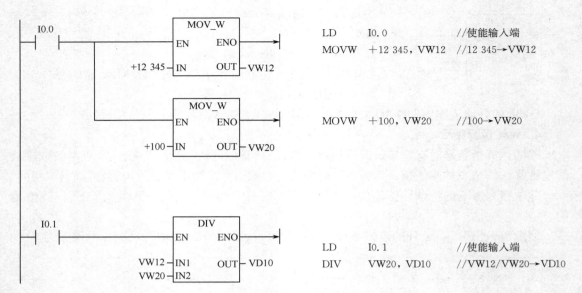

```
LD      I0.0            //使能输入端
MOVW   +12 345，VW12    //12 345→VW12


MOVW   +100，VW20       //100→VW20


LD      I0.1            //使能输入端
DIV     VW20，VD10      //VW12/VW20→VD10
```

图 5-37　整数完全除法举例

在 LAD 和 FBD 中,以指令盒形式编程,执行结果为 IN+1→OUT 和 IN-1→OUT。

在 STL 中,执行结果为 OUT+1→OUT 和 OUT-1→OUT。

指令格式:INCB　OUT

　　　　　DECB　OUT

字节增和字节减指令影响的特殊存储器位:SM1.0(零)、SM1.1(溢出)。

(2) 字增和字减指令:INCW,DECW

使能输入有效时,把一字长的有符号输入数 IN 加 1 或减 1,得到一字长的有符号输出结果 OUT。

IN 的寻址范围为 VW、IW、QW、MW、SW、SMW、AC、AIW、LW、T、C、∗VD、∗LD、∗AC和常量。

OUT 的寻址范围为 VW、IW、QW、MW、SW、SMW、LW、AC、T、C、∗VD、∗LD、∗AC。

在 LAD 和 FBD 中,以指令盒形式编程,执行结果为 IN+1→OUT 和 IN-1→OUT。

在 STL 中,执行结果为 OUT+1→OUT 和 OUT-1→OUT。

指令格式:INCW　OUT

　　　　　DECW　OUT

本指令影响的特殊存储器位:SM1.0(零)、SM1.1(溢出)、SM1.2(负)。

(3) 双字增和双字减指令:INCD,DECD

使能输入有效时,把一双字长的有符号输入数 IN 加 1 或减 1,得到一个双字长的有符号输出结果 OUT。

IN 的寻址范围为 VD、ID、QD、MD、SD、SMD、LD、AC、HC、∗VD、∗LD、∗AC 和常量。

OUT 的寻址范围为 VD、ID、QD、MD、SD、SMD、LD、AC、∗VD、∗LD、∗AC。

在 LAD 和 FBD 中,以指令盒形式编程,执行结果为 IN+1→OUT 和 IN-1→OUT。

在 STL 中,执行结果为 OUT+1→OUT 和 OUT-1→OUT。

指令格式:INCD　OUT

　　　　　DECD　OUT

本指令影响的特殊存储器位:SM1.0(零)、SM1.1(溢出)、SM1.2(负)。

6. 数学函数指令

数学函数指令包括平方根、自然对数、指数、三角函数等几个常用的函数指令。

这几条指令中的 IN 寻址范围为 VD、ID、QD、MD、SMD、SD、LD、AC、* VD、* LD、* AC 和常量。

OUT 的寻址范围为 VD、ID、QD、MD、SMD、SD、LD、AC、* VD、* LD、* AC。

运算输入/输出数据都为实数。结果如果大于 32 位二进制数表示的范围,则产生溢出。

数学函数指令影响的特殊存储器位:SM1.0(零)、SM1.1(溢出)、SM1.2(负)。

使能流输出 ENO 断开的出错条件:0006(间接寻址)、SM1.1(溢出)。

(1) 平方根指令:SQRT

把一个双字长(32 位)的实数 IN 开方,得到 32 位的实数结果 OUT。

在 LAD 和 FBD 中,以指令盒形式编程,执行结果为 SQRT(IN)→OUT。

在 STL 中,执行结果为 SQRT(IN)→OUT。

指令格式:SQRT IN, OUT

(2) 自然对数指令:LN

把一个双字长(32 位)的实数 IN 取自然对数,得到 32 位的实数结果 OUT。

当求解以 10 为底的常用对数时,可以用(/R)DIV_R 指令将自然对数除以 2.302585 即可 (LN10 的值约为 2.302585)。

在 LAD 和 FBD 中,以指令盒形式编程,执行结果为 LN(IN) →OUT。

在 STL 中,执行结果为 LN(IN)→OUT。

指令格式:LN IN, OUT

(3) 指数指令:EXP

把一个双字长(32 位)的实数 IN 取以 e 为底的指数,得到 32 位的实数结果 OUT。

在 LAD 和 FBD 中,以指令盒形式编程,执行结果为 EXP(IN)→OUT。

在 STL 中,执行结果:EXP(IN)→OUT。

指令格式:EXP IN, OUT

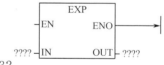

(4) 三角函数指令:SIN、COS、TAN

三角函数指令,即正弦、余弦、正切指令,将把一个双字长(32 位)的实数弧度值 IN 分别取正弦、余弦、正切,各得到 32 位的实数结果 OUT。

如果已知输入值为角度,要先将角度值转化为弧度值,方法为使用(* R)MUL_R 指令将角度值乘以 π/180°即可。

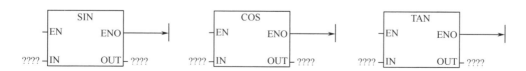

在 LAD 和 FBD 中,以指令盒形式编程,执行结果为:SIN(IN)→OUT、COS(IN)→OUT、TAN(IN)→OUT。

在 STL 中,执行结果为 SIN(IN)→OUT、COS(IN)→OUT、TAN(IN)→OUT。

指令格式:SIN IN, OUT

               COS IN, OUT

               TAN IN, OUT

程序实例:如图 5-38 所示(求 65°的正切值)。

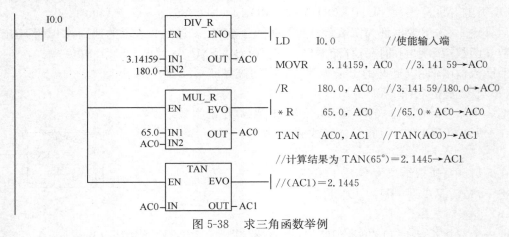

图 5-38　求三角函数举例

5.3.2　逻辑运算指令

逻辑运算指令是对无符号数进行的逻辑处理,主要包括逻辑与、逻辑或、逻辑异或和取反等运算指令。按操作数长度可分为字节、字和双字逻辑运算指令。IN1、IN2、OUT 操作数的数据类型:B、W、DW。

字节逻辑运算指令(逻辑与、逻辑或、逻辑异或和取反)操作数 IN1、IN2、IN 的寻址范围为 VB、IB、QB、MB、SB、SMB、LB、AC、*VD、*LD、*AC 和常量。

字节逻辑运算指令 OUT 的寻址范围为 VB、IB、QB、MB、SB、SMB、LB、AC、*VD、*LD、*AC。

字逻辑运算指令(逻辑与、逻辑或、逻辑异或和取反)操作数 IN1、IN2、IN 的寻址范围为 VW、IW、QW、MW、SW、SMW、LW、T、C、AIW、AC、*VD、*AC、*LD 和常量。

字逻辑运算指令 OUT 的寻址范围为 VW、T、C、IW、QW、SW、MW、SMW、LW、AC、*VD、*AC、*LD。

双字逻辑运算指令(逻辑与、逻辑或、逻辑异或和取反)操作数 IN1、IN2、IN 的寻址范围为 VD、ID、QD、MD、SD、SMD、LD、HC、AC、*VD、*LD、*AC 和常量。

双字逻辑运算指令 OUT 的寻址范围为 VD、ID、QD、MD、SD、SMD、LD、AC、*VD、*LD、*AC。

逻辑运算指令影响的特殊存储器位:SM1.0(零)。

使能流输出 ENO 断开的出错条件:0006(间接寻址)。

1. 逻辑与运算指令

ANDB,字节逻辑与指令。使能输入有效时,把两字节的逻辑数按位求与,得到一字节长的逻辑输出结果 OUT。如果两个操作数的同一位均为 1,运算结果的对应位为 1,否则为 0。

ANDW,字逻辑与指令。使能输入有效时,把两个字的逻辑数按位求与,得到一个字长的逻辑输出结果 OUT。

ANDD,双字逻辑与指令。使能输入有效时,把两个双字的逻辑数按位求与,得到一个双字长的逻辑输出结果 OUT。

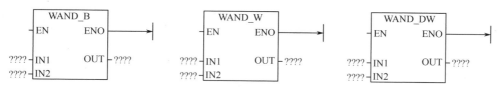

指令格式:ANDB IN1, OUT
　　　　ANDW IN1, OUT
　　　　ANDD IN1, OUT

2. 逻辑或运算指令

ORB,字节逻辑或指令,使能输入有效时,把两字节的逻辑数按位求或,得到一字节长的逻辑输出结果 OUT。两个操作数的同一位均为 0,运算结果的对应位为 0,否则为 1。

ORW,字逻辑或指令,使能输入有效时,把两个字的逻辑数按位求或,得到一个字长的逻辑输出结果 OUT。

ORD,双字逻辑或指令,使能输入有效时,把两个双字的逻辑数按位求或,得到一个双字长的逻辑输出结果 OUT。

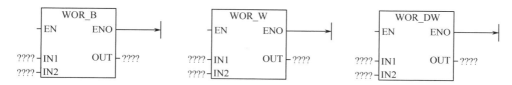

指令格式:ORB IN1, OUT
　　　　ORW IN1, OUT
　　　　ORD IN1, OUT

3. 逻辑异或运算指令

XORB,字节逻辑异或指令,使能输入有效时,把两字节的逻辑数按位求异或,得到一字节长的逻辑输出结果 OUT。两个操作数的同一位不同,运算结果的对应位为 1,否则为 0。

XORW,字逻辑异或指令,使能输入有效时,把两个字的逻辑数按位求异或,得到一个字长的逻辑输出结果 OUT。

XORD,双字逻辑异或指令,使能输入有效时,把两个双字的逻辑数按位求异或,得到一个双字长的逻辑输出结果 OUT。

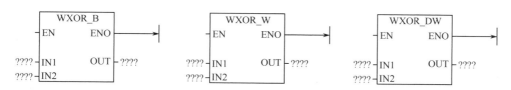

指令格式:XORB IN1, OUT

XORW IN1， OUT

XORD IN1， OUT

4. 取反指令

INVB,字节逻辑取反指令,使能输入有效时,把一字节的逻辑数按位求反,得到一字节长的逻辑输出结果 OUT。

INVW,字逻辑取反指令,使能输入有效时,把一个字的逻辑数按位求反,得到一个字长的逻辑输出结果 OUT。

INVD,双字逻辑取反指令,使能输入有效时,把一个双字的逻辑数按位求反,得到一个双字长的逻辑输出结果 OUT。

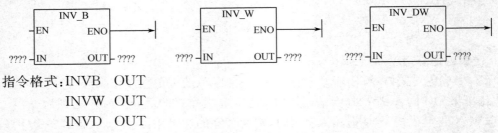

指令格式：INVB OUT

INVW OUT

INVD OUT

程序实例：如图 5-39 所示。

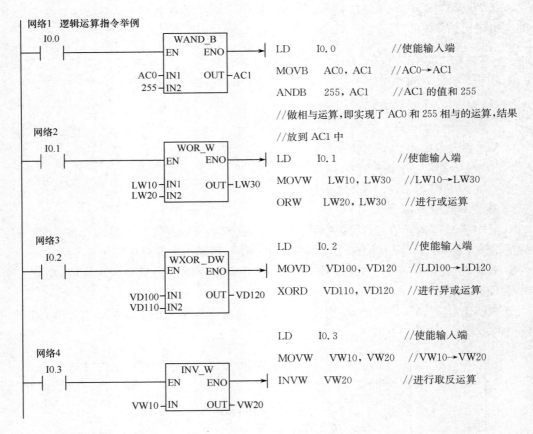

图 5-39　逻辑运算指令举例

5.3.3 其他数据处理指令

1. 单一传送指令

该指令可用来进行一个数据的传送,数据类型可以是字节、字、双字和实数。本类指令使能流输出 ENO 断开的出错条件:0006(间接寻址)。

(1)字节传送指令:MOVB

使能输入有效时,把一个单字节无符号数据由 IN 传送到 OUT 所指的字节存储单元。

在 LAD 和 FBD 中,以指令盒形式编程,执行结果为 IN→OUT。

在 STL 中,执行结果为 IN→OUT。

指令格式:MOVB　IN,　OUT

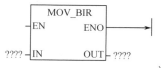

IN 的寻址范围为 VB、IB、QB、MB、SB、SMB、LB、AC、＊VD、＊LD、＊AC 和常量。

OUT 的寻址范围为 VB、IB、QB、MB、SB、SMB、LB、AC、＊VD、＊LD、＊AC。

(2)传送字节立即读指令:BIR

使能输入有效时,立即读取单字节物理输入区数据 IN,并传送到 OUT 所指的字节存储单元。

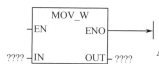

指令格式:BIR　IN,　OUT

IN 的寻址范围为 IB、＊VD、＊LD、＊AC。

OUT 的寻址范围为 VB、IB、QB、MB、SB、SMB、LB、AC、＊VD、＊AC、＊LD。

(3)传送字节立即写指令:BIW

使能输入有效时,立即将 IN 单元的字节数据写到 OUT 所指的物理输出区。

指令格式:BIW　IN,　OUT

IN 的寻址范围为 VB、IB、QB、MB、SB、SMB、LB、AC、＊VD、＊AC、＊LD 和常量。

OUT 的寻址范围为 QB、＊VD、＊LD、＊AC。

(4)字传送指令:MOVW

使能输入有效时,把一个单字长有符号整数由 IN 传送到 OUT 所指的字存储单元。

指令格式:MOVW　IN,　OUT

IN 的寻址范围为 VW、IW、QW、MW、SW、SMW、LW、T、C、AIW、AC、＊VD、＊AC、＊LD 和常量。

OUT 的寻址范围为 VW、T、C、IW、QW、SW、MW、SMW、LW、AC、AQW、＊VD、＊AC、＊LD。

(5)双字传送指令:MOVD

使能输入有效时,把一个双字长有符号整数由 IN 传送到 OUT 所指的双字存储单元。

指令格式:MOVD　IN,　OUT

IN 的寻址范围为 VD、ID、QD、MD、SD、SMD、LD、HC、&VB、&IB、&QB、&MB、&SB、&T、&C、AC、＊VD、＊LD、＊AC 和常量。

OUT 的寻址范围为 VD、ID、QD、MD、SD、SMD、LD、AC、＊VD、＊LD、＊AC。

（6）实数传送指令：MOVR

使能输入有效时，把一个 32 位实数由 IN 传送到 OUT 所指的双字存储单元。

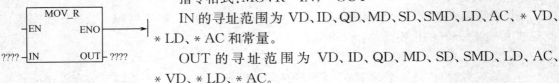

指令格式：MOVR　IN，　OUT

IN 的寻址范围为 VD、ID、QD、MD、SD、SMD、LD、AC、*VD、*LD、*AC 和常量。

OUT 的寻址范围为 VD、ID、QD、MD、SD、SMD、LD、AC、*VD、*LD、*AC。

2. 块传送指令

该指令可用来进行一次多个（最多 255 个）数据的传送，数据块类型可以是字节块、字块和双字块。

3 条指令中 N 的寻址范围都是 VB、IB、QB、MB、SB、SMB、LB、AC、*VD、*AC、*LD 和常量。

使能流输出 ENO 断开的出错条件：0006（间接寻址）、0091（数超界）。

（1）字节块传送指令：BMB

使能输入有效时，把从输入字节 IN 开始的 N 个字节型数据传送到从 OUT 开始的 N 个字节存储单元。

指令格式：BMB　IN，　OUT，　N

IN 的寻址范围为 VB、IB、QB、MB、SB、SMB、LB、*VD、*AC、*LD。

OUT 的寻址范围为 VB、IB、QB、MB、SB、SMB、LB、*VD、*AC、*LD。

程序实例：如图 5-40 所示。

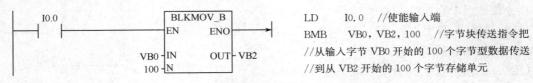

```
LD    I0.0      //使能输入端
BMB   VB0,VB2,100   //字节块传送指令把
//从输入字节 VB0 开始的 100 个字节型数据传送
//到从 VB2 开始的 100 个字节存储单元
```

图 5-40　字节块传送举例

（2）字块传送指令：BMW

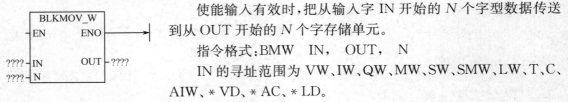

使能输入有效时，把从输入字 IN 开始的 N 个字型数据传送到从 OUT 开始的 N 个字存储单元。

指令格式：BMW　IN，　OUT，　N

IN 的寻址范围为 VW、IW、QW、MW、SW、SMW、LW、T、C、AIW、*VD、*AC、*LD。

OUT 的寻址范围为 VW、T、C、IW、QW、SW、MW、SMW、LW、AQW、*VD、*AC、*LD。

（3）双字块传送指令：BMD

使能输入有效时，把从输入双字 IN 开始的 N 个双字型数据传送到从 OUT 开始的 N 个双字存储单元。

指令格式：BMD　IN，　OUT，　N

IN、OUT 的寻址范围为 VD、ID、QD、MD、SD、SMD、LD、*VD、*AC、*LD。

3. 字节交换指令

SWAP,字节交换指令,当使能输入有效时,将字型输入数据 IN 高位字节与低位字节进行交换,交换的结果输出到 IN 存储器单元中。因此又可称为半字交换指令。

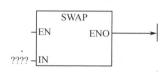

IN 的寻址范围为 VW、IW、QW、SW、MW、SMW、LW、AIW、AC、T、C、* VD、* AC、* LD 和常量。

OUT 的寻址范围为 VW、IW、QW、MW、SW、SMW、LW、T、C、* VD、* AC、* LD,AQW。

指令格式:SWAP IN(交换后的结果存放在 IN 中)

字节交换指令不影响特殊存储器位。

使能流输出 ENO 断开的出错条件:0006(间接寻址)。

4. 存储器填充指令

FILL,存储器填充指令,当使能输入有效时,将字型输入值 IN 填充至从 OUT 开始的 N 个字的存储单元中。N 为字节型,可取 $1 \sim 255$ 的正数。

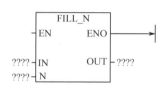

IN 的寻址范围为 VW、IW、QW、SW、MW、SMW、LW、AIW、AC、T、C、* VD、* AC、* LD 和常量。

N 的寻址范围为 VB、IB、QB、MB、SB、SMB、LB、AC、* VD、* LD、* AC、常量。

OUT 的寻址范围为 VW、IW、QW、MW、SW、SMW、LW、T、C、* VD、* AC、* LD,AQW。

指令格式:FILL IN, OUT, N

存储器填充指令不影响特殊存储器位。

使能流输出 ENO 断开的出错条件:0006(间接寻址)、0091(操作数超界)。

5.3.4 转换指令

转换是指对操作数的类型进行转换,包括数据的类型转换、码的类型转换以及数据和码之间的类型转换。

数据类型主要包括字节、整数、双字整数、实数,现在的可编程控制器对 BCD 码和 ASCII 字符型数据的处理能力也大大增强。不同性质的指令对操作数的类型要求不同,类型转换指令可将固定的一个数值用到不同类型要求的指令,而不必对数据进行针对类型的重新装载。

1. BCD 码与整数之间的转换指令

(1) BCD 码到整数:BCDI

使能输入有效时,将二进制编码的十进制数值 IN 转换成整数,并将结果送到 OUT 输出。IN 的有效范围为 $0 \sim 9999$。

IN 的寻址范围为 VW、IW、QW、MW、SW、SMW、LW、T、C、AIW、AC、* VD、* AC、* LD 和常量。

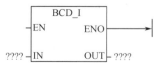

OUT 的寻址范围为 VW、T、C、IW、QW、SW、MW、SMW、LW、AC、* VD、* AC、* LD。

对于 STL,IN 和 OUT 参数使用相同的地址。

指令格式:BCDI OUT

本指令影响的特殊存储器位:SM1.6(无效 BCD 码)。

使能流输出 ENO 断开的出错条件:0006(间接寻址)、SM1.6(无效 BCD 码)。

程序实例:图 5-41 中,已知(AC0)=1234,程序运行后:(AC0)=04D2。

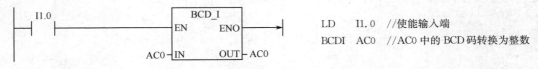

```
LD     I1.0    //使能输入端
BCDI   AC0     //AC0 中的 BCD 码转换为整数
```

图 5-41   BCD 码转换为整数举例

(2) 整数到 BCD 码:IBCD

使能输入有效时,将输入整数值 IN 转换成二进制编码的十进制数,并将结果送到 OUT 输出。

IN 的寻址范围为 VW、IW、QW、MW、SW、SMW、LW、T、C、AIW、AC、* VD、* AC、* LD 和常量。

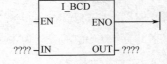

OUT 的寻址范围为 VW、T、C、IW、QW、SW、MW、SMW、LW、AC、* VD、* AC、* LD。

对于 STL,IN 和 OUT 参数使用相同的地址。

指令格式:IBCD   OUT

本指令影响的特殊存储器位:SM1.6(无效 BCD 码)。

使能流输出 ENO 断开的出错条件:0006(间接寻址)、SM1.6(无效 BCD 码)。

2. 字节与整数之间的转换指令

(1) 字节到整数:BTI

使能输入有效时,将字节型输入数据 IN 转换成整数类型,并将结果送到 OUT 输出。字节型是无符号的,所以没有符号扩展。

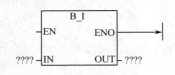

IN 的寻址范围为 VB、IB、QB、MB、SB、SMB、LB、AC、* VD、* LD、* AC 和常量。

OUT 的寻址范围为 VW、T、C、IW、QW、SW、MW、SMW、LW、AC、* VD、* AC、* LD。

对于 STL,IN 和 OUT 参数使用相同的地址。

指令格式:BTI   OUT

使能流输出 ENO 断开的出错条件:0006(间接寻址)。

(2) 整数到字节:ITB

使能输入有效时,将整数型输入数据 IN 转换成字节类型,并将结果送到 OUT 输出。输入数据超出字节范围(0~255)则产生溢出。

IN 的寻址范围为 VW、IW、QW、MW、SW、SMW、LW、T、C、AIW、AC、* VD、* AC、* LD 和常量。

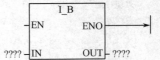

OUT 的寻址范围为 VB、IB、QB、MB、SB、SMB、LB、AC、* VD、* LD、* AC。

指令格式:ITB   OUT

本指令影响的特殊存储器位:SM1.1(溢出)。

使能流输出 ENO 断开的出错条件:0006(间接寻址)、SM1.1(溢出)。

3. 整数与双字整数之间的转换指令

（1）双字整数到整数：DTI

使能输入有效时，将双字整数型输入数据 IN 转换成整数类型，并将结果送到 OUT 输出。输入数据超出整数范围则产生溢出。

IN 的寻址范围为 VD、ID、QD、MD、SD、SMD、LD、HC、AC、＊VD、＊LD、＊AC 和常量。

OUT 的寻址范围为 VW、T、C、IW、QW、SW、MW、SMW、LW、AC、＊VD、＊AC、＊LD。

指令格式：DTI　OUT

本指令影响的特殊存储器位：SM1.1（溢出）。

使能流输出 ENO 断开的出错条件：0006（间接寻址）、SM1.1（溢出）。

（2）整数到双字整数：ITD

使能输入有效时，将整数型输入数据 IN 转换成双字整数类型（符号进行扩展），并将结果送到 OUT 输出。

IN 的寻址范围为 VW、IW、QW、MW、SW、SMW、LW、T、C、AIW、AC、＊VD、＊AC、＊LD 和常量。

OUT 的寻址范围为 VD、ID、QD、MD、SD、SMD、LD、AC、＊VD、＊LD、＊AC。

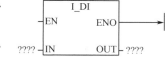

指令格式：ITD　OUT

使能流输出 ENO 断开的出错条件：0006（间接寻址）。

4. 双字整数与实数之间的转换指令

（1）实数到双字整数：ROUND，TRUNC

使能输入有效时，将实数型输入数据 IN 转换成双字整数类型，并将结果送到 OUT 输出。两条指令的区别是：前者小数部分四舍五入，而后者小数部分直接舍去。输入数据超出实数范围则产生溢出。

IN 的寻址范围为 VD、ID、QD、MD、SD、SMD、LD、HC、AC、＊VD、＊LD、＊AC 和常量。

OUT 的寻址范围为 VD、ID、QD、MD、SD、SMD、LD、HC、AC、＊VD、＊LD、＊AC。

指令格式：ROUND　IN,　OUT
　　　　　　TRUNC　IN,　OUT

本指令影响的特殊存储器位：SM1.1（溢出）。

使能流输出 ENO 断开的出错条件：0006（间接寻址）、SM1.1（溢出）。

（2）双字整数到实数：DTR

使能输入有效时，将双字整数型输入数据 IN 转换成实数型，并将结果送到 OUT 输出。

IN 的寻址范围为 VD、ID、QD、MD、SD、SMD、LD、HC、AC、＊VD、＊LD、＊AC 和常量。

OUT 的寻址范围为 VD、ID、QD、MD、SD、SMD、LD、HC、

AC、＊VD、＊LD、＊AC。

指令格式：DTR IN,OUT

使能流输出 ENO 断开的出错条件：0006（间接寻址）。

5. 编码、译码指令

（1）编码指令：ENCO

使能输入有效时，将字型输入数据 IN 中值为 1 的最低有效位的位号编码成 4 位二进制数，输出到 OUT 所指定的字节单元的低 4 位。即用半个字节来对一个字型数据 16 位中的一位有效位进行编码。

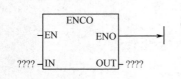

IN 的寻址范围为 VW、IW、QW、MW、SW、SMW、LW、T、C、AIW、AC、＊VD、＊AC、＊LD 和常量。

OUT 的寻址范围为 VB、IB、QB、MB、SB、SMB、LB、AC、＊VD、＊LD、＊AC。

指令格式：ENCO IN,OUT

使能流输出 ENO 断开的出错条件：0006（间接寻址）。

（2）译码指令：DECO

使能输入有效时，根据字节型输入数据 IN 的低 4 位所表示的位号将 OUT 所指定的字单元的对应位置 1，其他位置 0。即对半个字节的编码进行译码来选择一个字型数据 16 位中的一位。

IN 的寻址范围为 VB、IB、QB、MB、SB、SMB、LB、AC、＊VD、＊LD、＊AC 和常量。

OUT 的寻址范围为 VW、IW、QW、MW、SW、SMW、LW、T、C、AQW、AC、＊VD、＊AC、＊LD。

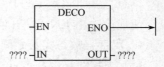

指令格式：DECO IN,OUT

使能流输出 ENO 断开的出错条件：0006（间接寻址）。

6. 段码（SEG）指令

SEG，七段显示码指令，使能输入有效时，将字节型输入数据 IN 的低 4 位有效数字（16＃0～F）转换成七段显示码，并将其输出到 OUT 所指定的字节单元。

该指令在数码显示时直接应用，非常方便。

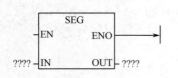

IN 的寻址范围为 VB、IB、QB、MB、SB、SMB、LB、AC、＊VD、＊AC、＊LD 和常量。

OUT 的寻址范围为 VB、IB、QB、MB、SMB、LB、SB、AC、＊VD、＊AC、＊LD。

指令格式：SEG IN,OUT

使能流输出 ENO 断开的出错条件：0006（间接寻址）。

7. ASCII 码与十六进制数之间的转换指令

ATH，ASCII 码到十六进制数转换指令。使能输入有效时，将从 IN 开始的长度为 LEN 的 ASCII 码转换为十六进制数，并将结果送到 OUT 开始的字节进行输出。ASCII 字符串的最大长度为 255 个字符。

HTA,十六进制数到 ASCII 码转换指令。使能输入有效时,将从输入字节 IN 开始的十六进制数转换成从 OUT 开始的 ASCII 码。欲转换的十六进制数的位数由长度(LEN)指定。可转换的最大十六进制数的位数为 255。有效 ASCII 码是十六进制数 30~39 和 41~46。

IN、OUT 的寻址范围为 VB、IB、QB、MB、SB、SMB、LB、* VD、* AC、* LD。

LEN 的寻址范围为 VB、IB、QB、MB、SB、SMB、LB、AC、* VD、* AC、* LD 和常量。

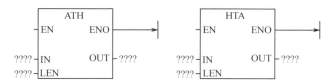

指令格式:ATH　IN,　OUT,　LEN

　　　　　HTA　IN,　OUT,　LEN

指令影响的特殊标志位:SM1.7(非法 ASCII 码)。

使能流输出 ENO 断开的出错条件:0006(间接寻址)、SM1.7(非法 ASCII 码)、0091(操作数超界)。

程序实例:(将 VD100 中的 ASCII 码转换成十六进制数)图 5-42 中,已知(VB100)=33,(VB101)=32,(VB102)=41,(VB103)=45。程序运行后:(VB200)=32,(VB201)=AE。

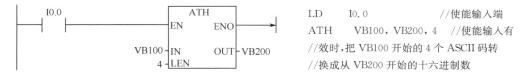

图 5-42　ATH 指令举例

8. 整数、双字整数、实数转换为 ASCII 码指令

(1) 整数到 ASCII 码:ITA

使能输入有效时,将输入的有符号整数 IN 转换成 ASCII 码,转换结果存入以 OUT 为起始地址的 8 个连续字节的输出缓冲区中。指令格式操作数 FMT 指定 ASCII 码中分隔符的位置和表示方法,即小数点右侧的转换精度,以及是否将小数点显示为逗号或点号。FMT 占用 1 字节,高 4 位必须为 0,低 4 位用 cnnn 表示,c 位指定整数和小数之间的分隔符:c=1,用逗号分隔;c=0,用点号分隔。输出缓冲区中小数点右侧的位数由 nnn 域指定,nnn 域的有效范围是 0~5。指定小数点右侧的数字为 0,会使显示的数值无小数点。对于大于 5 的 nnn 数值为非法格式,此时无输出,用 ASCII 空格填充输出缓冲区。

IN 的寻址范围为 VW、IW、QW、MW、SW、SMW、LW、T、C、AIW、AC、* VD、* AC、* LD 和常量。

FMT 的寻址范围为 VB、IB、QB、MB、SB、SMB、LB、AC、* VD、* AC、* LD 和常量。

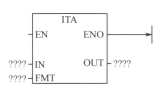

OUT 的寻址范围为 VB、IB、QB、MB、SB、SMB、LB、* VD、* AC、* LD。

指令格式:ITA　IN,　OUT,　FMT

使能流输出 ENO 断开的出错条件:FMT 的高 4 位不为 0、nnn>5、0006(间接寻址)。

（2）双字整数到 ASCII 码：DTA

使能输入有效时，将输入的有符号双字整数 IN 转换成 ASCII 码，转换结果存入以 OUT 为起始地址的 12 个连续字节的输出缓冲区中。指令格式操作数 FMT 与 ITA 指令的 FMT 定义相同。

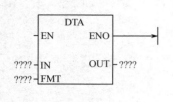

IN 的寻址范围为 VD、ID、QD、MD、SD、SMD、LD、HC、AC、＊VD、＊AC、＊LD 和常量。

FMT 的寻址范围为 VB、IB、QB、MB、SB、SMB、LB、AC、＊VD、＊AC、＊LD 和常量。

OUT 的寻址范围为 VB、IB、QB、MB、SB、SMB、LB、＊VD、＊AC、＊LD。

指令格式：DTA　IN，　OUT，　FMT

使能流输出 ENO 断开的出错条件：FMT 的高 4 位不为 0、nnn＞5、0006（间接寻址）。

（3）实数到 ASCII 码：RTA

使能输入有效时，将输入的实数 IN 转换成 ASCII 码，转换结果存入以 OUT 为起始地址的 3～15 个连续字节的输出缓冲区中。FMT 占用 1 字节，高 4 位用 ssss 表示，ssss 区的值指定输出缓冲区的字节数（3～15 字节），0、1 或 2 字节无效。同时，规定输出缓冲区的字节数应大于输入实数小数点右边的位数，低 4 位的定义与 ITA 指令相同。

IN 的寻址范围为 VD、ID、QD、MD、SD、SMD、LD、HC、AC、＊VD、＊AC、＊LD 和常量。

FMT 的寻址范围为 VB、IB、QB、MB、SB、SMB、LB、AC、＊VD、＊AC、＊LD 和常量。

OUT 的寻址范围为 VB、IB、QB、MB、SB、SMB、LB、＊VD、＊AC、＊LD。

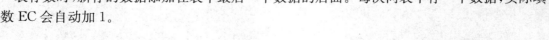

指令格式：RTA　IN，　OUT，　FMT

使能流输出 ENO 断开的出错条件：ssss＜3、ssss 小于 OUT 中的字符数、nnn＞5、0006（间接寻址）。

5.3.5　表功能指令

1. 存表、查表指令

系统的表格存储格式：一个表由表地址（表的首地址）指明。表地址和第二个字地址所对应的单元分别存放两个参数（最大填表数 TL 和实际填表数 EC），之后是最多 100 个存表数据。表只对字型数据存储。

（1）表存数指令：ATT

该指令在梯形图中有两个数据输入端：数值输入 DATA，指出将被存储的字型数据或其地址；表格的首地址 TBL，用以指明被访问的表格。当使能输入有效时，将输入字型数据添加到指定的表格中。

表存数时，新存的数据添加在表中最后一个数据的后面。每次向表中存一个数据，实际填表数 EC 会自动加 1。

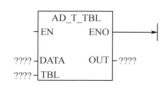

DATA 的寻址范围为 VW、IW、QW、MW、SW、SMW、LW、T、C、AIW、AC、* VD、* AC、* LD 和常量。

TBL 的寻址范围为 VW、IW、QW、SW、MW、SMW、LW、T、C、* VD、* AC、* LD。

指令格式：ATT　DATA，　TABLE

本指令影响的特殊存储器位：SM1.4(溢出)。

使能流输出 ENO 断开的出错条件：0006(间接寻址)、0091(操作数超界)。

数据在 S7-200 的表格中的存储形式如表 5-17 所示。

表 5-17　表中数据的存储格式

单元地址	单元内容	说　　明
VW200	0005	VW200 为表格的首地址，TL=5 为表格的最大填表数
VW202	0004	数据 EC=4(EC≤100)为该表中的实际填表数
VW204	2345	数据 0
VW206	5678	数据 1
VW208	9876	数据 2
VW210	6543	数据 3
VW212	****	无效数据

程序实例：如图 5-43 所示。

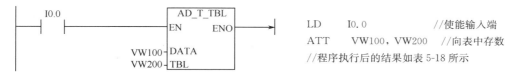

```
LD    I0.0          //使能输入端
ATT   VW100，VW200  //向表中存数
//程序执行后的结果如表 5-18 所示
```

图 5-43　表存数指令举例

表 5-18　**ATT 执行结果**

操作数	单元地址	填表前内容	填表后内容	注　释
DATA	VW100	1234	1234	待填表数据
TBL	VW200	0005	0005	最大填表数 TL
	VW202	0004	0005	实际填表数 EC
	VW204	2345	2345	数据 0
	VW206	5678	5678	数据 1
	VW208	9876	9876	数据 2
	VW210	6543	6543	数据 3
	VW212	****	1234	将 VW100 内容填入表中

(2) 表查找指令：FND?

通过表查找指令可以从字型数表中找出符合条件的数据所在的表中数据编号，编号范围是 0～99。

在梯形图中有 4 个数据输入端：TBL，表格的首地址，用以指明被访问的表格；PTN，用来描述符合查表条件进行比较的数据；CMD，比较运算符"?"的编码，它是一个 1～4 的数，分别代表=、<>、<和>运算符；INDX，用来指定表中符合查找条件的数据地址。

由 PTN 和 CMD 就可以决定对表的查找条件。例如,PTN 为 16♯2555,CMD 为 3,则查找条件为"<2555(十六进制)"。

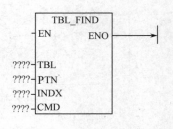

表查找指令执行之前,应先对 INDX 的内容清 0,当使能输入有效时,从 INDX 开始搜索表 TBL,寻找符合由 PTN 和 CMD 所决定的条件的数据。如果没有发现符合条件的数据,则 INDX 的值等于 EC;如果找到一个符合条件的数据,则将该数据的表中地址装入 INDX 中。

表查找指令执行完成,找到一个符合条件的数据。如果想继续向下查找,必须先对 INDX 加 1,以重新激活表查找指令。

在语句表中,运算符直接表示,而不用各自的编码。

指令格式:FND= TBL, PTN, INDX

FND<>TBL, PTN, INDX

FND< TBL, PTN, INDX

FND> TBL, PTN, INDX

表查找指令不影响特殊存储器位。

使能流输出 ENO 断开的出错条件:0006(间接寻址)、0091(操作数超界)。

2. 表取数指令

从表中移出一个字型数据有两种方式:先进先出式和后进先出式。一个数据从表中取出之后,表的实际填表数 EC 减 1。两种方式的指令在梯形图中有两个数据端:输入端 TBL,表格的首地址,用以指明被访问的表格;输出端 DATA,指明数值取出后要存放的目标单元。

TBL 的寻址范围为 VW、IW、QW、SW、MW、SMW、LW、T、C、*VD、*AC、*LD。

DATA 的寻址范围为 VW、IW、QW、MW、SW、SMW、LW、T、C、AQW、AC、*VD、*AC、*LD。

如果指令试图从空表中取走一个数值,则特殊标志寄存器 SM1.5 置位。

表取数指令影响的特殊存储器位:SM1.5(表空)。

使能流输出 ENO 断开的出错条件:0006(间接寻址)、0091(操作数超界)。

(1) 先进先出指令:FIFO

当使能输入有效时,从 TBL 指明的表中移出第一个字型数据并将其输出到 DATA 所指定的字单元。

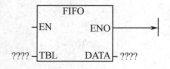

FIFO 表取数时,移出的数据总是最先进入表中的数据。每次从表中移出一个数据,剩余数据依次上移一个字单元位置,同时实际填表数 EC 自动减 1。

指令格式:FIFO TABLE, DATA

(2) 后进先出指令:LIFO

当使能输入有效时,从 TBL 指明的表中移出最后一个字型数据并将其输出到 DATA 所指定的字单元。

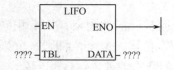

LIFO 表取数时,移出的数据是最后进入表中的数据。每次从表中取出一个数据,剩余数据位置保持不变,实际填表数 EC 自动减 1。

指令格式:LIFO TABLE, DATA

5.3.6　程序控制指令

1. 有条件结束指令

END,有条件结束指令,指令根据前一个逻辑条件终止主用户程序。有条件结束指令用在无条件结束指令(MEND)之前,用户程序必须以无条件结束指令结束主程序。可以在主程序中使用有条件结束指令,但不能在子程序或中断程序中使用。STEP 7-Micro/WIN 自动在主程序中增加无条件结束指令。

2. 暂停指令

STOP,暂停指令,通过暂停指令可将 S7-200 CPU 从 RUN(运行)模式转换为 STOP(暂停)模式,中止程序执行。如果在中断程序中执行 STOP(暂停)指令,中断程序立即终止,并忽略全部待执行的中断,继续扫描主程序的剩余部分。在当前扫描结束时,从 RUN(运行)模式转换至 STOP(暂停)模式。

3. 监控定时器复位指令

WDR,监控定时器复位指令,指令重新触发 S7-200 CPU 的系统监控定时器(WDT),扩展扫描允许使用的时间,而不会出现监控程序错误。WDR 指令重新触发 WDT,可以增加一次扫描时间。

为了保证系统可靠运行,PLC 内部设置了系统监控定时器(WDT),用于监控扫描周期是否超时。当扫描到 WDT 时,WDT 将复位。WDT 有一设定值(100～300ms),系统正常工作时,所需扫描时间小于 WDT 的设定值,WDT 及时复位。系统在发生故障的情况下,扫描时间大于 WDT 的设定值,该定时器不能及时复位,则报警并停止 CPU 运行,同时复位输出。这种故障称为 WDT 故障,以防止因系统故障或程序进入死循环而引起扫描周期过长。

系统正常工作时,有时会因为用户程序过长或使用中断指令或循环指令使扫描时间过长而超过 WDT 的设定值。为防止这种情况下 WDT 动作,可使用监控定时器复位指令(WDR),使 WDT 复位。

使用监控定时器复位指令时应当小心。如果使用循环指令阻止扫描完成或严重延迟扫描完成,下列程序只有在扫描循环完成后才能执行:通信(自由口模式除外);I/O 更新(立即 I/O 除外);强制更新;SM 位更新(SM0、SM5～SM29 除外);运行时间诊断程序;中断程序中的 STOP 指令;扫描时间超过 25s,100ms 和 10ms 定时器将不能正确计时。

程序实例:如图 5-44 所示。

4. 跳转与标号指令

跳转指令可以使 PLC 编程的灵活性大大提高,使主机可根据不同条件的判断,选择不同的程序段执行程序。

JMP,跳转指令,使能输入有效时,使程序跳转到标号(n)处执行。

LBL,标号指令,标记指令跳转的目的地的位置(n)。操作数 n 为 0～255。

跳转指令的使用说明如下:

① 跳转指令和标号指令必须配合使用,而且只能使用在同一程序块中,如主程序、同一个子程序或同一个中断程序。不能在不同的程序块间互相跳转。

② 执行跳转后,被跳过程序段中的各元件的状态各有不同:Q、M、S、C 等元件的位保持跳转前的状态;计数器 C 停止计数,当前值存储器保持跳转前的计数值;对定时器来说,因刷新方式不同而工作状态不同。在跳转期间,分辨率为 1ms 和 10ms 的定时器会一直保持跳转前

网络1 STOP、END、WDR使用举例

```
      SM5.0
   ┤  ├─────────( STOP)

      SM4.3
   ┤  ├

      I0.0
   ┤  ├
```

LD	SM5.0	//使能输入端
O	SM4.3	//进行或操作
O	I0.0	//SM5.0、SM4.3、I0.0进行或操作
STOP		//使能有效就暂停

网络2

```
      I0.1
   ┤  ├─────────( END )
```

LD	I0.1	//使能输入端
END		//使能有效就结束

网络3

```
      M0.3
   ┤  ├─────────( WDR)
```

LD	M0.3	//使能输入端
WDR		//使能有效就将WDT复位

图5-44   STOP、END、WDR指令举例

的工作状态,原来工作的继续工作,到设定值后其位的状态也会改变,输出触点动作,当前值存储器一直累计到最大值32 767才停止。对分辨率为100ms的定时器来说,跳转期间停止工作,但不会复位,存储器里的值为跳转时的值,跳转结束后,若输入条件允许,可继续计时,但已失去了准确计时的意义。所以在跳转段里的定时器要慎用。

5. 循环指令

循环指令的引入为解决重复执行相同功能的程序段提供了极大的方便,并且优化了程序结构。循环指令有两条:FOR和NEXT。

FOR,循环开始指令,用来标记循环体的开始。

NEXT,循环结束指令,用来标记循环体的结束,无操作数。

FOR和NEXT之间的程序段称为循环体,每执行一次循环体,当前计数值增1,并且将其结果同终值进行比较,如果大于终值,则终止循环。

循环指令使用说明如下:

① FOR、NEXT指令必须成对使用;

② FOR和NEXT可以循环嵌套,嵌套最多为8层,但各个嵌套之间不可有交叉现象;

③ 每次使能输入(EN)重新有效时,指令将自动复位各参数;

④ 初值大于终值时,循环体不被执行。

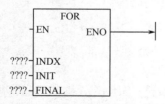

使用时必须给FOR指令指定当前循环计数(INDX)、初值(INIT)和终值(FINAL)。

INDX的寻址范围为VW、IW、QW、SW、MW、SMW、LW、AC、T、C、*VD、*AC、*LD。

INIT、FINAL的寻址范围为VW、IW、QW、SW、MW、SMW、LW、AIW、AC、T、C、*VD、*AC、*LD和常量。

指令格式:FOR　INDX,　INIT,　FINAL
　　　　　…
　　　　　NEXT

使能流输出 ENO 断开的出错条件:0006(间接寻址)。

程序实例:如图 5-45 所示,循环执行 6 次 INCB 指令。

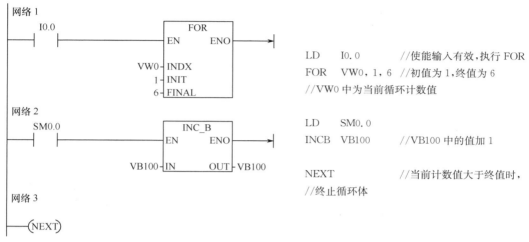

网络 1
```
         I0.0              FOR
         ┤├            EN      ENO
                   VW0─INDX
                   1  ─INIT
                   6  ─FINAL
```
```
LD    I0.0      //使能输入有效,执行 FOR
FOR   VW0,1,6   //初值为 1,终值为 6
                //VW0 中为当前循环计数值
```

网络 2
```
         SM0.0            INC_B
         ┤├           EN      ENO
                  VB100─IN     OUT─VB100
```
```
LD    SM0.0
INCB  VB100     //VB100 中的值加 1

NEXT            //当前计数值大于终值时,
                //终止循环体
```

网络 3
```
         ──(NEXT)
```

图 5-45　循环指令举例

6. 子程序指令

子程序在结构化程序设计中是一种方便有效的工具。与子程序有关的操作有:建立子程序、子程序的调用和返回。

(1) 建立子程序

建立子程序是通过编程软件来完成的。可用编程软件"编辑"菜单中的"插入"选项,选择"子程序",建立或插入一个新的子程序,同时,在指令树窗口可以看到新建的子程序图标,默认的程序名是 SBR_N,编号 N 从 0 开始按递增顺序生成(N 的取值范围为 0~63,CPU226XM 是 0~127),也可以在图标上直接更改子程序的程序名,把它变为更能描述该子程序功能的名字。在指令树窗口,双击子程序的图标就可以进入子程序,并对它进行编辑。

(2) 子程序调用和返回

CALL,子程序调用指令,在使能输入有效时,主程序把程序控制权交给子程序。子程序的调用可以带参数,也可以不带参数。它在梯形图中以指令盒的形式编程。

指令格式:CALL　SBR_0

CRET,子程序条件返回指令,在使能输入有效时,结束子程序的执行,返回主程序中(指向子程序调用的下一条指令)。梯形图中以线圈的形式编程,指令不带参数。在 STL 中为 CRET。

子程序调用使用说明如下:

① CRET 多用于子程序的内部,由判断条件决定是否结束子程序调用,RET 用于子程序的结束。用 STEP 7-Micro/WIN 编程时,编程人员不需要手工输入 RET 指令,而由软件自动加在每个子程序的结尾。

② 如果在子程序的内部又对另一个程序执行调用指令,则这种调用称为子程序的嵌套。子程序嵌套的深度最多为 8 级。

③ 当一个子程序被调用时,系统自动保存当前的逻辑堆栈数据,并把栈顶置 1,堆栈中的其他位置设为 0,子程序占有控制权。子程序执行结束,通过返回指令自动恢复原来的逻辑堆栈值,调用程序又重新取得控制权。

④ 累加器可在调用程序和被调用子程序之间自由传递,所以累加器的值在子程序调用时既不保存也不恢复。

(3)带参数的子程序调用

子程序中可以有参变量,带参数的子程序调用扩大了子程序的使用范围,增加了调用的灵活性。子程序的调用过程如果存在数据的传递,则在调用指令中应包含相应的参数。

子程序的参数在子程序的局部变量表中加以定义。参数包含的信息有地址、变量名(符号)、变量类型和数据类型。子程序最多可以传递 16 个参数。

局部变量表中变量类型区定义的变量如下:

① 传入子程序参数 IN。IN 可以是直接寻址数据(如 VB10)、间接寻址数据(如 * AC1)、常数(如 16♯1234)或地址(如 &VB100)。

② 传入/传出子程序参数 IN/OUT。调用子程序时,将指定参数位置的值传到子程序,子程序返回时,从子程序得到的结果被返回到指定参数的地址。参数可采用直接寻址和间接寻址,但常数和地址不允许作为传入/传出参数。

③ 传出子程序参数 OUT。将从子程序来的结果返回到指定参数的位置。传出参数可以采用直接寻址和间接寻址,但不可以是常数或地址。

④ 暂时变量 TEMP。只能在子程序内部暂时存储数据,不能用来传递参数。

在带参数调用子程序指令中,参数必须按照一定的顺序排列,传入参数(IN)在最前面,其次是传入/传出参数(IN/OUT),最后是传出参数(OUT)。

局部变量表使用局部变量存储器,在局部变量表中加入一个参数时,系统自动给该参数分配局部变量存储空间。当给子程序传递值时,参数放在子程序的局部变量存储器中。局部变量表的最左列是每个被传递参数的局部变量存储器地址。当子程序调用时,传入参数值被复制到子程序的局部变量存储器。当子程序完成时,从局部变量存储器区复制传出参数值到指定的传出参数地址。

参数子程序调用格式:CALL 子程序名,参数 1,参数 2,……,参数 n

程序实例:如图 5-46 所示。在主程序中设置角度值,通过调用子程序把参数值传递到子程序中,执行完子程序后,把计算的结果再传递到主程序中。

7. 与 ENO 指令

AENO,与 ENO 指令,ENO 是 LAD 中指令盒的布尔能流输出端。如果指令盒的能流输入有效,则执行没有错误,ENO 就置位,并将能流向下传递。ENO 可以作为允许位表示指令成功执行。

STL 指令没有 EN 输入,但对要执行的指令,其栈顶值必须为 1。可用 AENO 指令来产生指令盒中的 ENO 位相同的功能。

指令格式:AENO

AENO 指令无操作数,且只在 STL 中使用,它将栈顶值和 ENO 位进行逻辑与运算,运算结果保存到栈顶。

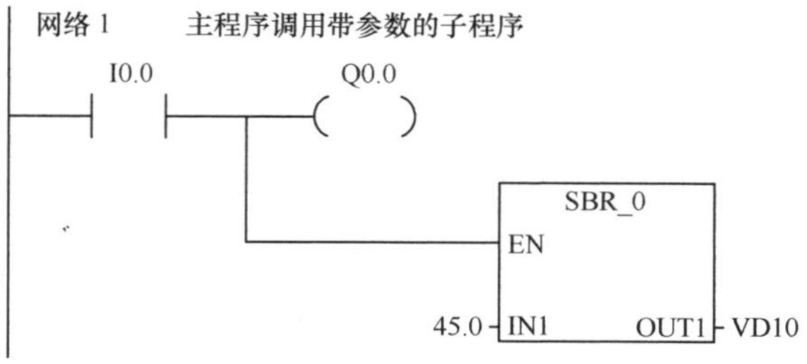

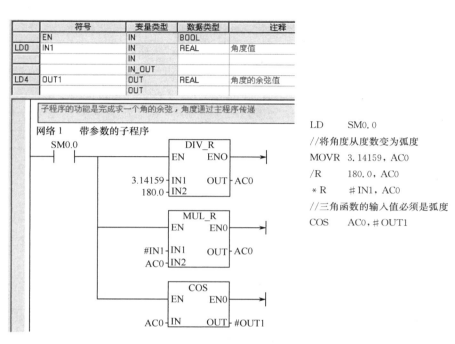

网络1　　　主程序调用带参数的子程序

//主程序的语句表(STL)
LD　　　 I0.0
=　　　 Q0.0
//调用带参数的子程序，
//把计算的结果放入 VD10 中
CALL　　 SBR_0，45.0，VD10

	符号	变量类型	数据类型	注释
	EN	IN	BOOL	
LD0	IN1	IN	REAL	角度值
		IN		
		IN_OUT		
LD4	OUT1	OUT	REAL	角度的余弦值
		OUT		

子程序的功能是完成求一个角的余弦，角度通过主程序传递

网络1　　 带参数的子程序

LD　　　 SM0.0
//将角度从度数变为弧度
MOVR　 3.14159，AC0
/R　　　 180.0，AC0
＊R　　 #IN1，AC0
//三角函数的输入值必须是弧度
COS　　 AC0，#OUT1

图 5-46　　调用带参数子程序举例

程序实例：如图 5-47 所示。

LD　　　 I0.0　　　　　　　//使能输入端
＋I　　　 VW100，VW200　　//整数加法，VW100＋VW200→VW200
AENO　　　　　　　　　　 //与 ENO 指令
ATCH　 INT_0，10　　　　//如果＋I 指令执行正确，则调用中断程序 INT_0,中断号为 10

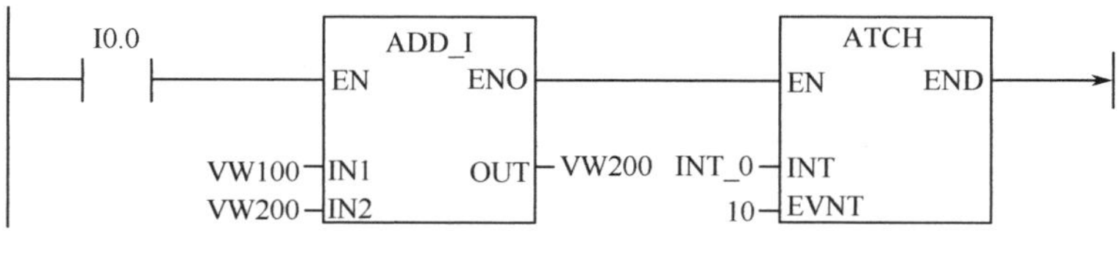

图 5-47　　AENO 指令举例

5.3.7　特殊指令

1. 中断指令

中断是计算机在实时处理和实时控制中不可缺少的一项技术,应用十分广泛。所谓中断,是指当控制系统执行正常程序时,系统中出现了某些急需处理的异常情况或特殊请求,这时系

统暂时中断当前程序,转去对随机发生的紧迫事件进行处理(执行中断服务程序),当该事件处理完毕后,系统自动回到原来被中断的程序继续执行。

中断事件的发生具有随机性,中断在 PLC 应用系统中的人机对话、实时处理、通信处理和网络中非常重要。与中断相关的操作有:中断服务和中断控制。S7-200 PLC 中断事件表见表 5-19。

表 5-19　中断事件表

事件号	中断说明	优先级分组	优先级分组中的优先级
8	端口 0:接收字符	通信(最高)	0
9	端口 0:发送完成		0
23	端口 0:接收信息完成		0
24	端口 1:接收信息完成		1
25	端口 1:接收字符		1
26	端口 1:发送完成		1
19	PTO 0 完成中断	I/O(中断)	0
20	PTO 1 完成中断		1
0	上升沿,I0.0		2
2	上升沿,I0.1		3
4	上升沿,I0.2		4
6	上升沿,I0.3		5
1	下降沿,I0.0		6
3	下降沿,I0.1		7
5	下降沿,I0.2		8
7	下降沿,I0.3		9
12	HSC0,CV=PV(当前值=预设值)		10
27	HSC0 输入方向改变		11
28	HSC0 外部复位		12
13	HSC1,CV=PV(当前值=预设值)		13
14	HSC1 输入方向改变		14
15	HSC1 外部复位		15
16	HSC2,CV=PV(当前值=预设值)		16
17	HSC2 输入方向改变		17
18	HSC2 外部复位		18
32	HSC3,CV=PV(当前值=预设值)		19
29	HSC4,CV=PV(当前值=预设值)		20
30	HSC4 输入方向改变		21
31	HSC4 外部复位		22
33	HSC5,CV=PV(当前值=预设值)		23
10	定时中断 0,SMB34	定时(最低)	0
11	定时中断 1,SMB35		1
21	计时器 T32,CT=PT 中断		2
22	计时器 T96,CT=PT 中断		3

（1）全局中断允许/禁止指令

—（ ENI ）ENI,全局中断允许指令,全局性地允许所有被连接的中断事件。

—（ DISI ）DISI,全局中断禁止指令,全局性地禁止处理所有的中断事件。执行 DISI 指令后,出现的中断事件就进入中断队列排队等候,直到 ENI 指令重新允许中断。

CPU 进入 RUN 运行模式时,自动禁止所有中断。在 RUN 运行模式中执行 ENI 指令后,允许所有中断。

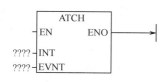

（2）中断连接/分离指令

ATCH,中断连接指令,用来建立某个中断事件（EVNT）和某个中断程序（INT）之间的联系,并允许这个中断事件。

INT 为字节常量,取值范围为 0～127。

EVNT 为字节常量,取值范围根据 CPU 的型号有所不同:CPU 221/222 为 0～12、19～23、27～33;CPU 224 为 0～23、27～33;CPU 226/226XM 为 0～33。

指令格式:ATCH　INT,EVENT

在调用一个中断程序前,必须用中断连接指令,建立某中断事件与中断程序的连接。当把某个中断事件和中断程序建立连接后,该中断事件发生时会自动开中断。多个中断事件可调用同一个中断程序,但一个中断事件不能同时与多个中断程序建立连接。否则,在中断允许且某个中断事件发生时,系统默认执行与该事件连接的最后一个中断程序。

DTCH,中断分离指令,用来解除某个中断事件（EVNT）和某个中断程序（INT）之间的联系,并禁止该中断事件。

可用 DTCH 指令截断某个中断事件和中断程序之间的联系,以单独禁止某个中断事件。

DTCH 指令使中断回到不激活或无效状态。EVNT 为字节常量,取值范围同 ATCH 指令。

指令格式:DTCH　EVENT

（3）中断服务程序标号/返回指令

中断服务程序是用户为处理中断事件而事先编制的程序,中断服务程序由标号开始,以无条件返回指令结束。内部或外部的中断事件调用相应的中断服务程序。在中断服务程序中,用户亦可根据前面逻辑条件使用条件返回指令,返回主程序。但中断服务程序必须以无条件返回指令结束。中断服务程序中禁止使用以下指令:DISI、ENI、CALL、HDEF、FOR/NEXT、LSCR、SCRE、SCRT、END。

中断前、后,系统保存和恢复逻辑堆栈、累加寄存器、特殊存储器标志位（SM）,从而避免了中断服务返回后对主程序执行现场所造成的破坏。

INT　n,中断服务程序标号指令。中断服务程序标号指令 INT 标示 n 号中断服务程序的开始（入口）。n 的范围为 0～127(取决于 CPU 的型号)。

CRETI,中断服务程序条件返回指令。CRETI 根据前面的逻辑条件决定是否返回。

RETI,中断服务程序无条件返回指令。RETI 是必备的,但编程软件会自动加入该指令。

定时中断采集模拟量程序如图 5-48 所示。

2. PID 回路指令

在闭环控制系统中广泛应用着 PID 控制（即比例-积分-微分控制,PID 控制在"自动控制原理"和"计算机控制"等课程中都有详细介绍,此处略）,PID 控制调节器在工业现场随处可见。

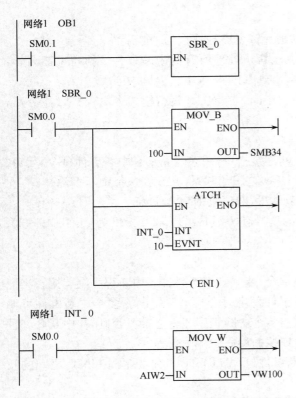

网络1　OB1

```
LD      SM0.1      //首次扫描时 SM0.1 位打
                   //开,用于调用初始化子程序
CALL    SBR_0      //调用子程序 SBR_0
```

网络1　SBR_0

```
LD      SM0.0      //当系统处于 RUN 模式
                   //时,SM0.0 始终打开(即 SM0.0=1)
MOVB    100,SMB34  //100ms 放入特
                   //殊内存字节 SMB34(SMB34 或 SMB35 控
                   //制中断 0 或中断 1 的时间间隔)
ATCH    INT_0,10   //调用中断程序
ENI                //全局性启用中断
```

网络1　INT_0

```
LD      SM0.0      //RUN 模式下,SM0.0=1
MOVW    AIW2,VW100 //模拟量输入映
                   //像寄存器 AIW2 的值装入 VW100
```

图 5-48　定时中断采集模拟量程序举例

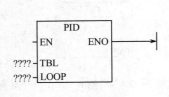

PID,回路指令。PID 回路指令根据表格(TBL)中的输入和配置信息对引用 LOOP 执行 PID 循环计算。运用表中的输入信息和组态信息,进行 PID 运算,编程十分简单。

TBL 是回路表起始地址,只能使用字节 VB 区域。LOOP 是回路号,为字节常量 0~7。

程序中可使用 8 条 PID 指令。如果两条或多条 PID 指令使用相同的循环号码(即使它们的表格地址不同),PID 计算会互相干扰,结果难以预料。

循环表存储 9 个参数,用于控制和监控循环运算,包括程序变量、设置点、输出、增益、样本时间、整数时间(重设)、导出时间(速率)及整数之和(偏差)的当前值及先前值。

指令格式:PID　TABLE,　LOOP

使能流输出 ENO 断开的出错条件:0006(间接寻址)、SM1.1(溢出)。

3. 高速计数器指令

普通计数器受 CPU 扫描速度的影响,对高速脉冲信号的计数会发生脉冲丢失的现象。而高速计数器是脱离主机的扫描周期独立计数的,它可以对脉宽小于主机扫描周期的高速脉冲准确计数,即高速计数器计数的脉冲输入频率比 PLC 扫描频率高得多。高速计数器常用于电动机转速检测等场合,使用时,可由编码器将电动机的转速转化成脉冲信号,再用高速计数器对转速脉冲信号进行计数。

不同型号的 PLC 主机,高速计数器的数量不同。使用时,每种高速计数器都有地址编号,都有多种功能不同的工作模式,高速计数器的工作模式与中断事件密切相关。使用一个高速计数器,首先要定义高速计数器的工作模式。可用 HDEF 指令来进行设置。

HDEF,高速计数器定义指令,使能输入有效时,为指定的高速计数器分配一种工作模式。

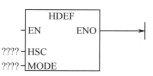

HSC 为高速计数器编号,字节型常量,范围是 0~5。

MODE 为工作模式,字节型常量,范围是 0~11。

指令格式:HDEF　HSC,　MODE

使能流输出 ENO 断开的出错条件:0003(输入冲突)、0004(中断中的非法指令)、000A(HSC 重复定义)。

HSC,高速计数器指令,使能输入有效时,根据高速计数器特殊存储器位的状态,并按照 HDEF 指令指定的模式,设置高速计数器并控制其工作。

N 为高速计数器编号,字节型常量,范围是 0~5。

使能流输出 ENO 断开的出错条件:0001(在 HDEF 之前使用 HSC)、0005(同时操作 HSC/PLS)。

4. 高速脉冲输出指令

高速脉冲输出指令的功能是指在 PLC 的某些输出端产生高速脉冲,用来驱动负载,实现高速输出和精确控制。

高速脉冲输出有高速脉冲串输出 PTO 和脉冲宽度可调输出 PWM 两种形式。高速脉冲输出 PTO 主要用来输出指定数量的方波(占空比 50%),用户可以控制方波的周期和脉冲数;脉冲宽度可调输出 PWM 主要用来输出占空比可调的高速脉冲串,用户可以控制脉冲串的周期和脉冲宽度。

每个 CPU 有两个 PTO/PWM 发生器产生高速脉冲串和脉冲宽度可调的波形,一个发生器分配在数字输出端 Q0.0,另一个分配在 Q0.1。PTO 及 PWM 功能的配置需要使用特殊存储器 SM。

PLS,脉冲输出指令,当使能端输入有效时,检测用户程序设置的特殊功能寄存器位,激活由控制位定义的脉冲操作,从 Q0.0 或 Q0.1 输出高速脉冲。

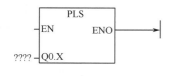

高速脉冲输出 PTO 和脉冲宽度可调输出都由 PLS 指令来激活输出。操作数 Q 为字型常量 0 或 1。

高速脉冲串 PTO 可采用中断方式控制,而脉冲宽度可调输出 PWM 只能由指令 PLS 来激活。

指令格式:PLS　Q

程序实例:编写实现脉冲宽度调制 PWM 的程序。要求控制字节(SMB77)=(DB)$_{16}$,设定周期为 10000ms,脉冲宽度为 1000ms,通过 Q0.1 输出,如图 5-49 所示。

5. 时钟指令

(1)读实时时钟指令:TODR

当使能端输入有效时,指令从实时时钟读取当前时间和日期,并装入以 T 为起始字节地址的 8 字节缓冲区,依次存放年、月、日、时、分、秒、零和星期。

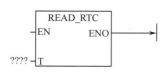

年、月、日、时、分、秒、星期的数值范围分别是 00~99、01~12、01~31、00~23、00~59、00~59、01~07。必须用 BCD 码表示所有的日期和时间值。对于年份用最低两位数表示,如 2005 年用 05 年表示。

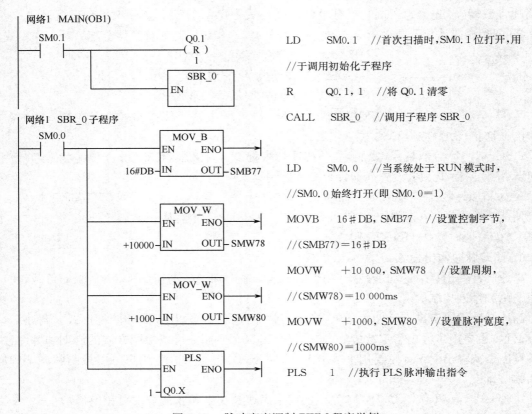

网络1 MAIN(OB1)

```
LD      SM0.1    //首次扫描时，SM0.1位打开，用
//于调用初始化子程序
R       Q0.1，1   //将Q0.1清零
CALL    SBR_0    //调用子程序SBR_0
```

网络1 SBR_0子程序

```
LD      SM0.0    //当系统处于RUN模式时，
//SM0.0始终打开(即SM0.0=1)
MOVB    16#DB，SMB77   //设置控制字节，
//(SMB77)=16#DB
MOVW    +10 000，SMW78  //设置周期，
//(SMW78)=10 000ms
MOVW    +1000，SMW80   //设置脉冲宽度，
//(SMW80)=1000ms
PLS     1   //执行PLS脉冲输出指令
```

图5-49 脉冲宽度调制PWM程序举例

T的寻址范围为VB、IB、QB、MB、SMB、SB、LB、∗VD、∗AC、∗LD。

指令格式：TODR T

使能流输出ENO断开的出错条件：0006(间接寻址)、000C(不存在时钟卡)。

(2)设定实时时钟指令：TODW

当使能端输入有效时，指令把含有时间和日期的8字节缓冲区(起始字节地址是T)的内容装入时钟。设定的数值范围同TODR指令。

T的寻址范围为VB、IB、QB、MB、SMB、SB、LB、∗VD、∗AC、∗LD。

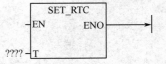

指令格式：TODW T

使能流输出ENO断开的出错条件：0006(间接寻址)、0007(TOD数据错误)、000C(不存在时钟卡)。

S7-200 PLC不执行检查和核实日期是否准确。无效日期(如2月30日)可以被接受。因此，必须确保输入数据的准确性。

不要同时在主程序和中断程序中使用TODR/TODW指令，否则会产生致命错误。

习题与思考题

1. S7-200指令参数所用的基本数据类型有哪些？

2. 立即I/O指令有何特点？它应用于什么场合？

3. 逻辑堆栈指令有哪些？各用于什么场合？

4. 定时器有几种类型？各有何特点？与定时器相关的变量有哪些？梯形图中如何表示这些变量？

5. 计数器有几种类型？各有何特点？与计数器相关的变量有哪些？梯形图中如何表示这些变量？

6. 不同分辨率的定时器的当前值是如何刷新的？

7. 写出图 5-50 所示梯形图的语句表程序。

8. 写出图 5-51 所示梯形图的语句表程序。

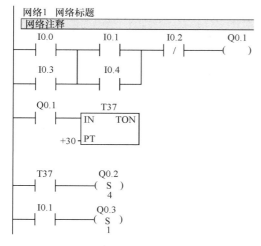

图 5-50　习题 7 梯形图　　　　　　图 5-51　习题 8 梯形图

9. 用自复位式定时器设计一个周期为 5s,脉冲为一个扫描周期的脉冲串信号。

10. 设计一个计数范围为 0～50 000 的计数器。

11. 用置位、复位(S,R)指令设计一台电动机的启动/停止控制程序。

12. 用顺序控制继电器(SCR)指令设计一个居室通风系统控制程序,使 3 个居室的通风机自动轮流地打开和关闭。轮换时间间隔为 1h。

13. 用寄存器移位指令(SHRB)设计一个路灯照明系统的控制程序,3 个路灯按 H1→H2→H3 的顺序依次点亮。各路灯之间点亮的间隔时间为 10h。

14. 用循环移位指令设计一个彩灯控制程序,8 路彩灯串按 H1→H2→H3→……→H8 的顺序依次点亮,且不断重复循环。各路彩灯之间的间隔时间为 0.1s。

15. 用整数除法指令将 VW100 中的(240)除以 8 后存放到 AC0 中。

16. 将 AIW0 中的有符号整数(3400)转换成(0.0～1.0)之间的实数,再将结果存入 VD200。

17. 将 PID 运算输出的标准化实数 0.75 先进行刻度化,然后再转换成一个有符号整数(INT),结果存入 AQW2。

18. 用定时中断设置一个每 0.1s 采集一次模拟量输入值的控制程序。

19. 按模式 6 设计高速计数器 HSC1 初始化子程序,设控制字节 SMB47 为 16♯F8。

20. 以输出点 Q0.1 为例,简述 PTO 多段操作初始化及其操作过程。

21. 用 TODR 指令从实时时钟读取当前日期,并将"星期"的数字用段码指令(SEG)显示出来。

22. 指出图 5-52 所示梯形图中的语法错误,并改正。

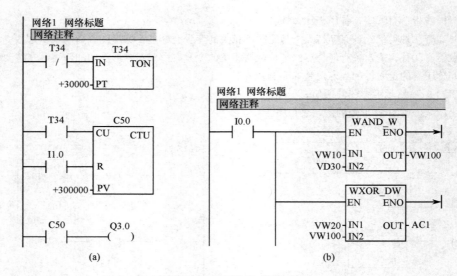

图 5-52 习题 22 梯形图

第6章 可编程控制器系统设计与应用

可编程控制器的结构和工作方式与单片机、工控机等不尽相同,与传统的继电器-接触器控制也有本质的区别。这就决定了其控制系统的设计也不完全一样,其最大的特点是软、硬件可以分开设计。

本章主要内容如下:

- 可编程控制器系统设计的一般原则与步骤;
- 可编程控制器系统的硬件配置;
- 可编程控制器系统的软件设计;
- 可编程控制器应用程序的基本环节及设计技巧;
- 可编程控制器在工业控制中的应用实例;
- 提高可编程控制器系统可靠性的措施。

本章重点是可编程控制器应用程序的基本环节、设计技巧与应用实例。通过本章的学习,使读者了解可编程控制器系统设计的一般原则与步骤、硬件配置、软件设计,熟悉掌握软、硬件设计的基本环节及设计技巧。

6.1 PLC控制系统设计

6.1.1 PLC控制系统设计的基本原则

对于工业领域或其他领域的被控对象来说,电气控制的目的是在满足其生产工艺要求的情况下,最大限度地提高生产效率和产品质量。为达到此目的,在可编程控制系统设计时应遵循以下原则:

① 最大限度地满足被控对象的要求;

② 在满足控制要求的前提下,力求使控制系统简单、经济、实用及维护方便;

③ 保证系统的安全可靠;

④ 考虑生产发展和工艺改进的要求,在选型时应留有适当的余量。

6.1.2 PLC控制系统设计的内容

PLC控制系统设计的主要内容包括以下几方面。

(1)分析控制对象,明确设计任务和要求

应用可编程控制器,首先要详细分析被控对象、控制过程与要求,熟悉工艺流程后列写出控制系统的所有功能和指标要求。如果控制对象的工业环境较差,而安全性、可靠性要求特别高,系统工艺复杂,输入/输出量以开关量为多,在这种情况下,用常规继电器和接触器难以实现要求,用可编程控制器进行控制是合适的。控制对象确定后,可编程控制器的控制范围还要进一步明确。一般而言,能够反映生产过程的运行情况,能用传感器进行直接测量的参数,用人工进行控制工作量大、操作复杂、容易出错的或者操作过于频繁、人工操作不容易满足工艺要求的，往往由 PLC 控制。

（2）选定 PLC 的型号，对控制系统的硬件进行配置

PLC 机型选择的基本原则应是在满足功能要求的情况下，主要考虑结构、功能、统一性和在线编程要求等几个方面。在结构方面，对于工艺过程比较固定，环境条件较好的场合，一般维修量较小，可选用整体式结构的 PLC，其他情况可选用模块式的 PLC。在功能方面，对于开关量控制的工程项目，对其控制速度无须考虑，一般的低档机型就可以满足。对于以开关量为主、带少量模拟量控制的工程项目，可选用带 A/D、D/A 转换，加减运算和数据传送功能的低档机型；而对于控制比较复杂、控制功能要求高的工程项目，可视控制规模及其复杂程度，选用中档或高档机。其中高档机主要用于大规模过程控制、全 PLC 的分步式控制系统及整个工厂的自动化等方面。为了实现资源共享，采用同一机型的 PLC 配置，配以上位机后，可把控制各个独立系统的多台 PLC 连成一个多级分布式控制系统，相互通信，集中管理。

（3）选择所需的输入/输出模块，编制 PLC 的输入/输出分配表和输入/输出端子接线图

可编程控制器输入模块的任务是检测来自现场设备的高电平信号并转换为机器内部电平信号，模块类型分为直流 5V、12V、24V、60V、68V 几种，交流 115V 和 220V 两种。由现场设备与模块之间的远近程度选择电压的大小。一般 5V、12V、24V 属于低电平，传输距离不宜太远，距离较远的设备选用较高电压的模块比较可靠。另外，高密度的输入模块同时接通点数取决于输入电压和环境温度。一般而言，同时接通点数不得超过 60%。为了提高系统的稳定性，必须考虑接通电平与关断电平之差即门槛电平的大小。门槛电平值越大，抗干扰能力越强，传输距离越远。

可编程控制器输出模块的任务是将机器内部电平信号转换为外部过程的控制信号。对于开关频率高、电感性、低功率因数的负载，适合使用晶闸管输出模块，但模块价格较高，过载能力稍差。继电器输出模块的优点是适用电压范围较宽，导通压降损失小，价格较低，但寿命较短，响应速度较慢。输出模块同时接通点数的电流累计值必须小于公共端所允许通过的电流值，输出模块的电流值必须大于负载电流的额定值。

（4）根据系统设计要求编写程序规格说明书，再用相应的编程语言进行程序设计

程序规格说明书应该包括技术要求和编制依据等方面的内容。例如，程序模块功能要求、控制对象及其动作时序、精确度要求、响应速度要求、输入装置、输入条件、输出条件、接口条件、输入模块接口和输出模块接口、I/O 分配表等。根据 PLC 控制系统硬件结构和生产工艺条件要求，在程序规格说明书的基础上，使用相应的编程语言指令，编制实际应用程序的过程即是程序设计。

（5）设计操作台、电气柜、选择所需的电气元件

根据实际的控制系统要求，设计相应配套适用的操作台和电气柜，并且按照系统要求选择所需的电气元件。

（6）编写设计说明书和操作使用说明书

设计说明书是对整个设计过程的综合说明，一般包括设计的依据、基本结构、各个功能单元的分析、使用的公式和原理、各参数的来源和运算过程、程序调试情况等内容。操作使用说明书主要是提供给使用者和现场调试人员使用的，一般包括操作规范、步骤及常见故障问题。

根据具体控制对象，上述内容可适当调整。

6.1.3 PLC控制系统设计的一般步骤

由于 PLC 的结构和工作方式与一般微型计算机和继电器-接触器相比各有特点,所以其设计的步骤也不相同,具体设计步骤如下:

① 详细了解被控对象的生产工艺过程,分析控制要求;

② 根据控制要求确定所需的用户输入/输出设备;

③ 选择 PLC 类型;

④ 分配 PLC 的 I/O 点,设计 I/O 连接图;

⑤ PLC 软件设计,同时可进行控制台的设计和现场施工;

⑥ 系统调试,固化程序,交付使用。

其设计流程如图 6-1 所示。

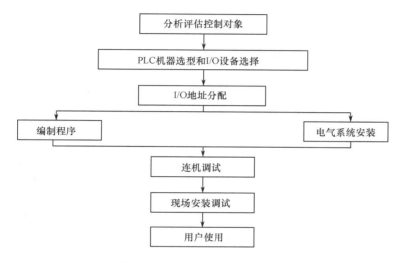

图 6-1　PLC 控制系统设计步骤

6.2　PLC 控制系统硬件配置

硬件系统设计主要包括 PLC 及外围线路的设计、电气线路的设计和抗干扰措施的设计等内容。

随着 PLC 功能的不断提高和完善,PLC 几乎可以完成工业控制领域的所有任务。但 PLC 还是有它最适合的应用场合,所以在接到一个控制任务后,要分析被控对象的控制过程和要求,看看用什么控制装备(PLC、单片机、DCS 或 IPC)最适合完成该任务。比如仪器、仪表装置及家电的控制器就要用单片机来做;大型的过程控制系统大部分要用 DCS 来完成。而 PLC 最适合的控制对象是:工业环境较差,而对安全性、可靠性要求较高,系统工艺复杂,输入/输出以开关量为主的工业自控系统或装置。其实,现在的可编程控制器不仅能处理开关量,而且对模拟量的处理能力也很强。所以在很多情况下,也可取代工控机作为主控制器,来完成复杂的工业自动控制任务。

控制对象及控制装置(选定为 PLC)确定后,还要进一步确定 PLC 的控制范围。一般来说,能够反映生产过程的运行情况,能用传感器进行直接测量的参数,控制逻辑复杂的部分都由 PLC 完成。另外,如紧急停车等环节,对主要控制对象还要加上手动控制功能,这就需要在设计电气系统原理图与编程时统一考虑。

6.2.1　PLC 的选型

当确定由 PLC 来完成控制后,接下来设计者要解决两个主要问题。

1. PLC 容量的选择

首先要对控制任务进行详细的分析,把所有的 I/O 点找出来,包括开关量 I/O 和模拟量 I/O,以及这些 I/O 点的性质。I/O 点的性质主要指它们是直流信号还是交流信号,它们的电源电压,以及输出是用继电器型还是晶体管型或是可控硅型。控制系统输出点的类型非常关键,如果既有交流 220V 的接触器、电磁阀,又有直流 24V 的指示灯,则最后选用的 PLC 的输出点数有可能大于实际点数。因为 PLC 的输出点一般是几个一组公用一个公共端,这一组输出只能有一种电源的种类和等级。所以一旦它们是交流 220V 的负载使用,则直流 24V 的负载只能使用其他组的输出端了。这样有可能造成输出点数的浪费,增加成本,所以要尽可能选择相同等级和种类的负载,比如使用交流 220V 的指示灯等。一般情况下,继电器输出的 PLC 使用最多,但对于要求高速输出的情况,如运动控制时的高速脉冲输出,就要使用无触点的晶体管输出的 PLC。确定了这些以后,就可以确定选用多少点和 I/O 是什么类型的 PLC。

然后要对用户存储器容量进行估算。用户程序所需内存容量受到内存利用率、开关量 I/O 点数、模拟量 I/O 点数和用户编程水平等因素的影响。把一个程序段中的 I/O 点数与存放该程序段所代表的机器语言所需的内存字数的比值称为内存利用率。高的内存利用率给用户带来好处,同样的程序可以减少内存容量,从而降低内存投资。另外,同样的程序可缩短扫描周期时间,从而提高系统的响应。可编程控制器开关量 I/O 总点数是计算所需内存容量的重要根据。一般系统中,开关量输入和开关量输出之比为 6∶4。这方面的经验公式是根据开关量输入、开关量输出的总点数给出的:

$$所需内存字数 = 开关量(输入+输出)总点数 × 10$$

具有模拟量控制的系统就要用到数字传送和运算等功能指令,这些功能指令的内存利用率较低,因此所占的内存字数较多。在只有模拟量输入的系统中,一般要对模拟量进行读入、数字滤波、传送和比较运算。在模拟量输入和输出同时存在的情况下,运算较为复杂,内存需要量大。一般情况下的经验公式为:

只有模拟量输入时　　　　$所需内存字数 = 模拟量点数 × 100$

模拟量输入/输出同时存在　　　　$所需内存字数 = 模拟量点数 × 200$

这些经验公式的计算是在 10 个模拟量左右,当点数小于 10 时,内存字数要适当加大,点数多时,可适当减少。

对于同样的系统,不同用户编写的程序可能会使程序长短和执行时间差距很大,一般来说,对初学者应为内存多留一些余量,而对于有经验的编程者可少留一些余量。经验计算公式:总内存字数 =(开关量输入点数 + 开关量输出点数)× 10 + 模拟量点数 × 150。然后按计算内存字数的 25% 考虑余量。

PLC 常用的内存有 EPROM、EEPROM 和带锂电池供电的 RAM。一般微型和小型 PLC 的存储容量是固定的,介于 1~2KB 之间。用户应用程序占用多少内存与许多因素有关,如 I/O 点数、控制要求、运算处理量、程序结构等。因此在程序设计之前只能粗略估算。根据经验,每个 I/O 点及有关功能元件占用的内存大致如下:

- 开关量输入元件,10~20字节/点;
- 开关量输出元件,5~10字节/点;
- 定时器/计数器,2字节/个;
- 模拟量,100~150字节/点;
- 通信接口,一个接口一般需要300字节以上。

根据上面算出的总内存字数再考虑25%左右的余量,就可估算出用户程序所需的内存容量,从而选择合适的PLC内存。

2. PLC机型的选择

由于生产PLC的厂家众多,实现的功能虽基本相同,但性能、价格和编程语言却有较大差别,一般从以下几个方面考虑。

(1)功能方面

所有PLC一般都具有常规的功能,但对某些特殊要求,就要知道所选用的PLC是否有能力完成控制任务。例如,对PLC与PLC、PLC与智能仪表及上位机之间有灵活方便的通信要求;对PLC的计算速度、用户程序容量等有特殊要求;对PLC的位置控制有特殊要求等。这就要求用户对市场上流行的PLC品种有一个详细的了解,以便作出正确的选择。

(2)价格方面

不同厂家的PLC产品价格相差很大,有些功能类似、质量相当、I/O点数相当的PLC的价格能相差40%以上。在使用PLC较多的情况下,性价比是一个重要的因素。

(3)售后服务

用户应考虑相关的技术支持,统一型号以方便维护,系统改造、升级等。

PLC主机选定后,如果控制系统需要,则相应的配套模块也就选定了,如模拟量单元、显示设定单元、位置控制单元或热电偶单元等。

6.2.2　I/O地址分配

输入/输出信号在PLC接线端子上的地址分配是进行PLC控制系统设计的基础。对软件设计来说,I/O地址分配以后才可进行编程;对控制柜及PLC的外围接线来说,只有I/O地址确定以后,才可以绘制电气接线图、装配图,让装配人员根据线路图和安装图安装控制柜。在分配输出点地址时,要注意6.2.1节中所说的负载类型问题。

在进行I/O地址分配时,最好把I/O点的名称、代码和地址以表格的形式列写出来。

6.2.3　响应时间

对于过程控制,扫描周期和响应时间必须认真考虑。PLC顺序扫描的工作方式,使它不能可靠地接收持续时间小于扫描周期的输入信号。例如,电动机转速的测量,就需要选用高速计数指令来完成。总之,PLC的处理速度应满足实时控制的要求。

选定PLC及其扩展模块(如需要的话)和分配完I/O地址后,硬件设计的主要内容就是完成电气控制系统原理图的设计、电气元件的选择和控制柜的设计。电气控制系统原理图包括主电路和控制电路。控制电路中包括PLC的I/O接线和自动部分、手动部分的详细连接等,有时还要在电气原理图中标上元件代号或另外配上安装图、端子接线图等,以方便控制柜的安装。电气元件的选择主要是根据控制要求选择按钮、开关、传感器、保护电器、接触器、指示灯和电磁阀等。

6.3　PLC控制系统软件设计

在实际的工作中,软件的实现方法有很多种,具体使用哪种方法,因人因控制对象而异,以下是几种常用的方法。

6.3.1　经验设计法

在一些典型的控制环节和电路的基础上,根据被控制对象对控制系统的具体要求,凭经验进行选择、组合。有时为了得到一个满意的设计结果,需要进行多次反复调试和修改,增加一些辅助触点和中间编程元件。这种设计方法没有一个普遍的规律可遵循,即具有一定的试探性和随意性,最后得到的结果也不是唯一的,设计所用的时间、设计的质量与设计者的经验多少有关。

经验设计法对于一些比较简单的控制系统的设计是比较有效的,可以收到快速、简单的效果。但是,由于这种方法主要是依靠设计人员的经验进行设计的,所以对设计人员的要求也比较高,特别是要求设计人员有一定的实践经验,对工业控制系统和工业上常用的各种典型环节比较熟悉。对于比较复杂的系统,经验设计法一般周期长,不易掌握,系统交付使用后,维护困难,所以,经验设计法一般只适合于比较简单的或与某些典型系统相类似的控制系统的设计。

6.3.2　逻辑设计法

在工业电气控制线路中,很多电路是通过继电器等电气元件来实现的,而继电器、交流接触器的触点都只有两种状态,即吸合和断开,因此,用"0"和"1"两种取值的逻辑代数设计电气控制线路是完全可以的。PLC的早期应用就是替代继电器-接触器控制系统,因此用逻辑设计法同样也适用于PLC应用程序的设计。当一个逻辑函数用逻辑变量的基本运算式表达出来后,实现这个逻辑函数的线路就确定了。当这种方法使用熟练后,甚至梯形图程序也可以省略,可以直接写出与逻辑函数和表达式对应的指令语句程序。

用逻辑设计法设计PLC应用程序的一般步骤如下:
① 列出执行元件动作节拍表;
② 绘制电气控制系统的状态转移图;
③ 进行系统的逻辑设计;
④ 编写程序;
⑤ 对程序检测、修改和完善。

6.3.3　顺序功能图法

顺序功能图法是首先根据系统的工艺流程设计顺序功能图,然后再依据顺序功能图设计顺序控制程序。在顺序功能图中,实现转换时使前级步的活动结束而使后续步的活动开始,步之间没有重叠,这使系统中大量复杂的连锁关系在步的转换中得以解决。而对于每一步的程序段,只需处理极其简单的逻辑关系。因而这种编程方法简单易学,规律性强。设计出的控制程序结构清晰、可读性好,程序的调试和运行也很方便,可以极大地提高工作效率。S7-200

PLC采用顺序功能图法设计时,可用顺序控制继电器(SCR)指令、置位/复位(S/R)指令、移位寄存器(SHRB)指令等实现编程。

顺序控制继电器(SCR)指令是基于顺序功能图(SFC)的编程方式,专门用于编制顺序控制程序,使用它必须依据顺序功能图进行编程。顺序控制继电器指令的SCR程序段对应于顺序功能图中的步,当顺序控制继电器S位的状态为"1"时,对应的SCR段被激活,即顺序功能图对应的步被激活,成为活动步,否则是非活动步。SCR段中执行程序所完成的动作或命令对应着顺序功能图中该步相关的动作或命令。程序段的转换(SCRT)指令相当于实施了顺序功能图中的步的转换功能。由于PLC周期循环扫描执行程序,编制程序时各SCR段只要按顺序功能图有序地排列,各SCR段活动状态的进展就能完全按照顺序功能图中有向连线规定的方向进行。

依据顺序功能图用置位/复位(S/R)指令编制顺序控制程序。用置位/复位(S/R)指令编制顺序控制程序时,使内部标志位继电器与顺序功能图中的步骤建立对应关系。通过置位/复位(S/R)指令,使某标志位继电器置位或复位,从而达到使相应步的激活和失励的目的。

现以4台电动机的顺序启动为例说明用移位寄存器(SHRB)指令来编制顺序控制程序。启动的顺序为M1→M2→M3→M4,顺序启动的时间间隔为30s,启动后进入正常运行,直到停车。顺序功能图如图6-2所示,具体梯形图程序详见6.5节。

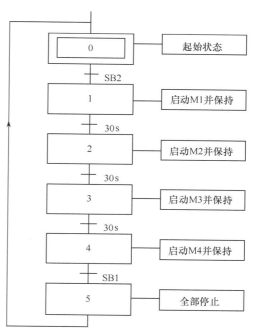

图6-2 4台电动机顺序启动的顺序功能图

控制系统设计的难易程度因控制任务而异,也因人而异。对于经验丰富的工程技术人员来说,在长时间的专业工作中,受到过各种各样的磨炼,积累了许多经验,除一般的编程方法外,更有自己的编程技巧和方法,可采用经验设计法。但不管采用哪种方法,平时多注意积累和总结是很重要的。

在程序设计时,除了I/O地址列表,有时还要把在程序中用到的中间继电器(M)、定时器(T)、计数器(C)和存储单元(V)及它们的作用或功能列写出来,以便编写程序和阅读程序。

在编程语言的选择上,用梯形图编程还是用语句表编程或使用功能图编程,这主要取决于以下几点:

① 有些PLC使用梯形图编程不是很方便,则可以使用语句表编程,但是梯形图总比语句表直观;

② 经验丰富的工程技术人员可以使用语句表直接编程,就像使用汇编语言一样;

③ 如果是清晰的单顺序、选择顺序或并发顺序的控制任务,则最好用顺序功能图来设计。

6.4　PLC 应用程序的典型环节及设计技巧

6.4.1　PLC 应用程序的典型环节

复杂的控制程序一般都是由一些典型的基本环节有机地组合而成的,因此,掌握这些基本环节尤为重要,这有助于程序设计水平的提高。以下是几个常用的典型环节。

1. 电动机的启动、停止控制程序

电动机的启动与停止是最常见的控制,通常需要设置启动按钮、停止按钮及接触器等电器。I/O 分配表如表 6-1 所示,PLC 的 I/O 接线图如图 6-3 所示。

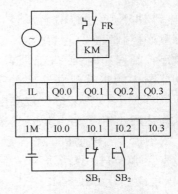

图 6-3　I/O 接线图

表 6-1　I/O 分配表

输 入 信 号		输 出 信 号	
停止按钮 SB$_1$	I0.1	接触器 KM	Q0.1
启动按钮 SB$_2$	I0.2		

（1）停止优先控制程序

为确保安全,通常电动机的启动、停止控制总是选用如图 6-4 所示的停止优先控制程序。对于该程序,若同时按下启动和停止按钮,则停止优先。

（2）启动控制优先程序

对于有些场合,需要启动优先控制,若同时按下启动和停止按钮,则启动优先。具体程序如图 6-5 所示。

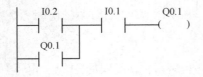

图 6-4　停止优先控制程序

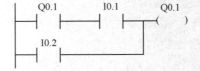

图 6-5　启动优先控制程序

2. 具有点动功能的电动机启动、停止控制程序

有些设备的运动部件的位置常常需要进行调整,这就要用到具有点动调整的功能。这样除了上述启动按钮、停止按钮,还需要增添点动按钮 SB$_3$。I/O 分配表如表 6-2 所示,PLC 的 I/O 接线图如图 6-6 所示。

在继电器控制柜中,点动的控制是采

表 6-2　I/O 分配表

输 入 信 号		输 出 信 号	
停止按钮 SB$_1$	I0.0	接触器 KM	Q0.1
启动按钮 SB$_2$	I0.1		
点动按钮 SB$_3$	I0.2		

用复合按钮实现的,即利用常开、常闭触点的先断后合的特点实现的。而 PLC 梯形图中,"软继电器"的常开触点和常闭触点的状态转换是同时发生的,这时,可采用如图 6-7 所示的存储器 M2.0 及其常闭触点来模拟先断后合型电器的特性。该程序中运用了 PLC 的周期循环扫描工作方式而造成的输入/输出延迟响应来达到先断后合的效果。注意:若将 M2.0 内部线圈与 Q0.1 输出线圈的位置对调,则不能产生先断后合的效果。

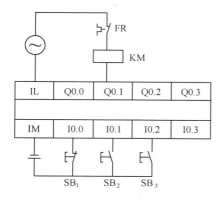

图 6-6 具有点动功能的电动机
启动、停止控制 I/O 接线图

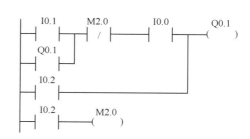

图 6-7 具有点动功能的电动机
启动、停止控制程序

3. 电动机的正、反转控制程序

电动机的正、反转控制是常用的控制形式,输入信号设有停止按钮 SB_1、正向启动按钮 SB_2、反向启动按钮 SB_3,输出信号应设正、反转接触器 KM_1、KM_2。I/O 分配表如表 6-3 所示,I/O 接线图如图 6-8 所示。

表 6-3 I/O 分配表

输入信号		输出信号	
停止按钮 SB_1	I0.0		
正转按钮 SB_2	I0.1	正转接触器 KM_1	Q0.1
反转按钮 SB_3	I0.2	反转接触器 KM_2	Q0.2

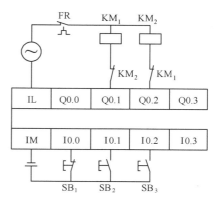

图 6-8 电动机正、反转控制 I/O 接线图

电动机可逆运行方向的切换是通过两个接触器 KM_1、KM_2 的切换来实现的。切换时,要改变电源的相序。在设计程序时,必须防止由于电源换相所引起的短路事故。例如,由正向运转切换到反向运转时,当正转接触器 KM_1 断开时,由于其主触点内瞬时产生的电弧,使这个触点仍处于接通状态,如果这时使反转接触器 KM_2 闭合,就会使电源短路。因此,必须在完全没有电弧的情况下才能使反转的接触器闭合。

由于 PLC 内部处理过程中,同一元件的常开、常闭触点的切换没有时间的延迟,因此必须采用防止电源短路的方法。图 6-9 所示梯形图中,采用定时器 T37、T38 分别作为正转、反转切换的延迟时间,从而防止了切换时发生电源短路故障。

4. 通电禁止输出程序

在实际工作中,因停电而停止生产是常有的事。在复电时,有些设备是不允许立即恢复工作的,不然会发生严重事故。在这种场合必须采用通电禁止输出程序(见图 6-10)。PLC 上电进入 RUN 状态时,SM0.3 接通一个扫描周期,使 M1.0 置 1,M1.0 的常闭接点切断了输出线圈 Q1.0、Q1.1、Q1.2 的控制逻辑,故输出被禁止。只有接通允许工作的按钮 I1.0 时,M1.0 被复位,输出线圈 Q1.0、Q1.1、Q1.2 才有可能输出。

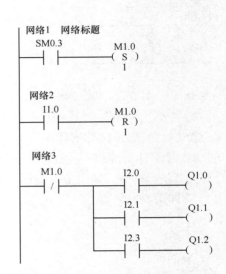

图 6-9 电动机正、反转控制程序   图 6-10 通电禁止输出程序

5. 闪烁电路

闪烁电路也称为振荡电路,该电路用在报警、娱乐等场合。闪烁电路实际上就是一个时钟电路,它可以是等间隔的通断,也可以是不等间隔的通断。图 6-11 所示为一个典型闪烁电路的程序及时序图。在该例中,当 I0.0 有效时,T37 就会产生一个 1s 通、2s 断的闪烁信号。Q0.0 和 T37 一样开始闪烁。

在实际的程序设计中,如果电路中用到闪烁功能,往往直接用两个定时器组成闪烁电路,如图 6-12 所示。这个电路不管其他信号如何,PLC 一经通电,它就开始工作。什么时候使用到闪烁功能时,把 T37 的常开触点(或常闭触点)串联上即可。通断的时间值可以根据需要任意设定。图 6-12 是一个 2s 通、2s 断的闪烁电路。

6. 报警电路

报警是电气自动控制中不可缺少的重要环节,标准的报警功能应该是声光报警。当故障发生时,报警指示灯闪烁,报警电铃或蜂鸣器鸣响。操作人员知道故障发生后,按下消铃按钮,把电铃关掉,报警指示灯从闪烁变为长亮。故障消失后,报警指示灯熄灭。另外还应设置试灯、试铃按钮,用于平时检测报警指示灯和电铃的好坏。图 6-13 所示为标准报警电路,图中的

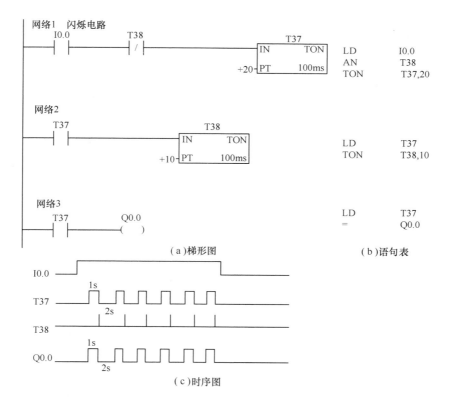

（a）梯形图　　　　　　　　（b）语句表

（c）时序图

图 6-11　闪烁电路

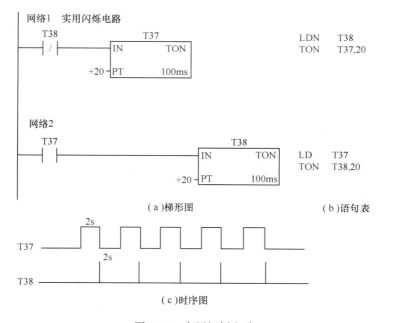

（a）梯形图　　　　　　　　（b）语句表

（c）时序图

图 6-12　实用闪烁电路

输入/输出信号地址分配如下：

输入信号——I0.0 为故障信号；I1.0 为消铃按钮；I1.1 为试灯、试铃按钮。

输出信号——Q0.0 为报警指示灯；Q0.7 为报警电铃。

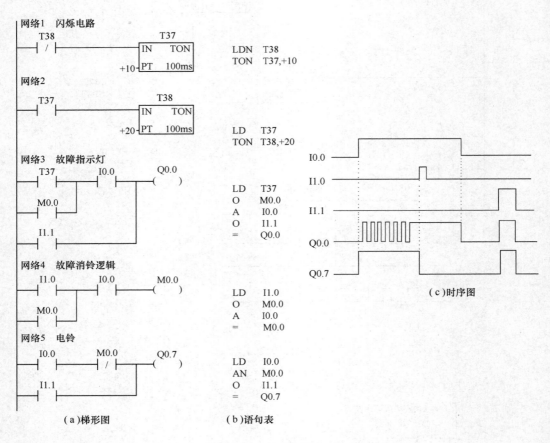

图 6-13　故障报警电路

在实际的应用系统中，可能出现的故障一般有多种，这时的报警电路就不一样。对报警指示灯来说，一种故障对应于一个报警指示灯，但一个系统只能有一个电铃。下面分析一个有两种故障的报警电路，供读者在实际使用时参考。图 6-14 所示为两种故障的报警电路，图中输入/输出信号地址的分配如下：输入信号有 I0.0 为故障 1；I0.1 为故障 2；I1.0 为消铃按钮；I1.1 为试灯、试铃按钮。输出信号有 Q0.0 为故障 1 指示灯；Q0.1 为故障 2 指示灯；Q0.7 为报警电铃。在该程序的设计中，关键是当任何一种故障发生时，按下消铃按钮后，不能影响其他故障发生时报警电铃的正常鸣响。

7. 高精度时钟程序

图 6-15 所示为高精度时钟程序，秒脉冲特殊存储器 SM0.5 作为秒发生器，用于计数器 C51 的计数脉冲信号。当计数器 C51 的计数累计值达到设定值 60 次时（即为 1min 时），计数器置位"1"，即 C51 的常开触点闭合，该信号将作为计数器 C52 的计数脉冲信号；计数器 C51 的另一常开触点使计数器 C51 复位（称为自复位式）后，使 C51 从 0 开始重新计数。相似地，计数器 C52 计数到 60 次时（即为 1h 时），其两个常开触点闭合，一个作为计数器 C53 的计

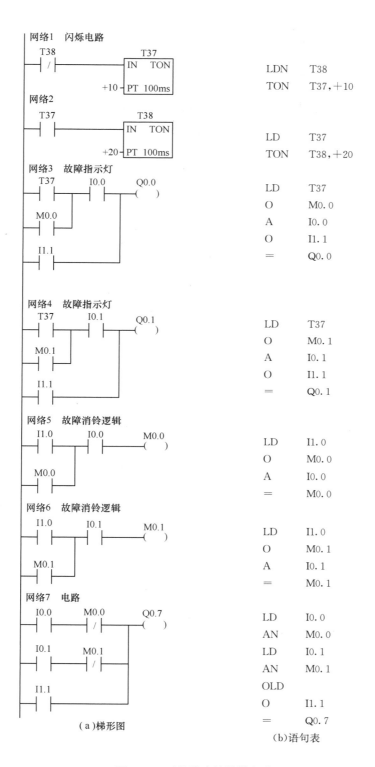

(a)梯形图

网络1　闪烁电路

LDN　　T38
TON　　T37,+10

网络2

LD　　T37
TON　　T38,+20

网络3　故障指示灯

LD　　T37
O　　M0.0
A　　I0.0
O　　I1.1
=　　Q0.0

网络4　故障指示灯

LD　　T37
O　　M0.1
A　　I0.1
O　　I1.1
=　　Q0.1

网络5　故障消铃逻辑

LD　　I1.0
O　　M0.0
A　　I0.0
=　　M0.0

网络6　故障消铃逻辑

LD　　I1.0
O　　M0.1
A　　I0.1
=　　M0.1

网络7　电路

LD　　I0.0
AN　　M0.0
LD　　I0.1
AN　　M0.1
OLD
O　　I1.1
=　　Q0.7

(b)语句表

图 6-14　两种故障的报警电路

数脉冲信号,另一个使计数器C52自复位,又重新开始计数;计数器C53计数到24次时(即为1天),其常开触点闭合,使计数器C53自复位,又重新开始计数,从而实现时钟功能。输入信号I0.1、I0.2用于建立期望的时钟设置,即调整分针、时针。

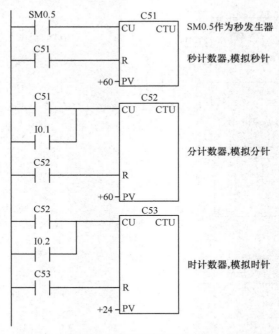

图 6-15　高精度时钟程序

8. 脉冲宽度可控制电路

在输入信号宽度不规范的情况下,要求在每个输入信号的上升沿产生一个宽度固定的脉冲,该脉冲宽度可以调节。如果输入信号的两个上升沿之间的距离小于该脉冲宽度,则忽略输入信号的第二个上升沿,图6-16所示为该电路的程序及时序图。

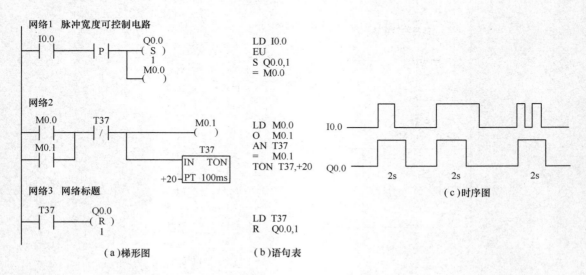

图 6-16　脉冲宽度可控制电路

该例使用了上升沿脉冲指令和S/R指令。关键是找出Q0.0的开启和关断条件,使其不论在 I0.0 时的宽度大于或小于 2s,都可使 Q0.0 的宽度为 2s。定时器 T37 的计时输入逻辑在两个上升沿之间的距离小于该脉冲宽度时,对后面产生的上升沿脉冲无效。T37 在计时到后产生一个信号复位 Q0.0,然后自复位。该例中,通过调节 T37 设定值 PT 的大小,就可控制 Q0.0 的宽度。该宽度不受 I0.0 接通时间长短的影响。

9. 分频电路

在许多控制场合,需要对控制信号进行分频。下面以二分频为例来说明 PLC 是如何实现分频的。

输入 I0.1 引入信号脉冲,要求输出 Q0.0 引出的脉冲是前者的二分频。

图 6-17 所示为二分频电路的梯形图、指令表和时序图。在梯形图中用了 3 个辅助继电器,编号分别是 M0.0、M0.1、M0.2。当输入 I0.1 在 t_1 时刻接通(ON),此时辅助继电器 M0.0 上将产生单脉冲。然而输出线圈 Q0.0 在此之前并未得电,其对应的常开触点处于断开状态,因此扫描程序至第 3 行时,尽管 M0.0 得电,辅助继电器 M0.2 也不能得电。扫描至第 4 行时,Q0.0 得电并自锁。此后这部分程序虽多次扫描,但由于 M0.0 仅接通一个扫描周期,M0.2 不能得电。Q0.0 对应的常开触点闭合,为 M0.2 的得电做好了准备。等到 t_2 时刻,输入 I0.1 再次接通(ON),M0.0 上再次产生单脉冲,因此在扫描第 3 行时,辅助继电器 M0.2 条件满足得电,M0.2 对应的常闭触点断开。执行第 4 行程序时,输出线圈 Q0.0 失电,输出信号消失。以后即使 I0.1 继续存在,由于 M0.0 是单脉冲信号,虽然多次扫描第 4 行,输出线圈 Q0.0 也不能得电。在 t_3 时刻,输入 I0.1 第三次出现(ON),M0.0 上又产生单脉冲,输出 Q0.0 再次接通。

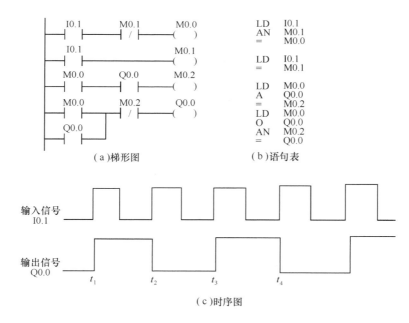

图 6-17　二分频电路

6.4.2　PLC 控制程序的设计技巧

在工艺要求改变后,常常要改变程序,有时会出现 I/O 点数不够又不想增加 PLC 扩展单元的情况,此时可采用一些方法来减少输入点和输出点。

1. 减少输入点的方法

(1) 用二极管隔离的分组输入法

控制系统一般具有手动和自动两种工作方式。由于手动与自动不是同时发生的，可分成两组，并由转换开关 SA 选择自动（位置 2）和手动（位置 1）的工作位置，如图 6-18 所示。这样一个输入点就可作为两个输入点使用。二极管的作用是避免产生寄生电路，保证信号的正确输入。

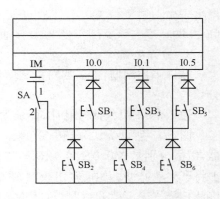

图 6-18　用二极管隔离的分组输入法

(2) 触点合并式输入法

在生产工艺允许的条件下，将具有相同性质和功能的输入触点串联或并联后再输入 PLC 的输入端，这样使几个输入信号只占用一个输入点。下面以两地控制程序为例来说明。

设有一台电动机，要求分别在甲、乙两地均可对其进行启动、停止控制。甲地设停止按钮 SB_1，启动按钮 SB_3；乙地设停止按钮 SB_2，启动按钮 SB_4。如图 6-19 和表 6-4 所示。

对应的梯形图如图 6-20 所示。这样，不管是在甲地或乙地，均可对电动机进行启动、停止控制，而只占用 PLC 两个输入点（I0.0、I0.1）。

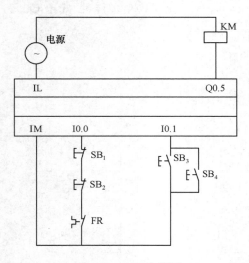

图 6-19　I/O 接线图

表 6-4　I/O 分配表

输入信号		输出信号	
甲、乙停止按钮串联（$SB_1 * SB_2$）	I0.0	接触器	
甲、乙启动按钮并联（$SB_3 + SB_4$）	I0.1	KM	Q0.5

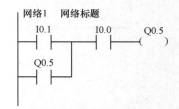

图 6-20　I/O 梯形图

推而广之，对于多地点控制，只要将 n 地的停止按钮的常闭触点串联起来，接入 PLC 的一个输入点；再将 n 地的启动按钮并联起来，接入 PLC 的另一个输入点。

(3) 单按钮启动、停止控制程序

通常启动、停止控制（如某电动机的启动、停止控制）均要设置两个控制按钮作为启动控制和停止控制。现介绍只用一个按钮，通过软件编程，实现启动与停止的控制。

如图 6-21 所示，I0.0 作为启动、停止按钮的地址，第一次按下时 Q1.0 有输出，第二次按下时 Q1.0 无输出，第三次按下时 Q1.0 又有输出。

减少输入点的方法除上述方法外，还有编码输入法等方法，在此不再一一介绍。

2. 减少输出点的方法

对于两个通断状态完全相同的负载,可将它们并联后公用一个 PLC 的输出点,如图 6-22 所示。

两个负载并联公用一个输出点,应注意两个输出负载电流总和不能大于输出端的负载能力。

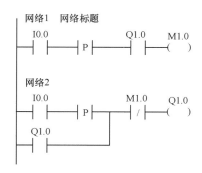

图 6-21　单按钮启动、停止控制梯形图

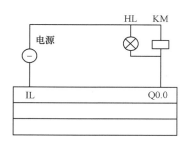

图 6-22　并联输出法

由于信号灯负载电流很小,故常用信号灯与被指示的负载并联的方法,这样可少占用 PLC 一个输出点。

6.5　PLC 在工业控制中的应用

6.5.1　4 台电动机的顺序启动、停止控制

现有 4 台电动机 M_1、M_2、M_3、M_4,要求 4 台电动机顺序启动和顺序停车。顺序启动的时间间隔为 30s,顺序停车的时间间隔为 10s。

可选用 S7-200(CPU224)进行控制。对电动机顺序启动、停止控制有多种方法,可根据编程习惯选择。这里给出两种方法。

1. 利用顺序控制继电器指令设计程序

利用顺序控制继电器指令设计,I/O 分配表如表 6-5 所示,PLC 的 I/O 接线图如图 6-23 所示,4 台电动机顺序启动、停止利用顺序控制继电器设计梯形图,如图 6-24 所示。

表 6-5　I/O 分配表

输入信号	停止按钮 SB₁	I0.0
	启动按钮 SB₂	I0.1
输出信号	接触器 KM₁	Q0.0
	接触器 KM₂	Q0.1
	接触器 KM₃	Q0.2
	接触器 KM₄	Q0.3

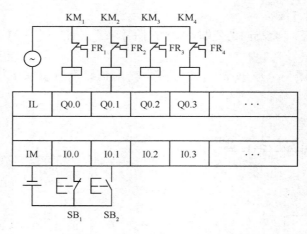

图 6-23   I/O 接线图

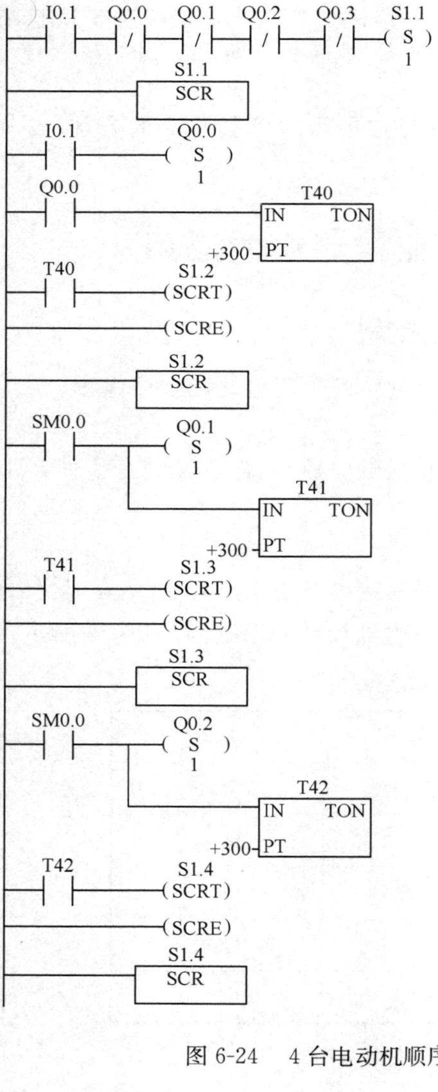

梯形图		指令		说明
	LD	I0.1	
	AN	Q0.0	
	AN	Q0.1	
	AN	Q0.2	
	AN	Q0.3	
	S	S1.1, 1	//初始状态,置 SM1.1＝1
	LSCR	S1.1	//SCR(S1.1)段控制开始
	LD	I0.1	//启动按钮
	S	Q0.0, 1	//置位 Q0.0＝1,M₁启动
	LD	Q0.0	
	TON	T40, ＋300	//启动 30s 定时器
	//T37～T63 为接通延时定时器,时基 100ms		
	LD	T40	
	SCRT	S1.2	//30s 后转到 SCR(S1.2)段
	SCRE		//SCR(S1.1)段结束
	LSCR	S1.2	//SCR(S1.2)段控制开始
	LD	SM0.0	//RUN 状态下 SM0.0＝1
	S	Q0.1, 1	//置位 Q0.1,M₂启动
	TON	T41, ＋300	//启动 30s 定时器
	LD	T41	
	SCRT	S1.3	//30s 后转到 SCR(S1.3)段
	SCRE		//SCR(S1.2)段结束
	LSCR	S1.3	//SCR(S1.3)段控制开始
	LD	SM0.0	
	S	Q0.2, 1	// 电动机 M₃启动
	TON	T42, ＋300	//启动 30s 定时器
	LD	T42	
	SCRT	S1.4	//30s 后转到 SCR(S1.4)段
	SCRE		//SCR(S1.3)段结束

图 6-24   4 台电动机顺序启动、停止控制实例 1

```
                                    LSCR    S1.4    //SCR(S1.4)段控制开始
   SM0.0        Q0.3              LD      SM0.0
  ─┤├──────────( S )             S       Q0.3,1    //电动机 M₄启动
                 1                LDN     I0.0
   I0.0         S1.5             SCRT    S1.5    //按停止按钮后,转换到
  ─┤/├─────────(SCRT)            //SCR(S1.5)段
                                 SCRE             //SCR(S1.4)段结束
             ──(SCRE)            LSCR    S1.5    //SCR(S1.5)段控制开始
               S1.5              LD      SM0.0
              ┌──────┐           R       Q0.0,1   //复位 Q0.0=0,M₁停止
              │ SCR  │           TON     T43,+100  //启动 10s 定时器
              └──────┘
   SM0.0        Q0.0
  ─┤├──────────( R )
                 1
                         T43
                       ┌────────┐
                       │IN   TON│
                  +100─┤PT      │
                       └────────┘
   T43          S1.6             LD      T43
  ─┤├──────────(SCRT)            SCRT    S1.6    //10s 后转到 SCR(S1.6)段
                                 SCRE             //SCR(S1.5)段结束
             ──(SCRE)            LSCR    S1.6    //SCR(S1.6)段控制开始
               S1.6              LD      SM0.0
              ┌──────┐           R       Q0.1,1   // 电动机 M₂停止
              │ SCR  │
              └──────┘
   SM0.0        Q0.1
  ─┤├──────────( R )
                 1
                         T44
                       ┌────────┐           TON     T44,+100   //启动 10s 定时器
                       │IN   TON│
                  +100─┤PT      │
                       └────────┘
   T44          S1.7             LD      T44
  ─┤├──────────(SCRT)            SCRT    S1.7    //10s 后转到 SCR(S1.7)段
                                 SCRE             //SCR(S1.6)段结束
             ──(SCRE)
               S1.7
              ┌──────┐           LSCR    S1.7    //SCR(S1.7)段控制开始
              │ SCR  │           LD      SM0.0
              └──────┘           R       Q0.2,1   // 电动机 M₃停止
   SM0.0        Q0.2
  ─┤├──────────( R )
                 1
                         T45
                       ┌────────┐           TON     T45,+100   //启动 10s 定时器
                       │IN   TON│
                  +100─┤PT      │
                       └────────┘
   T45          S2.0             LD      T45
  ─┤├──────────(SCRT)            SCRT    S2.0    //10s 后转到 SCR(S2.0)段
                                 SCRE             //SCR(S1.7)段结束
             ──(SCRE)
               S2.0
              ┌──────┐           LSCR    S2.0    //SCR(S2.0)段控制开始
              │ SCR  │           LD      SM0.0
              └──────┘           R       Q0.3,1   // 电动机 M₄停止
   SM0.0        Q0.3
  ─┤├──────────( R )
                 1
   Q0.3         S1.1             LDN     Q0.3
  ─┤/├─────────(SCRT)            SCRT    S1.1    //返回初始状态
                                 SCRE             //SCR(S2.0)段结束
             ──(SCRE)
```

$$\text{图 6-24} \quad \text{4 台电机顺序启动、停止控制实例 1(续)}$$

2. 利用移位寄存器指令设计程序

利用移位寄存器指令设计,I/O 分配表如表 6-5 所示,PLC 的 I/O 接线图如图 6-23 所示,4 台电动机顺序启动、停止利用移位寄存器指令设计梯形图,如图 6-25 所示。

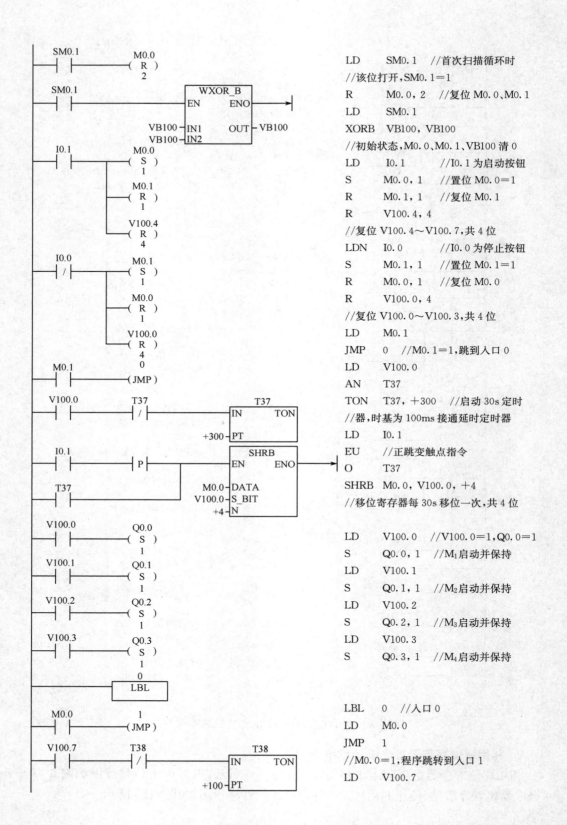

LD   SM0.1   //首次扫描循环时
//该位打开,SM0.1=1
R   M0.0,2   //复位 M0.0、M0.1
LD   SM0.1
XORB VB100,VB100
//初始状态,M0.0、M0.1、VB100 清 0
LD   I0.1   //I0.1 为启动按钮
S   M0.0,1   //置位 M0.0=1
R   M0.1,1   //复位 M0.1
R   V100.4,4
//复位 V100.4~V100.7,共 4 位
LDN   I0.0   //I0.0 为停止按钮
S   M0.1,1   //置位 M0.1=1
R   M0.0,1   //复位 M0.0
R   V100.0,4
//复位 V100.0~V100.3,共 4 位
LD   M0.1
JMP   0   //M0.1=1,跳到入口 0
LD   V100.0
AN   T37
TON   T37,+300   //启动 30s 定时
//器,时基为 100ms 接通延时定时器
LD   I0.1
EU   //正跳变触点指令
O   T37
SHRB M0.0,V100.0,+4
//移位寄存器每 30s 移位一次,共 4 位

LD   V100.0   //V100.0=1,Q0.0=1
S   Q0.0,1   //M₁ 启动并保持
LD   V100.1
S   Q0.1,1   //M₂ 启动并保持
LD   V100.2
S   Q0.2,1   //M₃ 启动并保持
LD   V100.3
S   Q0.3,1   //M₄ 启动并保持

LBL   0   //入口 0
LD   M0.0
JMP   1
//M0.0=1,程序跳转到入口 1
LD   V100.7

图 6-25   4 台电动机顺序启动、停止控制实例 2

```
  I0.0                          ┌──SHRB──┐          AN    T38
──┤/├──────────┤P├──────────────┤EN   ENO├──        TON   T38,+100    //启动 10s 定时器
  T38                            │        │         LDN   I0.0
──┤├─────────────────────    M0.1┤DATA    │         EU
                             V100.4┤S_BIT  │         O     T38
                                -4┤N       │         SHRB  M0.1,V100.4,—4
  V100.7        Q0.3                                 //移位寄存器每10s移位一次,共4位
──┤├───────────( R )                                 LD    V100.7    //V100.7=1,Q0.3=0
                 1                                    R     Q0.3,1    //电动机 M₄停止
  V100.6        Q0.2
──┤├───────────( R )                                 LD    V100.6
                 1                                    R     Q0.2,1    //电动机 M₃停止
  V100.5        Q0.1                                  LD    V100.5
──┤├───────────( R )                                 R     Q0.1,1    //电动机 M₂停止
                 1
  V100.4        Q0.0                                  LD    V100.4
──┤├───────────( R )                                 R     Q0.0,1    //电动机 M₁停止
                 1                                    LBL   1   //入口1
              ┌─────┐
              │ LBL │
              └─────┘
```

$$\text{AN} \quad \text{T38}$$
$$\text{TON} \quad \text{T38},+100 \quad //\text{启动 10s 定时器}$$
$$\text{LDN} \quad \text{I0.0}$$
$$\text{EU}$$
$$\text{O} \quad \text{T38}$$
$$\text{SHRB} \quad \text{M0.1, V100.4, }-4$$

图 6-25   4 台电动机顺序启动、停止控制实例 2（续）

6.5.2　电动机 Y-△减压启动控制

关于电动机 Y-△减压启动控制在第 2 章已有详细的阐述，控制线路如图 2-10 所示。现选用 S7-200（CPU222）进行电动机 Y-△减压启动控制，I/O 分配表如表 6-6 所示，控制接线图如图 6-26 所示，梯形图如图 6-27 所示。

图 6-26 中，电动机由接触器 KM_1、KM_2、KM_3 控制，其中 KM_3 将电动机定子绕组连接成星形，KM_2 将电动机定子绕组连接成三角形。KM_2 与 KM_3 不能同时吸合，否则将产生电源短路。在程序设计过程中，应充分考虑由星形向三角形切换的时间，即由 KM_3 完全断开（包括灭弧时间）到 KM_2 接通这段时间应锁定住，以防电源短路。

表 6-6　I/O 分配表

输入信号	停止按钮 SB_1	I0.0
	启动按钮 SB_2	I0.1
输出信号	接触器 KM_1	Q0.1
	接触器 KM_2	Q0.2
	接触器 KM_3	Q0.3

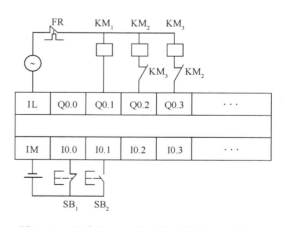

图 6-26　电动机 Y-△减压启动控制 I/O 接线图

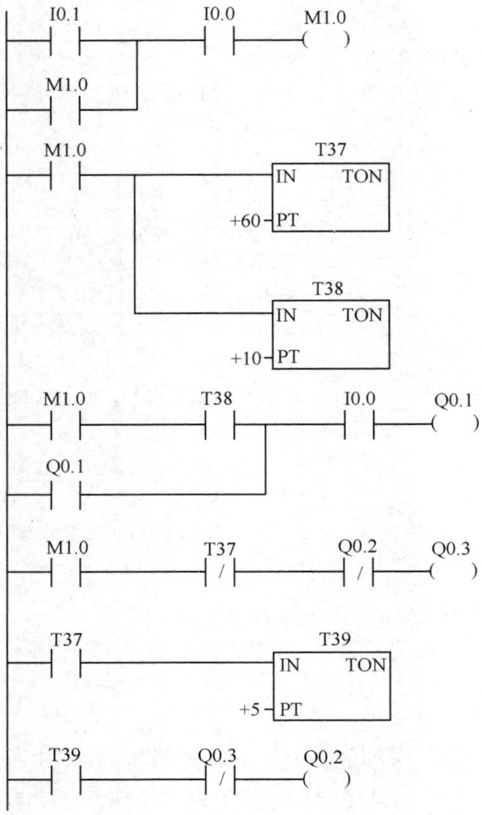

梯形图（左侧）	LD I0.1 //I0.1 为启动按钮

左侧梯形图（略述触点）：

- I0.1 — I0.0 — M1.0（输出）；M1.0 自锁
- M1.0 —— T37（IN TON，+60-PT）
- —— T38（IN TON，+10-PT）
- M1.0 — T38 — I0.0 — Q0.1（输出）；Q0.1 自锁
- M1.0 — T37(/) — Q0.2(/) — Q0.3（输出）
- T37 —— T39（IN TON，+5-PT）
- T39 — Q0.3(/) — Q0.2（输出）

右侧指令表：

```
LD    I0.1     //I0.1 为启动按钮
O     M1.0
A     I0.0
=     M1.0

LD    M1.0
TON   T37，+60   //启动 6s 定时器
TON   T38，+10   //启动 1s 定时器
//T37 为启动时间，T38 为接通电源时间
LD    M1.0
A     T38
O     Q0.1
A     I0.0
=     Q0.1
//Q0.1＝1 时，KM₁ 接通电源
LD    M1.0
AN    T37
AN    Q0.2
=     Q0.3    //Q0.3＝1 时，KM₃ 将电动
//机定子绕组连接成星形(Y)减压启动
LD    T37
TON   T39，+5    //启动 0.5s 定时器
//T39 为星形(Y)到三角形(△)的切换时间
LD    T39
AN    Q0.3
=     Q0.2    //Q0.2＝1 时，KM₂ 将电动
//机定子绕组连接成三角形(△)全压投入运行
```

图 6-27　电动机 Y-△减压启动控制梯形图

6.5.3　节日彩灯的 PLC 控制

　　用 PLC 实现对节日彩灯的控制,结构简单、变换形式多样、价格低。彩灯形式及变换尽管花样繁多,但其负载不外乎 3 种:长通类负载、变换类负载及流水类负载。长通类负载是指彩灯中用以照明或起衬托底色作用的负载,其特点是只要彩灯投入工作,则这类负载长期接通。变换类负载则指在工作过程中定时进行花样变换的负载,如字形的变换、色彩的变换或位置的变换等,其特点是定时通断,但频率不高。流水类负载则指变换速度快,犹如行云流水、星光闪烁,其特点虽然也是定时通断,但频率较高(通常间隔几十毫秒至几百毫秒)。

　　对于长通类负载,其控制十分简单,只需一次接通或断开。而对变换类及流水类负载的控制,则是按预定节拍产生一个"环形分配器"(一般可用 SHRB、ROL_W 产生),有了环形分配器,彩灯就能得到预设频率和预设花样的闪亮信号,即可实现花样的变换。通常先根据花样变换的规律写出动作时序表,再按预设彩灯变换花样在表中"打点",然后依据动作时序表输出即可。

　　本例所选彩灯变换花样为逐次闪烁方式:程序开始时,灯 1(Q0.0)、灯 2(Q0.1)亮;一次循环扫描且定时时间到后,灯 1(Q0.0)灭,灯 2(Q0.1)亮,灯 3(Q0.2)亮;再次循环扫描且定时时间到后,灯 2(Q0.1)灭,灯 3(Q0.2)亮,灯 4(Q0.3)亮,⋯⋯。其动作时序表如表 6-7 所示,梯形图如图 6-28 所示。

表 6-7　节日彩灯动作时序表

输出＼节拍	1	2	3	4	5	6	7	8	9	10	11	12	13	14	15
Q0.0	@							@	@						
Q0.1	@	@							@	@					
Q0.2		@	@							@	@				
Q0.3			@	@							@	@			
Q0.4				@	@							@	@		
Q0.5					@	@							@	@	
Q0.6						@	@							@	@
Q0.7							@	@							@

注:@表示灯亮。

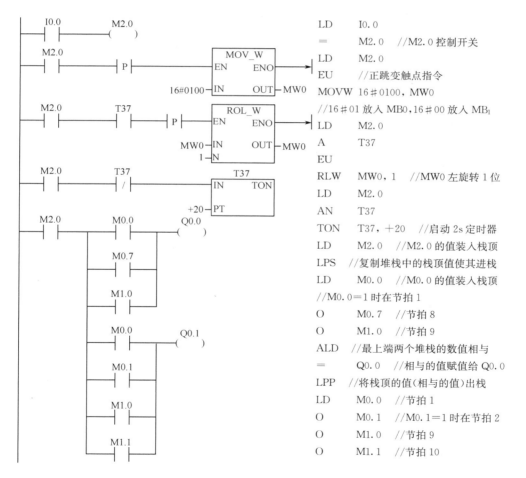

	LD　　I0.0
	=　　　M2.0　//M2.0 控制开关
	LD　　M2.0
	EU　　//正跳变触点指令
	MOVW 16#0100,MW0
	//16#01 放入 MB0,16#00 放入 MB_1
	LD　　M2.0
	A　　　T37
	EU
	RLW　MW0,1　//MW0 左旋转 1 位
	LD　　M2.0
	AN　　T37
	TON　T37,+20　//启动 2s 定时器
	LD　　M2.0　//M2.0 的值装入栈顶
	LPS　//复制堆栈中的栈顶值使其进栈
	LD　　M0.0　//M0.0 的值装入栈顶
	//M0.0＝1 时在节拍 1
	O　　　M0.7　//节拍 8
	O　　　M1.0　//节拍 9
	ALD　//最上端两个堆栈的数值相与
	=　　　Q0.0　//相与的值赋值给 Q0.0
	LPP　//将栈顶的值(相与的值)出栈
	LD　　M0.0　//节拍 1
	O　　　M0.1　//M0.1＝1 时在节拍 2
	O　　　M1.0　//节拍 9
	O　　　M1.1　//节拍 10

图 6-28　节日彩灯控制梯形图

· 199 ·

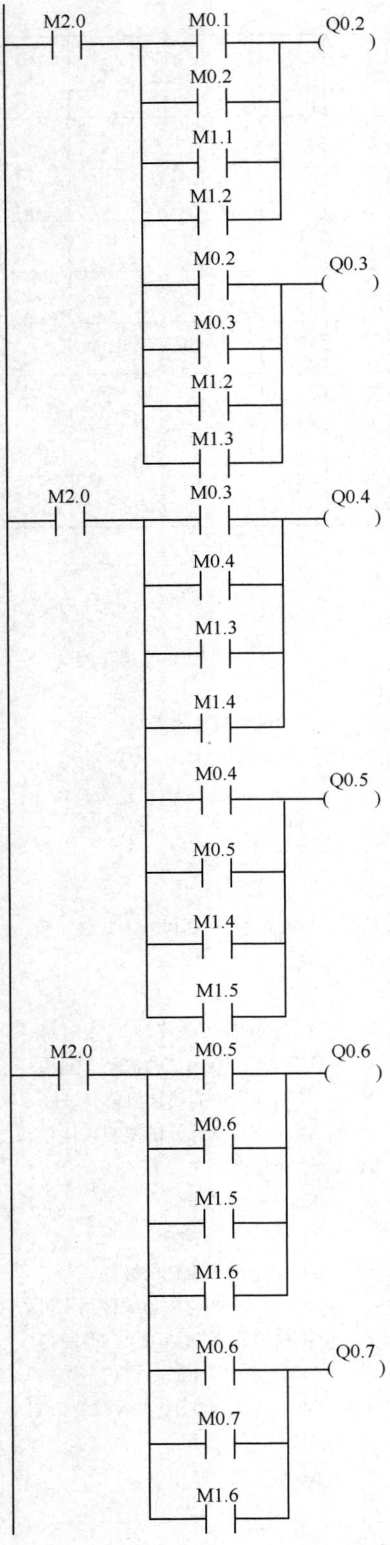

ALD   //最上端两个堆栈的数值相与
=   Q0.1   //相与的值赋值给 Q0.1
LD   M2.0
LPS
LD   M0.1   //节拍 2
O   M0.2   //节拍 3
O   M1.1   //节拍 10
O   M1.2   //节拍 11
ALD
=   Q0.2
LPP
LD   M0.2   //节拍 3
O   M0.3   //节拍 4
O   M1.2   //节拍 11
O   M1.3   //节拍 12
ALD
=   Q0.3
LD   M2.0
LPS
LD   M0.3   //节拍 4
O   M0.4   //节拍 5
O   M1.3   //节拍 12
O   M1.4   //节拍 13
ALD
=   Q0.4
LPP
LD   M0.4   //节拍 5
O   M0.5   //节拍 6
O   M1.4   //节拍 13
O   M1.5   //节拍 14
ALD
=   Q0.5

LD   M2.0
LPS
LD   M0.5   //节拍 6
O   M0.6   //节拍 7
O   M1.5   //节拍 14
O   M1.6   //节拍 15
ALD
=   Q0.6
LPP
LD   M0.6   //节拍 7
O   M0.7   //节拍 8
O   M1.6   //节拍 15,之后重新开始
ALD
=   Q0.7

图 6-28   节日彩灯控制梯形图(续)

6.5.4 十字路口交通信号灯的 PLC 控制

1. 交通信号灯设置示意图

交通信号灯设置示意图如图 6-29 所示。

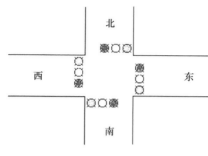

图 6-29 交通信号灯示意图

2. 控制要求

① 接通启动按钮后,信号灯开始工作,南北向红灯、东西向绿灯同时亮;

② 东西向绿灯亮 30s 后,闪烁 3 次(每次 0.5s),接着东西向黄灯亮,2s 后东西向红灯亮,35s 后东西向绿灯又亮,……,如此不断循环,直至停止工作;

③ 南北向红灯亮 35s 后,南北向绿灯亮,30s 后南北向绿灯闪烁 3 次(每次 0.5s),接着南北向黄灯亮,2s 后南北向红灯又亮,……,如此不断循环,直至停止工作。

3. 交通信号灯时序图

交通信号灯时序图如图 6-30 所示。

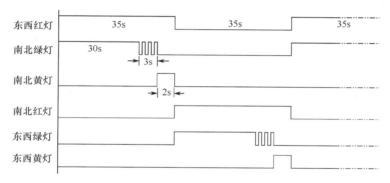

图 6-30 交通信号灯时序图

4. I/O 分配表及 I/O 接线图

I/O 分配表如表 6-8 所示。

表 6-8 I/O 分配表

输入信号	启动按钮 SB₁	I0.1
	停止按钮 SB₂	I0.2
输出信号	南北向红灯 HL₁、HL₂	Q0.0
	南北向黄灯 HL₃、HL₄	Q0.1
	南北向绿灯 HL₅、HL₆	Q0.2
	东西向红灯 HL₇、HL₈	Q0.3
	东西向黄灯 HL₉、HL₁₀	Q0.4
	东西向绿灯 HL₁₁、HL₁₂	Q0.5

I/O 接线图如图 6-31 所示。

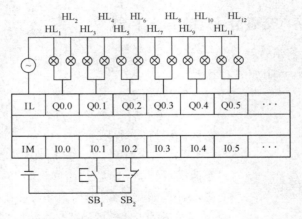

图 6-31　交通信号灯 I/O 接线图

5. 程序设计

根据控制要求及交通信号灯的时序图设计程序,选用 S7-200 的 CPU224 模块控制交通信号灯。

交通信号灯梯形图如图 6-32 所示。

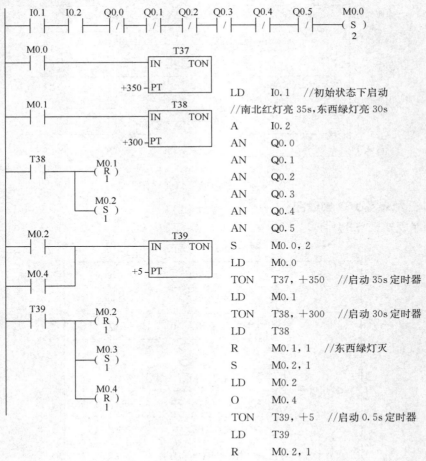

LD	I0.1	//初始状态下启动
//南北红灯亮 35s,东西绿灯亮 30s		
A	I0.2	
AN	Q0.0	
AN	Q0.1	
AN	Q0.2	
AN	Q0.3	
AN	Q0.4	
AN	Q0.5	
S	M0.0, 2	
LD	M0.0	
TON	T37, +350	//启动 35s 定时器
LD	M0.1	
TON	T38, +300	//启动 30s 定时器
LD	T38	
R	M0.1, 1	//东西绿灯灭
S	M0.2, 1	
LD	M0.2	
O	M0.4	
TON	T39, +5	//启动 0.5s 定时器
LD	T39	
R	M0.2, 1	

图 6-32　交通信号灯梯形图

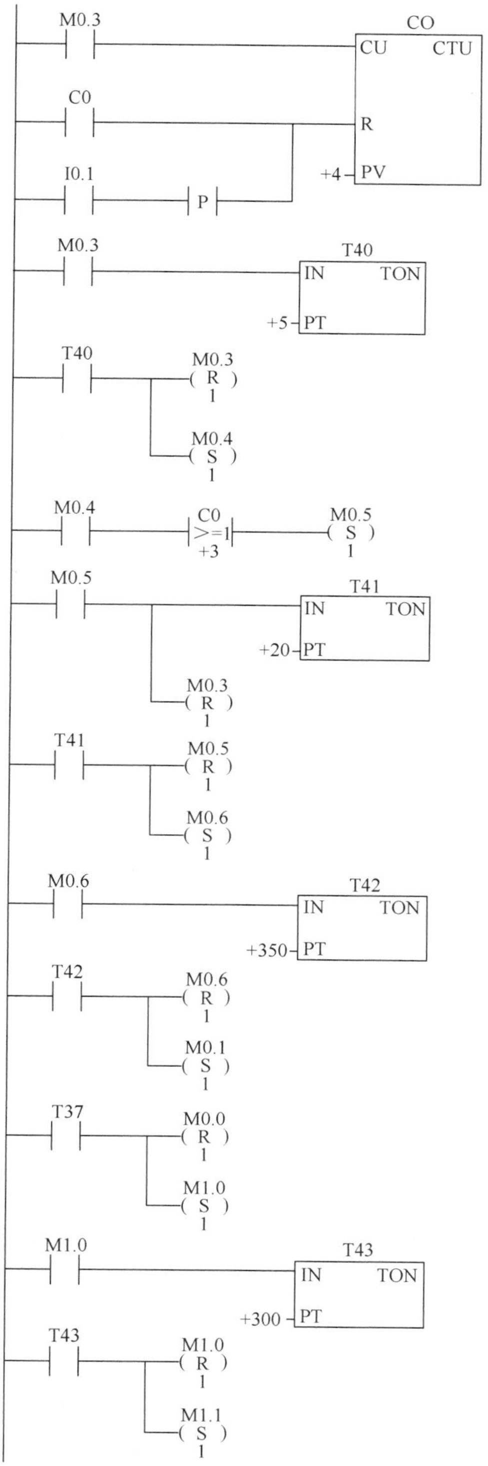

Ladder (梯形图)		Instruction List (语句表)

```
M0.3                        C0
├─┤ ├──────────────────┤CU  CTU│    S    M0.3，1   //东西绿灯亮 0.5s
                         │         │    R    M0.4，1
C0                       │         │    LD   M0.3
├─┤ ├───────────────────┤R        │    LD   C0
                         │         │    LD   I0.1
I0.1                     │         │    EU
├─┤ ├────────┤P├─────────┤+4─PV    │    OLD
                                         CTU  C0，+4
M0.3                        T40          LD   M0.3
├─┤ ├──────────────────┤IN   TON │    TON  T40，+5
                         │         │    LD   T40
                         │+5─PT    │    R    M0.3，1   //东西绿灯灭
T40        M0.3                         S    M0.4，1
├─┤ ├──────( R )                        LD   M0.4
           │  1                         AW>=  C0，+3
           M0.4                         S    M0.5，1   //东西绿灯闪烁 3 次后，
           ( S )                                       //东西黄灯亮 2s
             1
M0.4      C0        M0.5
├─┤ ├────┤>=├──────( S )                LD   M0.5
         │+3│        1                  TON  T41，+20
M0.5                        T41         R    M0.3，1
├─┤ ├──────────────────┤IN   TON │
                         │+20─PT   │
           M0.3
           ( R )
             1
T41        M0.5                         LD   T41
├─┤ ├──────( R )                        R    M0.5，1   //东西黄灯灭
           │  1                         S    M0.6，1   //东西红灯亮 35s
           M0.6
           ( S )
             1
M0.6                        T42         LD   M0.6
├─┤ ├──────────────────┤IN   TON │    TON  T42，+350
                         │+350─PT  │
T42        M0.6                         LD   T42
├─┤ ├──────( R )                        R    M0.6，1
           │  1                         S    M0.1，1   //35s 定时器定时时间到后
           M0.1                                        //返回东西绿灯亮
           ( S )
             1
T37        M0.0                         LD   T37
├─┤ ├──────( R )                        R    M0.0，1
           │  1                         S    M1.0，1   //南北绿灯亮
           M1.0
           ( S )
             1
M1.0                        T43         LD   M1.0
├─┤ ├──────────────────┤IN   TON │    TON  T43，+300
                         │+300─PT  │
T43        M1.0                         LD   T43
├─┤ ├──────( R )                        R    M1.0，1   //南北绿灯灭
           │  1                         S    M1.1，1
           M1.1
           ( S )
             1
```

图 6-32　交通信号灯梯形图(续)

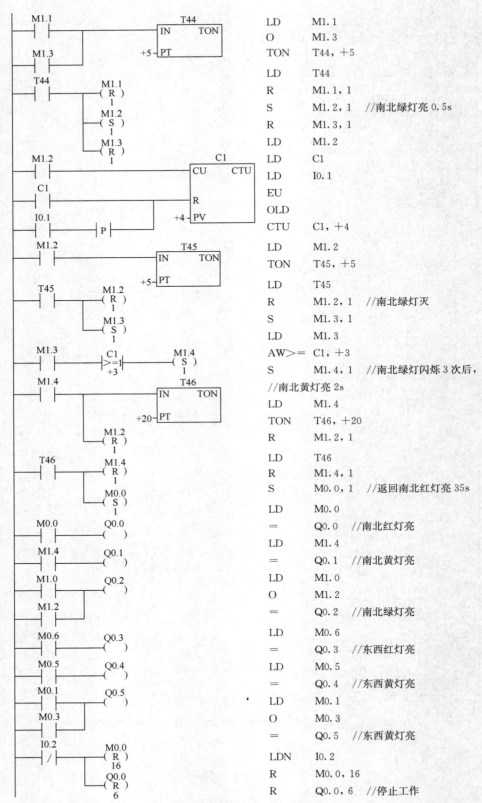

	LD M1.1
	O M1.3
	TON T44，+5
	LD T44
	R M1.1，1
	S M1.2，1 //南北绿灯亮 0.5s
	R M1.3，1
	LD M1.2
	LD C1
	LD I0.1
	EU
	OLD
	CTU C1，+4
	LD M1.2
	TON T45，+5
	LD T45
	R M1.2，1 //南北绿灯灭
	S M1.3，1
	LD M1.3
	AW>= C1，+3
	S M1.4，1 //南北绿灯闪烁 3 次后，
	//南北黄灯亮 2s
	LD M1.4
	TON T46，+20
	R M1.2，1
	LD T46
	R M1.4，1
	S M0.0，1 //返回南北红灯亮 35s
	LD M0.0
	= Q0.0 //南北红灯亮
	LD M1.4
	= Q0.1 //南北黄灯亮
	LD M1.0
	O M1.2
	= Q0.2 //南北绿灯亮
	LD M0.6
	= Q0.3 //东西红灯亮
	LD M0.5
	= Q0.4 //东西黄灯亮
	LD M0.1
	O M0.3
	= Q0.5 //东西黄灯亮
	LDN I0.2
	R M0.0，16
	R Q0.0，6 //停止工作

图 6-32　交通信号灯梯形图(续)

6.5.5 造纸厂碱回收蒸发工段 PLC 控制

1. 控制要求

目前,国内外造纸工业采用的制浆方法,主要是硫酸盐法和烧碱法(统称碱法)。碱法制浆的造纸企业每天都要产生大量的制浆黑液,如果任其排放将严重污染环境。所以,必须对黑液进行处理,并同时对黑液中的固形物进行回收和综合利用。

黑液蒸发的主要设备是蒸发器,蒸发器串联组成蒸发站。本设计中所控制的蒸发站由 5 台板式降膜蒸发器串联组成,除此之外还有一些辅助的蒸发设备,如降膜板式冷凝器、温水槽、稀黑液槽、闪蒸罐、液位罐等。在黑液蒸发过程中,包含 3 个基本的工艺流程,即蒸发流程、黑液流程、冷凝水流程。本蒸发站中,外网来的低压蒸汽(0.4MPa,150℃)首先进入Ⅰ效蒸发器,Ⅰ效蒸发器产生的二次蒸汽经闪蒸罐闪急蒸发后再引入Ⅱ效,为Ⅱ效蒸发器提供热源……依此类推,直至末效。末效二次蒸汽经冷凝后成冷凝水排出,不凝气体则由真空泵排空。而黑液则采用逆流供液方式,即制浆车间来的稀黑液首先进入稀黑液槽,经稀黑液泵进入末效蒸发器,然后再到Ⅳ效、Ⅲ效……依此类推,直至Ⅰ效,与蒸发流程反向而行。这样随着黑液浓度的提高,蒸发温度也提高,而黑液黏度增加缓慢。蒸汽流与黑液流反向而行的供液方式不仅可节省蒸汽消耗,在一定程度上也可缓解黑液结垢问题。

在本蒸发工段的主要控制目标是稳定浓黑液的浓度和降低蒸汽消耗,影响浓黑液浓度的因素主要是进效稀黑液的浓度和流量。在蒸发器中,前一效的出料就是后一效的进料。从保持前一效的物料平衡看,蒸发罐内的液位应力求平稳不变;从保持后一效的负荷稳定看,进效的流量应力求平稳。在这种情况下,需要兼顾液位和流量两个被控变量,液位平稳以保持物料平衡,流量平稳以保持负载稳定。如果采用液位控制器,而且其比例度设置得比较小,此时液位可相当平稳,但流量的变动幅度比较大;如果采用流量控制器,并把设定值固定,此时流量可相当平稳,但液位可能会波动得比较厉害。

2. PLC 系统配置

整个蒸发工段控制系统的控制信号主要有开关量输入信号(切断阀、泵的状态反馈等)、开关量输出信号(切断阀、泵的控制等)、模拟量输入信号(如温度、压力、液位等)、模拟量输出信号(调节阀的控制等)。整个蒸发工段控制系统需要控制与检测的变量有:66 个模拟量输入(AI)、23 个模拟量输出(AO)、10 个数字量输入(DI)和 19 个数字量输出(DO)。表 6-9 给出了部分测控点。控制系统硬件配置如图 6-33 所示。

表 6-9 蒸发工段控制系统部分测控点

点 名	汉字说明	数据类型	数据单位	模件类型	模件号	量程下限	量程上限
TI_1000	1♯稀黑液槽温度	REAL	℃	SM331	1	0	150.00
LI_1000	1♯稀黑液槽液位	REAL	m	SM331	1	0	13.00
TI_1001	2♯稀黑液槽温度	REAL	℃	SM331	1	0	150.00
LI_1001	2♯稀黑液槽液位	REAL	m	SM331	1	0	13.00
HV_1012	半浓黑液进Ⅳ效调节	REAL	%	SM332	11	0	100.00
FV_1012	进Ⅳ效黑液流量调节	REAL	%	SM332	11	0	100.00
LIV_1012	Ⅳ效蒸发器液位调节	REAL	%	SM332	11	0	100.00

点 名	汉字说明	数据类型	数据单位	模件类型	模件号	量程下限	量程上限
LV_1013	V效蒸发器液位调节	REAL	％	SM332	11	0	100.00
DI_1027	1♯清冷凝水泵	BOOL		SM321	17		
DI_1028	2♯清冷凝水泵	BOOL		SM321	17		
DI_1030	1♯污冷凝水泵	BOOL		SM321	17		
DI_1031	2♯污冷凝水泵	BOOL		SM321	17		
DO_1022	Ⅰ效循环泵开关	BOOL		SM322	19		
DO_1023	Ⅱ效循环泵开关	BOOL		SM322	19		
DO_1024	Ⅲ效循环泵开关	BOOL		SM322	19		
DO_1025	Ⅳ效循环泵开关	BOOL		SM322	19		

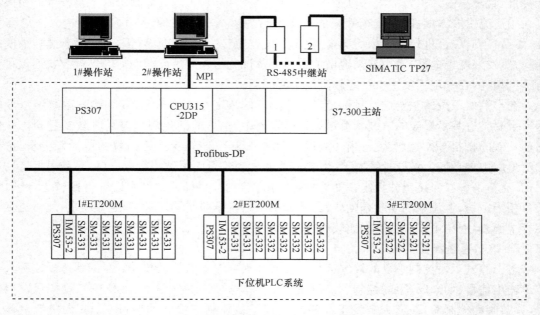

图 6-33　控制系统硬件配置图

下位机 PLC 系统采用的是 S7-300 主站加 3 个 ET200M 从站的系统结构：1♯ ET200M 从站为蒸发工段的两线制仪表信号输入（如温度、液位等传感器信号）；2♯ ET200M 从站为蒸发工段的四线制仪表信号输入（如电磁流量计信号）及执行机构的驱动信号输出；3♯ ET200M 从站为电机状态信号输入、驱动电机信号输出、电机电流检测信号输入及变频器信号输入/输出。模块配置时留有一定的冗余，以备系统扩展时使用。

3. 控制实现

在系统设计时，有很多功能部件要多次用到。例如，对每个模拟量输入都需要进行信号采集及有效性诊断，采集及诊断功能也就被多次使用。因此，采用结构化设计将功能部件设计为功能块可以被系统多次调用，不仅使程序结构更加清晰，而且给调试带来许多便利。系统控制程序分为基本功能块和主程序两大部分。工程视图如图 6-34 所示。基本功能块包括 PID 函数功能块 FB41、限值检测功能块 FC20、读模拟输入量功能块 FC100 等，主程序包括组织块 OB1（用于主程序循环）、OB35（用于循环中断）及 OB86（响应异步错误）等。

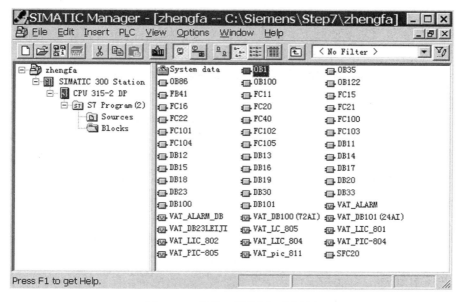

图 6-34　蒸发工段控制工程视图

OBx 组织块构成了 S7-300/S7-400 CPU 操作系统和用户程序的接口,通过 OBx 调用所需要的功能块。限于篇幅,各功能块详细程序不能——列出。只要掌握了设计思想,编写各功能块程序就不难掌握。

6.6　提高 PLC 控制系统可靠性的措施

PLC 专为在工业环境下的应用而设计,其显著特点之一就是高可靠性。为了提高 PLC 的可靠性,PLC 本身在软、硬件上均采取了一系列抗干扰措施,在一般工厂内使用完全可以可靠地工作,一般平均无故障时间可达几万小时。但这并不意味着对 PLC 的环境条件及安装使用可以随意处理。在过于恶劣的环境条件下,如强电磁干扰、超高温、超低温、过欠电压等,或安装使用不当等,都可能导致 PLC 内部存储信息的破坏,引起控制紊乱,严重时还会使系统内部的元器件损坏。为了提高 PLC 控制系统运行的可靠性,必须选择合理的抗干扰措施,使系统正常可靠工作。

6.6.1　PLC 安装的环境条件

PLC 是一种用于工业生产自动化控制的设备,一般不需要采取什么措施,就可以直接在工业环境中使用。然而,尽管可靠性较高,抗干扰能力较强,但当生产环境过于恶劣,电磁干扰特别强烈,或安装使用不当,就可能造成程序错误或运算错误,从而产生误输入并引起误输出,这将会造成设备的失控和误动作,从而不能保证 PLC 的正常运行。要提高 PLC 控制系统的可靠性,一方面要求 PLC 生产厂家提高设备的抗干扰能力;另一方面,要求设计、安装和使用维护中引起高度重视,多方配合才能完善解决问题,有效地增强系统的抗干扰性能。因此在使用中应注意以下问题。

① 温度:PLC 要求环境温度在 0～55℃,安装时不能放在发热量大的元件下面,四周通风散热的空间应足够大。

② 湿度:为了保证 PLC 的绝缘性能,空气的相对湿度应在 35%～85%(无凝露)。

③ 震动:应使 PLC 远离强烈的震动源,防止频率 10～55Hz 的频繁或连续振荡。当使用环境不可避免震动时,必须采取减震措施,如采用减震胶等。

④ 空气:避免有腐蚀和易燃的气体,如氯化氢、硫化氢等。对于空气中有较多粉尘或腐蚀性气体的环境,可将 PLC 安装在封闭性较好的控制室或控制柜中。

⑤ 电源:PLC 对于电源线带来的干扰具有一定的抵制能力。在可靠性要求很高或电源干扰特别严重的环境中,可以安装一台带屏蔽层的隔离变压器,以减少设备与地之间的干扰。一般 PLC 都有直流 24V 输出提供给输入端,当输入端使用外接直流电源时,应选用直流稳压电源。因为普通的整流滤波电源,由于纹波的影响,容易使 PLC 接收到错误信息。

6.6.2　抗干扰措施

现场电磁干扰是 PLC 控制系统中最常见也是最易影响系统可靠性的因素,正所谓治标先治本,找出问题所在,才能提出解决问题的办法,因此必须知道现场干扰的源头。

1. 干扰源及分类

影响 PLC 控制系统的干扰源,大都产生在电流或电压剧烈变化的部位,其原因是电流改变产生磁场,对设备产生电磁辐射;磁场改变产生电流,电磁场高速运动产生电磁波。通常电磁干扰按干扰模式不同,分为共模干扰和差模干扰。共模干扰是信号对地的电位差,主要由电网串入、地电位差及空间电磁辐射在信号线上感应的共态(同方向)电压叠加所形成。共模电压通过不对称电路可转换成差模电压,直接影响测控信号,造成元器件损坏(这就是一些系统 I/O 模块损坏率较高的主要原因)。这种共模干扰可为直流,亦可为交流。差模干扰是指作用于信号两极间的干扰电压,主要由空间电磁场在信号间耦合感应及由不平衡电路转换共模干扰所形成的电压,这种干扰叠加在信号上,直接影响测量与控制精度。

2. 干扰来源及途径

① 强电干扰:PLC 系统的正常供电电源均由电网供电。由于电网覆盖范围广,它将受到所有空间电磁干扰而在线路上感应出电压。尤其是电网内部的变化、刀开关操作浪涌、大型电力设备启/停、交直流传动装置引起的谐波、电网短路暂态冲击等,都通过输电线路传到电源原边。

② 柜内干扰:控制柜内的高压电器,大的电感性负载,混乱的布线都容易对 PLC 造成一定程度的干扰。

③ 信号线引入的干扰:与 PLC 控制系统连接的各类信号线,除传输有效的各类信息外,总会有外部干扰信号侵入。此干扰主要有两种途径:一是通过变送器供电电源或公用信号仪表的供电电源串入的电网干扰,这往往被忽视;二是信号线受空间电磁辐射感应的干扰,即信号线上的外部感应干扰,这是很严重的。由信号线引入的干扰会引起 I/O 信号工作异常和测量精度大大降低,严重时将引起元器件损坏。

④ 接地系统混乱时的干扰:接地是提高电子设备电磁兼容性(EMC)的有效手段之一。正确的接地,既能抑制电磁干扰的影响,又能抑制设备向外发出干扰;而错误的接地,反而会引入严重的干扰信号,使 PLC 系统无法正常工作。

⑤ PLC 系统内部的干扰:主要由系统内部元器件及电路间的电磁辐射产生,如逻辑电路相互辐射及其对模拟电路的影响,模拟地与逻辑地的相互影响及元器件间的相互不匹配使用等。

⑥ 变频器干扰:一是变频器启动及运行过程中产生的谐波对电网产生传导干扰,引起电

网电压畸变,从而影响电网的供电质量;二是变频器的输出会产生较强的电磁辐射干扰,影响周边设备的正常工作。

3. 抗干扰措施

(1) 合理处理电源,抑制电网引入干扰

对于电源引入的电网干扰,可以安装一台带屏蔽层的变比为1:1的隔离变压器,以减少设备与地之间的干扰,还可以在电源输入端串接LC滤波电路。

(2) 安装与布线

动力线、控制线及PLC的电源线和I/O线应分别配线,隔离变压器与PLC和I/O之间应采用双绞线连接。将PLC的I/O线和大功率线分开走线,若必须在同一线槽内,分开捆扎交流线、直流线,若条件允许,分槽走线最好,这不仅能使其有尽可能大的空间距离,并能将干扰降到最低限度。PLC应远离强干扰源,如电焊机、大功率硅整流装置和大型动力设备,不能与高压电器安装在同一个开关柜内。在柜内PLC应远离动力线(二者之间距离应大于200mm)。与PLC装在同一个柜内的电感性负载,如功率较大的继电器、接触器的线圈,应并联RC消弧电路。PLC的输入与输出最好分开走线,开关量与模拟量也要分开敷设。模拟量信号的传送应采用屏蔽线,接地电阻应小于屏蔽层电阻的1/10。交流输出线和直流输出线不要用同一根电缆,输出线应尽量远离高压线和动力线,避免并行。

(3) I/O端的接线

输入接线一般不要太长。但当环境干扰较小、电压降不大时,输入接线可适当长些。输入/输出线不能用同一根电缆,输入/输出线要分开。尽可能采用常开触点形式连接到输入端,使编制的梯形图与继电器原理图一致,便于阅读。输出接线分为独立输出接线和公共输出接线。在不同组中,可采用不同类型和电压等级的输出电压。但在同一组中的输出只能用同一类型、同一电压等级的电源。由于PLC的输出元件被封装在印制电路板上,并且连接至端子板,若将连接输出元件的负载短路,将烧毁印制电路板。采用继电器输出时,所承受的电感性负载的大小,会影响到继电器的使用寿命,使用电感性负载时应合理选择,或加隔离继电器。PLC的输出负载可能产生干扰,因此要采取措施加以控制,如直流输出的续流管保护、交流输出的阻容吸收电路、晶体管及双向可控硅输出的旁路电阻保护。

(4) 正确选择接地点,完善接地系统

良好的接地是保证PLC可靠工作的重要条件,可以避免偶然发生的电压冲击危害。接地的目的通常有两个,一是为了安全,二是为了抑制干扰。完善的接地系统是PLC控制系统抗电磁干扰的重要措施之一。

PLC控制系统的地线包括系统地、屏蔽地、交流地和保护地等。接地系统混乱对PLC系统的干扰主要为各个接地点电位分布不均,不同接地点间存在地电位差,引起地环路电流,影响系统正常工作。例如,电缆屏蔽层必须一点接地,如果电缆屏蔽层两端都接地,就存在地电位差,有电流流过屏蔽层,当发生异常状态如雷击时,地线电流将更大。

此外,屏蔽层、接地线和大地有可能构成闭合环路,在变化磁场的作用下,屏蔽层内又会出现感应电流,通过屏蔽层与芯线之间的耦合,干扰信号回路。若系统地与其他接地处理混乱,所产生的地环流就可能在地线上产生不等电位分布,影响PLC内逻辑电路和模拟电路的正常工作。PLC工作的逻辑电压干扰容限较低,逻辑地电位的分布干扰容易影响PLC的逻辑运算和数据存储,从而造成数据混乱、程序跑飞或死机。模拟地电位的分布将导致测量精度下降,引起对信号测控的严重失真和误动作。

将电源线接地端和柜体连线接地称为安全接地。若电源漏电或柜体带电,可从安全接地导入地下,不会对人造成伤害。PLC 为了与所控制的各个设备同电位而接地,称为系统接地。接地电阻值不得大于 4Ω,一般需将 PLC 设备系统地和控制柜内开关电源负极性端接在一起,作为控制系统地。一般要求信号线必须要有唯一的参考地,屏蔽电缆遇到有可能产生传导干扰的场合,也要就地或者控制室唯一接地,防止形成"地环路"。信号源接地时,屏蔽层应在信号侧接地;不接地时,应在 PLC 侧接地;信号线中间有接头时,屏蔽层应牢固连接并进行绝缘处理,一定要避免多点接地;多个测点信号的屏蔽双绞线与多芯对绞总屏蔽电缆连接时,各屏蔽层应相互连接好,并经绝缘处理,选择适当的接地处单点接地。

(5) 变频器干扰的抑制

变频器的干扰处理一般有下面几种方式:一是加隔离变压器,主要是针对来自电源的传导干扰,可以将绝大部分的传导干扰阻隔在隔离变压器之前;二是使用滤波器,滤波器具有较强的抗干扰能力,还可以防止将设备本身的干扰传导给电源;有些还兼有尖峰电压吸收功能;三是使用输出电抗器,在变频器到电动机之间增加交流电抗器,主要是减少变频器输出在能量传输过程中产生电磁辐射,影响其他设备正常工作。

PLC 控制系统中的干扰是一个十分复杂的问题,在抗干扰设计中应综合考虑各方面的因素,合理有效地抑制干扰,才能够使 PLC 控制系统正常工作。随着 PLC 应用领域的不断拓宽,如何高效可靠地使用 PLC 也成为其发展的重要因素。

6.6.3　PLC 系统的故障检查

表 6-10 给出了 S7-200 主要硬件故障诊断指导的相关内容。

表 6-10　S7-200 主要硬件故障诊断指导

问　题	可能原因	解决方法
输出不工作	被控制的设备产生了损坏	当接到感性负载时(如电动机或继电器),需要使用一个抑制电路
	程序错误	修改程序
	接线松动或不正确	检查接线,如果不正确,要改正
	输出过载	检查输出的负载功率
	输出被强制	检查 CPU 是否有被强制的 I/O
S7-200 上 SF(系统故障)灯亮(红)	用户程序错误: —0003,看门狗错误 —0011,间接寻址 —0012,非法的浮点数 —0014,范围错误	读出致命错误代码后,其错误类型可以参考附录 B,对于编程错误,检查 FOR,NEXT,JMP,LBL 和比较指令的用法
	电气干扰 —0001～0009	检查电气接线,控制面板良好接地、高电压与低电压不并行引线是很重要的。将 24V 传感器电源的 M 端子接到地
	元件损坏 —0001～0010	更换元件
LED 灯全部不亮	保险丝熔断	把电源分析器连接到系统。检查过电压尖峰的幅值和持续时间,根据检查结果,给系统加一个合适的抑制设备
	24V 供电线接反	
	不正确的供电电压	

问　　题	可 能 原 因	解 决 方 法
电气干扰问题	不合适的接地	控制面板良好接地、高电压与低电压不并行引线是很重要的
	在控制柜内交叉配线	将 24V 传感器电源的 M 端子接到地
	对快速信号配置了输入滤波器	增加系统数据块中的输入滤波器的延迟时间

6.6.4　PLC 系统的试运行与维护

1. 运行错误信息

PLC 在运行中发生错误时，一般会给出错误信息。利用简单编程器可读出错误信息，从而有针对性地去排除故障。PLC 在运行中出现的错误可以分为两种：非致命错误和致命错误。在非致命错误发生后，PLC 仍继续运行，然而在发生致命错误时，PLC 则停止运行。具体的故障类型及说明参见附录 B。

2. 主要故障检查

PLC 在运行中出现的故障检查可分为以下 6 种。

① 总体检查：总体检查用于判断故障的大致范围，为进一步的详细检查做前期工作。出现错误后，总体检查的内容包括检查电源指示灯亮否、运行指示灯亮否、ERR/ALM 指示灯亮否、I/O 显示正常否和运行环境正常否等相关内容，对应每一种情况进行相应的处理。如果上述几项检查完后都正常，但仍然出现错误，则要更换 CPU。

② 电源故障检查：如果在总体检查中发现电源指示灯不亮，则需要进行电源的检查。电源的检查内容包括检查电源是否接上、电压是否合适、端子螺钉有无松动、电线有无损坏。如果上述几项检查完后都正常，但仍然出现错误，则要更换电源单元。

③ 致命错误检查：当出现致命错误时，如果电源指示灯会亮，先检查运行指示灯是否亮、ERR/ALM 指示灯是否亮，若都亮则用编程器确定出错原因。依次检查编程器上是否显示 PLC 方式、是否显示致命错误，若不能够显示，先关闭电源再打开一次，如果还不行则更换 CPU。

④ 非致命错误检查：在出现非致命错误时，虽然 PLC 仍然会继续运行，但是应该尽快查出错误原因并加以排除，以保证 PLC 的正常运行。可以在必要时停止 PLC 操作，以排除某些非致命错误。非致命错误的检查流程是首先检查 ERR/ALM 指示灯是否亮，如果亮则用编程器确定出错原因，若是致命错误则按致命错误进行处理，若排除了致命错误但 ERR/ALM 指示灯仍然闪亮，则进行更换 CPU 处理。

⑤ 输入/输出检查：输入/输出检查的流程是首先检查输入/输出指示器运行是否正常，然后检查输入/输出指示器的接口电压，接着检查运行是否正常、输入/输出配线是否正确、端子连接器是否正常。如果上述几项检查完后都正常，但仍然出现错误，则要更换输入/输出单元。

⑥ 环境条件检查：影响 PLC 工作的环境因素主要有温度、湿度、噪声等。各种因素对 PLC 的影响是独立的，参考性的环境条件检查流程是首先检查环境温度是否在 55℃ 以下，若不是则考虑使用风扇或冷却器。接着检查环境温度是否在 0℃ 以上，若不是则考虑使用加热器。再检查环境湿度是否为 35%～85%（无凝露），若不是则考虑使用除湿机。最后检查噪声控制是否良好和环境粉尘控制是否良好，若不是则在噪声源处安装降噪装置和考虑控制箱结构。

3. 维护检查

PLC 内部主要由半导体元器件构成，基本上没有寿命问题，但要考虑由于工作环境条件恶劣可能会导致元器件损坏。为了使 PLC 能在最佳状态下使用，有必要进行定期的维护检查。

（1）维护检查的周期和项目

标准的维护检查周期为 6 个月到 1 年进行一次，但是当使用环境比较恶劣时，应该缩短维护检查周期的间隔。维护检查的项目如表 6-11 所示。

表 6-11　维护检查的项目

维护检查项目	维护检查内容	判 断 标 准
交流供电电源	在电源端子上测量交流电压变动情况	在 85～264V AC 范围内
周围环境	周围环境（控制柜内）是否适当	0～55℃
	周围环境（控制柜内）是否适当	相对湿度：35％～85％（无凝露）
I/O 模块电源	在输入/输出端上测量交流电压变动情况	按各输入/输出模块规格
安装状态	各单元是否固定好	没有松动
	连接电缆是否完全插入连接器并锁定	没有松动
	外部配线螺钉有无松动	没有松动
	外部配线电缆有无断裂	没有外观异常
元器件寿命	输出继电器	电气寿命：电阻负载 30 万次 电感负载 10 万次 机械寿命：1000 万次

（2）电池更换

CPU 模块内有一块锂电池，当电池用完时，必须更换电池。在正常的情况下，电池的寿命是 5 年。在温度较高的工作环境下，电池寿命会缩短。当电池电压下降时，CPU 会发出电池出错信号，CPU 面板上的电池电压指示灯就会亮。在指示电池出错后应尽快更换电池，否则 ROM 中的用户程序和数据将会丢失。更换电池时，应注意关闭 PLC 的电源。如果 PLC 处于断电状态，则应该让它通电 1min，然后关闭电源。否则，备份内存的电容器未得到完全充电，当电池取出时，内存中的用户程序和数据将会丢失。

习题与思考题

1. 简述可编程控制器系统设计的一般原则和步骤。

2. 可编程控制器的选型需要考虑哪些问题？

3. 提高可编程控制器系统可靠性的措施有哪些？

4. 设计一段程序，要求对五相步进电机 5 个绕组依次自动实现如下方式的循环通电控制：

① 第 1 步，A—B—C—D—E；

② 第 2 步，A—AB—BC—CD—DE—EA；

③ 第 3 步，AB—ABC—BC—BCD—CD—CDE—DE—DEA；

④ 第 4 步，EA—ABC—BCD—CDE—DEA；

⑤ A、B、C、D、E 分别接主机的输出点 Q0.1、Q0.2、Q0.3、Q0.4、Q0.5，启动按钮接主机的输入点 I0.0，停止按钮接主机的输入点 I0.1。

5. 已知彩灯共有 8 盏，设计一段彩灯控制程序，实现下述控制要求：

① 程序开始时，灯 1（Q0.0）亮；

② 一次循环扫描且定时时间到后，灯 1（Q0.0）灭，灯 2（Q0.1）亮；

③ 再次循环扫描且定时时间到后，灯 2（Q0.1）灭，灯 3（Q0.2）亮，……，直至灯 8 亮。灯 8 灭后循环重新开始。

第7章 S7-200 可编程控制器的通信与网络

随着计算机网络通信技术的发展,自动控制方式由传统的集中控制向多级分布式方向发展,PLC 的通信和联网功能越来越强。本章首先介绍通信及网络的基础知识,在此基础上,以 S7-200 PLC 为讨论对象,重点介绍 S7-200 系列 PLC 的通信功能及其在工业网络方面的应用。

本章主要内容如下:
- 通信及网络基础;
- S7-200 系列 PLC 的网络类型及配置;
- S7-200 网络及应用;
- S7-200 自由口模式与计算机的通信。

本章重点是掌握网络通信方面的基础知识,熟悉 S7-200 系列 PLC 的通信功能和联网功能。

7.1 通信及网络基础

在实际工作中,无论是计算机之间还是计算机的 CPU 与外部设备之间,常常要进行数据交换。不同的独立系统由传输线路互相交换数据便是通信,构成整个通信的线路称为网络。通信的独立系统可以是计算机、PLC 或其他有数据通信功能的数字设备,称为 DTE(Data Terminal Equipment)。传输线路的介质可以是双绞线、同轴电缆、光纤或无线电波等。

7.1.1 数据通信方式

1. 数据传输方式

(1) 并行通信与串行通信

按照传送数据的时空顺序,数据的通信可分为并行通信(Parallel Communication)和串行通信(Serial Communication)两种。

① 并行通信:所传送数据的各位同时发送或接收。并行通信传送数据快,但由于一个并行数据有多少位二进制数就需要多少根传送线,所以通常用于近距离传送。在远距离传送时,会导致线路复杂,成本增高,而且在传输过程中,容易因线路因素使电压标准发生变化,最常见的是电压衰减和信号互相干扰问题(Cross Talk),使得传送的数据发生错误。

② 串行通信:所传送的数据按顺序一位一位地发送或接收。

串行通信只需一根到两根传送线,在远距离传送时,通信线路简单且成本低,但传送速度比并行通信速度低,故常用于远距离传送且速度要求不高的场合。近年来串行通信技术有了很快的发展,通信速度可以达到 Mbps 的数量级,因此在分布式控制系统中得到了广泛的应用。

如果通信距离小于30m,可采用并行通信,如计算机(PC)与打印机的通信、PLC的内部各元件之间、主机与扩展模块之间。如果距离大于30m,则要采用串行通信方式,如计算机之间、计算机与PLC之间、PLC和PLC之间等。

（2）同步通信和异步通信

串行通信按信息传送格式分为同步通信和异步通信。在串行通信中发送端与接收端之间的同步问题是数据通信中的一个重要问题。同步不好,轻者导致误码增加,重者使整个系统不能正常工作。为解决这一传送过程中的问题,在串行通信中采用了两种同步技术——异步通信和同步通信。

① 异步通信:异步传送也称起止式传送,它是利用起止法来达到收发同步的。

在异步通信中,数据是一帧一帧(包括一个字符或一字节数据)的传送。在帧格式中,一个字符由4部分组成:起始位、数据位、奇偶校验位和停止位。首先字节传送的起始位由"0"开始;然后是编码的字符,通常规定低位在前、高位在后,接下来是奇偶校验位(可省略);最后是停止位"1"(可以是1位、1.5位或2位),表示字节的结束。

例如,传送一个ASCII字符(每个字符有7位),选用1位停止位,那么传送这个7位的ASCII字符就需10位,其中包含1位起始位、1位奇偶校验位、1位停止位和7位数据位。如果传送8位数据位,则共需11位。其格式如图7-1所示。

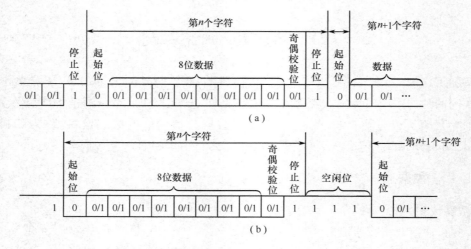

图7-1　异步通信

异步通信就是按照上述约定好的固定格式,一帧一帧地传送,因此采用异步传送方式时,硬件结构简单,但是传送每个字节就要加起始位、停止位,因而传送效率低,主要用于中、低速的通信。

② 同步通信:同步传送在数据开始处就用同步字符(通常为1～2个)来指示。由定时信号(时钟)来实现收发端同步,一旦检测到与规定的同步字符相符合,接下去就连续按顺序传送数据。在这种传送方式中,数据以一组数据(数据块)为单位传送,数据块中每个字节不需要起始位和停止位,因而就克服了异步传送效率低的缺点,但同步传送所需的软、硬件价格是异步传送的8～12倍。因此,通常在数据传输速率超过2kbps的系统中才采用同步传送方式。

2. 数据传送方向

按串行通信的数据在通信线路进行传送的方向可分为单工、半双工和全双工通信方式,如图 7-2 所示。

(1) 单工通信方式

单工通信就是指数据的传送始终保持同一个方向,而不能进行反向传送,如图 7-2(a)所示。其中 A 端(甲站,下同)只能作为发送端发送数据,B 端(乙站,下同)只能作为接收端接收数据。

(2) 半双工通信方式

半双工通信就是指数据流可以在两个方向上传送,但同一时刻只限于一个方向传送,如图 7-2(b)所示。其中 A 端和 B 端都具有发送和接收的功能,但传送线路只有一条,或者 A 端发送 B 端接收,或者 B 端发送 A 端接收。

(3) 全双工通信方式

全双工通信是指数据流能在两个方向上同时发送和接收,如图 7-2(c)所示。A 端和 B 端都可以一方面发送数据,一方面接收数据。

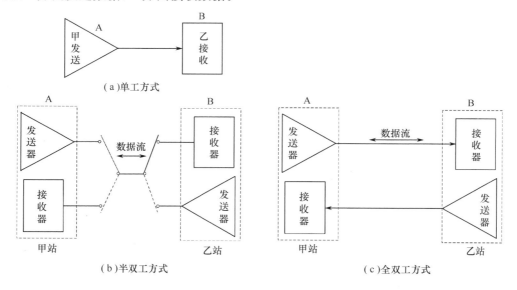

图 7-2　数据传送方向

3. 比特率

比特率,即数据传输速率,表示每秒钟传送二进制代码的位数,单位是 bps。假如数据传输速率是 120 字符/s,而每个字符包含 10 个代码位(1 个起始位、1 个停止位、8 个数据位)。这时比特率为

$$10\text{b/字符} \times 120 \text{ 字符/s} = 1200\text{bps}$$

4. 传输介质

目前普遍使用的传输介质有:同轴电缆、双绞线、光纤,其他介质如无线电、红外微波等在 PLC 网络中应用很少。其中,双绞线(带屏蔽层)成本低、安装简单;光纤尺寸小、质量轻、传输距离远,但成本高、安装维修需专用仪器。传输介质的性能比较如表 7-1 所示。

表 7-1　传输介质的性能比较

性　能	传送介质		
	双绞线	同轴电缆	光　纤
数据传输速率	9.6kbps～2Mbps	1～450Mbps	10～500Mbps
连接方法	点到点 多点 1.5km 不用中继器	点到点 多点 10km 不用中继器（宽带） 1～3km 不用中继器（基带）	点到点 50km 不用中继器
传送信号	数字、调制信号、纯模拟信号（基带）	调制信号，数字（基带），数字、声音、图像（宽带）	调制信号（基带）、数字、声音、图像（宽带）
支持网络	星形、环形、小型交换机	总线形、环形	总线形、环形
抗干扰	好（需外屏蔽）	很好	极好
抗恶劣环境	好	好，但必须将电缆与腐蚀物隔开	极好，耐高温和其他恶劣环境

5. 串行通信接口

工业网络中，在设备或网络之间大多采用串行通信方式传送数据，常用的有以下几种串行通信接口。

（1）RS-232C 接口

RS-232C 接口是 1969 年由美国电子工业协会 EIA（Electronic Industries Association）所公布的串行通信接口标准。它既是一种协议标准，又是一种电气标准，它规定了终端和通信设备之间信息交换的方式和功能。RS-232C 标准插件是 25 针的 D 型连接器，引脚的信号定义如表 7-2 所示。

表 7-2　引脚的信号定义

引脚号	信 号 名 称	符号	说　　　明
1	保护地线	PG	设备地线
2	发送数据	TxD	由 DTE 输出数据到 DCE
3	接收数据	RxD	由 DCE 输出数据到 DTE
4	请求发送	PTS	至 DCE，DTE 请求切换到发送方式
5	允许发送	CTS	DCE 已切换到准备接收
6	数据装置准备好	DSR	DCE 可以使用
7	信号地线	SG	信号地线
8	载波检测	DCD	载波检测
20	数据终端准备好	DTR	DTE 可以使用
22	响铃信号	RT	有 DCE 来，指示通信线路测出响铃

RS-232C 接口是计算机普遍配备的接口，应用既简单又方便。尽管 RS-232C 规定是 25 针连接器，但实际上并未将 25 个引脚全部用满，最简单的只需 3 根引线，最多也不超过 22 根。所以在上位机与 PLC 的通信中，使用的连接器有 25 针的，也有 9 针的，具体采用哪一种用户可根据需要自行配置。RS-232C 采用按位串行的方式，单端发送、单端接收，所以数据传输速率低，抗干扰能力差，传送波特率为 300bps、600bps、1200bps、4800bps、9600bps、19200bps 等。在通信距离近、数据传输速率和环境要求不高的场合应用较广泛，最大传送距离一般不超过 15m（实际可约达 30m）。

（2）RS-422 接口

为了克服 RS-232C 单端发送、单端接收，数据传输速率低，抗干扰能力差的缺点，美国 EIA 于 1977 年制定了新的串行通信标准 RS-499，RS-422 是 RS-499 标准的子集。RS-422 接口传送线采用差动接收和差动发送的方式传送数据，有较高的通信速率（波特率可达 10Mbps 以上）和较强的抗干扰能力，适合远距离传送，工厂中应用较多。

（3）RS-485 接口

RS-485 接口是 RS-422 的变形。RS-485 接口传送线采用差动接收和平衡发送的方式传送数据，有较高的通信速率（波特率可达 10Mbps 以上）和较强的抑制共模干扰能力，输出阻抗低，并且无接地回路。这种接口适合远距离传送，是工业设备的通信中应用最多的一种接口。

RS-422 与 RS-485 的区别在于：RS-485 采用半双工传送方式，而 RS-422 采用全双工传送方式；RS-422 用两对差分信号线，而 RS-485 只用一对差分信号线。

7.1.2　网络概述

将具有独立功能而又分散在不同地理位置的多台计算机，通过通信设备和通信线路连接起来构成的计算机系统称为计算机网络。PLC 与计算机之间或多台 PLC 之间也可直接或通过通信处理器构成网络，以实现信息交换；各 PLC 或远程 I/O 模块按功能各自放置在生产现场进行分散控制，再用网络连接起来，组成集中管理的分布式网络。分布式网络以适应性强、扩展性好及维护简单等优势而得到广泛应用。互连和通信是网络的核心，网络拓扑结构、传送控制、传输介质和通道利用方式是构成网络的四大要素。其中传输介质见 7.1.1 节内容。

1. 数据通信的网络拓扑结构

在网络中，通过传输线路互连的点称为节点，节点也可定义为网络中通向任何一个分支的端点，或通向两个或两个以上分支的公共点。各个节点互连的方式和形式称为网络拓扑。常用的拓扑结构有树形、总线形、星形和环形等，如图 7-3 所示。

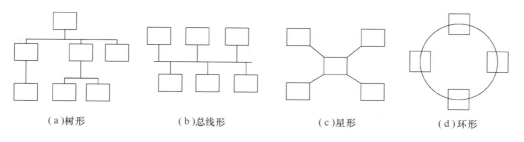

| （a）树形 | （b）总线形 | （c）星形 | （d）环形 |

图 7-3　网络拓扑结构

（1）树形结构

树形结构（见图 7-3（a））在分级分布通信系统中广泛使用。其特点是：通信控制比较简单，而且为控制和差错处理提供了一个集中点。结构中处于较高位置的节点控制位于它下面的那些节点的数据通信。同级节点的数据传送要通过上一级节点的转接来实现。当某一级节点发生故障时，其下级节点的通信就会瘫痪，而它上级节点的通信仍能进行，只是不能与该节点进行通信。当一个上级节点连接的下级节点较多、数据通信量较大时，会发生"瓶颈阻塞"问题。

（2）总线形结构

总线形结构（见图 7-3（b））是利用总线把所有节点连接起来，其特点是所有节点共享一条公共通信总线，总线不封闭，容易挂接新的节点或摘除旧节点。在主干链路（总线）上，任何时刻只允许两节点之间进行通信,但任意两个节点间可通过总线直接通信,速度快,延迟开销小。某节点发生故障时,对整个系统的影响较小。通信协议简单,但有时会出现争用总线控制权而降低传送效率的问题。通信总线一旦发生故障,整个通信系统就会瘫痪。为了解决这个问题,通常采用冗余总线。通信介质常使用双绞线、同轴电缆或光纤,这种结构特别适用于工业控制领域,是工业控制局域网中常用的拓扑结构。

(3) 星形结构

星形结构(见图7-3(c))以中央节点为中心与各个节点连接组成,网络中任何两个节点要进行通信都由中央控制节点控制并转换。其特点是:结构简单、控制容易、数据流向明确、便于程序集中开发和资源共享。但由于中央控制节点负责整个系统的数据交换,存在着"瓶颈阻塞"和"危险集中"两大问题。如果采用冗余中央控制节点的方法来解决,则会增加系统的复杂程度和成本,在小系统、通信不频繁的场合可以使用。上位机(也称主机、监控计算机、中央处理机)通过点到点的方式与各现场处理器(也称从机、下位机)进行通信就是一种星形结构。星形结构可使用双绞线为传输介质。

(4) 环形结构

环形结构(见图7-3(d))是以环形网中各个节点首尾顺序连接形成的。一个环在多数情况下,信息以一个方向在环上从源节点传送到目的节点。每个节点都通过一个中继器连接到网络上,数据以分组形式发送,由于多节点公用一条环线,需对此进行控制,以决定每个节点什么时候可把信息放在环上发送,每个节点都有控制发送和接收的访问逻辑。环形网络常用高达10Mbps的双绞线作为传输介质。其特点是:结构简单、挂接或摘除节点容易、安装费用低。每个节点的任务就是接收相邻上一节点发送的数据,然后把数据发送到相邻的下一个节点上。各节点之间可采用不同的传输介质和不同的传输速率。在数据通信频繁的场合,它的传送效率比较高。但某个节点发生故障会阻塞信息通路,可靠性较差,节点较多时会影响传送效率。

2. 介质访问控制

介质访问控制也称传送控制,是指对网络通道占有权的管理和控制。局部网上的信息交换方式有两种。

① 线路交换,即发送节点与接收节点之间有固定的物理通道,且该通道一直保持到通话结束,如电话系统。

② "报文交换"或"包交换",这种交换方式是把编址数据组从一个转换节点传送到另一个转换节点,直到目的节点。发送节点和接收节点之间无固定的物理通道。如果某节点出现故障,则通过其他通道把编址数据组传送到目的节点。这有些像传递邮包或电报的方式,每个编址数据组即类似一个邮包,故称"包交换"或"报文交换"。

目前局域网应用较多的传送控制有两种,即令牌传送方式和争用方式。

① 令牌传送方式,这种方式对介质的访问控制权是以令牌为标志的。令牌是一组二进制码,网络上的节点按某种规则排序,令牌被依次从一个节点传送到下一个节点,只有得到令牌的节点才有权控制和使用网络,已发送完信息或无信息发送的节点将令牌传送给下一个节点。在令牌传送中,不存在控制节点,不存在主从关系。这种控制方式结构简单,便于实现,成本不高,可以在任何一种拓扑结构上实现,但一般常用于总线形和环形结构。因为这种传送控制便于实现集中管理、分散控制,所以适用于工业控制现场。

② 争用方式,这种方式允许网络中的各节点自由发送信息。但当两个以上的节点同时发送时,会出现线路冲突,故需要做些约定加以约束。目前常用的是带碰撞检测的载波侦听多址

访问协议,即 CSMA/CD(Carrier Sense Multiple Access With Collision Detection)协议。这种协议要求每个发送节点要"先听后发,边听边发",即发送前先监听,在监听时,若总线空,则可发送,若忙,则停止发送。发送的过程中还要随时监听,一旦发现线路冲突,则停止发送报文,且已发送内容全部作废,并发送一段简短的冲突标志(阻塞码序列)。CSMA/CD 允许各节点平等竞争,不支持带优先级的实时访问。在轻载时,控制分散,效率高,实时性好,适合于工业控制网络。

3. 通道利用方式及传输介质

常用的通道利用方式有两种:基带和宽带。基带方式即利用传输介质的整个带宽进行信号传送;宽带方式即把通信通道以不同的载频划分成若干通道,在同一传输介质上同时传送多路信号。前者优点是价格低、设备简单、可靠性高,缺点是通道利用率低、远距离传送衰减大。后者优点是通道利用率高,但因须加调制解调器,其成本较高。

局域网的传输介质要求铺设安全简便、容易维护、强度好。目前普遍使用的有同轴电缆、双绞线和光纤。双绞线成本低、安装简单,但抗干扰能力相对差些。光纤抗干扰能力强,传送距离远,但成本高、维修复杂,故选用时,应根据实际情况合理选用。

4. 开放系统互连参考模型

为保证通信正常运行,必须有一套通用的计算机网络通信标准。国际标准化组织(ISO,International Standard Organization)于 1978 年提出了开放系统互连(OSI,Open Systems Interconnection)参考模型,它所用的通信协议一般为 7 层,如图 7-4 所示。

① 物理层:物理层为最低层,实际通信就是通过物理层在互连介质上进行的。物理层为用户提供建立、保持和断开物理连接的功能,物理层常用 RS-232C、RS-422A/RS-485 等。在 7 层模型中,上面的任何层都以物理层为基础,对等层之间实现开放系统互连。

② 数据链路层:数据链路层中数据以帧为单位传送,每帧包含一定数量的数据和必要的控制信息,如同步信息、地址信息等。数据链路层负责在两个相邻节点间的链路上实现差错控制,把输入的数据组成数据帧,并在接收端检验传送的正确性,若正确,则发送确认信息;若不正确,则抛弃该帧,等待发送端超时重发。

| 应用层 |
| 表示层 |
| 会话层 |
| 传输层 |
| 网络层 |
| 数据链路层 |
| 物理层 |

图 7-4 开放系统
互连参考模型

③ 网络层:网络层的主要功能是报文包的分段、报文包阻塞的处理及通信子网路径的选择。

④ 传输层:传输层的信息传送单位是报文(Message),该层主要负责从会话层接收数据,把它们传送到网络层,并保证这些数据正确到达目的地。该层控制端点到端点数据的完整性,确保高质量的网络服务,起到网络层和会话层之间的接口作用。

⑤ 会话层:会话层的功能是支持通行管理和实现最终用户应用进程的同步,按正确的顺序发送数据,进行各种对话。

⑥ 表示层:表示层用于应用层信息内容的形式交换,如数据加密/解密、信息压缩/解压,消去重复的字符和空白等,把应用层提供的信息变成能够共同理解的形式。

⑦ 应用层:应用层作为 OSI 的最高层,主要为用户的应用服务提供信息交换,为应用接口提供操作标准。应用层负责与其他高级功能的通信,如分布式数据库和文件传输等。

7.2 S7-200 系列 PLC 的网络类型及配置

S7 系列 PLC 为用户提供了强大的通信功能,本节介绍其通信协议、通信设备及 S7 系列 PLC 组建的几种典型网络及其硬件配置,并介绍通信参数的设置方法。

7.2.1 PLC 网络类型

1. 简单网络

简单网络是指以个人计算机为主站,一台或多台同型号的 PLC 为从站,组成简易集散控制系统。在这种系统中,个人计算机充当操作站,实现显示、报警、监控、编程及操作等功能,而多台 PLC 负责控制任务;PLC 也可以作为主站,其他多台同型号 PLC 作为从站,构成主从式网络。在主站 PLC 上配有彩色显示器及打印机等,以便完成操作站的各项功能。多台设备通过传输线相连,可以实现主从设备间的通信。

2. 多级复杂网络

现代大型工业企业 PLC 控制系统中,一般采用多级网络的形式。不同厂家的 PLC 系统网络结构的层数及各层的功能分布有所差异,但基本都是从上到下,各层在通信基础上相互协调,共同发挥着作用。实际应用中,一般采用 3～4 级子网构成复合型结构。

7.2.2 通信协议

在 PLC 网络中使用的通信协议有通用协议和公司专用协议两大类。

1. 通用协议

在 PLC 网络的各个层次中,高层子网中一般采用通用协议,如 PLC 网之间的互连及 PLC 网与其他局域网的互连,这表明工业网络向标准化和通用化发展的趋势。高层子网传送的是管理信息,与普通商业网络性质接近,同时要解决不同种类的网络互连。常用的通用协议有 MAP 和 Ethernet 协议两种。

2. 公司专用协议

底层子网和中层子网一般采用公司专用协议,尤其是最低层子网,由于传送的是过程数据及控制命令,这种信息较短,但实时性要求高。公司专用协议的层次一般只有物理层、数据链路层及应用层,而省略了通用协议所必需的其他层,所以数据传输速率快。

3. PLC 网络常用通信协议

S7-200 CPU 支持多样的通信协议。根据所使用的 S7-200 CPU,网络可支持一个或多个协议,包括通用协议和公司专用协议。公司专用协议包括点到点(Point-to-Point)接口协议(PPI)、多点(Multi-Point)接口协议(MPI)、Profibus 协议、自由通信接口协议和 USS 协议。PPI、MPI、Profibus 协议在 OSI 七层模式通信结构的基础上,通过令牌环网实现,令牌环网遵守欧洲标准 EN 50170 中的过程现场总线(Profibus)标准。这些协议都是异步、基于字符传输的协议,带有起始位、8 位数据、奇偶校验位和停止位。通信帧由特殊的起始和结束字符、源和目的站地址、帧长度和数据完整性检查组成。如果使用相同的波特率,这些协议可以在一个网络中同时运行,而不相互影响。

网络通信通过 RS-485 标准双绞线实现,在一个网络段上允许最多连接 32 台设备。根据波特率不同,网络段的确切长度可以达到 1200m。采用中继器连接,各段可以在网络上连接更多的设备,延长网络的长度。根据不同的波特率,采用中继器可以把网络延长到 9600m。

（1）PPI 协议

PPI 协议是西门子公司专门为 S7-200 PLC 开发的一个通信协议。该协议主要应用于对 S7-200 的编程、S7-200 之间的通信及 S7-200 与 HMI 产品的通信,可以通过 PC/PPI 电缆或两芯屏蔽双绞线进行联网。支持的波特率为 9.6kbps、19.2kbps 和 187.5kbps 等。

PPI 是一个主从协议。在这个协议中,S7-200 一般作为从站,自己不发送信息,只有当主站,如西门子编程器、TD 200 等 HMI,给从站发送申请时,从站才进行响应。

如果在用户程序中将 S7-200 设置（由 SMB30 设置）为 PPI 主站模式,则这个 S7-200 CPU 在 RUN 模式下可以作为主站。一旦被设置为 PPI 主站模式,就可以利用网络读（NETR）和网络写（NETW）指令来读/写另外一个 S7-200 中的数据。有关这些指令的详细描述,请参阅 7.3.1 节的通信指令。当 S7-200 CPU 作为 PPI 主站时,它仍可以作为从站响应来自其他主站的申请。

PPI 协议是一个令牌传递协议,对于一个从站可以响应多少个主站的通信请求,PPI 协议没有限制,但是在不加中继器的情况下,网络中最多只能有 32 个主站,包括编程器、HMI 产品或被定义为主站的 S7-200。

PPI 高级协议允许网络设备建立一个设备与设备之间的逻辑连接。对于 PPI 高级协议,每个设备连接的个数是有限制的。每个通信接口可连接 4 个,EM277 可连接 6 个。所有的 S7-200 CPU 都支持 PPI 和 PPI 高级协议,而 EM277 模块仅仅支持 PPI 高级协议。

（2）MPI 协议

MPI 协议允许主主通信和主从通信,S7-200 可以通过通信接口连接到 MPI 网上,主要应用于 S7-300/400 CPU 与 S7-200 通信的网络中。应用 MPI 协议组成的网络,支持的波特率为 19.2kbps 或 187.5kbps。通过此协议,实现作为主站的 S7-300/400 CPU 与 S7-200 的通信。在 MPI 网中,S7-200 作为从站,从站之间不能通信,S7-300/400 作为主站,当然主站也可以是编程器或 HMI 产品。MPI 协议可以是主主协议或主从协议,协议如何操作有赖于通信设备的类型。如果是 S7-300/400 CPU 之间通信,那么就建立主主连接,因为所有的 S7-300/400 CPU 在网站中都是主站。如果设备是一个主站与 S7-200 CPU 通信,那么就建立主从连接,因为 S7-200 CPU 是从站。

应用 MPI 协议组成网络时,在 S7-300/400 CPU 的用户程序中可以利用 XGET 和 XPUT 指令来读/写 S7-200 的数据（指令的使用方法请参考 S7-300/400 编程手册）。

（3）Profibus 协议

Profibus 协议通常用于实现分布式 I/O 设备（远程式 I/O）的高速通信,可以使用不同的 Profibus 设备。这些设备包括从简单的输入或输出模块到可编程控制器。S7-200 CPU 可以通过 EM277 Profibus-DP 扩展模块的方法连接到 Profibus-DP 协议支持的网络中。该协议支持的波特率为 9.6kbps～12Mbps。Profibus 网络通常有一个主站和几个 I/O 从站。主站通过配置可以知道所连接的 I/O 从站的型号和地址。主站初始化网络时,核对网络上的从站设备与配置的从站是否匹配。运行时主站可以像操作自己的 I/O 一样对从站进行操作,即不断地把数据写到从站或从从站读取数据。当 DP 主站成功地配置一个从站时,它就拥有了该从站,如果在网络中有另外一个主站,它只能有限制地访问属于第一个主站的从站数据。

（4）用户自定义协议（自由口通信模式）

所谓自由口通信（Freeport Mode）模式，是指 CPU 串行通信接口可由用户程序控制，自定义通信协议。应用此通信方式，S7-200 PLC 可以与已知任何通信协议、具有串行接口的智能设备和控制器（如打印机、条码阅读器、调制解调器、变频器、上位机等）进行通信，当然也可用于两个 CPU 之间的通信。当连接的智能设备具有 RS-485 接口时，可以通过双绞线进行连接；当连接的智能设备具有 RS-232 接口时，可以通过 PC/PPI 连接。协议支持的波特率为1.2～115.2kbps。

在自由口通信模式下，通信协议完全由用户程序控制。通过设定特殊存储字节 SMB30（端口 0）或 SMB130（端口 1）允许自由口通信模式，用户程序可以通过使用发送中断、接收中断、发送指令（XMT）和接收指令（RCV）对通信接口进行操作。应注意的是，只有在 CPU 处于 RUN 模式时才能允许自由口通信模式，此时编程器无法与 S7-200 进行通信。当 CPU 处于 STOP 模式时，自由口通信模式停止，通信模式自动转换成正常的 PPI 协议模式，编程器与 S7-200 恢复正常的通信。有关发送和接收指令的使用请参阅 7.3.2 节的说明。

（5）USS 协议

USS 协议是西门子传动产品（变频器等）通信的一种协议，S7-200 提供 USS 协议的指令，用户使用这些指令可以方便地实现对变频器的控制。通过串行 USS 总线最多可接 30 台变频器（从站），然后用一个主站（PC，西门子 PLC）进行控制，包括变频器的启动/停止、频率设定、参数修改等操作，总线上的每个传动装置都有一个从站号（在传动设备的参数中设定），主站依靠此从站号识别每个传动装置。USS 协议是一种主从总线结构，从站只对主站发来的报文作出回应并发送报文。另外也可以是一种广播通信方式，一个报文同时发送给所有 USS 总线传动设备。

（6）TCP/IP 协议

通过以太网扩展模块 CP243-1 和互联网扩展模块 CP243-1IT，S7-200 能支持 TCP/IP 以太网通信，更多信息请参见相关手册。

4. 字符数据格式

S7-200 采用异步串行通信方式。传送字符数据格式有两种：10 位字符和 11 位字符。

10 位字符数据由 1 个起始位、8 个数据位、1 个停止位组成，无校验位。数据传输速率一般为 9600bps。

11 位字符数据由 1 个起始位、8 个数据位、1 个奇偶校验位、1 个停止位组成，数据传输速率一般为 9600bps 或 19200bps。

7.2.3　通信设备

与 S7-200 相关的主要有以下网络设备及自由口通信设备。

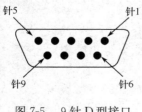

图 7-5　9 针 D 型接口

1. 通信接口

S7-200 主机带有一个或两个串行通信接口，其通信接口是符合 EN 50170 欧洲标准中 Profibus 标准的 RS-485 兼容 9 针 D 型接口。接口引脚如图 7-5 所示，PLC 端口 0 或端口 1 的引脚与 Profibus 的名称对应关系如表 7-3 所示。

表 7-3　PLC 端口引脚与 Profibus 名称的对应关系

针号	Profibus 名称	端口 0/端口 1
1	屏蔽	机壳接地
2	24V 返回	逻辑地
3	RS-485 信号 B	RS-485 信号 B
4	发送申请	RTS(TTL)
5	5V 返回	逻辑地
6	+5V	+5V,100Ω 串联电阻
7	+24V	+24V
8	RS-485 信号 A	RS-485 信号 A
9	不用	10 位 协议选择(输入)
连接起外壳	屏蔽	机壳接地

2. 网络连接器

为了能够把多台设备很容易地连接到网络中,西门子公司提供了两种网络连接器:标准网络连接器(引脚分配见表 7-3)和带编程接口的网络连接器(见图 7-6),后者允许在不影响现有网络连接的情况下,再连接一个编程器或者一个 HMI 到网络中。带编程接口的网络连接器可将 S7-200 的所有信号(包括电源引脚)传送到编程接口,这对于那些从 S7-200 取电源的设备(如 TD200)尤为有用。

网络连接器的开关在 ON 位置时,表示内部有终端匹配和偏置电阻,接线如图 7-6 所示;在 OFF 位置时,表示未接终端和偏置电阻。接在网络两个末端的网络连接器必须有终端和偏置电阻,即将开关放在 ON 位置。

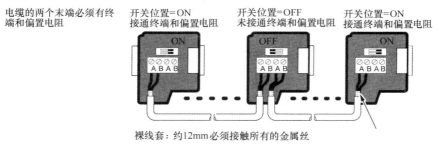

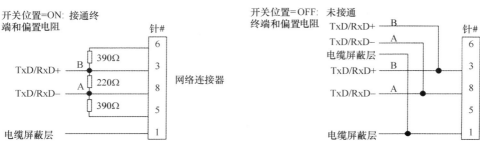

图 7-6　带编程器接口的网络连接器

3. 通信电缆

通信电缆主要有 Profibus 网络电缆和 PC/PPI 电缆。

（1）Profibus 网络电缆

Profibus 现场总线使用屏蔽双绞线。Profibus 网络电缆的最大长度取决于波特率和电缆类型。当波特率为 9600bps 时，网络电缆最大长度为 1200m。

（2）PC/PPI 电缆

利用 PC/PPI 电缆和自由口通信功能可把 S7-200 连接到带有 RS-232 标准接口的许多设备，如计算机、编程器和调制解调器等。

PC/PPI 电缆的一端是 RS-485 接口，用来连接 PLC 主机；另一端是 RS-232 接口，用于连接计算机等其他设备。电缆中部有一个开关盒，上面有 4 个或 5 个 DIP 开关，用来设置波特率、传送字符数据格式和设备模式，设置方法见第 4 章。

当数据从 RS-232 传送到 RS-485 接口时，PC/PPI 电缆是发送模式。当数据从 RS-485 传送到 RS-232 接口时，PC/PPI 电缆是接收模式。当检测到 RS-232 的发送线有字符时，电缆立即由接收模式转换到发送模式。当 RS-232 发送线处于闲置的时间超过电缆切换时间时，电缆又切换到接收模式。这个时间与电缆上的 DIP 开关设定的波特率选择有关，如表 7-4 所示。

表 7-4　PC/PPI 电缆转换时间

波特率/bps	转换时间/ms
38400～115200	0.5
19200	1
9600	2
4800	4
2400	7
1200	14

自由口通信系统中使用 PC/PPI 电缆。对于下面的情况，必须在 S7-200 的用户程序中包含转换时间。

① S7-200 在接收到 RS-232 设备的发送请求后，S7-200 必须延时一段时间才能发送数据，延时时间须大于或等于电缆的切换时间。

② S7-200 在接收到 RS-232 设备的应答信息后，S7-200 的下一次应答信息的发出必须延迟，并大于或等于电缆的切换时间。

在这两种情况下，延迟使 PC/PPI 电缆有足够的时间从发送模式切换到接收模式，以便于数据准确地从 RS-485 传送到 RS-232。

4. 网络中继器

在网络中使用中继器可延长网络的通信距离，增加接入网络的设备，并且能实现不同网络段的电气隔离，如图 7-7 所示。RS-485 中继器为网络段提供终端和偏置电阻。

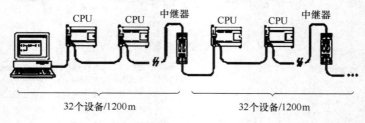

图 7-7　带有中继器的网络

如果使用两个中继器而中间没有其他节点，网络的通信距离按照所使用的波特率可扩展一个网段的长度（最多 1000m）。在一个串联网络中，最多可使用 9 个中继器，每个中继器最多可增加 32 个设备，但网络总长度不能超过 9600m。

网络中继器虽被作为网络的一个节点，但不必指定站地址。

5. 调制解调器

用调制解调器可以实现计算机或编程器与 PLC 主机之间的远距离通信。以 11 位调制解调器为例，通信连接如图 7-8 所示。图中用了一根 4 个开关的 PC/PPI 电缆和一个 11 位调制解调器,通过电话线把 S7-200 连接到主站。

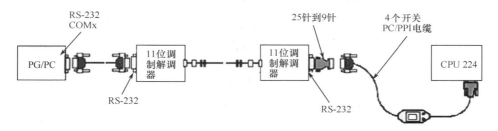

图 7-8　由调制解调器进行远程通信

这个组态只允许一个主站,而且只支持 PPI 协议。为了通过 PPI 接口通信,S7-200 要求调制解调器采用 11 位数据串。在这种模式下,S7-200 要求采用 1 个起始位、8 个数据位、1 个奇偶校验位、1 个停止位的异步通信方式,通信速率为 9.6kbps～12Mbps。

6. Profibus-DP 通信模块

EM277 Profibus-DP 通信模块用来将 S7-200 连接到 Profibus-DP 网络,Profibus-DP 网络通常由一个主站和多个从站组成。EM277 通过 DP 通信接口连接到 Profibus-DP 网络中的一个主站,通过串行 I/O 总线连接到 S7-200 CPU 模块。EM277 模块上的 DP 从站接口可按 9.6kbps～12Mbps 的波特率运行。作为从站,EM277 模块可以向主站发送数据和接收来自主站的数据及 I/O 配置。EM277 可以读/写 S7-200 CPU 模块中变量存储区中的数据块,使用户能与主站交换各种类型的数据。同样,从主站传送来的数据存储在 PLC 的变量存储区后,也可传送到其他数据区。

EM277 通过 DP 通信接口连接到网络中的一个主站上,但仍能作为一个 MPI 从站与同一网络中的 SIMATIC 编程器、S7-300/400 CPU 等其他主站通信。EM277 模块共有 6 个通信接口,其中有两个保留给编程器(PG)和操作面板(OP)。

7. 工业以太网 CP243-1 通信处理器

利用通信处理器可将 S7-200 连接到工业以太网(IE)中,S7-200 通过以太网与其他 S7-200 交换数据。CP243-1 允许通过 STEP 7-Micro/WIN 对 S7-200 进行远程组态、编程和诊断,并通过以太网访问 S7-200 的程序。CP243-1 还支持一台 S7-200 通过以太网与其他 S7-300/400 进行通信,并可以与基于 OPC 的服务器进行通信。CP243-1 在出厂时,预设了唯一的 MAC 地址,而且不能被改变,从而唯一标识 CP243-1 相连接的站点。

8. 工业以太网 CP243-2 通信处理器

CP243-2 是专门为 S7-200 的 CPU22X 模块设计的用于与 AS-i 连接的部件。CP243-2 作为 AS-i 的主站,最多可以连接 31 个 AS-i 从站。每个 S7-200 最多可以同时处理两个 CP243-2,每个 CP243-2 的 AS-i 网络上最多能有 124 个数字量输入和 124 个数字量输出,因此通过 CP243-2 和 AS-i 网络可以增加 S7-200 的输入/输出数字量。CP243-2 占用 S7-200 映像区的一个数字量输入字节(状态字节)、一个数字量输出字节(控制字节)、8 个模拟量输入字和 8 个模拟量输出字。用户可通过设置控制字来设置 CP243-2 的运行模式,使 S7-200 模拟量映像区中存储 AS-i 从站的 I/O 数据、诊断值或启动主站调用。

9. EM241 MODEM 模块

该模块的功能有 Teleservice(远程维护或远程诊断)、Communication(CPU-to-CPU、CPU-to-PC 的通信)、Message(发送短消息给手机),此模块需 V3.2 版软件的支持,EM241 参

225

数化向导集成于 STEP 7-Micro/WIN V3.2 中。其优点如下：

① 不占用 CPU 的通信接口：外部调制解调器占用 CPU 的通信接口，但 EM241 是一个智能的扩展模块。

② 最大限度的安全保证、可靠的密码保护及集成的回拨功能。

③ 世界范围内灵活的应用：通过模块上的旋转开关来进行国家设定，能够实现由 300bps ~33.6kbps 的自动波特率选择，脉冲或语音拨号也可选择。

④ 经济的安装成本：由标准电源供电，导轨安装，标准的 RJ11 插座能用于连接全世界的模拟电话网。

⑤ 集成如下解决方案：

● 通过 STEP 7-Micro/WIN V3.2 进行远程服务，用于程序修改或远程维护；

● 通过 Modbus 主从协议来进行 CPU-to-PC 的通信；

● 报警或事件驱动发送手机短消息；

● 通过电话线、Modbus 或 PPI 协议来进行 CPU-to-CPU 的数据传送。

除了以上设备，常用的还有通信处理器 CPJI 2、多机接口卡、MPI 卡等，具体使用方法可参阅西门子公司产品手册。

7.2.4　S7-200 PLC 组建的几种典型网络

S7-200 PLC 组建的常见通信网络主要有把计算机或编程器作为主站、把操作面板作为主站和把 PLC 作为主站等类型，这几种类型中又可分为单主站 PPI、多主站 PPI 和复杂的 PPI 网络。

1. 单主站 PPI 网络

对于简单的单主站网络来说，编程站可以通过 PC/PPI 电缆或通信卡（CP）与 S7-200 组成单主站 PPI 网络进行通信，如图 7-9 所示。图中计算机（STEP 7-Micro/WIN）或人机界面（HMI）设备（如 TD200、TP 或 OP）是网络的主站，S7-200 是网络的从站。

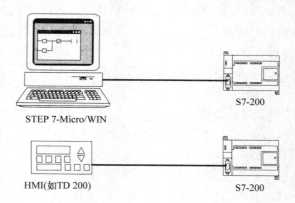

图 7-9　单主站 PPI 网络

STEP 7-Micro/WIN 可访问网络上所有的 CPU，每次只与一个 S7-200 通信。网络上的主站可以向从站发出通信请求，从站只能响应主站请求。多数情况下，S7-200 被配置为从站，可响应主站的请求。

对于单主站 PPI 网络，配置 STEP 7-Micro/WIN 时可使用 PPI 协议，如果可能的话，请不要选择多主站网络，也不要选中 PPI 高级选项。

2. 多主站 PPI 网络

编程站通过 PC/PPI 电缆或网络通信卡(CP)与 S7-200 可以组成多主站单从站 PPI 网络，如图 7-10 所示，也可构成多主站多从站 PPI 网络，如图 7-11 所示。计算机(STEP 7-Micro/WIN)和人机界面(HMI)设备都是网络的主站，S7-200 是网络的从站。对于多主站 PPI 网络，配置 STEP 7-Micro/WIN 使用 PPI 协议时，应选择多主站，最好选择 PPI 高级选项，必须为两个主站分配不同的站地址，才能保证通信成功。

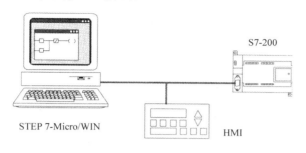

图 7-10   只带一个从站的多主站

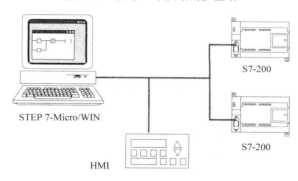

图 7-11   多个从站和多个主站

3. 复杂的 PPI 网络

图 7-12 和图 7-13 给出了一个点对点通信和有多个从站的多主站网络实例。计算机(STEP 7-Micro/WIN)和人机界面(HMI)设备通过网络指令读/写 S7-200 的数据，同时 S7-200 之间可以使用网络读/写指令 NETR、NETW 相互读/写数据(点对点通信)。图中所有设备(主站和从站)都应分配不同的地址。对于多从站多主站构成的复杂 PPI 网络，配置 STEP 7-Micro/WIN 使用 PPI 协议时，应选择多主站并选择 PPI 高级选项，如果使用的是 PPI 多主站电缆，那么多主站网络和 PPI 高级选项便可忽略。

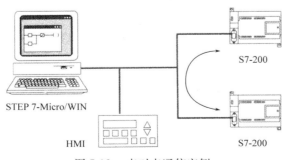

图 7-12   点对点通信实例

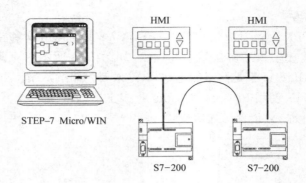

图 7-13　有多个从站的多主站网络

4. 使用 S7-200、S7-300/400 设备配置网络

S7-200 PLC 还可加入由 S7-300/400 PLC 组建的更为复杂的网络。例如,在 MPI 网络中作为从站(服务器),或者通过 EM277 作为 Profibus 网络的从站,或者通过以太网卡接入工业以太网等,相关内容参见本书第 8 章。

7.2.5　通信参数的设置

1. 通信参数的设置

不同的网络配置,其通信参数的设置是不同的。要进行通信参数设置,应首先运行 STEP 7-Micro/WIN 软件进入"通信"对话框,如图 7-14 所示。

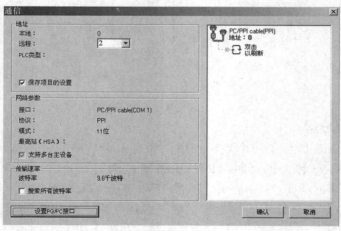

图 7-14　"通信"对话框

图 7-14 中配置默认的参数为:远程设备地址,2;本地设备地址,0;通信接口,PC/PPI 电缆(计算机通信接口为 COM1);通信协议,PPI 协议;传输速率,9.6kbps;传送字符数据格式,11 位。

可根据需要更改以上参数的设置,具体步骤如下:

① 双击"通信"对话框中右上角的 PC/PPI 电缆图标,出现"设置 PG/PC 接口(Set PG/PC Interface)"对话框,如图 7-15 所示。

② 单击"设置 PG/PC 接口"对话框中的"属性(Properties)"按钮,出现"PC/PPI 电缆属性(Properties-PC/PPI Cable(PPI))"对话框。

③ "PC/PPI 电缆属性"对话框的"PPI"选项中对本站(STEP 7-Micro/WIN)地址(默认

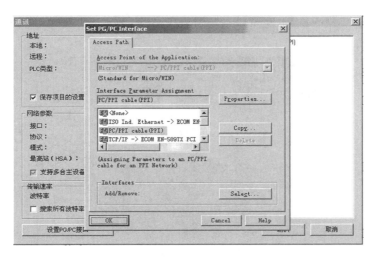

图 7-15　配置 STEP 7-Micro/WIN32

设置为 0，一般不需改动）、通信超时进行设定；可选择使用 PPI 高级选项和多主站网络；可对网络传输速率、网络最高站址进行选择。

单击"本地连接（Local Connecting）"选项，可选择计算机的通信接口，以及选择是否使用调制解调器进行通信。

2. 安装或删除通信接口

按上述方法进入"设置 PG/PC 接口（Set PG/PC Interface）"对话框后，即可按以下步骤进行安装或删除通信接口操作。

① 如图 7-15 所示，单击"增加/删除（Add/Remove）"区中的"选择（Select）"按钮，弹出"安装/删除（Installing/Uninstalling Interfaces）"对话框。

② 在"选择（Selection）"区中选择要安装的接口硬件（如图 7-16 所示的 PC/PPI Cable 接口），单击中间的"安装（Install）"按钮，然后按照安装向导进行安装。安装结束后，在对话框右侧的"已安装（Installed）"区中将出现安装的硬件。

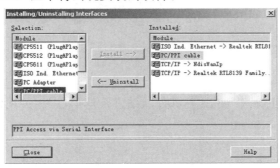

图 7-16　安装或删除通信接口

③ 在对话框右侧的"已安装（Installed）"区中选择要删除的硬件，单击中间的"删除（Uninstall）"按钮，所选硬件即可被删除。

7.2.6　S7-200 的参数设置

设置好通信参数后，也应根据需要为 S7-200 进行参数设置，主要包括站地址、波特率、间隔更新系数等参数的设置，其设置方法如下。

① 单击 STEP 7-Micro/WIN 窗口左侧引导条中的"系统块"图标,将弹出"系统块(System Block)"对话框,如图 7-17 所示。

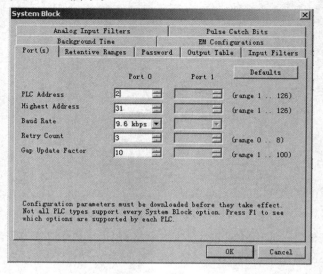

图 7-17　S7-200 的参数设置

② 设置站地址、网络最高站地址、波特率、间隔更新系数等参数。

③ 下载系统块到 S7-200。

下载系统块到 S7-200 之前,需确认 STEP 7-Micro/WIN 通信接口的参数与当前 S7-200 的参数是否匹配,主要看站地址、波特率等是否一致。下载成功后,可打开"通信"对话框,并双击该对话框右上角的刷新图标搜寻并连接网络上的 S7-200。为确保通信顺利,通信前根据需要重新调整 STEP 7-Micro/WIN 通信接口的参数,以使 STEP 7-Micro/WIN 通信接口的参数与当前 S7-200 的参数相匹配。

7.3　S7-200 网络及应用

7.3.1　网络指令及应用

S7-200 之间经常采用 PPI 协议进行通信。S7-200 默认运行模式为从站模式,但在用户应用程序中可将其设置为主站运行模式与其他从站进行通信,用相关网络指令对其他从站中的数据进行读/写。

1. 网络指令

网络指令包括网络读 NETR(Network Read)、网络写 NETW(Network Write)指令。

① 格式:网络读、网络写指令格式如图 7-18 所示。当 S7-200 被定义为 PPI 主站模式时,就可以应用网络读/写指令对另外的 S7-200 进行读/写操作。

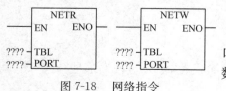

图 7-18　网络指令

② 功能描述如下:

网络读(NETR)指令,可以通过指令指定的通信端口(PORT)从另外的 S7-200 上接收数据,并将接收到的数据存储在指定缓冲区的传送数据表(TBL)中。

网络写(NETW)指令,可以通过指令指定的通信端口(PORT)向另外的 S7-200 的 TBL 中写数据。

NETR 指令可以从远程站点上读取最多 16 字节的信息,NETW 指令则可以向远程站点写最多 16 字节的信息。在程序中可以使用任意多条网络读/写指令,但在任何同一时间,最多只能同时执行 8 条 NETR 或 NETW 指令。例如,S7-200 CPU 中可以有 4 条 NETW 指令和 4 条 NETR 指令,或者 2 条 NETR 指令和 6 条 NETW 指令。

使用网络读/写指令对另外的 S7-200 读/写操作时,首先要将应用网络读/写指令的 S7-200 定义为 PPI 主站模式(SMB30),即通信初始化,然后就可以使用该指令进行读/写操作。

③ NETR、NETW 指令中的操作数:TBL 可以是 VB、MB、* VD、* AC、* LD,数据类型为 BYTE;PORT 是常数(CPU221、CPU222、CPU224 模块为 1;CPU224XP、CPU226 模块为 0 或 1),数据类型为 BYTE。

2. 控制寄存器和传送数据表

(1) 控制寄存器

与网络指令有关的特殊标志寄存器为 SMB30 和 SMB130,具体见附录 A。将特殊标志寄存器 SMB30 和 SMB130 的低 2 位设置为 2♯10,其他位为 0,即 SMB30 和 SMB130 的值为 16♯2,则可将 S7-200 设置为 PPI 主站模式。

(2) 传送数据表

① 传送数据表(TBL)格式 S7-200 执行网络读/写指令时,PPI 主站与从站之间的数据以传送数据表的格式传送,传送数据表的格式如表 7-5 所示。

表 7-5 传送数据表的格式

字节偏移量	名 称	描 述
0	状态字 | D | A | E | 0 | E1 | E2 | E3 | E4 |	反映网络指令的执行结果状态及错误码
1	远程站地址	被访问网络的 PLC 从站地址
2		
3	指向远程站数据区的指针	存放被访问数据区(I、Q、M 和 V 数据区)的首地址
4		
5		
6	数据长度	远程站上被访问的数据区长度
7	数据字节 0	对 NETR 指令,执行后,从远程站读到的数据存放到这个区域 对 NETW 指令,执行后,要发送到远程站的数据存放到这个区域
8 ⋮ 22	数据字节 1 ⋮ 数据字节 15	

② 状态字节 传送数据表中的第一个字节为状态字节,各位含义如下:

● D 位:操作完成位。0:未完成;1:已完成。

● A 位:有效位,操作已被排队。0:无效;1:有效。

● E 位:错误标志位。0:无错误;1:有错误。

● E1、E2、E3、E4 位:错误码。如果执行读/写指令后 E 位为 1,则由这 4 位返回一个错误码。这 4 位组成的错误编码及含义如表 7-6 所示。

表 7-6 错误编码及含义

E1 E2 E3 E4	错误码	说　　明
0000	0	无错误
0001	1	超时错误:远程站点无响应
0010	2	接收错误:奇偶校验错,帧或校验时出错
0011	3	离线错误:相同的站地址或无效的硬件引起冲突
0100	4	队列溢出错误:超过 8 条 NETR/NETW 指令被激活
0101	5	违反通信协议:没有在 SMB30 中允许 PPI 协议而执行 NETR/NETW 指令
0110	6	非法参数:NETR/NETW 指令中包含非法参数或无效值
0111	7	没有资源:远程站忙(正在进行上传或下载操作)
1000	8	第 7 层错误:违反应用协议
1001	9	信息错误:错误的数据地址或不正确的数据长度
1010~1111	A~F	为将来的使用保留

3. **NETR/NETW 指令应用举例**

图 7-19 给出一个简单网络,一条生产线正在灌装黄油桶并将其送到 4 台包装机中的一台上,打包机把 8 个黄油桶包装到一个纸箱中。一个分流机控制着黄油桶流向各个打包机。4 个 CPU221 模块用于控制打包机,一个 CPU222 模块安装 TD200 操作器接口,用来控制分流机。图 7-20 为 NETR/NETW 指令应用梯形图。

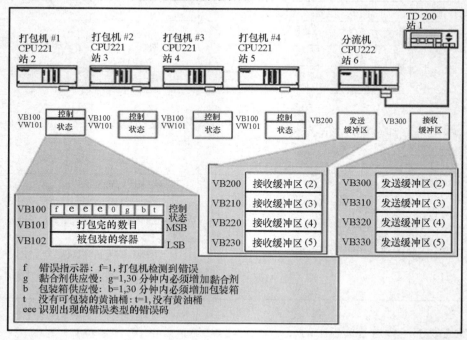

图 7-19 NETR/NETW 指令应用举例

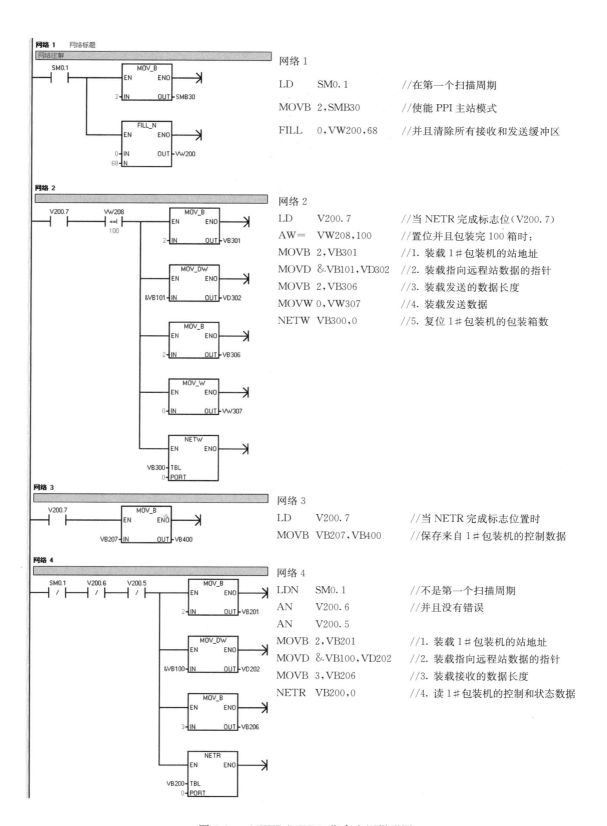

网络 1

LD   SM0.1   //在第一个扫描周期

MOVB 2,SMB30   //使能 PPI 主站模式

FILL   0,VW200,68   //并且清除所有接收和发送缓冲区

网络 2

LD   V200.7   //当 NETR 完成标志位(V200.7)

AW=   VW208,100   //置位并且包装完 100 箱时:

MOVB 2,VB301   //1. 装载 1# 包装机的站地址

MOVD &.VB101,VD302   //2. 装载指向远程站数据的指针

MOVB 2,VB306   //3. 装载发送的数据长度

MOVW 0,VW307   //4. 装载发送数据

NETW VB300,0   //5. 复位 1# 包装机的包装箱数

网络 3

LD   V200.7   //当 NETR 完成标志位置时

MOVB VB207,VB400   //保存来自 1# 包装机的控制数据

网络 4

LDN   SM0.1   //不是第一个扫描周期

AN   V200.6   //并且没有错误

AN   V200.5

MOVB 2,VB201   //1. 装载 1# 包装机的站地址

MOVD &.VB100,VD202   //2. 装载指向远程站数据的指针

MOVB 3,VB206   //3. 装载接收的数据长度

NETR VB200,0   //4. 读 1# 包装机的控制和状态数据

图 7-20   NETR/NETW 指令应用梯形图

表 7-7 给出了 2 号站接收缓冲区(VB200)和发送缓冲区(VB300)中的数据。S7-200 使用网络读指令不断读取每个打包机的控制和状态信息。每次某个打包机包装完 100 箱,分流机会注意到,并用网络写指令发送一条信息清除状态字。

表 7-7　网络读/写指令中 TBL 数据举例

VB200	D	A	E	0	错误代码
VB201	远程站地址＝2				
VB202	指向远程站				
VB203	(&VB100)				
VB204	数据区				
VB205	指针				
VB206	数据长度＝3 字节				
VB207	控制				
VB208	状态(MSB)				
VB209	状态(LSB)				

VB300	D	A	E	0	错误代码
VB301	远程站地址＝2				
VB302	指向远程站				
VB303	(&VB101)				
VB304	数据区				
VB305	指针				
VB306	数据长度＝2 字节				
VB307	0				
VB308	0				

7.3.2　自由口指令及应用

自由口模式允许用户程序控制 S7-200 的串行通信接口。S7-200 处于 RUN 模式时,当选择了自由口模式时,用户程序通过使用发送指令、接收指令、发送中断指令接收中断指令来控制串行通信接口的操作。

S7-200 处于 STOP 模式时,自由口模式被禁止,通信接口自动切换到正常的 PPI 协议操作。只有当 S7-200 处于 RUN 模式时,才能使用自由口模式。

1. 自由口指令

自由口指令包括自由口发送(XMT)指令和自由口接收(RCV)指令。

① 格式:梯形图如图 7-21 所示。

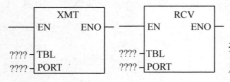

图 7-21　自由口指令

② 功能描述如下:

发送指令(XMT),可以将传送数据表(TBL)中的数据通过指令指定的通信端口(PORT)发送出去,发送完成时将产生一个中断事件,TBL 的第一个数据指明了要发送的字节数。

接收指令(RCV),可以通过指令指定的通信端口(PORT)接收信息并存储于 TBL 中,接收完成也将产生一个中断事件,TBL 的第一个数据指明了接收的字节数。

③ 指令中合法的操作数:TBL 可以是 VB、IB、QB、MB、SB、SMB、∗VD、∗AC 和 ∗LD,数据类型为 BYTE;PORT 为常数(CPU221、CPU222、CPU224 模块为 0,CPU224XP、CPU226 模块为 0 或 1),数据类型为 BYTE。

2. 相关寄存器及标志

(1) 控制寄存器

用控制寄存器中的 SMB30 和 SMB130 的各个位分别配置端口 0 和端口 1,为自由口选择通信参数,包括波特率、奇偶校验位、数据位和通信协议的选择。

SMB30 用于控制和设置端口 0，SMB130 用于控制和设置端口 1，SMB30 和 SMB130 的各位及其含义如表 7-8 所示。

表 7-8　自由口控制寄存器(SMB30、SMB130)

端口 0	端口 1	描述自由口模式控制字节
SMB30 格式	SMB130 格式	MSB　　　　　　　　　　　　　　LSB | P | P | D | B | B | B | M | M |
SM30.7、SM30.6	SM130.7、SM130.6	PP:奇偶选择 　　00:无奇偶校验；　01:偶校验； 　　10:无奇偶校验；　11:奇校验
SM30.5	SM130.5	D:每个字符的数据位 　　0＝每个字符 8 位；　1＝每个字符 7 位
SM30.4～SM30.2	SM130.4～SM130.2	BBB:自由口波特率 　　000＝38400bps；001＝19200bps 　　010＝9600bps；　011＝4800bps 　　100＝2400bps；　101＝1200bps 　　110＝115.2kbps；111＝57.6kbps
SM30.1～SM30.0	SM130.1～SM130.0	MM:协议选择 　　00＝PPI/从站模式(默认设置)；01＝自由口协议 　　10＝PPI/主站模式；　　　　　11＝保留

（2）特殊标志位及中断

接收字符中断：中断事件号为 8(端口 0)和 25(端口 1)。

发送信息完成中断：中断事件号为 9(端口 0)和 26(端口 1)。

接收信息完成中断：中断事件号为 23(端口 0)和 24(端口 1)。

发送结束标志位 SM4.5 和 SM4.6：分别用来标志端口 0 和端口 1 发送空闲状态，发送空闲时置 1。

（3）特殊功能寄存器

执行接收(RCV)指令时用到一系列特殊功能寄存器。对端口 0 用 SMB86～SMB94 特殊功能寄存器；对端口 1 用 SMB186～SMB194 特殊功能寄存器。各字节及其内容描述如表 7-9 所示。

表 7-9　特殊功能寄存器(SMB86～SMB94，SMB186～SMB194)

端口 0	端口 1	描　　　述
SMB86	SMB186	接收状态信息字　　MSB　　　　　　　　　　　LSB | n | r | e | 0 | 0 | t | c | p | n＝1:用户通过禁止命令终止接收信息 r＝1:接收终止——输入参数错误或无起始或结束条件 e＝1:接收到结束字符 t＝1:接收信息终止——超时 c＝1:接收信息终止——超出最大字符数 p＝1:接收信息终止——奇偶校验错误

端口 0	端口 1	描 述
SMB87	SMB187	接收信息控制字： MSB LSB | en | sc | ec | il | c/m | tmr | bk | 0 | en: 0：禁止接收信息功能；1：允许接收信息功能（每次执行 RCV 指令时检查允许/禁止接收信息位） sc: 0：忽略 SMB88 或 SMB188；1：使用 SMB88 或 SMB188 的值检测起始信息 ec: 0：忽略 SMB89 或 SMB189；1：使用 SMB89 或 SMB189 的值检测结束信息 il: 0：忽略 SMW90 或 SMW190；1：使用 SMW90 或 SMW190 的值检测空闲状态 c/m: 0：定时器是内字符定时器；1：定时器是信息定时器 tmr: 0：忽略 SMW92 或 SMW192；1：当 SMW92 或 SMW192 中的定时时间超出时终止接收 bk: 0：忽略 break 条件；1：用 break 条件作为信息检测的开始 接收信息控制字节位可用来作为定义识别信息的标准。信息的起始和结束均需要定义 起始定义：il* sc+bk* sc 结束定义：ec+tmr+最大字符数 起始信息编程： ①空闲线检测：il＝1，sc＝0，bk＝0，SMW90（或 SMW190）＞0 ②起始字符检测：il＝0，sc＝1，bk＝0，忽略 SMW90（或 SMW190） ③break 检测：il＝0，sc＝0，bk＝1，忽略 SMW90（或 SMW190） ④对一个信息的响应：il＝1，sc＝0，bk＝0，SMW90（或 SMW190）＝0（可用信息定时器来终止接收） ⑤break 和一个起始字符：il＝0，sc＝1，bk＝1，忽略 SMW90（或 SMW190） ⑥空闲和一个起始字符：il＝1，sc＝1，bk＝0，SMW90（或 SMW190）＞0 ⑦空闲和一个起始字符（非法）：il＝1，sc＝0，bk＝0，SMW90（或 SMW190）＝0
SMB88	SMB188	信息字符的开始
SMB89	SMB189	信息字符的结束
SMB90 SMB91	SMB190 SMB191	空闲线时间间隔用毫秒给出。在空闲线时间结束后接收的第一个字符是新信息的开始。SMB90（或 SMB190）为高字节，SMB91（或 SMB191）为低字节
SMB92 SMB93	SMB192 SMB193	字符间超时/信息间定时器超时（用毫秒表示）。如果超出时间，就停止接收信息。SMB92（或 SMB192）为高字节，SMB93（或 SMB193）为低字节
SMB94	SMB194	要接收字符的最大数（1～255 字节） 注意：这个区一定要设为希望的最大缓冲区，即使不使用字符计数信息终止

3. 用 XMT 指令发送数据

用 XMT 指令可以方便地发送 1~255 字节,如果有一个中断服务程序连接到发送结束事件上,在发送完缓冲区内最后一个字符时,会产生一个发送中断(对端口 0 为中断事件 9,对端口 1 为中断事件 26)。也可以不通过中断执行发送指令,可查询发送完成状态位 SM4.5 或 SM4.6 的变化,判断发送是否完成。

如果将字符数设置为 0 并执行 XMT 指令,可以产生一个 break 状态,这个 break 状态可以在线上持续一段特定的时间,这段特定时间是以当前波特率传输 16 位数据所需要的时间。发送 break 的操作与发送其他信息一样,发送 break 的操作完成时也会产生一个发送中断,SM4.5 或 SM4.6 反映发送操作的当前状态。

4. 用 RCV 指令接收数据

用 RCV 指令可以方便地接收一个或多个字节,最多可达 255 字节。如果有一个中断服务程序连接到接收信息完成事件上,在接收完最后一个字符时,会产生一个接收中断(对端口 0 为中断事件 23,对端口 1 为中断事件 24)。和发送指令一样,也可以不使用中断,通过查询接收信息状态寄存器 SMB86(端口 0)或 SMB186(端口 1)来接收信息。当 RCV 指令未被激活或已被终止时,它们不为 0;当接收正在进行时,它们为 0。RCV 指令允许用户选择信息的起始和结束条件,使用 SMB86~SMB94 对端口 0 进行设置,使用 SMB186~SMB194 对端口 1 进行设置。当超限或有校验错误时,接收信息会自动终止。因此必须为接收信息功能操作定义一个起始条件和结束条件(最大字符数)。

5. 接收指令的起始条件和结束条件

接收指令使用接收信息控制字节(SMB87 或 SMB187)中的位来定义信息起始和结束条件。

(1) RCV 指令支持的起始条件(参见表 7-9)

① 空闲线检测:空闲线条件是指在传输线上一段安静或者空闲的时间,在 SMW90 或者 SMW190 中指定其毫秒数。设置 il=1,sc=0,bk=0,SMW90(或 SMW190)>0。执行 RCV 指令时,信息接收功能会自动忽略空闲线时间到之前的任何字符,并按 SMW90(或 SMW190)中的设定值重新启动空闲线定时器,把空闲线时间之后接收到的第一个字符作为接收信息的第一个字符存入信息缓冲区,如图 7-22 所示。空闲线时间应设定为大于指定波特率下传输一个字符(包括起始位、数据位、奇偶校验位和停止位)的时间,空闲线时间的典型值为指定波特率下传输 3 个字符的时间。

图 7-22　用空闲线时间检测来启动接收指令

② 起始字符检测:起始字符可以是用于作为一条信息首字符的任一字符。设置 il=0,sc=1,bk=0,忽略 SMW90(或 SMW190)。信息接收功能会将 SMB88(或 SMB188)中指定的起始字符作为接收信息的第一个字符,并将起始字符和起始字符之后的所有字符存入信息缓冲区,而自动忽略起始字符之前接收到的字符。

③ break 检测：断点（break）检测是指在大于一个完整字符传输时间的一段时间内，接收数据一直为 0。一个完整字符传输时间定义为传输起始位、数据位、奇偶校验位和停止位的时间总和。设置 il＝0，sc＝0，bk＝1，忽略 SMW90（或 SMW190）。信息接收功能以接收到的 break 作为接收信息的开始，将 break 之后接收到的字符存入信息缓冲区，自动忽略 break 之前接收到的字符。通常只有当通信协议需要时，采用断点检测作为起始条件。

④ 对一个信息的响应：接收指令可以被配置为立即接收任意字符并把全部接收到的字符存入信息缓冲区。这是空闲线检测的一种特殊情况。在这种情况下，空闲线时间（SMW90 或 SMW190）被设置为 0，这使得接收指令一经执行，就立即开始接收字符。设置 il＝1，sc＝0，bk＝0，SMW90（或 SMW190）＝0，SMB88/SMB188 被忽略。

用任意字符开始一条信息允许使用信息定时器，来监控信息接收是否超时。这对于自由口协议的主站是非常有用的，并且在指定的时间内，没有来自从站的任何响应的情况，也需要采用超时处理。由于空闲线时间设置为 0，当接收指令执行时，信息定时器启动。如果没有其他终止条件满足，信息定时器超时会结束接收信息功能。设置 il＝1，sc＝0，bk＝0，SMW90（或 SMW190）＝0，SMB88/SMB188 被忽略。c/m＝1，tmr＝1，SMW92（或 SMW192）＝信息超时时间，单位为 ms。

⑤ break 和一个起始字符：接收指令可以被配置为接收到 break 条件和一个指定的起始字符之后，启动接收。设置 il＝0，sc＝1，bk＝1，忽略 SMW90（或 SMW190），SMB88/SMB188＝起始字符，信息接收功能接收到 break 后继续搜寻特定的起始字符。如果接收到起始字符以外的其他字符，则重新等待新的 break，并自动忽略接收到的字符；如果信息接收功能接收到 break 之后的第一个字符为特定的字符，则起始字符和起始字符之后的所有字符存入信息缓冲区。

⑥ 空闲线和一个起始字符：接收指令可以用空闲线和起始字符的组合来启动一条信息。当接收指令执行时，接收信息功能检测空闲线条件。在空闲线条件满足后，接收信息功能搜索指定的起始字符。如果接收到的字符不是起始字符，接收信息功能重新检测空闲线条件。所有在空闲线条件满足和接收到起始字符之前接收到的字符被忽略，否则将起始字符和起始字符之后的所有字符存入信息缓冲区。空闲线时间应该总是大于在指定的波特率下传输一个字符（包括起始位、数据位、奇偶校验位和停止位）的时间。空闲线时间的典型值为在指定的波特率下传输 3 个字符的时间。设置 il＝1，sc＝1，bk＝0，SMW90（或 SMW190）＞0，SMB88/SMB188＝起始字符。通常对于指定信息之间最小时间间隔并且信息的起始字符是特定设备的站号或其他信息的协议，用户可以使用这种类型的起始条件。这种方式尤其适用于在通信连接上有多个设备的情况。在这种情况下，只有当接收到的信息的起始字符为特定的站号或设备时，接收指令才会触发一个中断。

（2）RCV 指令支持的结束条件

结束信息的方式可以是以下的一种或几种组合。

① 结束字符检测：结束字符是用于表示信息结束的任意字符。设置 ec＝1，SMB89（或 SMB189）＝结束字符；信息接收功能在找到起始条件开始接收字符后，检查每个接收到的字符，并判断它是否与结束字符相匹配，如果接收到结束字符，将其存入信息缓冲区，信息接收功能结束。通常对于所有信息都使用同一字符作为结束的 ASCII 码协议，用户可以使用结束字符检测。

② 字符间隔定时器超时：字符间隔时间是指从一个字符的结尾（停止位）到下一个字符的

结尾(停止位)之间的时间。设置 c/m＝0,tmr＝1,SMW92(SMW192)＝字符间超时时间。如果信息接收功能接收到的两个字符之间的时间间隔超过字符间超时定时器的设定时间,则信息接收功能结束。字符间超时定时器设定值应大于指定波特率下传输一个字符(包括起始位、数据位、奇偶校验位和停止位)的时间。用户可以通过使用字符间隔定时器与结束字符检测或者最大字符计数相结合,来结束一条信息。

③ 信息定时器超值:从信息的开始算起,在经过指定的一段时间后,信息定时器结束一条信息。设置 c/m＝1,tmr＝1,SMW92(SMW192)＝信息超时时间。信息接收功能在找到起始条件开始接收字符时,启动信息定时器,信息定时器时间到,则信息接收功能结束。同样用户可以通过使用字符间隔定时器与结束字符检测或者最大字符计数相结合,来结束一条信息。

④ 最大字符计数:当信息接收功能接收到的字符数大于 SMB94(或 SMB194)时,信息接收功能结束。接收指令要求用户设定一个希望最大的字符数,从而确保信息缓冲区之后的用户数据不会被覆盖。

最大字符计数总是与结束字符、字符间超时定时器、信息定时器结合在一起作为结束条件使用的。

⑤ 校验错误:当接收字符出现奇偶校验错误时,信息接收功能自动结束。只有在 SMB30(或 SMB130)中设定了奇偶校验位时,才有可能出现校验错误。

⑥ 用户结束:用户可以通过将 SMB87(或 SMB187)设置为 0 来终止信息接收功能。

6. 用接收字符中断接收数据

为了完全适应对各种通信协议的支持,可以使用字符中断控制的方式来接收数据。通信接口每接收一个字符时都会产生中断。在执行连接到接收字符中断事件上的中断程序前,接收到的字符存储在 SMB2 中,校验状态(如果允许的话)存储在 SMB3 中。

SMB2 是自由口接收字符缓冲区。在自由口模式下,每个接收到的字符都会被存储在这个单元中,以方便用户程序访问。SMB3 用于自由口模式,并包含一个校验错误标志位。当接收字符的同时检测到校验错误时,该位被置位,该字节的所有其他位保留。

注意:SMB2 和 SMB3 是端口 0 和端口 1 公用的。当接收的字符来自端口 0 时,执行与事件(中断事件 8)相连接的中断程序,此时 SMB2 中存储从端口 0 接收的字符,SMB3 中存储字符的校验状态;当接收的字符来自端口 1 时,执行与事件(中断事件 25)相连接的中断程序,SMB2 中存储从端口 1 接收的字符,SMB3 中存储该字符的校验状态。

7. 自由口协议通信指令应用举例

本程序功能为上位机和 PLC 之间的通信,PLC 接收上位机发送的一串字符,直至收到回车符为止,PLC 又将信息发送回上位机。

自由口协议通信指令应用举例的主程序如图 7-23 所示,本程序实现的功能是接收一个字符串,直至接收到换行字符。接收完成后,信息会发送回发送方。中断 0 为接收完成中断程序,如图 7-24 所示。中断 0 实现的功能是如果接收状态显示接收结束字符,则附加一个 10ms 计时器,触发传输并返回。中断 1 为 10ms 定时触发发送,如图 7-25 所示。中断 2 为发送字符中断事件,如图 7-26 所示。

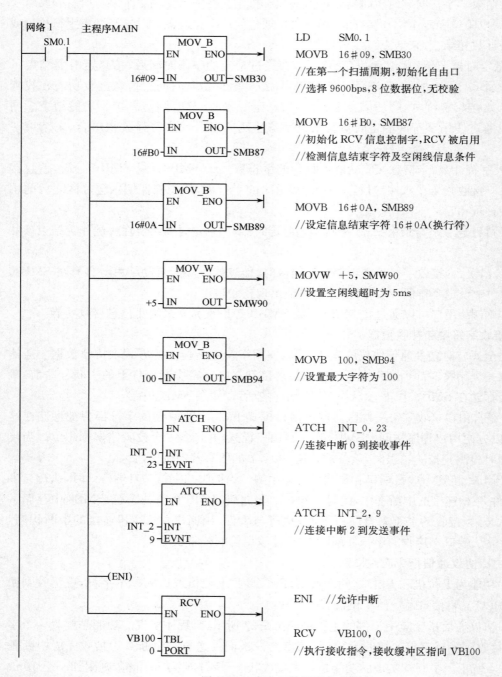

图 7-23　自由口协议通信主程序

图 7-24　自由口协议通信中断 0

图 7-25　自由口协议通信中断 1

图 7-26　自由口协议通信中断 2

7.4　自由口模式下 PLC 与计算机的通信

7.4.1　自由口模式下 PLC 串行通信编程要点

1. PLC 通信程序的创建

自由口模式允许 PLC 应用程序控制 S7-200 CPU 的通信接口，用户可以在自由口模式下使用自己定义的通信协议来实现与多种类型的智能设备的通信，自由口模式支持 ASCII 码和二进制协议。应用程序中使用以下步骤控制通信接口的操作：

① 发送指令(XMT)和发送完成中断事件:发送指令允许 S7-200 的通信接口上发送最多255 字节。发送完成中断,通知程序发送完成。

② 接收字符中断事件:接收字符中断通知通信接口上接收到了一个字符,应用程序就可以根据所用的协议对该字符进行相关的操作。

③ 接收指令(RCV)和接收完成中断事件:接收指令从通信接口接收整条信息。当接收完成后,产生中断通知应用程序。用户需要在 SM 存储器中定义条件来控制接收指令开始和停止接收信息。接收指令可以根据特定的字符或时间间隔来启动和停止接收信息。

XMT 指令的使用比较简单,RCV 指令所需要的控制稍多一些。

RCV 指令的基本工作过程为:在逻辑条件满足时,启动 RCV 指令,进入接收等待状态,监控通信接口,等待设置的信息起始条件是否满足。如果满足信息的起始条件,就进入信息接收状态,直到满足设置的信息结束条件,则结束信息接收,然后退出接收状态。所以,RCV 指令启动后并不一定就接收信息,如果没有让它具有开始信息接收的条件,就一直处于等待接收的状态;如果信息始终没有开始或者结束,通信接口就一直处于接收状态。这时如果尝试执行XMT 指令,就不会发送任何信息。因此,确保不同时执行 XMT 和 RCV 非常重要,可以使用发送完成中断和接收完成中断功能,在中断程序中启动另一个指令。

S7-200 PLC 之间通信的基本方式是 PPI 方式,通过使用网络读指令(NETR)及网络写指令(NETW),实现 PLC 之间通信的简单而快捷。由于自由口模式的灵活性,S7-200 PLC 之间也可以采用自由口模式进行通信。可采用发送指令(XMT)和接收字符中断事件进行双机或多机主从式通信。实现原理如下:

① 选中一台 PLC 作为主机,负责通信的管理工作。主机应设置一个用于监控通信的定时器,主机发送完数据后,在所设定的定时时间内,若得不到从机的响应,会主动地断开中断接收事件 8 而重新发送。发送结束中断事件 9 用于以中断的方式监控发送数据的完成情况。

② 从机只有接收到来自主机的控制信息后才被动地响应主机的请求,中断接收事件 8 是从通信接口上读到信息时产生的接收中断,由此可在定义的中断接收事件 8 的中断程序中将已收到的信息从 SMB2 中读出。

③ 在需要以一个固定的时间间隔来进行工作处理时,可采用软件定时中断(事件 10 和事件 11)。这样做的好处是:一方面可以节约 PLC 的定时器资源,并且使程序的编制变得简单且可读性好;另一方面可以使操作变得简单,在特殊存储器 SMB34 或 SMB35 中设定时间值后(1~255ms),将中断程序与事件 10 或 11 相连即可(执行 ATCH 指令)。若要停止定时器功能,只需将中断程序与事件 10 或 11 断开即可(执行 DTCH 指令)。

2. 计算机通信程序的设计与实现

随着工业 PC 的推出,个人计算机(PC)在工业现场运行的可靠性问题已得到解决,因此在各类测控设备中实现 PLC 和 PC 之间的串行通信有着重大的意义。这样一方面有助于将PC 开发成简易工作站或者工作终端,实现集中显示、集中报警功能;另一方面,也可把个人计算机开发成 PLC 编程终端,通过编程器接口接入 PLC 网络,进行编程、调试及监控,并最终达到 PLC 测控设备结构简单、运行可靠、维护容易、便于二次开发的技术特点。S7-200CPU 上的通信接口是与 RS-485 兼容的 9 针 D 型连接器,PLC 还提供了实现 RS-485 与 PC 上RS-232C 相连接的 PC/PPI 电缆或 USB/PPI 电缆,利用它可以方便地实现 S7-200 PLC 与PC 之间的硬件连接。其中,USB/PPI 电缆是通过 USB 接口提供串行连接及 RS-485 信号转换和 PPI 协议转换的编程电缆,在 PC 中运行的驱动程序控制下,将 PC 的 USB 接口仿真成传统的串行接口(俗称 COM 口),从而使用现有的各种编程软件、通信软件和监控软件等。本电缆的工作电源取自 USB 接口和 PLC 的编程接口,转换盒上的发光二极管指示数据的收发状态。

USB/PPI 电缆是光电隔离的,适用于西门子 S7-200 PLC,特别适合于干扰较大、易损坏通信接口的工业现场,电路中的各种保护措施保证了系统的安全运行。USB/PPI 电缆原理框图如图 7-27 所示。

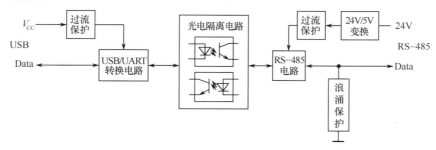

图 7-27　USB/PPI 电缆原理框图

S7-200 PLC 与 PC 之间的通信可以用以下几种方法实现。

① 使用 STEP 7-Micro/WIN 软件,在 PPI 工作方式下实现,PC 作为通信中的主站,PLC 作为从站,不需要编程。此方法简单易用,但上位机状态监控不够直观。

② 使用工控组态软件实现,如西门子的 WinCC、组态王等,可以实现复杂的状态监控,但设计时间较长、成本较高。

③ 使用自由口模式,实现 PLC 与 PC 的灵活通信。通常所使用的编程语言有 VC、VB、Delphi 等,设计者需要掌握一定的计算机语言知识。为了专注于上位机监控界面的设计,建议用户采用 Microsoft 公司提供的 MSComm 控件。MSComm(Microsoft Communications Control)是 Microsoft 公司提供的简化 Windows 下串行通信编程的 ActiveX 控件,它为应用程序提供了通过串行接口收发数据的简便方法,在 VC、VB、Delphi 等语言中均可使用。程序设计人员只需设置和监控 MSComm 控件的属性与事件,就可以轻松地实现串行通信。

3. PLC 与 PC 通信的方法实现

PC 与 PLC 通信时,为了避免通信中的各方争用通信线,一般采用主从工作方式,只有主机才有权主动发送请求报文,从机收到请求报文后返回响应报文。具体实现方法如下:

① 采用发送指令(XMT)和接收字符中断事件进行主从式通信。PLC 为主机,PC 为从机,PLC 定时发送状态信息,PC 被动接收,并加以处理。在定时时间未到时,PLC 使用字符中断监控通信接口上的数据,若收到 PC 传来的一个字符,会产生字符接收中断事件 8,可以在连接的中断程序中处理此控制字符;在定时时间到时,会产生定时器中断事件,可在中断程序中执行发送指令并禁止接收字符中断,实现 PLC 定时发送状态信息。详见 7.4.2 节应用实例 1。

② 采用发送指令(XMT)和接收指令(RCV)进行主从式通信。PC 为主机,PLC 为从机,PC 只有定时发送控制信息,PLC 才会不断地上传状态信息。PC 可采用定时器事件发送控制信息,PLC 使用接收指令被动接收,在接收完成事件中设置定时中断,以实现接收与发送模式的切换,定时时间应大于等于电缆的转换时间。定时中断程序中执行发送指令,实现 PLC 状态信息的反馈。在发送完成事件中可以重新启动接收指令。详见 7.4.2 节应用实例 2。

在编程过程中应注意以下几个问题。

① 电缆切换时间的处理。因为使用了 PC/PPI 电缆,所以在 S7-200 CPU 的用户程序中应考虑电缆的切换时间。S7-200 CPU 接收到 RS-232 设备的请求报文到它发送响应报文的延迟时间必须大于等于电缆的切换时间。波特率为 9600bps 和 19200bps,电缆的切换时间分别为 2ms 和 1ms。在梯形图程序中可用定时中断实现切换延时。

② 通信可靠性的处理。校验码的采用是提高通信可靠性最常用的措施之一,用得较多的是异或校验,即将每一帧中的第一个字符(不包括起始字符)到该帧中正文的最后一个字符进行异或运算,并将异或的结果(异或校验码)作为报文的一部分发送到接收端。接收方接收到数据后计算出所接收数据的异或校验码,再与发送方传过来的校验码比较,如果不同,可以判断通信有误,要求重发。

③ 防止起始字符、结束字符与数据字符的混淆。因为报文的起始字符和结束字符只有 8 位,接收到的报文数据区内出现与起始字符或结束字符相同的数据字符的概率很大,这可能会引起字符混淆。可以在发送前对数据进行某种处理,例如选择起始字符和结束字符为某些特殊的值,而将数据字符转化为 BCD 码或 ASCII 码后再发送,接收方收到数据后将其还原为原来的数据格式,这样可以避免出现上述的情况,但是会增加编程的工作量和数据传送的时间。

7.4.2 自由口模式下 PLC 与计算机通信应用实例

1. 应用实例 1——宾馆供水供电控制系统

(1) 控制要求

为实现宾馆各客房单独供水供电,应用 S7-200 PLC 设计开发供水供电系统,并通过上位机进行监控,以达到对各房间有效的管理。控制要求如下:

① 设宾馆有 3 个房间,针对每一间房单独控制供水供电;

② 上位机监控程序通过可视化语言 Visual Basic 6.0 设计实现。

(2) 控制算法的实现

PLC 采用发送指令(XMT)和接收字符中断进行主从式通信,PLC 为主机,上位机为从机。PLC 主程序首次扫描时,执行一次发送指令,目的是产生发送完成中断事件 9,事件 9 的中断程序分别启用字符接收中断事件 8 和定时中断事件 10;在定时期间,PLC 使用字符中断监控通信接口上的数据,若收到上位机传来的一个字符,会产生字符接收中断事件 8,可以在连接的中断程序中处理此控制字符,此时要禁止中断事件 8 和中断事件 10,以便中断处理程序不被打断。由于采用的是接收字符中断,所以每次处理的控制信息为 1 字节,如果要实现对不同房间的供电供水控制,需要把字节中的位控制信息解析出来。注意:在较高的波特率下(38.4~115.2kbps)使用接收字符中断时,中断之间的时间间隔会非常短,例如在 38.4kbps 时为 260ms,115.2kbps 时为 86ms,这时应确保所编写的中断服务程序足够短,不会丢失字符。中断程序中还要执行发送指令才能回到事件 9 所连接的中断程序中。若在定时期间未收到计算机传来的字符,定时时间到后,会产生定时中断事件 10,可在事件 10 的中断程序中执行发送指令并禁止中断事件 8 和中断事件 10,实现 PLC 定时发送状态信息,发送完成后回到事件 9 的中断程序中,开始下一个循环。

上位机监控程序通过可视化语言 Visual Basic 6.0 设计实现。Visual Basic 6.0 是面向对象的可视化程序设计语言,采用事件驱动的编程机制,对各个对象需要响应的事件分别编写程序代码。对每个事件过程的程序代码来说,一般比较短小简单,调试维护也比较容易。上位机监控程序设计完成后,可脱离开发环境独立运行于 Windows 操作系统中,开始运行监控程序时会响应装载事件,对通信接口进行初始化,设定握手协议。由于 PLC 定时发送信息,监控程序会不断地响应信息接收事件,接收来自 PLC 的状态信息,通过程序代码的处理形象地显示在屏幕上。触发控制设定事件可以向 PLC 发送 1 字节的控制命令,其他事件用于监控界面的完善。

（3）PLC 系统配置

PLC 控制输出分配表如表 7-10 所示,本控制系统通过上位机监控,PLC 输入信号没有选用。输出信号直接控制接触器,将接触器 1、3、5 的主触点接入供电主回路实现通电控制,接触器 2、4、6 控制阀门实现通水控制。PLC 端子接线图如图 7-28 所示。

表 7-10　输出分配表

输出信号	连接设备	功　　能
Q0.0	接触器 KM₁	控制 1 号房间通电
Q0.1	接触器 KM₂	控制 1 号房间通水
Q0.2	接触器 KM₃	控制 2 号房间通电
Q0.3	接触器 KM₄	控制 2 号房间通水
Q0.4	接触器 KM₅	控制 3 号房间通电
Q0.5	接触器 KM₆	控制 3 号房间通水
Q1.0	指示灯	校验错指示灯

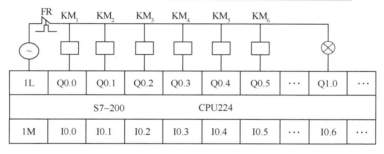

图 7-28　PLC 端子接线图

（4）PLC 控制程序设计

PLC 控制程序由主程序 MAIN、接收字符中断程序 INT_0、发送完成中断程序 INT_1、定时中断程序 INT_2 组成。PLC 控制程序各模块的语句表及注释如下:

```
//主程序 MAIN
网络 1
LD      SM0.1                   //首次扫描
MOVB    16#09,SMB30             //PLC 进入运行模式时设置为自由口方式
网络 2
LDN     SM0.7                   //若转换到 TERM 模式,则设置为 PPI 协议
EU                              //上升沿检测
R       SM30.0,1                //设置为 PPI 协议
网络 3
LD      SM0.1                   //首次扫描,执行一次发送指令
MOVB    1,VB200                 //发送字节数送到输出缓冲区首字节
```

MOVB	QB0，VB201	//PLC 输出状态送到输出缓冲区
XMT	VB200，0	//选中端口 0,执行发送指令
ATCH	INT_1，9	//中断程序 INT_1 连接到发送完成中断事件 9 并启用

网络 4

LD	SM0.0	
MOVB	QB0，VB201	//PLC 输出状态在循环扫描时送到输出缓冲区

//接收字符中断程序 INT_0,中断事件 8

网络 1

LD	SM0.0	
MOVB	SMB2，VB60	//读接收字符
DTCH	8	//禁用接收字符中断事件 8
DTCH	10	//禁用定时中断事件 10
MOVB	1，VB200	
MOVB	QB0，VB201	
XMT	VB200，0	//选中端口 0,执行发送指令
ATCH	INT_1，9	//启用发送结束中断 9

网络 2 //1 号房间控制信息解析

LDN	SM0.3	
MOVB	VB60，VB10	//读接收的字符
MOVB	16#C0，VB20	//16#C0=11000000B
ANDB	VB10，VB20	//保留高两位(房间的标志位),xx000000B
AB=	VB20，16#40	//判断是否为 1 号房间,1 号房间的标志是 01xxxxxxB
MOVB	16#3F，VB21	//16#3F=00111111B
ANDB	VB21，VB10	//屏蔽 1 号房间的标志,不影响低 6 位的值
MOVB	QB0，VB22	//读输出寄存器 QB0 的值
MOVB	16#3C，VB23	//16#3C=00111100B
ANDB	VB23，VB22	//保留中间 4 位,00xxxx00B
ORB	VB10，VB22	//VB10=00xxxxxxB,VB22=00xxxx00B
MOVB	VB22，QB0	//输出控制信息

网络 3 //2 号房间控制信息解析

LD	SM0.0	
AB=	VB20，16#80	//判断是否为 2 号房间
MOVB	16#3F，VB21	//16#3F=00111111B
ANDB	VB21，VB10	//屏蔽 2 号房间的标志,10xxxxxxB
MOVB	QB0，VB22	//读输出寄存器的值
MOVB	16#33，VB23	
ANDB	VB23，VB22	//保留 4 位,00xx00xxB
ORB	VB10，VB22	
MOVB	VB22，QB0	//输出控制信息

网络 4 //3 号房间控制信息解析

LD	SM0.0	
AB=	VB20，16#C0	//判断是否为 3 号房间
MOVB	16#3F，VB21	//16#3F=00111111B
ANDB	VB21，VB10	//屏蔽 3 号房间的标志,11xxxxxxB

```
MOVB      QB0，VB22                    //读输出寄存器的值
MOVB      16♯0F，VB23
ANDB      VB23，VB22                   //保留 4 位,0000xxxxB
ORB       VB10，VB22
MOVB      VB22，QB0                    //输出控制信息
//发送完成中断程序 INT_1,中断事件 9
网络 1
LD        SM0.0
DTCH      9
ATCH      INT_0, 8                    //启用字符接收中断事件 8
MOVB      255，SMB34
ATCH      INT_2, 10                   //启用定时中断事件 10
//定时中断程序 INT_2,中断事件 10
网络 1
LD        SM0.0
DTCH      8                           //禁用字符接收中断事件 8
DTCH      10                          //禁用定时中断事件 10
MOVB      1，VB200
MOVB      QB0，VB201
XMT       VB200，0
ATCH      INT_1, 9                    //启用发送结束中断 9
```

（5）上位机监控程序设计

上位机监控界面如图 7-29 所示。初始化通信接口的程序代码及注释如下：

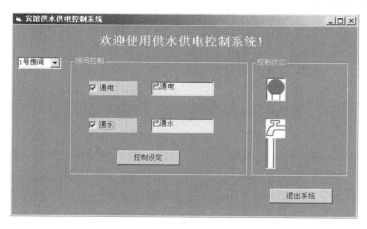

图 7-29　上位机监控界面

```
'程序装载事件,初始化通信接口
Private Sub Form_Load()
    Check1. Enabled ＝ False
    Check2. Enabled ＝ False
    MSComm1. CommPort ＝ 1                    '设定通信接口
    MSComm1. Settings ＝ "9600 ,n ,8 ,1"     '波特率为 9600bps,数据位 8 位,停止位 1 位
    MSComm1. InputLen ＝ 0                    '为 0 则读取缓冲区中全部的内容
```

```
    MSComm1. RThreshold = 1                          '设定引发接收事件的字符数
    If MSComm1. PortOpen = False Then                '设定通信接口状态
        MSComm1. PortOpen = True                     '端口开
    End If
    MSComm1. InputMode = comInputModeBinary          '设置 Input 属性以二进制方式取回数据
    For i = 1 To 3
    Combo1. AddItem i & "号房间"                       '设定房间数为 3,根据 PLC 控制点数可选择房间
    Next                                             '多少
End Sub
```

2. 应用实例 2——皮带自动运料控制系统设计

(1) 控制要求

在用 4 条皮带运输货物的传送系统中,分别用 4 台电动机带动 4 条皮带,控制要求如下:

① 启动时先启动最末一条皮带(电动机 M4 启动),再按逆流向依次启动其他皮带,在启动下一条皮带之前均应根据工艺要求设定延时(这里设定为 6s);

② 停止时应先停止最前一条皮带(电动机 M1 停止),待运料完毕后再依次停止其他皮带;

③ 当某条皮带发生故障时,该皮带及其前面的皮带立即停止,而该皮带以后的皮带运送完上面的物料后再停止运行(依次延时 6s 后停止)。

(2) 控制算法的实现

采用发送指令(XMT)和接收指令(RCV)进行主从式通信,上位机为主机,PLC 为从机。PLC 主程序首次扫描时,调用初始化子程序 SBR_0,对与接收信息相关的参数进行设定,启用发送完成事件 9 和接收完成事件 23,执行一次接收指令(RCV);如果计算机没有发给 PLC 控制信息,PLC 就一直处于接收等待状态,监控通信接口,等待设置的信息起始条件是否满足。如果满足信息的起始条件就进入信息接收状态,直到满足设置的信息结束条件,则结束信息接收,产生接收完成事件 23,接收完成中断程序中要调用求异或校验码子程序 FCS,对接收的多字节信息进行校验。如果校验正确,保存上位机的控制信息,通过主程序执行的皮带控制子程序 SBR_2,响应上位机的控制设定。接收完成中断程序中还要启动定时中断 10,为收发模式的切换提供时间;定时时间到后执行定时中断程序,执行发送指令,发送 PLC 的状态信息,实现 PLC 状态反馈;发送完成后响应事件 9,事件 9 的中断程序中可以重新启动接收指令。

上位机监控程序通过 Visual Basic 6.0 设计实现。运行上位机监控程序时会响应装载事件,对通信接口进行初始化,设定握手协议。监控程序运行期间,通过单击"启动"按钮触发定时器事件,定时向 PLC 发送控制信息,PLC 收到信息后会切换到发送模式,实现 PLC 状态信息定时上传,监控程序就会定时响应信息接收事件,接收来自 PLC 的状态信息,并将其形象地显示在屏幕上。其他事件用于监控界面的完善和动画制作。

(3) PLC 系统配置

PLC 控制 I/O 分配表如表 7-11 所示,PLC 端子接线图如图 7-30 所示。

(4) PLC 控制程序设计

PLC 控制程序由主程序 MAIN、初始化子程序 SBR_0、求异或校验码子程序 FCS、皮带控制子程序 SBR_2、接收完成中断程序 INT_0、发送完成中断程序 INT_1、定时中断程序 INT_2 组成。PLC 控制程序各模块的语句表及注释如下:

表 7-11　I/O 分配表

输入信号	I0.0	启动按钮 SB₁
	I0.1	故障信号 S₁
	I0.2	故障信号 S₂
	I0.3	故障信号 S₃
	I0.4	故障信号 S₄
	I0.5	停止按钮 SB₂
输出信号	Q0.1	接触器 KM₁
	Q0.2	接触器 KM₂
	Q0.3	接触器 KM₃
	Q0.4	接触器 KM₄

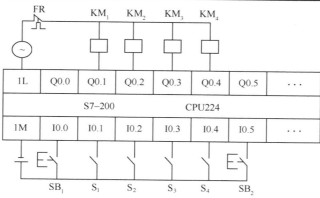

图 7-30　PLC 端子接线图

```
//主程序 MAIN
网络 1
LD      SM0.1           //首次扫描
CALL    SBR_0           //调用初始化子程序 SBR_0
网络 2
LD      SM0.0
CALL    SBR_2           //调用皮带控制子程序 SBR_2
网络 3
LDN     SM0.7           //若转换到 TERM 模式
EU                      //上升沿检测
R       SM30.0，1       //设置为 PPI 协议
DTCH    23              //禁止各种中断
DTCH    9
DTCH    10
网络 4
LD      SM0.0
LPS
A       M10.1           //I0.0 启动信号
EU
```

```
MOVB    97，VB201
MOVB    100，VB202
MOVB    0，VB211                      //如果上位机有启动信号,则 VB211 清零
LRD
A       M10.2                        //I0.5 停止信号
EU
MOVB    99，VB202
MOVB    98，VB201
MOVB    0，VB211                      //如果上位机有停止信号,则 VB211 清零
LRD
A       I0.1                         //故障 1 信号
MOVB    101，VB203
NOT
MOVB    102，VB203
LRD
A       I0.2                         //故障 2 信号
MOVB    103，VB204
NOT
MOVB    104，VB204
LRD
A       I0.3                         //故障 3 信号
MOVB    105，VB205
NOT
MOVB    106，VB205
LPP
A       I0.4                         //故障 4 信号
MOVB    107，VB206
NOT
MOVB    108，VB206
网络 5
LD      SM0.0
LPS
A       Q0.1                         //电动机 M1 的状态
MOVB    109，VB207
NOT
MOVB    110，VB207
LRD
A       Q0.2                         //电动机 M2 的状态
MOVB    111，VB208
NOT
MOVB    112，VB208
LRD
A       Q0.3                         //电动机 M3 的状态
MOVB    113，VB209
```

```
NOT
MOVB      114，VB209
LPP
A         Q0.4                        //电动机 M4 的状态
MOVB      115，VB210
NOT
MOVB      116，VB210
网络 6
LD        SM0.0
LPS
A         I0.0                        //PLC 输入启动信号
EU
MOVB      117，VB211
LPP
A         I0.5                        //PLC 输入停止信号
EU
MOVB      118，VB211
```

//初始化子程序 SBR_0,用于通信参数的设定及中断连接

网络 1
```
LD        SM0.0                       //CPU 运行时,该位始终为 1
MOVB      9，SMB30                     //自由口协议,9600bps,8 个数据位,无校验位
MOVB      16♯EC，SMB87                 //允许接收,检测起始字符和结束字符,超时检测
MOVB      0，SMB88                     //送报文起始字符"0"
MOVB      16♯FF，SMB89                 //送报文结束字符为十六进制的"FF"
MOVW      ＋1000，SMW92                 //接收超时时间为 1s
MOVB      100，SMB94                   //接收最大的字符数为 100
ATCH      INT_0，23                    //接收完成事件连接到中断程序 0
ATCH      INT_1，9                     //发送完成事件连接到中断程序 1
ENI                                   //允许用户中断
RCV       VB100，0                     //端口 0 的接收缓冲区指针指向 VB100
```

//求异或校验码子程序 FCS

网络 1
```
LD        SM0.0
MOVB      0，♯XORC                     //异或值清零
BTI       ♯NUMB，♯NUMI                 //字节数转换为整数
FOR       ♯TEMPI，＋1，♯NUMI            //FOR 与 NEXT 之间的指令被执行 NUMI(异或字节数)次
```
网络 2
```
LD        SM0.0
XORB      ＊♯PNT，♯XORC                 //&VB102＝PNT,PNT 为指针
INCD      ♯PNT                        //指针加 1,指向下一个要异或的字节
```
网络 3
```
NEXT                                  //标记 FOR 循环结束指令
```

//皮带控制子程序 SBR_2

//I0.0 启动按钮,I0.5 停止按钮;M10.1 为上位机的启动信号,M10.2 为上位机的停止信号

网络 1
LD   I0. 0
O   M10. 1
AN   I0. 5
O   M0. 1
S   Q0. 4，1   //I0.0＝1 或 M10.1＝1 时启动信号有效，电动机 M4 启动
＝   M0. 1   //M0.1＝1 并自锁
R   M0. 4，1
R   M10. 2，1
网络 2
LD   M0. 1   //M0.1＝1 时，启动 6s 定时器 T37
TON   T37，＋60
网络 3
LD   T37
S   Q0. 3，1   //定时时间到后，电动机 M3 启动
＝   M0. 2
网络 4
LD   M0. 2   //M0.2＝1 时，启动 6s 定时器 T38
TON   T38，＋60
网络 5
LD   T38
S   Q0. 2，1   //定时 6s 后，电动机 M2 启动
＝   M0. 3
网络 6
LD   M0. 3   //M0.3＝1 时，启动 6s 定时器 T39
TON   T39，＋60
网络 7
LD   T39
S   Q0. 1，1   //定时 6s 后，电动机 M1 启动
网络 8
LD   I0. 5
O   M10. 2
AN   I0. 0
O   M0. 4
R   Q0. 1，1   //I0.5＝1 或 M10.2＝1 时停止信号有效，电动机 M1 停止
＝   M0. 4   //M0.4＝1 并自锁
R   M0. 1，1   //同时使 M0.1、M10.1 复位，启动信号失效
R   M10. 1，1
网络 9
LD   M0. 4   //M0.4＝1 时启动 6s 定时器 T40
TON   T40，＋60
网络 10
LD   T40
R   Q0. 2，1   //定时时间到后，电动机 M2 停止

252

```
=       M0.5
网络 11
LD      M0.5
TON     T41，+60
网络 12
LD      T41
R       Q0.3，1          //再延时 6s 后,电动机 M3 停止
=       M0.6
网络 13
LD      M0.6
TON     T42，+60
网络 14
LD      T42
R       Q0.4，1          //再延时 6s 后,电动机 M4 停止
网络 15
LD      I0.1             //故障 $S_1$ 发生时,电动机 M1 停止
R       Q0.1，1
=       M0.7
网络 16
LD      M0.7
TON     T43，+60
网络 17
LD      T43
R       Q0.2，1          //延时 6s 后,电动机 M2 停止
=       M1.0
网络 18
LD      M1.0
TON     T44，+60
网络 19
LD      T44
R       Q0.3，1          //再延时 6s 后,电动机 M3 停止
=       M1.1
网络 20
LD      M1.1
TON     T45，+60
网络 21
LD      T45
R       Q0.4，1          //再延时 6s 后,电动机 M4 停止
网络 22
LD      I0.2             //故障 $S_2$ 发生时,电动机 M1 和 M2 同时停止
R       Q0.1，2
=       M1.2
网络 23
LD      M1.2
```

```
        TON    T46，+60
网络 24
        LD     T46
        R      Q0.3，1                    //延时 6s 后，电动机 M3 停止
        =      M1.3
网络 25
        LD     M1.3
        TON    T47，+60
网络 26
        LD     T47
        R      Q0.4，1                    //再延时 6s 后，电动机 M4 停止
网络 27
        LD     I0.3                       //故障 S₃ 发生时，电动机 M1、M2 和 M3 同时停止
        R      Q0.1，3
        =      M1.4
网络 28
        LD     M1.4
        TON    T48，+60
网络 29
        LD     T48
        R      Q0.4，1                    //延时 6s 后，电动机 M4 停止
网络 30
        LD     I0.4
        R      Q0.1，4                    //故障 S₄ 发生时，所有电动机都停止
//接收完成中断程序 INT_0
网络 1
        LDB<>  SMB86，16♯20              //16♯20＝00100000B，表示接收到结束字符
        JMP    1                          //没有接收到结束字符就跳到标号 1 处
        NOT
        MOVB   VB102，VB99                // VB101＝0(起始字符)，VB102＝8(异或字节数)
        R      V96.0，24                  //VD96 高 3 位字节清零，VB96～VB98 清零，VB99 不变
        MOVD   ＆VB102，VD92              //接收报文数据区首地址送给指针 VD92
        +D     VD96，VD92                 //VD96＝8，VD92＝&VB110(接收到的校验码地址)
        MOVB   *VD92，VB91                //接收到的校验码送到 VB91
        CALL   FCS，＆VB102，VB99，VB90   //计算校验和(异或 VB102～VB109)，送到 VB90
网络 2
        LD     SM0.0
        MOVB   VB104，VB124               //VB104 的内容为控制信息(启动或停止)
网络 3
        LD     SM0.0
        LPS
        AB=    VB124，97
        =      M10.1                      // M10.1＝1 表示上位机发出启动命令
        LPP
```

AB=	VB124，99	
＝	M10.2	// M10.2＝1表示上位机发出停止命令

网络4

LDB＝	VB90，VB91	//如果校验正确
R	Q1.0，1	//复位校验指示位
MOVB	5，SMB34	//定时5ms,提供收发模式切换时间
ATCH	INT_2，10	//启动定时中断
CRETI		//中断返回
NOT		//如果有校验错误
S	Q1.0，1	//将校验错误指示灯点亮

网络5

LBL	1	//非正常接收时跳到此处

网络6

LD	SM0.0	
RCV	VB100，0	//启动新的接收

//发送完成中断程序 INT_1

网络1

LD	SM0.0	
RCV	VB100，0	//启动新的接收,表示上位机为主机,PLC为从机

//定时中断程序 INT_2

网络1

LD	SM0.0	
DTCH	10	//断开中断10
AB＝	VB103，6	
MOVB	12，VB200	//发送的字节数,不赋初值上位机无法接收
XMT	VB200，0	//由端口0向计算机发送PLC的状态信息

（5）上位机监控程序设计

本控制系统上位机监控程序需要响应的事件有:退出监控界面事件、控制设定事件、装载事件(初始化通信接口)、定时器事件、信息接收事件等。上位机监控界面如图7-31所示。

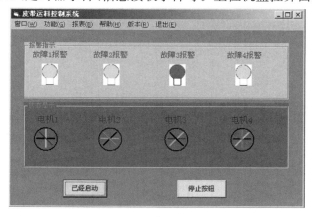

图7-31　上位机监控界面

习题与思考题

1. 试述并行通信的通信过程。

2. 试述串行通信的通信过程。

3. 什么是异步通信？什么是同步通信？

4. 全双工通信方式是怎样进行通信的？

5. 半双工通信和全双工通信有什么区别？

6. 网络拓扑结构有哪几类？在可编程控制器的通信中主要采用哪几种拓扑结构？

7. 在串行异步通信中，数据传输速率为每秒传送 960 字符，1 个传送字符由 7 位有效位、1 位起始位、1 位停止位和 1 位奇偶校验位构成，求波特率。

8. 如何进行以下通信设置？要求：远程设备地址为 4，本地设备地址为 0，用 PC/PPI 电缆连接到本地计算机的 COM2 口，传输速率为 19200bps，传送字符格式为默认值。

9. 编写一段自由口通信的梯形图程序，用一台 CPU226 作为本地 PLC，一台 CPU224 作为远程 PLC。由一外部脉冲启动本地 PLC 向远程 PLC 发送 100 字节的信息，任务完成后用显示灯进行显示。波特率要求为 4800bps，每个字符 8 位，无奇偶校验位，不设置超时时间。

第 8 章　基于 SIMATIC S7 的工业网络

SIMATIC S7 系列 PLC 具有很强的组网能力,在自动控制系统日益趋向以通信、联网为基本框架的今天,SIMATIC S7 系列 PLC 的优势愈发明显,其应用也愈发广泛,本章主要内容就是介绍 SIMATIC S7 在通信和组网方面的相关知识。

本章主要内容如下:

- MPI 网络的拓扑结构、硬件配置及组态;
- Profibus 网络的拓扑结构、硬件配置及组态;
- 工业以太网的拓扑结构、硬件配置及组态;

本章的重点是以上 3 种网络的特点、适用的场合、硬件配置,以及利用 STEP 7 编程软件组态网络的过程。

8.1　概　　述

在企业自动化系统中,工业网络的形成,从面向现场设备的集散控制系统、分布式 I/O 等扩展到车间级的监控系统,进而又出现了针对企业管理层面的工业以太网。时至如今,类似这种 3 级结构的工业网络(现场级、车间监控级、管理级)已经非常普及,技术上也已经相当成熟。而在众多工业级网络的设备中,西门子的 SIMATIC S7 则倍受推崇并得到了广泛应用。

在 SIMATIC S7 设备中,以 S7-300/400 CPU 及其通信处理器(CP)为主力,结合所有 S7 系列中各种型号的 CPU 及相关产品,可以组织成各种规格、档次的工业控制网络。这些设备包括 LOGO、S7-200、S7-300、S7-400、S7-1200、人机界面(HMI)、工业软件等,大致可分为微型 PLC(如 S7-200),小规模性能要求的 PLC(如 S7-300)和中、高性能要求的 PLC(如 S7-400)等。

S7-200 PLC 是超小型化的 PLC,它适用于各种场合中的自动检测、监测及控制等。S7-200 PLC 的强大功能使其无论单机运行,或连成网络都能实现复杂的控制功能。

S7-300 是模块化小型 PLC 系统,能满足中等性能要求的应用。各种单独的模块之间可进行广泛组合,构成不同要求的系统。与 S7-200 PLC 比较,S7-300 PLC 采用模块化结构,具备高速($0.6 \sim 0.1 \mu s$)的指令运算速度;用浮点数运算比较有效地实现了更为复杂的算术运算;一个带标准用户接口的软件工具方便用户给所有模块进行参数赋值;方便的人机界面服务集成在 S7-300 操作系统内,人机对话的编程要求大大减少。SIMATIC 人机界面(HMI)从 S7-300 中取得数据,S7-300 按用户指定的刷新速度传送这些数据。S7-300 操作系统自动处理数据的传送;CPU 的智能化的诊断系统连续监控系统的功能是否正常、记录错误和特殊系统事件(例如,超时、模块更换等);多级口令保护可以使用户有效地保护其技术机密,防止未经允许的复制和修改;S7-300 PLC 设有操作方式选择开关,操作方式选择开关像钥匙一样可以拔出,当钥匙拔出时,就不能改变操作方式,这样就可防止非法删除或改写用户程序。S7-300 PLC 具备强大的通信功能,可通过编程软件 STEP 7 的用户界面提供通信组态功能,这使得组态非常容易、简单。S7-300 PLC 具有多种不同的通信接口,并通过多种通信处理器来连接 AS-i 总线接口和工业以太网总线系统;串行通信处理器用来连接点到点的通信系统;多点接口(MPI)集成在 CPU 中，用于同时连接编程器、PC、人机界面及其他 SIMATIC。

S7-400 PLC 是中、高档性能的可编程序控制器。S7-400 PLC 采用模块化无风扇的设计，可靠耐用，同时可以选用多种级别（功能逐步升级）的 CPU，并配有多种通用功能的模板，这使用户能根据需要组合成不同的专用系统。当控制系统规模扩大或升级时，只要适当地增加一些模板，便能使系统升级，从而充分满足需要。在通信方面，S7-400 PLC 具有比 S7-300 更强大的通信能力和组网能力。

S7-1200 PLC 是一款紧凑型节省空间的模块化可编程序控制器。S7-1200 设计紧凑、组态灵活，且具有功能强大的指令集，使用方便，可用于控制各种各样的设备以满足自动化需求。CPU 将微处理器、集成电源、输入和输出电路、内置 PROFINET、高速运动控制 I/O 以及板载模拟量输入组合到一个设计紧凑的外壳中，以形成功能强大的控制器。在下载用户程序后，CPU 将包含监控应用中的设备所需的逻辑。CPU 根据用户程序监控输入与更改输出，用户程序可以包含布尔逻辑、计数、定时、复杂数学运算及与其他智能设备的通信。为了与编程设备通信，CPU 提供了一个内置 PROFINET 端口。借助 PROFINET 网络，CPU 可以与 HMI 面板或其他 CPU 通信。为了确保应用程序的安全，每个 S7-1200 PLC 都提供密码保护功能，用户通过它可以组态对 CPU 功能的访问。

SIMATIC S7 设备向用户提供了 4 种类型的 SIMATIC 通信子网，它们分别是：MPI（多点接口）、Profibus（现场总线）、工业以太网及 PTP（点对点）通信。

其中，MPI 的设计面向 PG/OP 的连接，即编程、调试及操作员面板的连接，同时也可用于将多台设备联网。可以连接的设备包括编程器（PG）、运行 STEP 7 的计算机（PC）、操作员面板（OP）、S7-200/300/400 PLC、SIMATIC M7、C7 等。

MPI 网络每次通信任务的数据量不大，是一种小型、经济型的通信网络解决方案。在企业自动化的 3 级网络结构中，MPI 网络比较适合用于实现车间监控级的通信系统，这种系统也被称为面向单元级的通信系统，对数据交换的实时性要求稍低于现场总线级，常用来解决对等智能站点之间的数据通信。

Profibus 现场总线为开放的、独立于设备制造商的通信系统。在 SIMATIC 网络中，Profibus 面向单元级和现场级。其中，单元级 Profibus-FMS 用于对实时性要求不严格的、对等的智能站点之间的通信，并且支持与其他厂商设备之间的通信。现场级 Profibus-DP（分布式 I/O）与 Profibus-PA（过程自动化）可以实现主站与现场设备（从站）之间高速率的数据交换，用于对实时性要求比较高的场合。

工业以太网（Industrial Ethernet）同样是开放的、独立于设备制造商的通信系统。在 SIMATIC 网络中，工业以太网用于管理级和单元级，实时性稍差，但能够满足大容量数据传输的要求。

通过集成在 CPU 上的 PN 接口，以及多种型号的以太网，SIMATIC 工业网络支持多种可运行在工业以太网上的标准协议，例如 ISO 传输、ISO-on-TCP、TCP、E-mail、UDP、FTP、PROFINET IO、PROFINET CBA、MODBUS TCP 等。

PTP 通信用于两个站点之间的数据交换，是最简单的一种通信结构，可连接的设备包括 S7 PLC 或 PC、打印机、扫描仪等非 S7 设备。

下面将重点介绍 MPI、Profibus 和工业以太网这 3 种网络，主要内容包括这 3 种网络的拓扑结构、通信功能、网络组态，以及一些基本的编程方面的信息。

为了方便以后的学习，首先解释几个主要的技术名词。

（1）连接（Connection）

在利用 STEP 7 进行网络组态或者阅读 SIMATIC 技术手册时，会遇到"Connection"一词。在 SIMATIC 网络技术词汇中，"Connection"一词通常指逻辑连接，而非物理连接。这种逻辑连接需要通过 STEP 7 组态来建立，子网中两个节点建立了某个逻辑连接，就意味着在实际网络系统中，这两个节点将要进行某种类型的通信。在组态过程中，需要指明连接类型、连接属性及被连接的两个通信伙伴。

所谓连接类型，是指两个通信伙伴之间的数据通信应当遵循的协议，SIMATIC 的各个子网都支持若干种通信协议，所以要在 STEP 7 中事先组态。子网与所支持的通信协议及连接类型见表 8-1。

表 8-1　子网与所支持的通信协议及连接类型

子 网 类 型	连接类型及协议
MPI	S7 通信、S7 基本通信、GD 通信（全局数据通信）
Profibus	S7 通信、Profibus-DP、Profibus-FMS、Profibus-PA
工业以太网	S7 通信、ISO 传输、ISO-on-TCP、TCP、E-mail、UDP 等
PTP	RK512、3964（R）、ASC II 等

网络中的每个节点（CPU）都有连接表（Connection Table），其中包含本地标识（Local ID）、连接伙伴、连接类型、连接属性等内容。一旦建立了连接，每个连接中的节点都有唯一的 Local ID，当用户程序调用通信功能时需要指明这个 Local ID。

连接表经过编译并下载到 CPU 后才能生效。

（2）单边连接（One-way）与双边连接（Two-way）

在不同的 SIMATIC 设备之间组态连接时，还会遇到单边连接与双边连接的问题。在两个通信伙伴之间，若其中一方为单边连接，就意味着该节点作为服务器来使用，这种情况下，只需要在另一方调用通信功能即可。并且作为单边连接的一方，是无须下载连接表的。

相应地，双边连接的双方，都可以由用户程序主动建立连接，向对方发送数据。双边连接的组态数据（连接表）要分别下载到各自的 CPU。

（3）客户端（Client）与服务器（Server）

与通常意义上的客户终端、服务器的概念基本一致。客户端对服务器进行数据的读/写操作，服务器只是被动响应，却不能对客户端进行类似操作，因此这种通信是单边连接下的通信。例如，在 MPI 网络中，S7-300/400 只能组态 S7 的单边连接，S7-300 为服务器，S7-400 为客户端。

（4）数据一致性（Data Consistency）

就其内容而言属于一个整体，而且描述特定时间点的过程状态的数据称为一致性数据。为保持一致性，在处理或传输过程中不能更改或更新数据。

之所以提出这一概念，在于 PLC 程序的执行是周期循环的，因此，如果某数据区内的数据能够在当前的处理过程中被同时修改和刷新，我们就认为该数据区内的数据是一致的。而那些未能在同一周期内被刷新的数据，会由于时间上的不一致而缺乏可比性和逻辑性。

例如，如果通信过程被中断，而在中断过程中，数据包中部分数据被更新，则当通信任务结束后，接收方得到的数据在时间上是不一致的，因而其所表示的内容与含义必然是不完整、不连贯的。

鉴于对数据一致性的要求,在 SIMATIC 网络通信中,应当尽量避免通信过程被中断,在对通信数据区组态时,对通信数据区的划分应当充分考虑一致性能否得到可靠保证。

8.2 MPI 网 络

所有的 S7-300/400 CPU 及 PG/OP 设备均集成有 MPI 接口,其物理层为 RS-485,两个相邻节点之间最大的传输距离是 50m,加中继器后可达 1000m。可以在 MPI 上连接的设备包括 S7/M7/C7、PG、HMI 及运行 STEP 7 的 PC 等。

MPI 网络的传输速率为 19.2kbps～12Mbps,默认的传输速率为 187.5kbps,与 S7-200 进行通信时,应设定为 19.2kbps。

每个 MPI 节点都有自己的通信地址,在一个 MPI 子网中,所有节点地址必须是唯一的。通过 STEP 7 对 MPI 地址进行组态时,要保证每个节点的实际地址小于等于该 MPI 子网的最大地址(默认为 32),并且应注意的是,在对各个节点进行组态时,其最大地址的设置应一致。

例如,S7 设备出厂时均带有默认的 MPI 地址和 MPI 最大地址:编程设备(PG)地址为 0,操作员面板(OP)为 1,CPU 为 2,三者默认的最大地址都是 32。当利用 STEP 7 对其组态时,只允许子网内的一个 CPU 地址为 2,则其他 CPU 的地址必须重新设置;此外,若改变了其中任何一个节点的最大地址设定值(最大为 126),其他节点也要随之改变。

MPI 网络采用线形结构,所有节点通过总线接头依次串接在总线上。一个"段"的定义是:两端带有终端电阻的一段总线。一段上最多可连接 32 个节点,如果超出了这个数目,或者需要延长总线长度,就需要利用 RS-485 中继器。需要注意的是,如果使用了 RS-485 中继器,由于其本身要占用一个地址,因此一个段中就只剩下 31 个地址可以分配给其他节点了。

总线接头和 RS-485 中继器都带有终端电阻开关,位于段两端的终端电阻开关要置于"ON"的位置。一个带有中继器的多段 MPI 网络结构如图 8-1 所示,注意图中标明了将终端电阻开关置于"ON"的节点位置。

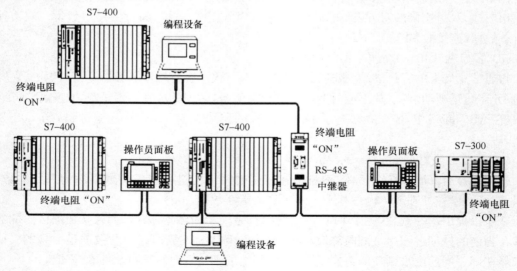

图 8-1 多段 MPI 网络网络结构

MPI 网络支持全局数据通信、S7 基本通信、S7 通信及 PG/OP 通信等通信方式。

8.2.1　全局数据通信

所谓全局数据通信,就是在 MPI 子网中各个站之间实现一种周期循环的数据传送,通信过程由系统程序执行,因此无须用户编程,也无须连接组态,但是需要利用 STEP 7 对全局数据(GD)进行定义。定义的主要内容包括参与全局数据交换的 CPU、数据发送区、数据接收区及数据包的大小等。全局数据通信只能在 MPI 网络的 S7-300/400 PLC 之间进行。

在定义全局数据包之前,首先要做的工作是在 STEP 7 中组建一个 MPI 子网。

1. 组态 MPI 子网

在 STEP 7 中组建子网的大致步骤如下。

① 建立项目。

② 在 SIMATIC Manager 界面中选择"Options"→"Configure Network"选项,或者在 SIMATIC Manager 界面直接双击 MPI(1)图标,打开 NetPro 界面。

③ 在 NetPro 界面的右窗口,打开 Subnets 文件夹后选择子网类型,共有 4 种选项:Industrial Ethernet(工业以太网)、MPI、Profibus、PTP,双击选中的子网,在 NetPro 界面的左窗口就会出现相应的线条,并注明了类型名称,不同子网的颜色不同。由于 STEP 7 项目的默认子网类型为 MPI,所以可省略这一步骤。

④ 同样在 NetPro 界面的右窗口,打开 Stations 文件夹,双击或拖曳选中的站,把它们放到左窗口。

⑤ 在 NetPro 界面的左窗口,分别双击已经添加的站,可直接进入硬件组态界面(HW Config),对每个站依次进行硬件组态。

⑥ 在 NetPro 界面的左窗口,双击表示 MPI(1)子网的线条,弹出网络属性对话框,可设置传输速率和最大地址,MPI 默认的传输速率为 187.5kbps。

图 8-2 集中显示了以上各步骤。

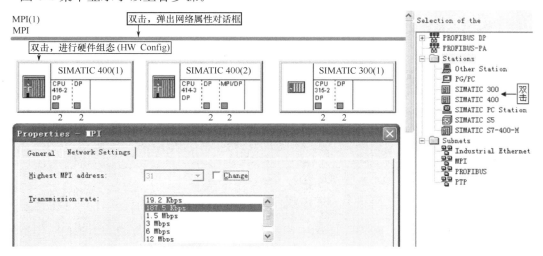

图 8-2　NetPro 界面及网络属性

⑦ 在图 8-2 的基础上,依次单击各站中表示 MPI 接口的小方框(其颜色与 MPI 子网线条的颜色相同),弹出接口属性对话框(此处为 MPI 接口),选择子网类型。在属性对话框中,NetPro 已经自动分配了 MPI 地址,并且允许手动修改,如图 8-3 所示。

或者,如果直接单击接口模块,则弹出的是模块属性对话框,在其中选择接口属性,也可以进入图 8-3 所示的画面。

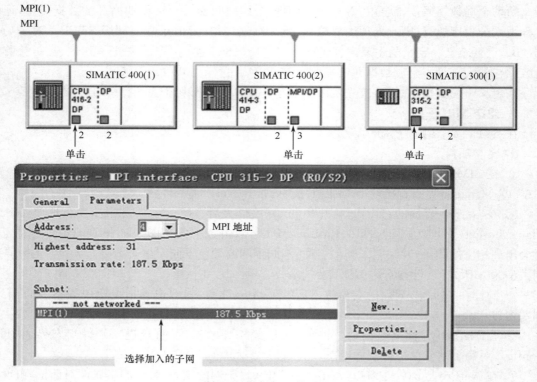

图 8-3　选择加入的子网

经过前面的步骤,完成了一个 MPI 子网的组建工作,所包含的主要信息有:

① 子网类型及其编号:MPI(1)。

② 传输速率及地址范围:187.5kbps,最大地址为 31。

③ 网络中共有 3 个 PLC 站:SIMATIC 400(1),CPU416-2 DP,MPI 地址为 2;SIMATIC 400(2),CPU414-3 DP,MPI 地址为 3;SIMATIC 300(1),CPU315-2 DP,MPI 地址为 4。

2. 定义全局数据包(GD)

在 SIMATIC Manager 界面,或者在 NetPro 界面,只要选中 MPI(1)子网,然后选择"Options"→"Define Global Data"选项,即可进入全局数据定义界面,如图 8-4 所示。

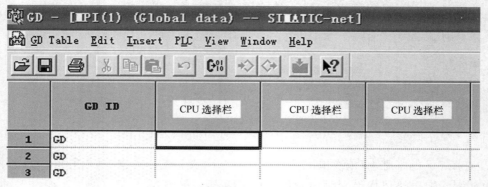

图 8-4　全局数据定义界面

依次双击图 8-4 中 CPU 选择栏处,进入 CPU 选择对话框,可选择需要加入全局数据通信的 CPU,如图 8-5 所示。

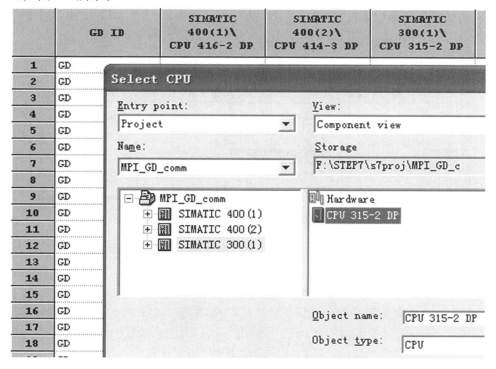

	GD ID	SIMATIC 400(1)\ CPU 416-2 DP	SIMATIC 400(2)\ CPU 414-3 DP	SIMATIC 300(1)\ CPU 315-2 DP
1	GD			
2	GD			
3	GD			
4	GD			
5	GD			
6	GD			
7	GD			
8	GD			
9	GD			
10	GD			
11	GD			
12	GD			
13	GD			
14	GD			
15	GD			
16	GD			
17	GD			
18	GD			

图 8-5　选择加入全局数据通信的 CPU

CPU 选择完毕后,即可开始定义全局数据的收/发地址和区间,如图 8-6 所示。图 8-6 中,深色背景表示发送数据区(通过"Edit"→"Sender"命令指定),浅色背景表示接收区间。例如,第 1 行的"IB0:22",表示 SIMATIC 400(1)站将起始地址为 IB0、数据长度为 22 字节的数据发送出去,而 SIMATIC 400(2)和 SIMATIC 300(1)则将接收到的数据分别存放在自己的 MB 区间,存放地址从 MB10 开始,长度等于发送数据的长度(22 字节)。

	GD ID	SIMATIC 400(1)\ CPU 416-2 DP	SIMATIC 400(2)\ CPU 414-3 DP	SIMATIC 300(1)\ CPU 315-2 DP
1	GD 1.1.1	>IB0:22	MB10:22	MB10:22
2	GD 1.2.1	MB50:22	MB50:22	>IB0:22
3	GD 2.1.1	MB30:22	>IB0:22	MB30:22
4	GD			

图 8-6　全局数据收/发区间的定义与编译

图 8-6 中的 GD ID 栏为全局数据包标识,是在编译后自动生成的,被小数点隔开的 3 个数分别表示循环数、一个循环中的数据包编号、一个数据包中的数据组编号。例如,第 1 行的"GD 1.1.1",表示由 SIMATIC 400(1)发送的数据是第 1 个循环中的第 1 个数据包的第 1 组数据;而第 2 行的"GD 1.2.1"则表示由 SIMATIC 300(1)发送的数据是第 1 个循环中的第 2 个数据包的第 1 组数据。

每个 CPU 发送一次数据都被打成一个数据包,不同的数据区间在同一个数据包中被分成不同的组，但前提是数据包总长度不能超过允许的最大值。S7-300 CPU 最大不能超过 22 字节，S7-400 CPU 最大为 54 字节。

完成全局数据包的定义后，分别选择"View"→"Scan Rates"和"GD Status"选项，STEP 7 在 GD 表中自动插入扫描频率 SR 行及状态字存储单元行，如图 8-7 所示。

	GD ID	SIMATIC 400(1)\ CPU 416-2 DP	SIMATIC 400(2)\ CPU 414-3 DP	SIMATIC 300(1)\ CPU 315-2 DP
1	GST	MD40		
2	GDS 1.1	MD44	MD44	MD44
3	SR 1.1	44	23	8
4	GD 1.1.1	>IB0:22	MB10:22	MB10:22
5	GDS 1.2	MD48	MD48	MD48
6	SR 1.2	44	23	8
7	GD 1.2.1	MB50:22	MB50:22	>IB0:22
8	GDS 2.1	MD52	MD52	MD52
9	SR 2.1	44	23	8
10	GD 2.1.1	MB30:22	>IB0:22	MB30:22
11	GD			

图 8-7　全局数据通信的诊断

STEP 7 对每个数据包都自动设置发送更新时间，见图 8-7 中的 SR 1.1、SR 1.2、SR 2.1。更新时间等于 SR 乘以 CPU 的循环周期，SR 可在 1～255 之间修改。当多个 CPU 进行通信时，有时会出现通信中断的现象，这时可以把 SR 设置得大一些。

状态字 GDS 的存储单元需要手工设置，占用 2 个字的长度。GST 是全局状态字，是所有 GDS 相"OR"的结果。

状态字反映了各个数据包在通信过程中的实际状态，用户程序通过监测状态字可以及时了解通信的有效性和实时性，并可根据状态字编制错误处理程序。关于状态字的详细内容请查阅 SIMATIC 技术手册，或 STEP 7 的在线帮助。

SR 及 GDS 设置完毕后，再一次编译，即可将定义好的全局数据表（见图 8-7）在 STOP 模式中下载至各 CPU。当 PLC 进入 RUN 模式后，各 CPU 之间即开始按照定义好的数据包格式互相交换数据。

对于 S7-400 而言，也可以通过用户程序调用系统功能 SFC60(GD_SEND)和 SFC61(GD_RCV)来实现全局数据通信。注意，此时应在 GD 组态表中把 SR 设置为 0。

8.2.2　S7 基本通信

在图 8-3 中已经组建了一个 MPI 子网，此时也可以通过用户程序实现由事件驱动的 MPI 通信。用户程序调用通信功能 SFC，建立与通信伙伴之间的连接，通信任务结束后，连接可以保留，也可以由程序将其取消，连接是动态的，也是临时的，无须在 STEP 7 中组态，这种通信方式只能在 MPI 子网中实现，称为 S7 基本通信（S7 Basic Communication）。MPI 既支持全局数据通信，也支持 S7 基本通信，但是在同一个 MPI 子网中，两者不能混用。

用于实现这种通信的系统功能为 SFC65～SFC68，每次通信任务的最大数据量为 76 字节，在 SFC 被调用时指明数据的发送区和接收区。

SFC65～SFC68 分别支持两种通信方式：双边通信和单边通信。

1. 双边通信

发送方与接收方均需调用 SFC,适用于 S7-300/400 PLC 之间的通信。在调用 SFC 时要赋实参,这些参数指示 SFC 完成特定的任务。

发送方调用 SFC65("X_SEND")建立连接并启动数据发送功能,其主要参数形式如下:

REQ:BOOL 型,等于 1 时激活发送功能,建立与通信伙伴之间的连接。

CONT:BOOL 型,等于 1 时要求所建立的连接一直保持;等于 0 时表示当通信任务结束后即断开连接。

DEST_ID:WORD 型,通信伙伴的 MPI 地址。

REQ_ID:DWORD 型,数据包的标识符,便于接收方识别。

SD:ANY 型,指示数据发送的区间、数据类型及长度。

接收方调用 SFC66("X_RCV")判断是否接收到数据或者将接收到的数据保存到数据接收区,其形式参数有:

EN_DT:BOOL 型,赋 0 用于判断当前是否接收到新的数据;赋 1 用于将接收到的数据保存到指定的区间。

NAD:BOOL 型,CPU 操作系统自动将接收到的数据按到达的先后次序依次排队,当用户程序调用 SFC66 并令 EN_DT=0 时,如果 NAD 的输出为 1,表示至少有 1 个数据块已经到达本站,正等待接收处理;而如果 NAD 的输出为 0,则表示目前没有任何新的数据。

REQ_ID:DWORD 型,用于保存数据包标识符。该标识符为 SFC65 所发送的数据包的标识符,并且是队列中最先到达的数据包的标识符。

RD:ANY 型,指示数据的保存区间。当用户程序调用 SFC66 并令 EN_DT=1 时,按照 RD 实参的指示,队列中最先到达的数据包被保存到相应的区间。需要注意的是,"RD"与"SD"的实参在数据长度、数据类型的定义上应匹配。

从以上的介绍中可以看出,MPI 网络各个站之间的双边通信不是同步进行的。发送方将数据包发送出去,包含数据包标识符、对方 MPI 地址等信息;接收方将来自不同地点、不同标识的数据包依次排队,然后再逐个处理。

两个通信伙伴之间的连接在发送方调用 SFC65 时即被建立起来,如果需要两个站之间互相交换信息,就需要彼此都调用 SFC65,这就相当于在两个站之间建立了两个连接。每个 CPU 的连接资源是有限的,当需要交换多个数据包时,就需要多次调用 SFC65,因此释放暂时不用的连接很有必要。这种情况下,可以将 SFC65 的"CONT"赋值为 0;也可以调用系统功能 SFC69("X_ABORT")将不用的连接释放。

2. 单边通信

支持 MPI 单边通信方式的系统功能为 SFC67("X_GET")和 SFC68("X_PUT")。通信伙伴之间只需一方编写通信程序,调用 SFC67/SFC68,即可实现对另一方数据的读/写。这种通信方式可以在 S7-200/300/400 PLC 之间进行,S7-200 PLC 作为服务器,S7-300/400 PLC 作为客户端,可以读/写 S7-200 PLC 的数据。

用户程序调用 SFC67("X_GET")建立与通信伙伴的连接,并读取对方的数据,其基本形式参数与 SFC65("X_SEND")非常相似,也包括连接对象的 MPI 地址、连接的性质(是随即释放还是继续保留)等。不同之处在于,SFC67 的参数中同时指明了读取对方数据的区间(VAR_ADDR)及保存这些数据的区间(RD)。

用户程序调用 SFC68("X_PUT")建立与通信伙伴的连接,通过指明位于本地 CPU 的、需要发送的数据存储区间(SD),以及位于对方 CPU 的、需要被写入数据的区间(VAR_ADDR)等,实现向对方写数据的功能。

单边通信与双边通信在对连接的处理上是一致的,既可随即释放,也允许长期保留,这取决于建立连接时对形式参数 CONT 的赋值,见前面所述。但是无论怎样,都可以在通信任务结束后,通过调用 SFC69("X_ABORT")将连接释放。

8.2.3 MPI 网络实现 S7 通信

实现 S7 通信的基本步骤有两个:在 STEP 7 中组态 S7 连接;在用户程序中调用功能块 SFB/FB。这两点是 S7 通信与 S7 基本通信的重要区别。

1. MPI 网络的 S7 连接组态

图 8-3 已经给出了一个 MPI 网络,我们在此基础上做 S7 连接组态工作。首先单击 SIMATIC 400(1)站的 CPU 模块,在 NetPro 界面的下方出现连接表(Connection Table),然后双击连接表中的空白行,也可右击选择"Insert New Connection",随即弹出"插入新连接(Insert New Connection)"对话框。

在对话框中选择连接类型为 S7 连接,选择通信伙伴 CPU 为 SIMATIC 400(2)的 CPU 414-3 DP,如图 8-8 所示。

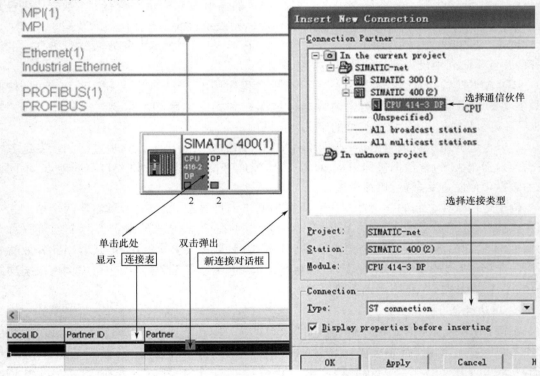

图 8-8 建立 S7 连接

完成上述步骤后,单击"OK"或"Apply"按钮,弹出属性界面,可查看 S7 连接的详细情况,包含本地 ID、主动连接、本地 CPU 型号及接口、通信伙伴 CPU 型号及接口、子网类型、站地址等信息,如图 8-9 所示。

注意:图 8-9 中左上方单边连接(One-way)的选项,由于两个通信伙伴均为 S7-400 CPU,所以必然是双边连接(Two-way),所以此处的单边连接不可选;右上方 Local ID 的含义在前

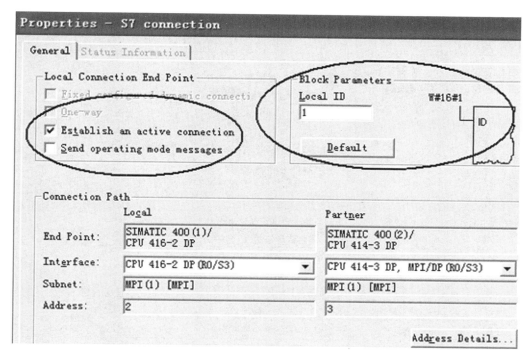

图 8-9　S7 连接属性

面已经解释过了,Local ID 可以在这里修改,而"W♯16♯1"就是用户程序调用通信功能块时 Local ID 的格式。

确认图 8-9 中的 S7 连接属性后,在图 8-8 下方的连接表即出现刚刚设置好的 1 个连接。重复同样的过程,再建立 1 个与 SIMATIC 300(1)站的 S7 连接,如图 8-10 所示。

Local ID	Partner ID	Partner	Type	Active connection partner	Subnet
2		SIMATIC 300(1) / CPU 315-2 DP	S7 connection	Yes	MPI(1) (MPI)
1	1	SIMATIC 400(2) / CPU 414-3 DP	S7 connection	Yes	MPI(1) (MPI)

图 8-10　S7 连接表

连接表中的"Partner ID"不能修改;"Active connection partner"栏中的状态(Yes/No)表明该连接由本地(Local)节点建立还是由对方节点建立,"Yes"为本地建立,"No"为伙伴(Partner)建立,可通过图 8-9 左上方的"Establish an active connection"选择。

依次单击 MPI 子网上 3 个站的 CPU,分别出现各站的 S7 连接表。但是由于 SIMATIC 300(1)作为服务器,只能实现与另外两个站之间的单边通信,不能主动建立 S7 连接,所以它的连接表是空的。

双边连接的双方都有连接表,需要编译后分别下载;单边连接只需在连接建立的一方,即 "Active connection partner"栏为"Yes"的一方编译下载连接表。

2. 支持 S7 连接的通信功能块

只有 S7-300/400 CPU 支持 S7 通信。在 S7-400/400 PLC 之间可以实现双边通信, S7-300/400 PLC 之间只能实现单边通信,S7-300 PLC 为服务器,接收和响应来自 S7-400 的读/写操作。

支持 S7 连接(协议)的通信功能块见表 8-2。注意:由于 SIMATIC 中 3 种主要类型子网均支持 S7 通信(见表 8-1),所以表 8-2 所列内容并不仅限于 MPI 网络。

表 8-2　支持 S7 连接的通信功能块

SFC/FC/SFB/FB	名　称	描　述
SFB8/FB8 SFB9/FB9	USEND URCV	不带接收/发送确认信息的通信功能 SFB8/9:最大数据长度为 440 字节 FB8/9:最大数据长度为 160 字节
SFB12/FB12 SFB13/FB13	BSEND BRCV	带确认信息的数据块发送/接收功能,用于完成大数据量的交换。数据块被分成若干段,每个段独立发送,最后一个段发送完毕后,接收方返回确认信息。确认信息的返回并不依赖于接收方对"BRCV"的调用 SFB12/13:数据块最大长度为 64KB FB12/13:数据块最大长度为 32KB
SFB14/FB14	GET	从远程设备读取数据 SFB14:最大数据长度为 400 字节 FB14:最大数据长度为 160 字节
SFB15/FB15	PUT	向远程设备写数据 SFB15:最大数据长度为 400 字节 FB15:最大数据长度为 160 字节
SFB19	START	控制远程设备热启动
SFB20	STOP	将远程设备转换到 STOP 模式
SFB21	RESUME	控制远程设备重启动
SFB22	STATUS	询问远程设备状态
SFB23	USTATUS	读取远程通信伙伴的操作状态信息,该信息由远程设备主动发送,发送方在连接属性中应当使能"Send operating mode messages",见图 8-9
SFC62	CONTROL	向 S7-400 询问本地 CPU 调用 SFB 通信块所建立连接的当前状态:由哪个SFB 建立连接、当前是否已经建立连接等
FC62	C_CNTRL	向 S7-300 询问当前的通信状态,参见 SFC62

通过 STEP 7 的在线帮助文档,可以获悉各通信功能块的具体使用方法和注意事项。

8.2.4　MPI 网络的其他通信功能

PG/OP 通信是 MPI 网络最基本的通信功能,实现这种通信不需要在 PLC 侧进行任何组态和编程。当操作员面板或触摸屏通过 MPI 与 PLC 通信时,在操作员面板或触摸屏侧,要利用 Protool 组态软件对相关通信参数组态。

同样地,通过 MPI 实现 WinCC 与 S7 PLC 的通信时,也不需要在 PLC 侧组态和编程,在WinCC 上要对 CPU 的 MPI 站地址、槽号及网卡等进行组态。

8.3　Profibus 网络

8.3.1　Profibus 网络简介

Profibus(Process Field Bus)是一种面向单元级和现场级的、采用令牌总线技术的主从网络,是一种国际化、开放式、不依赖于设备制造商的现场总线标准。采用 Profibus 标准系统,不同制造商的自动化设备通过同样的接口交换信息。Profibus 适用于高速数据交换、对实时性要求比较高的场合。

采用 Profibus 网络形成分布式控制系统,可以将复杂的自动化任务分解成若干"子任务",形成若干子系统。子系统之间具有高效、高速的数据交换能力,每个子系统的负担较小,整个系统反应速度很快,并且具有网络冗余能力。

Profibus 由 3 个兼容部分组成:Profibus-DP(Decentralized Periphery,分布式外设)、Profibus-PA(Process Automation,过程自动化)、Profibus-FMS(Fieldbus Message Specification,现场总线报文规范),分别针对工业企业自动化中的分布式 I/O 系统、过程控制系统及面向车间级的工业监控网络系统。

Profibus 的物理层是 RS-485,传输介质为屏蔽双绞线(特征阻抗 150Ω),或者采用光缆。采用屏蔽双绞线时,Profibus 网络的拓扑结构与 MPI 网络基本相同,所采用的总线接头也是一样的,并且在一个总线段的两端要将终端电阻置于"ON"的位置——这一点与 MPI 网络相同,参见图 8-1。表 8-3 将两种网络的主要数据做了一个比较。

表 8-3　MPI 与 Profibus 的比较

	MPI 网络	Profibus 网络			
段长度	50m	1000m	400m	200m	100m
段内传输速率	19.2kbps～12Mbps	9.6～187.5kbps	500kbps	1.5Mbps	3～12Mbps
可扩展长度(中继器)	两个中继器之间:1000m	两个中继器之间:1000m			
传输介质	屏蔽双绞线	屏蔽双绞线			
段最大节点数	32	32			
最大节点数	127	127			

Profibus-PA 采用符合 IEC 1158-2 标准的传输技术,确保本质安全,现场设备的电源由总线提供,传输介质采用屏蔽或非屏蔽双绞线,传输速率为 31.25kbps。总线段两端要各接 1 个 RC 终端器,由 100Ω 电阻和 1 个 1μF 电容串联组成。

Profibus-PA 的从站总是接到 DP/PA 耦合器上,通过 DP/PA 耦合器可直接连接到 Profibus-DP 网,也可再经由 DP/PA Link 连接到 DP 网上。

8.3.2　Profibus 光缆通信网络

Profibus 总线采用光缆通信时,支持星形和环形的拓扑结构,其中环形结构(有冗余功能)只能在采用 OLM 光接口时才可用。

与屏蔽双绞线不同的是,光缆允许的长度与传输速率无关,只取决于光缆类型和光接口类型,两个相邻节点之间的距离可能为 50～400m,详细情形可参考 SIMATIC NET Profibus Networks 手册。

西门子公司只提供多模光缆,按照材质不同可分为 POF(塑料)光缆、PCF 光缆和玻璃光缆。

SIMATIC 光接口模块有 3 种类型:集成光纤接口的通信模块、OLM(光链路模块)、OBT(光缆总线终端)。在一个 Profibus 光缆网络中,这 3 种光接口的总数不能超过 122 个。

8.3.3　Profibus 的总线存取技术

Profibus 网络是一种主从结构的网络,主站具有总线控制权,对从站采用轮询方式,依次向各从站发出通信请求,因此也可称为主动站。

在多主站系统中,所有主站之间形成一个逻辑令牌环,令牌环按照主站地址的升序排列,令牌在各主站之间依次传递。得到令牌即取得总线控制权,成为主动站,在任意时间只有一个主站是主动站,它可以向从站或其他主站发送通信请求。一个 Profibus 多主站系统的总线存取机制如图 8-11 所示。

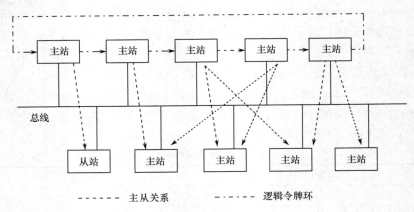

图 8-11　Profibus 的总线存取机制

8.3.4　Profibus-DP 总线的设备分类

在 Profibus 网络中,Profibus-DP 的应用最为广泛,Profibus-PA 网络总是通过 DP/PA 耦合器或者 DP/PA Link 连接到 DP 网络上。以下就以 Profibus-DP 为主要讨论对象,重点介绍如何组建一个 Profibus-DP 网络。

在 Profibus-DP 总线上,每个设备依据其所处的地位和功能,可划分为 3 种类型。

(1) 1 类 DP 主站

1 类 DP 主站(DPM1)是系统的中央控制器,在总线控制期间(持有令牌)主动与其他站建立通信,可发送参数给从站;与从站交换输入/输出数据;读取从站的诊断信息;将运行状态告知各个从站;发送控制命令,用于实现输入/输出数据的同步和锁定。

可作为 DPM1 的设备有:集成了 DP 接口的 PLC、带有 DP 主站功能通信处理器的 PLC 站、插有 Profibus 网卡的 PC、IE/PB 链路模块、ET 200S/ET 200X 的主站模块等。注意,S7-200 PLC 只能作为 DP 从站。

(2) 2 类 DP 主站

2 类 DP 主站(DPM2)是 DP 网络中的编程、诊断、管理设备。除了 1 类 DP 主站所具有的功能,2 类 DP 主站还可在与 1 类 DP 主站通信的同时,读取从站的输入/输出数据,以及从站当前的组态信息,还可重新分配从站地址。

(3) DP 从站

DP 从站负责输入信息采集和输出信息发送,只与组态它的 DP 主站交换数据,可以向该主站报告本地诊断终端和过程中断。

可作为 DP 从站的设备有西门子的 ET 200 分布式 I/O、带有 DP 接口的 PLC(也称为智能型 DP 从站,简称 I 从站)及具有 DP 接口的其他设备,例如,带有 DP 接口的变频器、数字直流驱动装置、现场仪表、数控系统等。

8.3.5　Profibus-DP 网络组态

SIMATIC Profibus-DP 网络的基本形态是主从结构,主站与分配给它的若干从站构成一个主站系统(Master System)。在一个 Profibus 子网上,可以有多个主站系统。

在主站系统中,如果从站是非智能型的分布式 I/O 设备,则在组态过程中,其 I/O 地址由系统自动分配,主站对它们的操作就如同对中央机架上的 I/O 模块的操作一样,可以直接读取和控制。主站与各个从站之间的通信采用主站轮询的方式,周期地访问各从站,由操作系统完成,无须用户编程。

对于那些用于实现复杂功能的 DP 从站而言,如模拟量闭环控制或电气传动等,需要与主站之间进行大数据量的通信,通信时采用简单的数据结构(字节、字、双字等)则难以胜任。有两种方法可以解决这个问题:一是主站调用 SFC14("DPRD_DAT")和 SFC15("DPWR_DAT"),直接读/写从站的数据区;二是利用过程映像分区功能,将主站和从站的输入/输出地址装到各自的过程映像分区中,操作系统自动完成对过程映像分区的装载,用户程序通过执行数据下载和数据传输指令读取过程映像分区,这种方式适用于 S7-400 CPU 和支持过程映像分区功能的 S7-300 CPU。

对于主站系统中的智能从站(I 从站),如 S7-300/400 PLC,其 I/O 只能由自己的用户程序来控制,组态时系统不会为其另行分配 I/O 地址。这种情况下,相当于将一个完整的控制任务分解为若干子任务,子任务由 I 从站承担。主站不能直接控制 I 从站的 I/O,需要指定数据共享区,主站通过对数据共享区的存取来间接控制 I 从站的 I/O。

此外,在主站系统内部和多主站系统之间的数据交换还可以采用直接数据交换模式(Direct Data Exchange,DX)。这种方式可用于单主站系统内部的一般从站与 I 从站之间的数据通信,或者多主站系统(连接在同一个物理 Profibus 网络上)中的一般从站与 I 从站之间的数据通信,也可以用于多主站系统中来自另一个主站系统的从站与本主站的通信。这种通信有别于主从模式,也被称为"横向"通信(Lateral Communication)。

由以上的介绍可以看出,Profibus-DP 网络组态的核心内容是针对主站系统的组态。具体地说,就是将各个从站分配给主站,从而生成统一的 I/O 地址及其他相关的信息。

如果需要配置 I 从站,则首先需要对它进行硬件组态,进而将其定义为 DP 从站,并分配给主站,然后指定数据交换方式:主从模式(MS)或直接数据交换模式(DX)。在此基础上,再根据数据交换模式定义主站、从站之间的数据共享区。

以下通过例子来说明如何组态一个简单的 Profibus-DP 网络。

首先要做的工作依然是建立项目、选择子网(Profibus)、子网属性设置、选择加入子网的站等,可参考 8.2 节关于 MPI 网络组态的相关内容。在设置子网属性时,本例采用默认的 1.5Mbps,通信协议为 DP 协议。

本例中,S7-400 (1) 为 DP 主站,S7-300 (1) 和 S7-300(2)为 DP 智能从站(I 从站)。

双击 S7-400(1),进入 HW-Config 界面,开始组态 DP 主站系统。STEP 7 对 PLC 的硬件组态过程都是相同的,因此读者可以参考 8.2 节的有关内容。本例中,DP 主站 CPU 为 417-4,带有集成的 DP 接口。

在选中 CPU 型号后,STEP 7 自动弹出 Profibus 接口属性对话框,可以选择需要连接的子网,并设置节点地址,如图 8-12 所示。

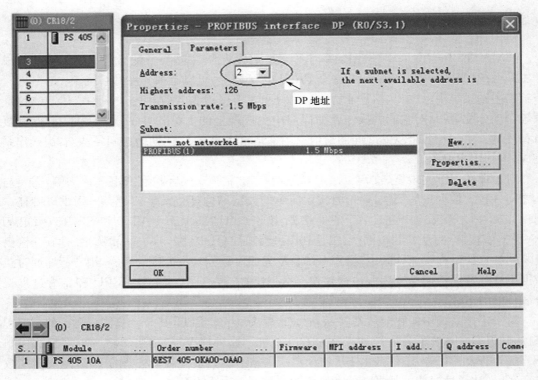

图 8-12 选择 Profibus(1)子网并设置节点地址

组态完毕后,在 HW-Config 界面出现了一个 Profibus 主站系统画面。在这个画面中,通过选择需要的分布式 I/O 设备,可以组建一个 DP 主站系统,此处选择了 ET 200B 系列中的 B-16 DI 和 B-4AI,它们都是主站系统中的从站。如图 8-13 所示。

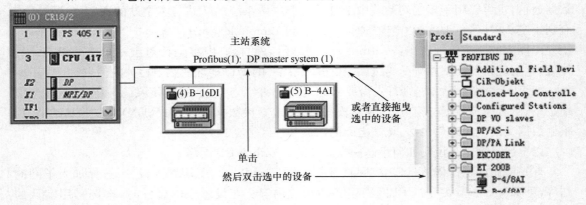

图 8-13 组态主站系统

在组态过程中,系统自动分配各 I/O 模块和分布式 I/O 设备的 I/O 地址。双击各从站,可以设置它们的 Profibus-DP 地址,本例中将它们依次设置为 4 和 5,分别显示在图标上部的括号中,如图 8-13 所示。

保存后关闭 HW-Config,返回 NetPro 界面,双击 S7-300(1)站,进入该站的 HW-Config 硬件组态界面。选择 CPU 318-2 及其他模块,硬件组态完毕后,双击 DP 槽,弹出 DP 属性对话框,将该站设置为 DP 从站,如图 8-14 所示。

用同样的方法,组态 S7-300(2),CPU 为 316-2 DP,并设置为 DP 从站模式。

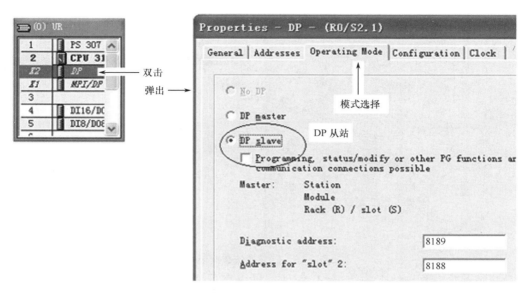

图 8-14　设置 DP 从站

　　存盘退出 HW-Config,在 NetPro 界面双击主站 S7-400(1),重新进入主站系统硬件组态界面,在右侧硬件目录窗口中打开"Profibus-DP/Configured Stations"文件夹,如图 8-13 所示的那样,可以首先单击表示主站系统的线形图标,然后双击文件夹中的"CPU31x",这时弹出 DP 从站属性对话框,其中包含了两个刚刚组态过的 S7-300 站。选择其中之一,并单击"Connect"按钮,令选中的 S7-300 站加入主站系统,成为一个智能从站。反复操作该步骤,使两个组态过的 S7-300 站都接入主站系统,如图 8-15 所示。

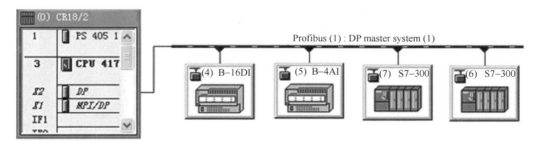

图 8-15　硬件组态完毕的主站系统

　　硬件组态完毕后,还需定义智能从站的通信数据区,因为主站不能直接访问智能从站的 I/O 地址,需要设置一个数据共享区,智能从站负责处理该数据区与实际 I/O 之间的数据交换,而主站通过存取该数据共享区间接控制从站的 I/O。

　　双击图 8-15 中地址为 6 的 S7-300 从站(CPU 318-2),弹出 DP 从站属性对话框后选择"Configuration",单击"New"按钮,弹出 DP 从站属性组态对话框,如图 8-16 所示。

　　在图 8-16 中,设置从站输出数据区起始地址为 200,主站接收地址为 200,数据长度为 8 个字,并选择 8 个字为一致性输入/输出(选项为 All)。

　　图 8-16 定义了一个主从通信数据区,可以通过单击"New"按钮建立多个通信数据区。"Partner DP addr"指明通信伙伴的 DP 地址,与主站之间的通信模式总为 MS(主从)模式。

　　主站与 S7-300(2)从站之间 MS 通信数据区的定义过程完全相同。

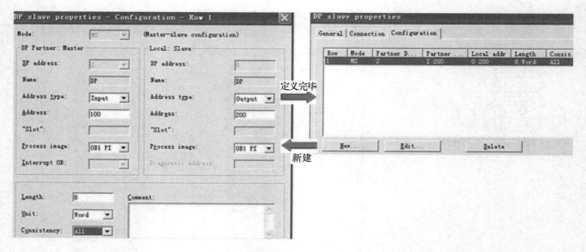

图 8-16　定义通信数据区

当主站系统内有从站作为数据输出方时,可以在其他智能从站设置直接数据交换模式
(DX)。双击 S7-300(2)站的 DP 槽,或在 NetPro 中双击地址为 7(CPU 316-2 DP)的从站图
标,可进入类似图 8-16 所示的组态画面,单击"New"按钮后,可以选择 MS 模式或者 DX 模式。
如图 8-17 所示。

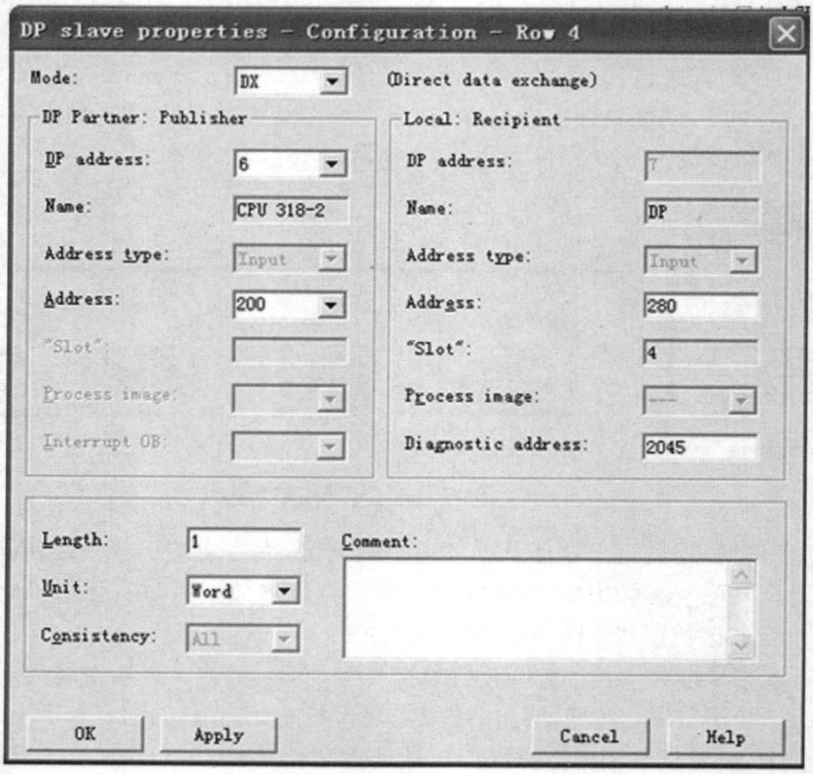

图 8-17　直接数据交换模式

选择 DX 模式后,通信伙伴地址("Partner DP address")成为可选项,不能任意设置。本
例中只有两个智能从站,所以只能选择 6(CPU 318-2 的 DP 地址),通信伙伴的数据发送区

被自动选择,与 CPU 318-2 的数据发送区地址一致(此处为 200)。数据长度可设定,若为 1 个字,相当于 S7-300(2)从站只接收由 CPU 318-2 输出数据(共 8 个字长)的前 2 字节。如图 8-17 所示。

同理,如果 S7-300(2)从站也有输出数据(与主站之间只能是 MS 模式),则在 S7-300(1)站也可设置与 S7-300(2)之间的 DX 通信。

有些 CPU 不支持直接数据交换模式,在这种情况下,当数据量较大(大于 4 字节)时,只能通过用户程序调用 SFC14～15 进行数据传输。

以上简要介绍了如何组态一个 DP 主站系统,组态多主站 DP 网络的过程大致相同。除此之外,如果主站在必要时要求同步或锁定一部分(或全部)从站,则需指定从站组,限于篇幅这里不再介绍,读者可通过 STEP 7 的在线帮助得到详细信息。

DP 主站系统内部的主从数据交换由操作系统周期执行,无须用户编程,但是仍然需要一些特殊功能指令,以帮助主站获取更多从站信息并灵活控制从站。此外,主从站之间大数据量交换(大于 4 字节)的情形也需要特定功能指令的支持。

表 8-4 列出并简要描述了可应用于 Profibus-DP 通信的主要系统功能。

表 8-4　Profibus-DP 通信的主要系统功能

SFC	名　称	描　　　述
SFC 7	DP_PRAL	智能从站的用户程序触发 DP 主站上的硬件中断,此中断将启动 DP 主站上的 OB40
SFC 11	DPSYC_FR	主站调用,用于同步从站组。可发送的命令有:SYNC(同步输出并冻结 DP 从站的输出状态);UNSYNC(取消 SYNC 命令);FREEZE(冻结从站输入,以便主站读取);UNFREEZE(取消 FREEZE 命令)
SFC 12	D_ACT_DP	用于激活或取消激活 DP 从站设备
SFC 13	DPNRM_DG	读取 DP 从站的诊断数据
SFC 14	DPRD_DAT	读取 DP 从站的连续数据(大于 4 字节)
SFC 15	DPWR_DAT	向 DP 从站写入连续数据(大于 4 字节)

8.3.6　Profibus 网络中的其他通信

Profibus 子网对 S7 通信的处理与 MPI 子网基本相同,S7 连接的组态可参见 8.2 节 MPI 网络中关于 S7 通信的介绍,使用的通信功能块见表 8-2。

此外,Profibus 子网还支持 Profibus-FMS 协议及 Profibus-FDL 协议。它们都需要通过 STEP 7 进行连接组态,并需要选用支持相关协议的 CPU 或通信处理器(CP)。FMS 连接及 FDL 连接的组态过程与 S7 连接的组态过程相似,关于使用的通信功能块,可在 STEP 7 在线帮助中得到详细信息。

8.4　工业以太网

工业以太网提供了基于工业标准的以太网通信技术。利用以太网结构,工业以太网具有低成本、高扩展性、高实效性、高智能性、可实现大范围远距离信息传输等优点。

以太网是当前应用最为广泛的一种局域网,它遵循 IEEE 802.3 标准,可以在双绞线电缆和光缆上传输。工业以太网技术源于以太网,但是由于使用环境不同,以及对通信性能的要求不同,所以又有别于前者。

工业以太网具有如下特点：

① 使用于工业场所，工况恶劣，网络设备应具有气候环境适应性，要求耐腐蚀、防尘、防水等；

② 在易燃易爆场所，网络设备应具有本质安全防爆性能；

③ 要求具有较高的抗干扰能力和电磁兼容性（EMC）；

④ 硬件设备模块化，安装简单方便，支持总线形、星形、环形结构；

⑤ 具有高速冗余的网络安全性，最大网络重构时间（故障持续时间）不超过 300ms；

⑥ 支持网络监控，网络模块可以被 HMI（如 WinCC 等）监控。

8.4.1　网络方案

SIMATIC 工业以太网提供 10Mbps 工业以太网和 100Mbps 高速以太网技术，其中 10Mbps 工业以太网采用基带传输技术，传输介质为三同轴电缆、屏蔽双绞线或光纤。100Mbps高速以太网基于以太网传输技术，传输介质为屏蔽双绞线或光纤。

（1）三同轴网络

三同轴网络的拓扑结构为总线形，网络中所有站点共享 10Mbps 带宽。两个节点之间最大距离为 500m，站点通过收发器与网络连接。一个总线段可以带 100 个收发器，网段之间由中继器连接。利用远程中继器，网络最大可扩展到 3000m。三同轴网络采用双总线冗余方式。

（2）双绞线网络和光纤网络

利用这两种介质组建 10Mbps 以太网时，终端设备和网段的连接分别采用电气链路模块（ELM）和光链路模块（OLM）。网络结构可以是总线形、星形和环形（采用 OLM），几种拓扑结构可以混用。

对于 100Mbps 高速以太网，应当采用交换模块来构建，分别是电气交换模块（ESM）和光学交换模块（OSM）。

光纤网络的最大扩展能力可以达到 150km，双绞线网络为 1400m。

对于总线形、星形网络，采用两个网络结构实现冗余；对于环形网络，可通过交换模块的冗余管理器构建冗余环形结构。

8.4.2　网络部件

构建 SIMATIC 工业以太网的主要连接部件有链路模块和交换模块两类，分别用于 10Mbps 和 100Mbps 两种网络中，具体又分为电气与光学两种。

（1）电气链路模块（ELM）

ELM 是导轨安装的中继器，遵循 IEEE 802.3 标准，带有 3 个工业双绞线（ITP）接口和 1 个 AUI 接口。可以将 3 个带有 ITP 接口的终端设备连接到三同轴网络或双绞线网络。在一个网络中，最多可以级联 13 个 ELM。

（2）光链路模块（OLM）

OLM 是导轨安装的中继器，遵循 IEEE 802.3 标准，带有 3 个 ITP 接口和 2 个 FOC（光纤）接口。通过 OLM 可以构建总线形结构和环形结构，也可与 ELM 共同组建混合结构。

（3）电气交换模块（ESM）

ESM 用于构建双绞线 100Mbps 工业以太网，带有 2 个环网端口和 6 个 ITP（或 RJ-45，可选）端口。

2个环网端口用于构建环形网络结构,通过 ESM 内部的冗余管理器可实现冗余环形的工业以太网。每个环最多允许使用 50 个 ESM。6 个 ITP 端口(或 RJ-45)用于连接终端设备。

（4）光学交换模块（OSM）

OSM 用于构建光纤 100Mbps 工业以太网,带有 2 个 FOC 端口和 5～6 个其他端口（依据型号可以是 ITP 或 RJ-45）。

2个 FOC 端口用于构建光纤环形网络,通过 OSM 内部的冗余管理器可实现冗余环形的工业以太网。每个环最多允许使用 50 个 OSM,其他端口用于连接终端设备。

8.4.3 网卡和通信处理器

西门子公司的多种以太网网卡和通信处理器,为 PC/PG 设备和 S7 PLC 提供了与工业以太网之间的接口。这里只简单介绍几种主要型号,更详细的信息可以查询相关手册。

（1）工业以太网网卡

主要有 CP1616、CP1613、CP1612、CP1512 等型号。它们支持的主要通信协议有：ISO 或 TCP/IP 传输协议、PG/OP 通信、S7 通信、S5 兼容通信。

（2）S7-200 PLC 以太网通信处理器

见第 7 章。

（3）S7-300 PLC 以太网通信处理器

S7-300 PLC 的以太网通信处理器主要是 CP343-1 系列,有 CP343-1、CP343-1 lean、CP343-1 IT 等,可将 PLC 接入 10Mbps 或 100Mbps 工业以太网。

它们支持的主要通信功能有：TCP/IP 协议、UDP 传送报文、PG/OP 通信、S7 通信、S5 兼容通信等。其中,CP343-1 IT 还具有 Web、E-mail、FTP 等功能。

（4）S7-400 PLC 以太网通信处理器

S7-400 PLC 的以太网通信处理器主要有 CP443-1、CP443-1 Advanced、CP443-1 IT、CP444 等,它们都能够将 S7-400 PLC 接入 10Mbps 或 100Mbps 工业以太网。

CP443-1 和 CP443-1 IT 主要支持的通信功能有：TCP/IP 和 UDP 传送报文、PG/OP 通信、S7 通信、S5 兼容通信等;其中 CP443-1 IT 还具有 Web、E-mail、FTP 等功能。CP443-1 Advanced 兼有两者的功能,除此之外,它还可作为 PROFINET IO 控制器,或 PROFINET CBA 组件。

8.4.4 工业以太网的 STEP 7 组态

利用 STEP 7 组态工业以太网时,大致可分为如下几个步骤。

1. 在项目中创建工业以太网子网

这一步骤与 MPI 子网、Profibus 子网的组建过程非常相似,读者可参考前面的相关内容。

2. 配置以太网 CP

首先组态 PLC 站,在 HW-Config 界面选择并安放以太网 CP 后,会自动弹出工业以太网 CP 属性对话框,对话框中显示出 MAC 地址、IP 地址等设置选项,如图 8-18 所示。

不同型号的 CP,属性对话框的内容不尽相同,例如,仅支持 ISO 服务的 CP 是没有 IP 地址设置选项的。所有的 CP 均需唯一的 MAC 地址,在打开的属性对话框中,系统会自动分配一个当前可用的 MAC 地址。

CP 出厂时有默认的 MAC 地址(印在模块上),如果属性对话框中的 MAC 地址设置栏未

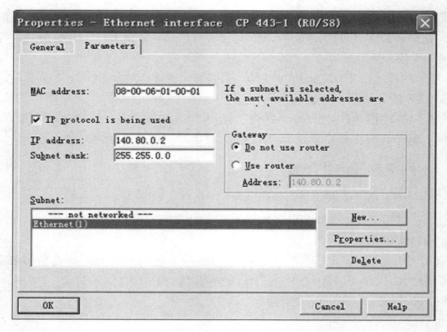

图 8-18　以太网接口地址设置

激活,意味着模块将自动使用出厂时的默认地址。但是若需要使用 ISO 服务,可通过选中"Set MAC address/use ISO protocol"选项,激活 MAC 地址栏,此时建议输入印在模块上的地址。注意,这种情况出现在新型号的 CP 组态过程中,图 8-18 中没有。

3. 组态通信连接

根据以太网 CP 所支持的通信协议,组态相应的连接,指定通信伙伴,并得到唯一的 Local ID,组态的结果是为每个 CPU 单独建立一个连接表。

依据所用 CP 的不同,SIMATIC 工业以太网可组态的连接主要有:S7 连接、ISO 传输连接、ISO-on-TCP 连接、TCP 连接、UDP 连接、E-mail 连接等。

本章 8.2 节详细描述了如何组态 S7 连接,在组态其他类型的连接时,其过程和步骤与 S7 连接的组态过程大致相同,读者可参考图 8-8、图 8-9、图 8-10 所示的内容和步骤,更为详尽的信息可通过 STEP 7 在线帮助获得。

4. 用户编程

在用户程序中,通过调用通信功能(FC)实现连接上的通信。支持 S7 连接(S7 通信)的功能及功能块见表 8-2,表 8-5 给出支持 SIMATIC 工业以太网其他几种连接的通信功能。

表 8-5　支持其他连接类型的 FC

FC	名　称	描　述
FC 5	AG_SEND	向通信伙伴发送数据,数据≤240 字节
FC 6	AG_RECV	接收来自通信伙伴的数据,数据≤240 字节,不支持 E-mail 连接
FC 50	AG_LSEND	向通信伙伴发送数据
FC 60	AG_LRECV	接收来自通信伙伴的数据,不支持 E-mail 连接
FC 7	AG_LOCK	通过 FETCH/WRITE 锁定外部数据访问,不支持 UDP、E-mail 连接
FC 8	AG_UNLOCK	通过 FETCH/WRITE 释放外部数据访问,不支持 UDP、E-mail 连接

5. 组态数据下载

置 CPU 于 STOP 模式,将硬件组态、连接表、用户程序下载至各 PLC 站。

8.4.5 PROFINET 简介

PROFINET 是一种基于工业以太网的开放式通用标准,采用 100Mbps 高速以太网和交换技术,全面支持 TCP/IP 协议,从企业管理层直至现场层,均可实现直接、透明的访问操作。

PROFINET 有两种变化形式:PROFINET IO 和 PROFINET CBA。

1. PROFINET IO

这是一种将分布式 I/O 设备直接连到工业以太网的通用标准,现场设备可通过该标准将其数据循环传送给相应控制器的过程映像。PROFINET IO 的设备类型有:

I/O 控制器——运行自动化程序,对自动化任务进行控制的控制系统(如 PLC、PC);

I/O 设备——分配给被控制器所控制的现场设备(如 ET 200S);

I/O 监控器——基于 PC 的工程工具,可参数化或诊断各个 I/O 设备。

2. PROFINET CBA

CBA 即"Component Based Automation",基于组件的自动化。一个组件为一个工艺单元,完成某特定工序和工艺,也可理解为一个相对独立的自动化系统。PROFINET CBA 技术就是将各个工艺单元首先进行"封装",生成组件描述文件(PCD),然后将它们导入连接编辑器的文件库中,建立各 PROFINET 组件之间的逻辑连接,从而达到创建一个工厂项目的目的。

组件的封装可在 STEP 7 中完成,西门子推出的 SIMATIC iMap 连接编辑器用于组件的连接。SIMATIC iMap 采用图形界面方式,无须进行通信组态和编程,并可任意连接不同制造商的 PROFINET 组件。

相比之下,PROFINET IO 的组建基本类似于 Profibus 和工业以太网,区别在于模块的选择——需要带 PN 接口的 CP 或 CPU,以及在用户程序中调用支持 PROFINET IO 的通信块。

而 PROFINET CBA 则是将控制功能模块化,在每个模块内部,系统软、硬件的配置是常规的,经过封装后,所有模块(工艺组件)通过 PROFINET CBA 接口与其他组件交换信息。所有组件经过逻辑连接后被纳入一个应用中,实现这样的逻辑连接需要专用的逻辑编辑器(如西门子的 SIMATIC iMap)。

习题与思考题

1. 简要说明 S7 基本通信(S7 Basic Communication)与 S7 通信(S7 Communication)的区别。

2. S7-200 PLC 在 Profibus-DP 网络中能不能作为主站?

3. 利用 SFC14~15 编程,实现 DP 主站与 DP 从站之间 5 个字的数据传输。

4. 怎样实现工业以太网的环形冗余?

5. 在一个 DP 主站系统中,怎样实现分布式 I/O 外设(如 ET 200B 系列设备)与智能从站之间的直接数据交换(DX)?

第9章　PLC 与电气传动系统

PLC 的使用范围越来越广，基于 PLC 的控制系统几乎涵盖了工业生产的各个领域。其中，利用 PLC 控制的电气传动系统，是一种典型的、具有代表性的应用系统。本章以电气传动控制系统为主题，着重介绍这一领域中 PLC 及相关设备的应用。

本章主要内容：
- 数字式直流驱动装置简介；
- 变频器的硬件端口、参数、通信；
- PLC 与变频器的应用。

本章重点是变频器的基础知识，变频器的参数设置、通信，以及变频器在实际案例中的应用。

9.1　电气传动系统简述

所谓电气传动，是指利用电动机驱动各类机械设备，使其得以按照要求运转起来的一种拖动形式，故而也称为"电力拖动"。在电气传动系统中，通常涉及如下几类控制问题。

① 电动机的启动/停止控制。这类控制属于开关命令，在多传动点系统中，各个传动点的启动/停止，常常需要根据工艺要求进行逻辑组合。

② 电动机的调速控制。包括升速和降速，涉及转速给定、转速检测、转矩给定及控制等。

③ 位移控制。主要包括位置定位控制系统及伺服随动控制系统等，涉及位置检测、伺服驱动、转矩控制等。

在以上几种主要的电气传动系统中，PLC 常常作为上位机，起到集中管理、协调的作用。可以把这类系统划分为两层，PLC 居于上层，底层是电动机驱动装置，负责对单台电动机的驱动，其本身一般均可构成 PI 调节器的转速闭环控制，使得该传动点的机械特性变硬，抵抗各类扰动对转速的影响。而 PLC 的作用是将同一设备中的各个传动点的驱动装置联系起来，从宏观上把握和控制各个传动点。

电气传动系统可归属于运动控制系统。在这类系统中，如果仅仅是启动/停止控制，则系统的底层构造就比较简单，通常采用足够功率的接触器配合以相应的降压启动装置即可。PLC 在这类系统中担负的任务主要是逻辑组合输出，用于确定何时启动哪一台电动机。

在工艺比较复杂，需要对电动机进行调速及协调控制的场合，PLC 的任务就艰巨得多，很多情况下都需要由 PLC 组建网络，把各个传动点连接起来，经由通信实现复杂的控制任务。此时，底层部分一般都配备智能型的专用驱动装置。对于直流电动机而言，这种装置通常称为"数字式直流驱动装置"；而对于三相交流异步电动机，就是通常所说的变频器（VVVF）。

9.2　直流拖动系统简述

直流电动机虽然有体积大、故障率高、维护量大、功率受限制等一系列缺点，然而其优点也是明显的：启动力矩大、过载能力强、转矩控制易于实现等，故而在一些场合仍然有所使用。

直流电动机的调速与驱动,在技术上已经非常成熟,作为成品在市场上销售的典型设备有欧陆 590 系列、ABB 的 DCS 系列、西门子的 6RA70 系列等。不同厂家的产品尽管在细节上会有所区别,但它们都是转速、电流双闭环结构,采用 PI 调节器实现转速无静差控制。在这些以微处理器为核心的数字式直流驱动装置中,主要的控制功能均由软件来实现。此外,还提供丰富的外部接口,例如用于启动/停止、多传动点之间协调动作的开关量输入/输出接口;用于转速给定的模拟量输入接口;用于转速、电压、电流等物理量外部显示和检测的模拟量输出接口;用于联网的串行通信接口等。

从软件上看,数字式直流驱动装置的主控制通道是典型的双闭环结构。其中转速环是外环(ASR),电流环是内环(ACR),二者的控制器通常为比例-积分(PI)调节器。

图 9-1 所示为西门子 6RA70 电枢回路部分的控制框图。图 9-1 显示的是转速、电枢电流双闭环控制结构,转速环为外环,电流环为内环。主给定(Main setpoint,转速给定)有多种来源和渠道,与附加给定(Additional setpoint)叠加之后,进入斜坡发生器(Ramp-function generator),该功能块的作用是将总给定值以一定的斜率和平滑度逐渐送给速度控制器,使得升降速过程更加平滑,该模块同时对给定值进行限幅。经过一系列处理后,给定值与反馈值(实

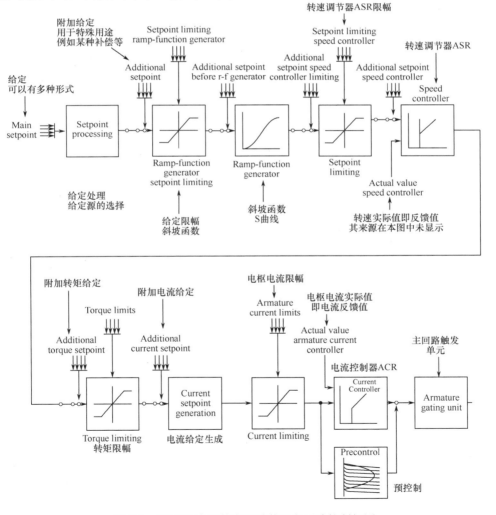

图 9-1　6RA70 直流数字驱动装置主回路控制框图

际转速)同时进入转换调节器 ASR(Speed controller)。转速调节器的输出就是电流控制器的主给定,与附加给定叠加后,最终与实际电流值(反馈值)同时进入电流控制器 ACR(Current controller)。电流控制器产生的输出作为控制电压,送给触发单元,形成触发脉冲,用于触发主回路的可控硅或者其他可控的电力电子元件,从而生成可调的直流电压,送给直流电动机的电枢绕组。

图 9-2 所示为励磁回路控制框图。6RA70 的励磁回路依然是双闭环控制结构,外环是感应电动势调节器(EMF controller),内环是励磁电流调节器(Current controller)。与电枢回路双闭环不同的是,在直流电动机处于基速(额定转速)以下时,EMF controller 总是饱和状态,其输出作为电流环的主给定,要求电流环把励磁电流控制在最大值(额定值)上,也就是说,基速以下的运行是满磁通运行,电动机可以输出最大的额定转矩——这种情形也常被称为"恒转矩"过程。当实际的感应电动势超过给定值以后——意味着转速提升到基速以上,EMF controller 退出饱和,要求电流环减小励磁电流,自此进入弱磁升速阶段,这一过程中,转速越高,励磁电流越小,磁通量越小,电动机可以输出的最大转矩也反比下降,而可以输出的最大功率保持稳定,故而被称为"恒功率"过程。

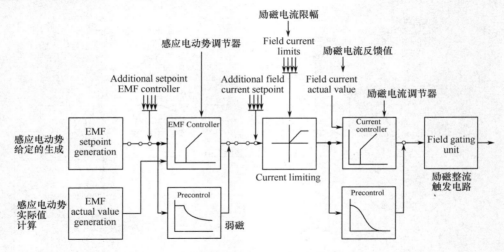

图 9-2　6RA70 励磁回路控制框图

图 9-3 给出了图 9-1 和图 9-2 中一些符号的图解。

请注意图 9-3 中的连接符号——Parameterizable connection/disconnection points,说明控制框图中的这些连接点,是可以通过参数设置而连接或断开的。也就是说,用户可以按照需要来改变 6RA70 的内部控制结构,只要这种改变是科学的、合理的,并且是被 6RA70 所允许的。在实际应用中,这种情况并不少见。例如,在柔性材料加工过程中,为了保持柔性材料的平展,需要严格控制其张力,那么,用于产生张力的直流电动机,其主要任务是输出可以和负载张力相匹配(包括动态过程)的制动转矩,它的转速常常不受控。显然,解决方案之一就是:断开转速调节器和电流控制器的连接,直接将张力要求换算成电流要求,作为给定值送给电流环。需要补充的是,这些工作常常需要 PLC 的协助才能更好地实现。

前面以西门子 6RA70 数字直流驱动装置为例,简单介绍了直流驱动的控制方式,应该说,所有的数字直流驱动装置,其控制模式都是相同的,区别仅在于参数的形式、结构的繁简、功能的多少等细节之处。

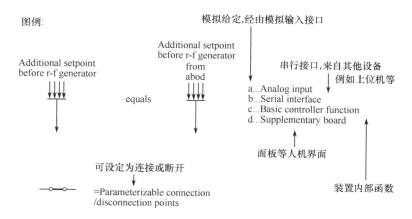

图例:

模拟给定,经由模拟输入接口

Additional setpoint
before r-f generator
from
abcd

串行接口,来自其他设备
例如上位机等

Additional setpoint
before r-f generator

equals

a...Analog input
b...Serial interface
c...Basic controller function
d...Supplementary board

面板等人机界面

可设定为连接或断开
=Parameterizable connection
/disconnection points

装置内部函数

图 9-3 6RA70 控制框图符号图解

对于 PLC 而言,在多点传动的控制系统中,通常作为上位机,完成协调管理的任务。PLC 与传动点的连接方式视具体情形可以有多种形式,例如单纯采用 DI/DO 开关量连接,各个传动点启动/停止的逻辑关系在 PLC 用户程序中体现;或者由 PLC 产生控制量,经过 D/A 模块的输出,接至直流驱动装置的 AI 接口,用于转速、转矩给定等。此外,还可以建立通信连接,实现各个传动点的统一管理、协调控制,并且可以经由通信将给定值实时下传给各个驱动装置。

9.3 交流拖动系统及 MM440 变频器

目前,在工业环境中使用的交流电动机多于直流电动机,而交流电动机中又以三相异步电动机为主。三相异步电动机又称感应电动机,通过在空间上对称分布的三相定子交变电流产生旋转磁场,旋转磁场切割转子导体,在转子上产生转子电流,转子电流在旋转的合成磁场(定、转子磁场)中产生旋转力矩。由于转子电流的产生源于转子导体切割磁力线所致,因此在正常情况下,转子转速总要低于旋转磁场的转速,两者是不同步的,这就是所谓"异步"的由来。

在需要调节转速的场合,变频器是驱动三相交流异步电动机的主流设备。变频器的基本结构如图 9-4 所示,其主要构成包括整流部分、逆变部分、控制部分 3 大块。通常情况下,这 3 大块合为一体,就是所称的"变频器"。在某些特殊场合,也有将整流与逆变分开的应用,例如某些多传动点系统,其中个别传动点长期或频繁工作于回馈制动状态,此时的系统构成也可采用如图 9-5 所示的形式。

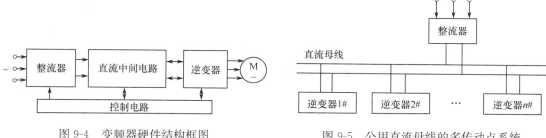

图 9-4 变频器硬件结构框图

图 9-5 公用直流母线的多传动点系统

· 283 ·

采用这种结构的好处是,由于部分电动机长期或频繁工作在回馈制动状态,其回馈的电能积聚在直流母线两端的电容上,这部分能量可以被工作在电动状态的其他电动机利用,既节约能量,也防止直流母线电压由于回馈制动而过度升高。为了配合不同的需要,很多制造厂家不仅提供一体的变频器,也提供分体的整流器和逆变器。

西门子 MM440 变频器是一款具有代表性的三相交流异步电动机驱动设备,属于通用型矢量变频器。所谓"通用型",是指基于三相交流异步电动机稳态数学模型的控制方式,其基本思想是通过协调控制电压(V)、频率(f),最大程度上保证电动机气隙磁通稳定于额定值。MM440 变频器提供的此类控制模式有:线性 V/f 控制、抛物线 V/f 控制、可编程多点设定 V/f控制、磁通电流控制等。

此外,MM440 变频器还具有矢量控制功能。所谓矢量控制,是建立在异步电动机动态数学模型基础之上的一类新型控制方式,其基本思想是利用矩阵变换等数学手段,实现励磁电流、转矩电流的解耦,将三相异步电动机等效为直流电动机,从而实现对三相定子电流的实时调节。

以下从硬件端口、参数设置、通信功能等几个方面简单介绍 MM440 变频器的应用。

9.3.1 MM440 变频器的外部端口

变频器控制电路的核心元件是 CPU,所有的控制算法、控制参数均由软件实现。从基于PLC 的电气控制系统集成的角度,技术人员关心的不是变频器内部控制电路的原理、构造,而是变频器如何与外界其他设备进行有效的沟通,所以变频器的外部端口及其功能是必须了解清楚的。与 PLC 相仿,MM440 变频器的端口类型主要有 DI/DO、AI/AO 等,此外还有10V、24V 两个直流电源,以及用于串行通信的 RS-485 接口。

与 PLC 稍显不同的是,变频器的端口通常都有较为具体的含义和规定。每个端口大体上都被分配了几个特定功能,当用户需要使用其中某个功能时,则除要在硬件上与外部设备进行正确连接外,还要在变频器参数中进行必要的设定。MM440 变频器的端口号及其相关功能见表 9-1。

表 9-1 MM440 变频器控制端的功能

端口号	标识符	功 能	说 明
1	—	输出＋10V	直流 10V 电源,用于给定电位器,产生 0～10V 电压型频率给定信号
2	—	输出 0V	
3	AIN1＋	模拟输入 1(＋)	模拟输入通道 1。对于电流输入,对应的 DIP 开关应置于 ON
4	AIN1－	模拟输入 1(－)	
5	DIN1	数字输入 1	1～4 号数字量输入端
6	DIN2	数字输入 2	
7	DIN3	数字输入 3	
8	DIN4	数字输入 4	
9	—	直流＋24V 输出	可用作外接开关元件公共端,最大 100mA
10	AIN2＋	模拟输入 2(＋)	模拟输入通道 2。对于电流输入,对应的 DIP 开关应置于 ON
11	AIN2－	模拟输入 2(－)	
12	AOUT1＋	模拟输出 1(＋)	模拟输出 1 端,0～20mA
13	AOUT1－	模拟输出 1(－)	

端口号	标识符	功　能	说　明
14	PTC A	连接温度传感器 PTC/KTY84	电动机热保护端
15	PTC B	连接温度传感器 PTC/KTY84	
16	DIN5	数字输入 5	5~6 号数字量输入端
17	DIN6	数字输入 6	
18	RL1-A	数字输出 1，常闭	变频器内部继电器触点，可外接直流 30V/5A 电阻性、交流 250V/2A 电感性负载
19	RL1-B	数字输出 1，常开	
20	RL1-C	数字输出 1，公共端	
21	RL2-B	数字输出 2	变频器内部继电器触点，常开，外接负载同上
22	RL2-C	数字输出 2	
23	RL3-A	数字输出 3，常闭	变频器内部继电器触点，外接负载同上
24	RL3-B	数字输出 3，常开	
25	RL3-C	数字输出 3，公共端	
26	AOUT2＋	模拟输出 2（＋）	模拟输出 2 端，0~20mA
27	AOUT2－	模拟输出 2（－）	
28	—	0V	直流 24V 电源的负端
29	P＋	RS-485 串行通信	RS-485 串行通信接口
30	N－	RS-485 串行通信	

9.3.2　MM440 变频器参数简介

变频器内部的参数主要用于确定变频器的工作方式，其中涉及多个方面，如工作模式、频率给定、升降速过程、转速限幅、转矩限幅、通信、实际运行状况及故障报警等。在这些参数中，有些用来确定和修改工作方式，是可以设置的参数；有些只能显示，用于查看变频器和电动机的工作状况，属于实时监测的现场数据，因而不能修改，但是可以读取和调用。

通过变频器自带的控制面板，或者经由通信，可以设置、读取这些参数。MM440 变频器的控制面板分为基本操作面板（BOP）和高级操作面板（AOP）两种类型。同时，MM440 具有 RS-485 串行通信接口，也提供 Profibus 模块可选件，可采用通用串行接口协议（USS）接入主从通信网络，或者通过可选的 Profibus 模块接入 Profibus 系统。MM440 的主要参数均可通过这几种方式进行设置、修改、读取。

MM440 变频器的参数总体可划分成两大类，用字母 r、P 作为前缀，以示区别。每个参数都分配了一个 0~9999 之间的数字编号，其中：

r××××表示一个只读参数。

P××××表示一个可设置参数，其设定范围视具体参数而定，每个可设定参数的设定范围都随参数本身给出，使用时一定要结合用户手册。

以下是几个 MM440 变频器参数的例子。

① P0003：该参数用于设置用户访问级。

● P0003＝1：标准级

● P0003＝2：扩展级

● P0003＝3：专家级

● P0003＝4：维修级

出厂默认值为1，即标准级。在多数情况下，只要访问标准级和扩展级就可以满足要求。

② r0021：只读参数，显示的是经过滤波的变频器实际频率，数据类型为浮点数，单位为Hz。

③ r0022：只读参数，显示的是经过滤波的转子转速。

④ P1000：频率设定值来源选择。可设置的最小值是0，最大值是77，出厂默认值是2。如果采用出厂默认值，则变频器的频率给定信号是端子ANI＋、ANI－接入的模拟信号。用户可以根据需要选择其他值，例如，P1000＝1，是采用面板设定频率；P1000＝12，则ANI＋、ANI－接入的模拟信号是主设定频率，同时附加面板的设定；P1000＝21，则面板设定值是主设定频率，ANI＋、ANI－接入的模拟信号是附加值，等等。

⑤ P1300：控制方式选择。MM440变频器可以根据工艺要求运行在多种模式下，例如，P1300＝0，是线性V/f控制模式，适用于对调速性能要求不高的场合，通常不需要做转速闭环；P1300＝2，抛物线V/f控制，适用于风机、泵类变转矩负载，对调速性能指标要求不高，主要用于注重节能效果的场合；P1300＝20，无传感器矢量控制；P1300＝23，带编码器反馈的转矩控制，等等。

9.3.3 变频器的参数组

MM440变频器的参数从功能类型的角度被划分为若干组，如常用参数组、功能参数组、命令数据组（CDS）和驱动数据组（DDS）等。其中，CDS和DDS两类参数在变频器的应用上显得尤为重要，这两类参数各自具有3组数据，可依次记为1.CDS、2.CDS、3.CDS和1.DDS、2.DDS、3.DDS。

CDS（Command Data Set）：命令数据组，与命令源相关的参数。例如，数字输入与启动/停车的设置、频率给定的选择等。

DDS（Drive Data Set）：驱动数据组，与电动机、变频器及其运行状态相关的数据和参数。例如，电动机额定数据、电动机参数计算、变频器保护组态等。

变频器的运行性能在很大程度上取决于这两个参数组的设置是否得当、合理，而之所以要给每类参数配备3套数据，就是为了在不同负载、不同工艺的情况下，变频器能够通过切换参数组的方式实现合理控制。例如，系统由一台变频器分时驱动两台不同的电动机，即"一拖二"的情形，那么两台电动机的参数就被分别存放在不同的驱动数据组里，比如1.DDS和2.DDS；如果两台电动机的运行控制命令也有所区别，则可将相应的命令参数分别存于两组CDS中，比如1.CDS和2.CDS。当控制系统切换电动机时，必然也要同时切换CDS和DDS。

CDS与DDS各有两个参数用以确定其组别，见表9-2。

通过变频器的数字输入端子，连接外部数字输入量，可以控制P0810、P0811、P0820、P0821这4个参数的状态，从而达到切换数据组的目的。这就涉及外部设备与变频器内部参数的关联问题。

表9-2　CDS与DDS组别选择参数

P0811＝0	P0810＝0	1.CDS
P0811＝0	P0810＝1	2.CDS
P0811＝1	P0810＝0	3.CDS

P0811＝0	P0810＝0	1. CDS
P0811＝1	P0810＝1	3. CDS
P0821＝0	P0820＝0	1. DDS
P0821＝0	P0820＝1	2. DDS
P0821＝1	P0820＝0	3. DDS
P0821＝1	P0820＝1	3. DDS

9.3.4 外部设备与变频器内部参数的关联

变频器驱动电动机旋转时,会获取很多信息和数据,例如当前频率、功率、转速等模拟量,以及通过系统自检而得到的"设备就绪"、"设备故障"等信息,这些信息有时需要通过模拟输出端口、数字输出端口或经由通信端口传送给外部设备(PLC、仪表等)。同样,还有一些控制类、输入类指令/数据,例如前面的 CDS、DDS 数据组、控制方式选择参数 P1300 等,这些信息则需要通过模拟量输入端口、数字输入端口或通信接口,由外部设备(通常是 PLC)传送给变频器。为此,变频器允许通过相应的参数设置,以选择各个端口的功能,用于传送特定的数据信息。MM440 变频器的技术手册把这种应用称为"BICO",也称为"二进制互连"。

在 MM440 变频器参数表中,有些参数名前冠有 BI、BO、CI 和 CO 等字母,这些字母符号表示该参数是否可以参与以及如何参与 BICO。

BI:二进制互连输入,该参数可以选择和定义输入的二进制信号源。

BO:二进制互连输出,该参数可以选择输出的二进制功能或作为用户定义的二进制信号输出。

CI:量值信号(规格化的或带量纲的)互连输入,该参数可以选择和定义输入的量值信号源。

CO:量值信号互连输出,该参数可以选择输出的量值功能或作为用户定义的量值信号输出。

CO/BO:量值信号/二进制互连输出,该参数可以作为量值信号和/或二进制信号输出,或由用户定义。

以下列举几个具有 BICO 功能的参数。

① P0731:BI。P0731 参数用来定义数字输出端口 1 的功能,"BI"表示该参数允许用户选择数字输出端口 1 的信息来源。其出厂默认值是"52.3"——这是变频器内部一个数字信号的位地址。将参数 P0731 设定为 52.3 后,则"数字输出 1"继电器的动作,就与信号源"52.3"联系起来,变频器输出端 18～20 及 19～20(参见表 9-1)的动作就反映了数字信号源"52.3"的状态。

② r0751:BO。ADC 的状态字,即模拟输入的状态,其位地址 00 的值为 1 时,表示模拟输入 1 端上没有信号,反之则有输入信号;类似地,位地址 01 的值反应的是模拟输入 2 端上的状态。

③ P0771:CI。DAC 的功能,用于定义 0～20mA 模拟量输出的物理含义,出厂默认值为 21,此时在模拟输出端上输出的 0～20mA 电流信号表示的是实际频率。此外,若设置为 24,则为实际输出频率;设置为 25,表示实际输出电压;设置为 27,表示实际输出电流,等等。这些

数字实际是一些只读参数的参数号,例如"21",就是前面举例的参数 r0021。

④ r0027:CO。经过滤波的输出电流实际值,单位为 A。

⑤ r0052:CO/BO。实际工况状态字 1。此参数为位地址格式,每一位都代表了某一项状态,可用于查看变频器的工作状况。例如:

位 00:驱动装置(即变频器)准备。0—否(即未就绪);1—是(就绪)。

位 01:驱动装置运行准备就绪。0—否;1—是。

位 02:驱动装置正在运行。0—否;1—是。

位 03:驱动装置故障激活。0—否;1—是。

……

此参数共 16 位,即 1 个字的长度。位地址的表示方法是:52. ×。注意,在前面所举例的参数 P0731 中,其出厂设置为"52.3",就是说变频器出厂时,其数字输出端 1 被设定为"变频器故障"信号输出,如果输出端 18～20 和 19～20 有动作,就说明变频器有故障,这一过程可用图 9-6 形象地说明。同时也可以看出,如果将 P0731 的设置加以修改,就可以在输出端 18～20 或 19～20 上得到对应的信息。比如,将 P0731 设定为 52.0,则端口输出反映的是变频器就绪与否。

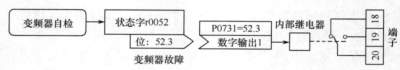

图 9-6　P0731 出厂设置示意图

9.3.5　MM440 变频器的 USS 通信

在通信功能方面,MM440 变频器的标准硬件配置是 RS-485 串行通信接口,表 9-1 中的 29 号、30 号即为 RS-485 串行通信接口的正、负极(分别为 P＋、N－)。利用 RS-485 串行通信接口能够实现主从式通信,或者广播式通信,使用通用串行接口协议,即 USS 协议。

在较为复杂的传动系统中,一方面,传动点多,并且可能比较分散;另一方面,要求控制精度高、响应速度快、工艺要求复杂、数据传递量大,或者希望系统有较强的联网能力等。针对这些问题,MM440 变频器提供了 Profibus 解决方案,通过 Profibus 可选模块,能够将 MM440 接入 Profibus 系统。有关 Profibus 通信的内容请参阅本书第 8 章。

1. USS 通信协议简介

USS 协议(Universal Serial Interface Protocol,通用串行接口协议)是西门子公司所有传动产品的通用通信协议,它是一种基于串行总线进行数据通信的协议。USS 协议是主从结构的协议,规定了在 USS 总线上可以有一个主站和最多 31 个从站;总线上的每个从站都有一个站地址(在从站参数中设定),主站依靠它识别每个从站;每个从站也只对主站发来的报文作出响应并回送报文,从站之间不能直接进行数据通信。在广播通信方式下,主站可以同时给所有从站发送报文,从站在接收到报文并作出相应的响应后可不回送报文。

2. S7-200 PLC 的 USS 协议库

S7-200 可以采用 USS 与 MicroMaster(即 MM)系列变频器进行通信。在使用 USS 协议指令之前,需要先安装西门子公司的指令库。USS 协议指令在 STEP 7-Micro/WIN 指令树的库文件中,指令库提供 14 个子程序、3 个中断程序和 8 条指令来支持 USS 协议,调用一条

USS 指令时,将会自动增加一个或多个相关的子程序。这些子程序的内容没有公开,用户也无须了解,只需正确设置 USS 指令的相关参数,便可以实现 CPU 22X 与变频器的正常通信。用户即使不是十分了解 USS 协议的具体内容,也可以很好地控制变频器。

3. PLC 与变频器的通信周期

S7-200 的循环扫描和变频器的通信是异步的。S7-200 在完成一个变频器的通信之前,通常要完成若干个循环扫描,所需要的时间与 S7-200 的当前变频器数、波特率和扫描时间有关。例如,传输速率为 9600bps 时,与一台变频器的通信时间为 50ms,S7-200 系统手册给出了详细的通信时间表。有一些变频器在使用参数访问指令时要求更长的时延。参数访问对时间的需求量取决于变频器的类型和要访问的参数。

4. 使用 USS 指令应遵循的步骤

① 在用户程序中插入 USS_INIT 指令:该指令只在一个循环周期内执行一次,用 USS_INIT 指令启动或改变 USS 通信参数。

② 在程序中为每个激活的变频器只使用一个 USS_CTRL 指令,用户可以按需求尽可能多地使用 USS_RPM_x 和 USS_WPM_x 指令,但是在同一时刻,这些指令中只能有一条是激活的。

③ 在指令树中选中程序块图标(Program Block),单击右键显示弹出菜单,选择库存储区选项,为 USS 指令库使用的 V 存储区指定起始地址。

④ 组态变频器参数,使之与程序中所用的波特率和站地址相匹配。

⑤ 连接 S7-200 和变频器之间的通信电缆。注意:具有不同参考电位的设备相互连接时会在连接中形成电流,这些电流会导致通信错误或设备损坏。要确保所有通过通信电缆连接在一起的设备共享一个公共参考点,或者彼此隔离以避免产生电流,屏蔽层必须接到底盘地或 9 针接头的针 1。建议将 MicroMaster 变频器上的接线端 2(0V)接到外壳地上。

9.4 MM440 变频器与 S7-200 PLC 的系统组成及应用

首先,我们站在宏观的角度,从几个在结构上相对单一的系统出发,观察 PLC 与电动机驱动装置之间的关系,考察 PLC 在电气传动控制系统中所处的地位,这有助于我们理清系统脉络,从而知道在面对一个具体项目时,都有哪些问题需要首先关注和重点考虑。

在此基础上,通过两个例子,较为详细地讨论 PLC 与变频器控制系统的实际应用,力图为读者展示出系统的全貌,包括系统硬件设计、软件设计及相应的变频器参数设置等。

9.4.1 几种常见控制系统的拓扑结构

1. 以逻辑关系为主的电气传动控制系统

这类系统中,针对电动机的控制主要是逻辑关系,工艺上只要求启动/停止的顺序配合,电动机通常以额定转速运行,或者配合以有级调速,有时需要考虑启动和制动的过程,这些过程也一律纳入 PLC 控制系统,如图 9-7 所示。

图 9-7 中的 n 个电气传动点,每台电动机所配备的驱动装置泛指所有可能的驱动设备,例如变频器或软启动设备(交流异步电动机),或者直流驱动装置(直流电动机),或者是以接触器等组成的降压启动电路等,并且涵盖了启动/制动、正/反转等功能。各电动机回路中的保护电路也是泛指,如果是变频器或数字式直流驱动装置,它们自身都具备完善的电动机保护功能;

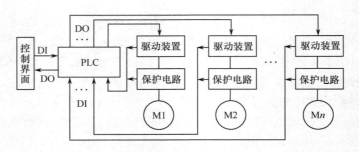

图 9-7 以逻辑控制为主的电气传动 PLC 控制系统

如果是基于低压电气元件的保护电路,则主要是指热继电器、过(欠)流继电器、过(欠)压继电器、速度继电器等具有保护检测的电气元件,具体内容请参阅本书相关章节。

无论怎样的驱动、保护电路(装置),它们都需要将当前状态(启动、停止、保护动作等)告知 PLC,PLC 依据工艺上的逻辑要求及各环节当前的状态,决定下一步的动作。图 9-7 中的控制界面(也称人机界面),如果采用传统的形式,则主要由按钮、转换开关、运行指示灯等电气元件组成,与 PLC 的连接主要是数字量 DI/DO。如果采用新型集成式人机界面,如操作屏、触摸屏等,它们与 PLC 之间经由通信连接,不仅在面板上集成有各类按钮,还可以组态流程画面,实时显示各项动态数据。

在这一类系统中,往来的电气信号以数字量为主,因而各个传动点的工作状态主要体现在彼此之间的逻辑关系上,而这种逻辑关系来自生产工艺的要求,例如多皮带传输、交流双速电梯等,都是比较典型的例子。

2. 带反馈的闭环控制系统

这里所说的反馈并不是针对电动机控制的转速反馈,而是源自生产工艺的要求,针对某些非电气物理量的反馈闭环控制系统。例如常见的无塔恒压供水系统,以及在工业生产中很普遍的柔性材料张力控制系统等。在此类系统中,电动机是实质上的执行机构,对那些非电气物理量的控制,最终都落实在对电动机的控制上,如图 9-8 所示。

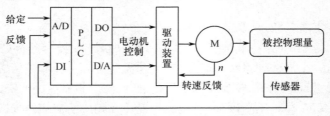

图 9-8 带反馈的闭环控制系统示意图

这是一个单传动点系统示意图,典型的应用是小吨位无塔恒压供水,被控物理量一般是管道水压,恒值控制。当水泵为三相交流异步电动机时,驱动装置就是变频器。PLC 输出的电动机控制信号通常为转速给定信号,即频率给定信号。图中所示的频率给定信号由 PLC 的 D/A 模块给出,当变频器采用西门子 MM440 时,这一信号要么接至端口 3、4(ANI1),要么接至端口 10、11(ANI2),并需配合以适当的参数设置。此外,对于 PLC 软件方面的要求,这类系统通常需要 PID 功能的支持,系统集成时应予以考虑。

在无塔恒压供水系统中,电动机转速能够实现连续无级调速是关键,而电动机的输出力矩是隐含的、无须关注的量——除非电动机在额定转速下依然不能满足用户需求,但是即便如此,提升其输出力矩已经基本没有空间了。这时应考虑的是增大电动机容量或增设水泵。也就是说,对于这一类系统而言,电动机的特性是不重要的,所以通常无须转速反馈。

3. 基于通信的控制系统

利用通信总线把所有驱动装置连接起来,所有控制功能(或绝大部分功能)的实现都借助于通信手段,这是目前电气传动控制系统的发展趋势。这一趋势的形成归因于网络技术的成熟和抗干扰能力的增强,以及基于工业场所的通信技术和通信协议的日益完善和进步。目前,所有大的设备制造厂商都深深地介入该领域。当然,这里的"驱动装置"必然是数字化的、以微处理器为核心的、带有通信接口的智能化设备,变频器、数字式直流驱动装置都是这类设备的典型代表。此类系统的示意如图9-9所示。

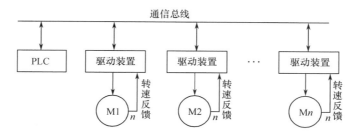

图 9-9 基于通信的控制系统示意图

通信网络的拓扑结构有线形、环形、树形、星形等,无论主站还是从站一律都挂在总线上,就目前而言,通信协议的标准化、透明化、公开化是大势所趋,最具代表性的有 Profibus 等。

严格来讲,并不是所有的电气传动系统都需要通信功能,例如前面所讨论的两种类型。然而实际的情形是,越来越多的系统集成人员倾向于在任何控制系统中都使用通信技术——除非它是完全不需要的、成本的增加是不能接受的等。而在多数情况下,通信功能都具有极大的诱惑力。

① 简化布线。只需要少数几根通信电缆就把所有设备连接起来,避免了大量的 DI、DO、AI、AO 电缆的铺设。

② 便于调试。由于系统布线电缆极大简化,初期调试工作量也相应减少,现场技术人员能够迅速接近调试任务的核心内容,即控制算法的完善和工艺参数的优化,而这部分的工作也主要面对控制系统主机,调试的主要内容是不断改善主机算法程序和通信报文。

③ 升级改造空间大。这样的系统无疑具有极大的弹性,只需修改程序和通信报文,则整个系统可以在工艺上获得巨大的改造,这一点,正如同 PLC 相对于传统继电器-接触器逻辑电路所具有的优势。

④ 对管理层的吸引力很大。如今,工业控制网络正逐步融入互联网,网络安全引出的生产安全问题也在逐步克服,总体发展趋势是底层控制系统的透明化。从管理的层面来看,这有利于上级掌控下级的运转;从技术的层面来看,所谓远程诊断、远程调控都将逐步成为现实。

以上简单描述了通信技术的优势及前景,而真正促使通信技术(或者叫网络技术)推广普及的原因是客观需求。随着生产设备越来越先进,生产工艺要求越来越高,生产规模越来越大,控制系统的形式越来越向离散化、分布式发展,伴之而起的自然是通信技术的日渐成熟。

总结前面所讨论的几种控制系统类型,其中第一类纯粹的逻辑控制系统中,变频器等智能型数字化驱动装置基本没有用武之地,所需知识以 PLC 的应用及常规电气元件为主,故而此处不再多论。实际上,多数的电气传动控制系统,均为几种类型的综合体,其中既有通信总线,也有模拟通道,也有局部的数字 I/O,这些将在后面的实例中做进一步的介绍。

9.4.2 应用举例

1. 多段速控制

本例通过一个简单的应用，尝试着给出一个具备基本功能的变频器-PLC系统。该系统相对完整，能够完成简单、多级的调速任务。

例9.1 设计一个基于S7-200 PLC和MM440变频器的电气传动系统，该系统可以实现电动机的正/反转控制，并具有多段速度调节功能。具体要求如下：

（1）可正/反转启动、停车。

（2）共计3挡速度，频率给定分别为5Hz、25Hz、50Hz。

（3）3挡速度可手动切换。

（4）3挡速度可自动切换。切换规则：1挡速度延时20s，进入2挡速度，再延时20s进入3挡速度。

解 （1）设计思路

① MM440变频器的参数中有多挡固定频率给定值，可以将外界数字输入量与某一个固定频率联系起来，用于选择此频率值，作为变频器的频率给定。因此，可以利用PLC的数字量输出与变频器的数字量输入端口的连接，实现多段调速的程序控制。

② MM440变频器的启动/停止控制可分为正/反转两个方向，可用两个数字量输入端口分别控制。

③ 变频器具有升速/降速的斜坡函数功能，可以按照设定的斜率进行升/降速控制，因此需要配合以相关参数的设置。

④ 利用变频器内部参数可以实现实际频率与给定频率的比较，以确定延时时间的起始时刻。

⑤ 通过变频器的数字输入端口连接复位按钮，用来实现故障复位，以便故障停机后能够重新启动。

（2）硬件电路设计

根据设计思路，首先安排PLC数字量通道的地址，见表9-3。

根据PLC的I/O分配表，可以给出变频器数字量功能分配表，见表9-4。

表9-3 S7-200 PLC I/O分配表

输入	说　　明	输出	说　　明
I0.0	正转启动	Q0.0	接变频器数字输入1：正向ON/OFF
I0.1	反转启动	Q0.1	接变频器数字输入2：反向ON/OFF
I0.2	停车	Q0.2	选择固定频率1挡（5Hz）
I0.3	速度挡1	Q0.3	选择固定频率2挡（25Hz）
I0.4	速度挡2	Q0.4	选择固定频率3挡（50Hz）
I0.5	速度挡3	Q0.5	
I0.6	手动/自动切换	Q0.6	
I0.7	接变频器，实际频率等于设定值	Q1.0	

表 9-4　MM440 变频器数字量功能分配表

标识符	端口号	功 能 说 明
DIN1	5	数字量输入 1,用于正向 ON/OFF,接 PLC 输出 Q0.0
DIN2	6	数字量输入 2,用于反向 ON/OFF,接 PLC 输出 Q0.1
DIN3	7	数字量输入 3,用于选择第 1 挡固定频率(5Hz),接 PLC 输出 Q0.2
DIN4	8	数字量输入 4,用于选择第 2 挡固定频率(25Hz),接 PLC 输出 Q0.3
DIN5	16	数字量输入 5,用于选择第 3 挡固定频率(50Hz),接 PLC 输出 Q0.4
DIN6	17	数字量输入 6,连接故障复位按钮
RL1	20、19	数字量输出 1,"实际频率达到设定值"的输出信号,接 PLC 输入 I0.7

说明:

① 变频器正/反转的 ON/OFF 命令,其含义是:当相应数字输入端口为状态 1 时,ON 命令有效,配合固定频率的选择,变频器按照选定的斜坡速率升速(P1120),最终按照给定频率运行;当该数字输入端口为状态 0 时,变频器按照选定的斜坡下降速率减速并停止运行(P1121)。

② MM440 变频器的固定频率选择有 3 种形式,本例中采用"直接选择"方式,在采用此种方式时必须注意,1 个数字输入(如 DIN3)对应 1 个固定频率设定值(FF3)。如果在某一时刻 DIN3、DIN4、DIN5 的输入状态均为 1,则变频器的实际输出频率是三者之和。因此在 PLC 的程序中,Q0.2、Q0.3、Q0.4 三者应确保任意时刻只有 1 个为 ON 状态,其余为 OFF 状态。

③ 如果变频器因故障而停机,为了重新启动,必须消除故障报警状态,即"故障复位",本例中将数字输入 3 设置为故障复位输入端,此端口需要外接复位按钮。

④ 数字输出 1 的功能设置参数 P0731 被设置为 53.6,其含义为数字输出 1 的信号源是只读参数 r0053 的第 6 位。r0053 是变频器的第 2 个实际状态字,共 16 位,其中第 6 位的状态为 1 时,表示当前实际频率大于等于设定值,反之则为 0。

⑤ 所谓斜坡上升时间是指变频器从静止状态加速到最大频率所用的时间;斜坡下降时间是指从最高频率减速到静止停车所用的时间。这两个参数的设置是为了平缓升/降速过程,防止因过压/过流而跳闸。为了使得升/降速过程更加平滑,还可以通过参数 P1130~P1134 设置升/降速的起始/结束阶段的圆弧。

根据以上各个端口的功能分配,可以给出相应的电气原理图,如图 9-10 所示。

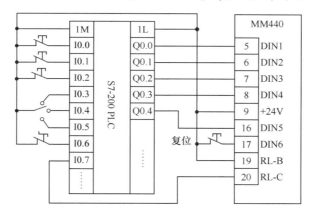

图 9-10　多段速系统电气原理图

（3）变频器参数设置

根据 I/O 分配以及端口功能，给出 MM440 变频器内部参数的设置明细，见表 9-5。

表 9-5　MM440 变频器参数设置

参数号	设定值	说　　明
P0701	1	DIN1 功能设定为正转 ON/OFF 命令
P0702	2	DIN2 功能设定为反转 ON/OFF 命令
P0706	9	DIN6 功能设定为"故障确认"，即故障复位
P1000	3	频率设定值选择"固定频率"
P0703	15	DIN3 功能为固定频率直接选择
P1003	5（Hz）	固定频率 FF3＝5Hz，由 DIN3 直接选择
P0704	15	DIN4 功能为固定频率直接选择
P1004	25（Hz）	固定频率 FF4＝25Hz，由 DIN4 直接选择
P0705	15	DIN5 功能为固定频率直接选择
P1005	50（Hz）	固定频率 FF5＝50Hz，由 DIN5 直接选择
P0731	53.6	数字输出 1 的功能，设置为"实际频率＞＝设定值"
P1120	0～650s	斜坡上升时间，默认值是 10s
P1121	0～650s	斜坡下降时间，默认值是 10s

（4）PLC 程序设计

对于本例，PLC 编程时需要注意以下几点。

① 手动/自动切换。手动模式下，速度切换完全取决于 I0.3、I0.4、I0.5 的输入状态；自动切换靠 PLC 内部延时。

② 自动切换速度时，每次延时的起始时刻是当 I0.7 为高电平时。

③ 启动信号（Q0.0/Q0.1）在运行过程中必须保持。

④ 3 挡速度选择 Q0.2、Q0.3、Q0.4 应避免同时激活，任意时刻只能有 1 路输出。

⑤ 设输入 I0.6 为高电平时选择自动状态，为低电平时选择手动状态。

程序框图如图 9-11 所示。

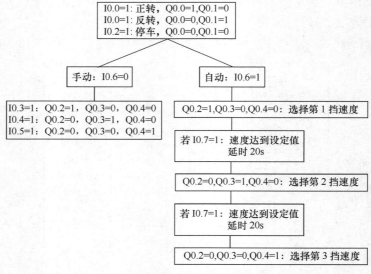

图 9-11　PLC 程序框图

读者可以根据图 9-11 中的逻辑关系，自行设计基于 S7-200 的梯形图程序。

（5）小结

该例着重展示了 PLC 与变频器之间的结合。通过"PLC 输出→变频器输入→变频器参数设置→PLC 编程"这么一条线索，PLC 与变频器结合为一个有机的整体。从中可以看出，"变频器参数设置"这一环节非常重要，它实际上是把 PLC 与变频器连接起来的核心链条。

在一个复杂的电气传动控制系统中，PLC 与变频器所承担的任务将远不止这些。例如，多数情况下会要求变频器能够进行转速的连续、无级、平滑调节；还有些场合会对电动机的转矩输出提出更高的要求。并且在很多场合，变频器输出的频率、电动机输出的实际转矩等，都需要在 PLC 的控制下有规律地进行。

2. 多机组恒压供水系统

实际的供水系统常会有多台机组的情况，而且为了节省投资，不少场合只配备 1 台变频器。这样，任何时候只会有 1 台水泵处于变频器的无级调速驱动之下，而其他水泵要么是停机状态，要么是处于工频额定转速运行状态——这要看用户端出水量的情况。如此便增加了控制系统的复杂性，PLC 不仅要产生 PID 控制量，还要负责多台机组之间的启动/停止切换，切换的依据自然还是水压。

例 9.2 设计一套恒压供水系统，该系统由 3 台水泵组成；1 台 MM440 变频器及西门子 S7-200 PLC（CPU226）构成控制系统主体；采用压力传感器检测管道出口压力，生成水压反馈信号并送入 PLC 的模拟量输入/输出模块，从而形成压力闭环系统。系统结构示意图如图 9-12 所示。

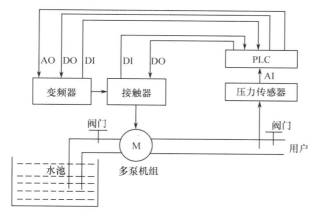

图 9-12   恒压供水系统方案示意图

（1）系统描述

在图 9-12 中，PLC 经过内部 PID 模块计算得到控制量，再经由模拟量输入/输出模块（EM235）转换成模拟量后送给变频器，该模拟量作为变频器的频率给定信号；变频器与电动机之间由接触器电路隔离，该部分电路受控于 PLC，PLC 将依据水压的实际情况决定切换水泵与否。

图 9-12 中还给出了接触器、变频器与 PLC 之间数字量信号的连接示意。其中，数字量输入信号把系统当前的运行工况告知 PLC，例如电动机的运行状态（工频/调速/停机）、变频器是否故障等；而数字量输入信号，一是用于控制接触器的通断，二是用于切换变频器的参数组（见前面 CDS 和 DDS）。

除此之外,PLC还应接收来自操作界面的信号,例如启动/停止按钮(开关)、手动/自动转换开关、各单台机组的独立启动/停止按钮(开关)、运行指示、保护电路等,这些都是一个电气传动控制系统必不可少的内容。但是鉴于此类环节的解决方案很多,为了不至于给读者造成片面的印象,故而此处只做一些必要说明,不在图中画出有关操作按钮等数字量输入部分。

(2) 硬件设计及变频参数设置

图 9-13 是主回路原理图,其中各电动机均有两个接触器负责工作状态切换,KM_1、KM_3、KM_5 分别负责 M_1、M_2、M_3 的工频运行;KM_0、KM_2、KM_4 负责接通各自电动机的变频调速回路;KM_6 控制变频器的电源。

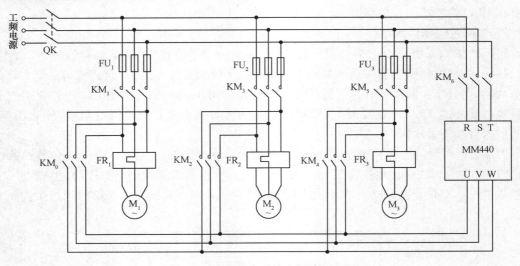

图 9-13　变频供水系统主回路原理图

图 9-14 是 PLC 局部接线原理图。本设计方案选用 S7-200 CPU226,7 个接触器线圈分别由 Q0.0～Q0.6 数字输出端口驱动;7 个接触器的辅助触点分别引入 PLC 的 7 个数字量输入端口(I0.0～I0.6),这 7 个数字输入量用于告知 PLC,当前各个电动机及变频器处于何种状态。

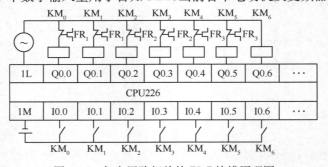

图 9-14　与主回路相关的 PLC 接线原理图

PLC 的模拟量输入/输出模块选用 S7-200 系列的 EM235,其接线原理图见图 9-15。其中,压力传感器与 EM235 公用 24V 直流电源,输出的 4～20mA 电流信号进入 EM235 的模拟输入通道 A,EM235 的模拟输出接至 MM440 的模拟输入 1。

PLC 与变频器之间的连接,既有模拟通道,也有数字量信号,在设计该部分电路时,主要考虑的是变频器内部参数组的切换(3 台机组,3 个 DDS),以及必要的状态信息,例如变频器故障等,接线原理图如图 9-16 所示。

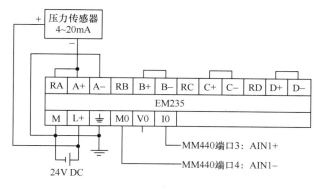

图 9-15　4AI/1AO 模块 EM235 接线原理图

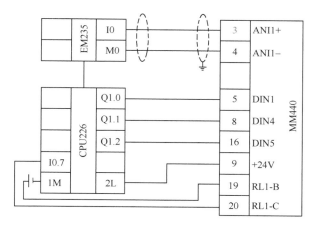

图 9-16　S7-200PLC 与 MM440 变频器接线原理图

图 9-16 给出了 PLC 与变频器之间的一个局部的接线原理图,除了模拟通道用于频率给定,还有一些 DI/DO,这些数字量用于启动/停止控制以及参数组的切换和变频器故障报警信号等,见表 9-6。

表 9-6　供水系统 I/O 表

输入	说　　明	输出	说　　明
I0.0	KM_0 辅助触点,1 号泵变频运行	Q0.0	KM_0 线圈
I0.1	KM_1 辅助触点,1 号泵工频运行	Q0.1	KM_1 线圈
I0.2	KM_2 辅助触点,2 号泵变频运行	Q0.2	KM_2 线圈
I0.3	KM_3 辅助触点,2 号泵工频运行	Q0.3	KM_3 线圈
I0.4	KM_4 辅助触点,3 号泵变频运行	Q0.4	KM_4 线圈
I0.5	KM_5 辅助触点,3 号泵工频运行	Q0.5	KM_5 线圈
I0.6	KM_6 辅助触点,变频器电源	Q0.6	KM_6 线圈
I0.7	接变频器数字输出 1,变频器故障	Q1.0	接变频器的 DIN1,正向 ON/OFF
AIW0	模拟输入,来自压力传感器	Q1.1	接变频器的 DIN4,参数组 DDS 切换
		Q1.1	接变频器的 DIN5,参数组 DDS 切换
		AQW0	模拟输出,变频器 ANI1,频率给定

297

需要说明的是,表 9-6 中所列内容,对于一个电气控制系统而言是不完整的,因为其中缺少人机交互所需的基本硬件条件,例如启动/停止按钮等。但是,这一部分内容属于 PLC 的基本应用,前面章节多有类似的讨论,此处不再赘述。

根据表 9-6 所涉及的 MM440 一些参数的设置,见表 9-7。

表 9-7 供水系统 MM440 变频器相关参数

参数号	设定值	说 明
P0700	2	默认值,由端子排输入控制变频器的正向 ON/OFF
P0701	1	默认值,5 号端子(DIN1)为高电平正向启动,低电平停机
P0704	99	BICO 参数化使能,BICO 功能向 DIN4 开放
P0705	99	BICO 参数化使能,BICO 功能向 DIN5 开放
P0820	722.3	通过 BICO,将 DIN4 连接到参数 P0820,P0820 的功能参见表 9-2
P0821	722.4	通过 BICO,将 DIN5 连接到参数 P0821,P0821 的功能参见表 9-2
P0731	52.3	数字输出 1 的功能选择,变频器故障信号,接 PLC 数字输入 I0.7
P1000	2	默认值,模拟输入 1(ANI1)为频率设定值

表 9-7 与表 9-6 具有一定的相关性,如果表 9-6(硬件)有所变化,则表 9-7 也需做相应调整。另外,表 9-7 并不是一个完整的参数设置表,有些参数在此情形下可以直接使用其默认值,故而不再列出;有些参数需要设备实际数据(例如 DDS),鉴于篇幅所限,也不再详述。

(3) 程序设计中需注意的事项

① 机组切换原则

在变频器就绪(KM_6 吸合)及自动运行模式下,3 台机组的切换有两个判断条件:变频器的运行频率和当前水压。归纳起来,有如下两条原则。

● 如果水压低于设定值下限,变频器运行频率达到频率上限,并且此状态持续了若干时间,则将当前变频运行机组转入工频运行,随即启动下一台机组(按照既定顺序,例如 M_1、M_2、M_3),使其进入变频运行状态。

● 如果水压高于设定值上限,变频器运行频率达到频率下限,并且此状态持续了若干时间,则将当前变频运行机组停机,随即按照停机顺序(例如 M_3、M_2、M_1),将下一台工频运行机组投入变频运行。

② 防止频繁切换的措施

水压检测信号难免出现波动,并且在传送过程中总会叠加一些干扰信号,它们都会导致水压反馈量的不稳定,如果不采取有效措施,就会出现机组的频繁切换。解决这个问题有如下几条途径:

● 合理安排压力传感器的安装位置;

● 传输电缆的屏蔽及屏蔽层的合理接地;

● 必要的滤波程序;

● 必要的延时,也即每次切换之前都需要延时一段时间,使得切换条件能够得到确认。

③ 变频器运行频率上下限的确认

这是机组切换时的判断条件之一,然而本方案并没有在变频器与 PLC 之间建立运行频率上下限的数字量信号连接。由于变频器的频率给定就是 PLC 的 PID 模块的输出值,所以变频器的运行频率是否达到上下限,可由 PLC 自行认定。

④ 变频器运行频率下限的设置

当变频器实际输出频率低到一定程度时,由于管道内水压的影响,水泵的出水量会逐渐下降以至于不足以调节水压。这种现象在工频机组、变频机组同时运行的情况下尤为突出。也就是说,变频调节水压时,在低频段存在调节死区。因此,变频器的实际运行频率范围不是$0\sim50\text{Hz}$,而是存在一个非零下限,该下限值因系统而异,需要在现场进行调试和整定。

对于单变频器、多机组系统,以 PLC 作为主控制设备,利用工频/变频依次切换的方法,实现恒压供水的解决方案,具体实施起来可以有很多种途径,这里仅仅是提供了其中的一个思路而已。针对这个系统,读者完全可以在深入学习 MM440 参数及功能后,给出不同的解决方案。例如,MM440 变频器内部具有 PID 功能块,因此可以利用 MM440 内部 PID 实现水压反馈闭环控制,从而省去 EM235 模块;其次,变频器内部具有实际频率与频率阈值的比较状态位,该状态位可以通过 BICO 功能连接到数字输出端口,进而连接至 PLC,PLC 可据此判断运行频率是否达到上下限,这是机组切换的判据之一,等等。

习题与思考题

1. 根据例 9.1 的内容,设计基于 S7-200 的梯形图程序。

2. 根据西门子直流驱动装置 6RA70 的功能框图,现有如下控制要求:某直流电动机工作于制动状态,希望通过调节电流环限幅达到调节制动力矩的目的,那么,速度控制器应工作于何种状态? 如何使其达到这种状态? 给出一个基于 6RA70 功能图的组态方案。

3. 结合多机组切换供水系统的讨论,自己设计基于传统电气元件的人机界面,考虑到切换过程,设计一个较为完整的 PLC 控制程序。

附录 A　　特殊寄存器(SM)标志位

表 A-1　状态位(SMB0)

SM 位	描　述
SM0.0	CPU 运行时,该位始终为 1
SM0.1	该位在首次扫描时为 1
SM0.2	若保持数据丢失,则该位在一个扫描周期中为 1
SM0.3	开机后进入 RUN 模式,该位将接通一个扫描周期
SM0.4	该位提供周期为 1min、占空比为 50% 的时钟脉冲
SM0.5	该位提供周期为 1s、占空比为 50% 的时钟脉冲
SM0.6	该位为扫描时钟,本次扫描时置 1,下次扫描时置 0
SM0.7	该位指示 CPU 工作方式开关的位置(0 为 TERM 位置,1 为 RUN 位置)。在 RUN 位置时,该位可使自由口通信方式有效;在 TERM 位置时,可与编程器正常通信

表 A-2　状态位(SMB1)

SM 位	描　述
SM1.0	执行某些指令时,其结果为 0 时,该位置 1
SM1.1	执行某些指令时,其结果溢出或检测到非法数值时,该位置 1
SM1.2	执行数学运算时,其结果为负数时,该位置 1
SM1.3	试图除以 0 时,该位置 1
SM1.4	当执行 ATT(Add to Table)指令时,试图超出表范围时,该位置 1
SM1.5	当执行 LIFO 或 FIFO 指令时,试图从空表中读数据时,该位置 1
SM1.6	当把一个非 BCD 数转换为二进制数时,该位置 1
SM1.7	当 ASCII 码不能转换为有效的十六进制数时,该位置 1

表 A-3　自由口接收字符缓冲区(SMB2)

SM 位	描　述
SMB2	在自由口通信方式下,该字符存储从端口 0 或 1 接收到的每个字符

表 A-4　自由口奇偶校验错误(SMB3)

SM 位	描　述
SMB3.0	端口 0 或 1 的奇偶校验错(0=无错;1=有错)
SMB3.1～SMB3.7	保留

　　注:SMB2 和 SMB3 与端口 0 和 1 公用。当端口 0 接收到的字符并使得与该事件(中断事件 8)相连的中断程序执行时,SMB2 包含端口 0 接收到的字符,而 SMB3 包含该字符的校验位状态。当端口 1 接收到的字符并使得与该事件(中断事件 25)相连的中断程序执行时,SMB2 包含端口 1 接收到的字符,而 SMB3 包含该字符的校验位状态。

表 A-5 中断允许、对列溢出、发送空闲标志位(SMB4)

SM 位	描 述
SM4.0	当通信中断队列溢出时,该位置 1
SM4.1	当输入中断队列溢出时,该位置 1
SM4.2	当定时中断队列溢出时,该位置 1
SM4.3	当运行时刻,发现编程问题时,该位置 1
SM4.4	该位指示全局中断允许位,当允许中断时,该位置 1
SM4.5	当(端口 0)发送空闲时,该位置 1
SM4.6	当(端口 1)发送空闲时,该位置 1
SM4.7	发生强置时,该位置 1

注:只有在中断程序里,才使用状态位 SM4.0,SM4.1 和 SM4.2。当队列为空时,将这些状态位复位(置 0),并返回主程序。

表 A-6 I/O 错误状态位(SMB5)

SM 位	描 述
SM5.0	当有 I/O 错误时,该位置 1
SM5.1	当 I/O 总线上连接了过多的数字量 I/O 点时,该位置 1
SM5.2	当 I/O 总线上连接了过多的模拟量 I/O 点时,该位置 1
SM5.3	当 I/O 总线上连接了过多的智能量 I/O 点时,该位置 1
SM5.4～SM5.7	保留

表 A-7 CPU 识别(ID)寄存器(SMB6)

SM 位	描 述
格式	MSB LSB 7 0 CPU ID 寄存器 | x | x | x | x | r | r | r | r |
SM6.0～SM6.3	保留
SM6.4～SM6.7	xxxx＝0000 CPU222 0010 CPU224 0110 CPU221 1001 CPU226/CPU226XM

表 A-8 I/O 模块识别和错误寄存器(SMB8～SMB21)

SM 位	描 述
格式	偶数字节:模块 ID 寄存器 MSB LSB 7 0 | m | t | t | a | i | i | q | q | m:模块存在 0＝有模块;1＝无模块 tt:模块类型 00＝非智能模块;01＝智能模块;10、11＝保留 a:I/O 类型 0＝开关量;1＝模拟量 ii:输入 00＝无输入;01＝2AI 或 8DI;10＝4AI 或 16DI;11＝8AI 或 32DI qq:输出 00＝无输出;01＝2AO 或 8DO;10＝4AO 或 16DO;11＝8AO 或 32DO 奇数字节:模块出错寄存器

301

SM 位	描　述
格式	MSB　　　　　　　　　　　　　LSB 7　　　　　　　　　　　　　　0 | c | 0 | 0 | b | r | p | f | t | c：配置错误 0＝无错误；1＝错误（下同）　b：总线错误或校验错误 r：超范围错误　　　　　　　　　　　　p：无用户电源错误 f：熔断器错误　　　　　　　　　　　　t：端子块松开错误
SMB8、SMB9	模块 0 识别(ID)寄存器、模块 0 错误寄存器
SMB10、SMB11	模块 1 识别(ID)寄存器、模块 1 错误寄存器
SMB12、SMB13	模块 2 识别(ID)寄存器、模块 2 错误寄存器
SMB14、SMB15	模块 3 识别(ID)寄存器、模块 3 错误寄存器
SMB16、SMB17	模块 4 识别(ID)寄存器、模块 4 错误寄存器
SMB18、SMB19	模块 5 识别(ID)寄存器、模块 5 错误寄存器
SMB20、SMB21	模块 6 识别(ID)寄存器、模块 6 错误寄存器

表 A-9　扫描时间寄存器（SMW22～SMW26）

SM 字	描　述
SMW22	上次扫描时间
SMW24	进入 RUN 模式后，所记录的最短扫描时间
SMW26	进入 RUN 模式后，所记录的最长扫描时间

表 A-10　模拟电位器（SMB28～SMB29）

SM 位	描述（只读）
SMB28	存储模拟调节器 0 的输入值。在 STOP/RUN 模式下，每次扫描时更新该值
SMB29	存储模拟调节器 1 的输入值。在 STOP/RUN 模式下，每次扫描时更新该值

表 A-11　自由口控制寄存器（SMB30 和 SMB130）

端口 0	端口 1	描　述
SMB30 格式	SMB130 格式	自由口模式控制字节 MSB　　　　　　　　　　　　　LSB | P | P | D | B | B | B | M | M |
SM30.0 和 SM30.1	SM130.0 和 SM130.1	MM：协议选择 00＝PPI/从站模式（默认设置）；01＝自由口协议 10＝PPI/主站模式；11＝保留
SM30.2～SM30.4	SM130.2～SM130.4	BBB：自由口波特率 000＝38 400bps；001＝19 200bps； 010＝9600bps；011＝4800bps； 100＝2400bps；101＝1200bps； 110＝115.2kbps；111＝57.6kbps
SM30.5	SM130.5	D：每个字符的数据位 0＝每个字符 8 位；1＝每个字符 7 位
SM30.6 和 SM30.7	SM130.6 和 SM130.7	PP：校验选择 00：无奇偶校验；01：偶校验；10：无奇偶校验；11：奇校验

表 A-12　　永久存储器(EEPROM)写控制(SMB31 和 SMW32)

SM 位	描述(只读)
格式	SMB31:软件命令 MSB　　　　　　　　　　　LSB 7　　　　　　　　　　　0 | c | 0 | 0 | 0 | 0 | 0 | s | s | SMW32:V 存储器地址 MSB　　　　　　　　　LSB 15　　　　　　　　0 | V 存储器地址 |
SMB31.0 和 SMB31.1	ss:被存储数据类型　　00＝字节　10＝字　01＝字节　11＝双字
SMB31.7	c:存入永久存储器　　　0＝无执行存储器操作的请求　　1＝用户程序申请向永久存储器存储数据,每次存储操作完成后,S7-200 复位该位
SMW32	SMW32 中是所存数据的 V 存储器地址,该值是相对于 V0 的偏移量。当执行存储命令时,把该数据存到永久存储器中的相应位置

表 A-13　　定时中断的时间间隔寄存器(SMB34 和 SMB35)

SM 位	描　　述
SMB34	定义定时中断 0 时间间隔(1～255ms,以 1ms 为增量)
SMB35	定义定时中断 1 时间间隔(1～255ms,以 1ms 为增量)

附录 B   错误代码信息

表 B-1   致命错误代码和信息

错误代码	描　　述
0000	无致命错误
0001	用户程序校验和错误
0002	编译后梯形图程序校验和错误
0003	扫描看门狗超时错误
0004	内部 EEPROM 错误
0005	内部 EEPROM 用户程序校验和错误
0006	内部 EEPROM 配置参数(SDBO)校验和错误
0007	内部 EEPROM 强制数据校验和错误
0008	内部 EEPROM 默认输出表值校验和错误
0009	内部 EEPROM 用户数据 DB1 校验和错误
000A	存储器卡失灵
000B	存储器卡用户程序校验和错误
000C	存储器卡配置参数(SDBO)校验和错误
000D	存储器卡强制数据校验和错误
000E	存储器卡默认输出表值校验和错误
000F	存储器卡上用户数据 DB1 校验和错误
0010	内部软件错误
0011	比较节点间接寻址错误
0012	比较节点非法值错误
0013	存储器卡空或者 CPU 不识别该程序
0014	比较节点范围错误

表 B-2   运行程序错误

错误代码	描　　述
0000	无错误
0001	执行 HDEF 之前,HSC 未允许
0002	输入中断分配冲突,已分配给 HSC
0003	到 HSC 的输入分配冲突,已分配给输入中断
0004	在中断程序中,试图执行 ENI、DISI 或 FDEF 指令
0005	在第一个 HSC/PLS 未执行完时,企图执行同编号的第二个 HSC/PLS(中断程序中的 HSC 同主程序中的 HSC/PLS 冲突)
0006	间接寻址错误
0007	TODW(写实时时钟)或 TODR(读实时时钟)数据错误

错误代码	描　　述
0008	用户子程序嵌套层数超过规定
0009	在程序执行 XMT 或 RCV 时，通信接口 0 由另一条 XMT/RCV 指令执行
000A	在同一 HSC 执行时，企图用 HDEF 指令再定义该 HSC
000B	通信接口 1 上同时执行 XMT/RCV 指令
000C	时钟存储卡不存在
000D	重新定义已经使用的脉冲输出
000E	PTO 个数设为 0
000F	比较指令中的非法字符
0010	在当前 PTO 操作模式中，命令未允许
0011	非法 PTO 命令代码
0012	非法 PTO 包罗表
0013	非法 PID 回路参数表
0091	范围错误（带地址信息）：检查操作数范围
0092	某条指令的计数域错误（带计数信息）：确认最大计数范围
0094	范围错误（带地址信息）：写无效存储器
009A	用户中断程序试图转换成自由口模式
009B	非法指针（字符串操作中起始位置指定为 0）
009F	无存储卡或存储卡无响应

表 B-3　编译规则错误（非致命）

错误代码	描　　述
0080	程序太大无法编译：须缩短程序
0081	堆栈溢出：须把一个网络分成多个网络
0082	非法指令：检查指令助记符
0083	无 MEND 或主程序中有不允许指令：加 MEND 或删去不正确指令
0084	保留
0085	无 FOR 指令：加 FOR 指令或删除 NEXT 指令
0086	无 NEXT 指令：加 NEXT 指令或删除 FOR 指令
0087	无标号（LBL、INT、SBR）：加上合适标号
0088	无 RET 或子程序中有不允许指令：加 RET 指令或删除不正确指令
0089	无 RETI 或中断程序中有不允许指令：加 RETI 指令或删除不正确指令
008A	保留
008B	从/向一个 SCR 段的非法跳转
008C	标号重复（LBL、INT、SBR）：重新命名标号
008D	非法标号（LBL、INT、SBR）：确保标号数在允许范围内
0090	非法参数：确认指令所允许的参数
0091	范围错误（带地址信息）：检查操作数范围
0092	指令计数域错误（带计数信息）：确认最大计数范围

错误代码	描　　述
0093	FOR/NEXT 嵌套层数超出范围
0095	无 LSCR 指令(装载 SCR)
0096	无 SCRE 指令(SCR 指令结束)或 SCRE 前面有不允许的指令
0097	用户程序包含非法字编码的和数字编码的 EU/ED 指令
0098	在 RUN 模式进行非法编辑(试图编辑非数字编码的 EU/ED 指令)
0099	隐含网络段太多(HIDE 指令)
009B	非法指针(字符串操作中起始位置指定为 0)
009C	超出最大指令长度
009D	SDBO 中检测到非法参数
009E	PCALL 字符太多
009F~00FF	保留

附录 C   S7-200 可编程控制器指令集

表 C-1   传送、移位、循环、填充和逻辑操作指令

指令	操作数	说明
MOVB	IN,OUT	字节、字、双字和实数传送
MOVW	IN,OUT	
MOVD	IN,OUT	
MOVR	IN,OUT	
BIR	IN,OUT	立即读取物理输入点字节
BIW	IN,OUT	立即写物理输出点字节
BMB	IN,OUT,N	字节、字和双字块传送
BMW	IN,OUT,N	
BMD	IN,OUT,N	
SWAP	IN	交换字节
SHRB	DATA,S_BIT,N	移位寄存器
SRB	OUT,N	字节、字和双字右移 N 位
SRW	OUT,N	
SRD	OUT,N	
SLB	OUT,N	字节、字和双字左移 N 位
SLW	OUT,N	
SLD	OUT,N	
RRB	OUT,N	字节、字和双字循环右移 N 位
RRW	OUT,N	
RRD	OUT,N	
RLB	OUT,N	字节、字和双字循环左移 N 位
RLW	OUT,N	
RLD	OUT,N	
FILL	IN,OUT,N	用指定的元素填充存储器空间
ALD		触点组串联
OLD		触点组并联
LPS		推入堆栈
LRD		读栈
LPP		出栈
LDS		装入堆栈
AENO		对 ENO 进行与操作
ANDB	IN1,OUT	字节、字、双字逻辑与
ANDW	IN1,OUT	
ANDD	IN1,OUT	
ORB	IN1,OUT	字节、字、双字逻辑或
ORW	IN1,OUT	
ORD	IN1,OUT	

XORB	IN1,OUT	
XORW	IN1,OUT	字节、字、双字逻辑异或
XORD	IN1,OUT	
INVB	OUT	
INVW	OUT	字节、字、双字取反
INVD	OUT	

表 C-2　表、查找、转换、中断、通信和高速指令

ATT	DATA,TABLE	把数据加到表中
LIFO	TABLE,DATA	从表中取数据,后入先出从表中取数据
FIFO	TABLE,DATA	从表中取数据,先入先出从表中取数据
FND=	TBL,PATRN,INDX	
FND<>	TBL,PATRN,INDX	根据比较条件在表中查找数据
FND<	TBL,PATRN,INDX	
FND>	TBL,PATRN,INDX	
BCDI	OUT	BCD 码转换成整数
IBCD	OUT	整数转换成 BCD 码
BTI	IN,OUT	字节转换成整数
ITB	IN,OUT	整数转换成字节
ITD	IN,OUT	整数转换成双字整数
DTI	IN,OUT	双字整数转换成整数
DTR	IN,OUT	双字转换成实数
TRUNC	IN,OUT	实数转换成双字整数
ROUND	IN,OUT	实数转换成双字整数
ATH	IN,OUT,LEN	ASCII 码转换成十六进制数
HTA	IN,OUT,LEN	十六进制数转换成 ASCII 码
ITA	IN,OUT,FMT	整数转换成 ASCII 码
DTA	IN,OUT,FMT	双字整数转换成 ASCII 码
RTA	IN,OUT,FMT	实数转换成 ASCII 码
DECO	IN,OUT	译码
ENCO	IN,OUT	编码
SEG	IN,OUT	段码
CRETI		从中断条件返回
ENI		允许中断
DISI		禁止中断
ATCH	INT,EVENT	建立中断事件与中断程序的连接
DTCH	EVENT	解除中断事件与中断程序的连接
XMT	TABLE,PORT	自由口发送信息
RCV	TABLE,PORT	自由口接收信息

NETR	TABLE,PORT	网络读
NETW	TABLE,PORT	网络写
GPA	ADDR,PORT	获取端口地址
SPA	ADDR,PORT	设置端口地址
HDEF	HSC,Mode	定义高速计数器模式
HSC	N	激活高速计数器
PLS	Q	脉冲输出

表 C-3　布尔指令

LD	N	装载
LDI	N	立即装载
LDN	N	取反后装载
LDNI	N	取反后立即装载
A	N	与
AI	N	立即与
AN	N	取反后与
ANI	N	取反后立即与
O	N	或
OI	N	立即或
ON	N	取反后或
ONI	N	取反后立即或
LDBx	IN1,IN2	装载字节比较的结果 IN1（x：$<$,$<=$,$=$,$>=$,$>$,$<>$）IN2
ABx	IN1,IN2	与字节比较的结果 IN1（x：$<$,$<=$,$=$,$>=$,$>$,$<>$）IN2
OBx	IN1,IN2	或字节比较的结果 IN1（x：$<$,$<=$,$=$,$>=$,$>$,$<>$）IN2
LDWx	IN1,IN2	装载字比较的结果 IN1（x：$<$,$<=$,$=$,$>=$,$>$,$<>$）IN2
AWx	IN1,IN2	与字比较的结果 IN1（x：$<$,$<=$,$=$,$>=$,$>$,$<>$）IN2
OWx	IN1,IN2	或字比较的结果 IN1（x：$<$,$<=$,$=$,$>=$,$>$,$<>$）IN2
LDDx	IN1,IN2	装载双字比较的结果 IN1（x：$<$,$<=$,$=$,$>=$,$>$,$<>$）IN2
ADX	IN1,IN2	与双字比较的结果 IN1（x：$<$,$<=$,$=$,$>=$,$>$,$<>$）IN2
ODx	IN1,IN2	或双字比较的结果 IN1（x：$<$,$<=$,$=$,$>=$,$>$,$<>$）IN2
LDRx	IN1,IN2	装载实数比较的结果 IN1（x：$<$,$<=$,$=$,$>=$,$>$,$<>$）IN2

（续表）

ARx	IN1,IN2	与实数的比较结果 IN1（x：<,<=,=,>=,>,<>）IN2
ORx	IN1,IN2	或实数的比较结果 IN1（x：<,<=,=,>=,>,<>）IN2
NOT		堆栈取反
EU ED		检测上升沿 检测下降沿
= =I	N N	赋值 立即赋值
S R SI RI	S_BIT,N S_BIT,N S_BIT,N S_BIT,N	置位一个区域 复位一个区域 立即置位一个区域 立即复位一个区域

表 C-4   数学、增减指令

+I +D +R	IN1,OUT IN1,OUT IN1,OUT	整数、双字整数、实数加法 IN1+OUT→OUT
−I −D −R	IN2,OUT IN2,OUT IN2,OUT	整数、双字整数、实数减法 OUT−IN2→OUT
MUL *I *D *R	IN1,OUT IN1,OUT IN1,OUT IN1,OUT	整数完全乘法 整数、双字整数、实数乘法 IN1*OUT→OUT
DIV /I /D /R	IN2,OUT IN2,OUT IN2,OUT IN2,OUT	整数完全除法 整数、双字整数、实数除法 OUT/IN2→OUT
SQRT LN EXP SIN COS TAN	IN, OUT IN, OUT IN, OUT IN, OUT IN, OUT IN, OUT	平方根 自然对数 自然指数 正弦 余弦 正切
INCB INCW INCD	OUT OUT OUT	字节、字和双字增1
DECB DECW DECD	OUT OUT OUT	字节、字和双字减1

PID	Table,Loop	PID 回路
定时器和计数器指令		
TON	Txxx，PT	接通延时定时器
TOF	Txxx，PT	断开延时定时器
TONR	Txxx，PT	有记忆接通延时定时器
CTU	Cxxx，PV	增计数
CTD	Cxxx，PV	减计数
CTUD	Cxxx，PV	增减计数
实时时钟指令		
TODR	T	读实时时钟
TODW	T	写实时时钟
程序控制指令		
END		程序的条件结束
STOP		切换到 STOP 模式
WDR		看门狗复位（300ms）
JMP	N	跳到定义的符号
LBL	N	定义一个跳转的符号
CALL	N[N1,…]	调用子程序[N1,…]
CRET		从子程序条件返回
FOR	INDX，INIT，FINAL	For/Next 循环
NEXT		
LSCR	N	顺序控制继电器段的启动、转换和结束
SCRT	N	
SCRE		

附录 D 实验指导书

实验 1 熟悉 S7-200 PLC 编程软件

【实验目的】

(1) 熟悉 S7-200 PLC 的基本组成和使用方法；

(2) 熟悉 STEP 7-Micro/WIN 编程软件及其运行环境；

(3) 熟悉 S7-200 PLC 的基本指令；

(4) 掌握编写程序的方法。

【实验设备】

个人计算机(PC)一台；S7-200 PLC 一台；PC/PPI 编程电缆一根；模拟输入开关一套；模拟输出装置一套；导线若干。

【实验内容】

(1) 熟悉 S7-200 PLC 的基本组成。仔细观察 S7-200 CPU 的输入点、输出点的数量及其类型，输入、输出状态指示灯，通信接口等；

(2) 熟悉 STEP 7-Micro/WIN 编程软件，掌握 S7-200 PLC 的基本指令；

(3) 掌握计算机(PC)与 S7-200 PLC 建立通信的步骤；

(4) 练习编程软件中的编辑、编译、下载、运行、上传、修改程序等基本操作。

【预习要求】

(1) 复习本书第 4 章关于编程软件的安装，进一步熟悉编程软件的功能；

(2) 了解编程软件的使用、程序调试和运行监控；

(3) 写出建立个人计算机(PC)与 S7-200 PLC 通信的步骤；

(4) 自己动手编写用于本实验验证的简单程序。

【实验报告】

(1) 整理出运行调试后的梯形图及相应的语句表程序；

(2) 写出该程序的调试步骤和观察结果；

(3) 通过本实验，总结实验技能有何提高，应如何从实验中培养实验技能。

实验 2　基本指令练习

【实验目的】

（1）熟悉可编程控制器的结构；

（2）掌握可编程控制器的使用；

（3）熟悉控制系统的操作；

（4）初步熟悉编程方法。

【实验设备】

个人计算机（PC）一台；S7-200 PLC 一台；PC/PPI 编程电缆一根；导线若干。

【实验内容】

（1）熟悉 PC 实验装置；

（2）练习并掌握编程器的使用；

（3）熟悉控制系统的操作；

（4）通过练习实现与、或、非逻辑功能，初步熟悉编程方法；

（5）掌握定时器、计数器的正确编程方法及其扩展方法。

基本指令练习的语句表及梯形图如图 D-1 所示。

【预习要求】

（1）复习 PLC 基本指令的有关内容；

（2）熟悉建立个人计算机（PC）与 S7-200 PLC 通信的步骤；

（3）了解调试简单程序的步骤；

（4）自己动手编写简单的程序。

【实验报告】

（1）整理出运行调试后的梯形图及相应的语句表程序；

（2）写出该程序的调试步骤和观察结果；

（3）通过本实验，总结实验技能有何提高，应如何从实验中培养实验技能。

实现与、或、非功能		定时器认识		计数器认识	
NETWORK 1 //与		NETWORK 1 //T33 延时 3s		NETWORK 1 //C0 计数 2 次	
LD	I0.1	LD	I0.0	LD	I0.1
A	I0.1	TON	T33,+300	LD	I0.1
=	Q0.0			CTU	C0,+2
NETWORK 2 //或		NETWORK 2		NETWORK 2	
LD	I0.2	LD	T33	LD	C0
O	I0.3	=	Q0.0	=	Q0.0
=	Q0.1			NETWORK 3 //C1 计数 3 次	
NETWORK 3 //与非		NETWORK 3 //T33 延时 5s		LD	C0
LDN	I1.0	LD	T33	LD	I0.2
AN	I1.1	TON	T34,+500	CTU	C1,+3
=	Q1.0			NETWORK 4	
NETWORK 4 //或非		NETWORK 4		LD	C1
LDN	I1.2	LD	T34	=	Q0.1
AN	I1.3	=	Q0.1		
=	Q1.1				

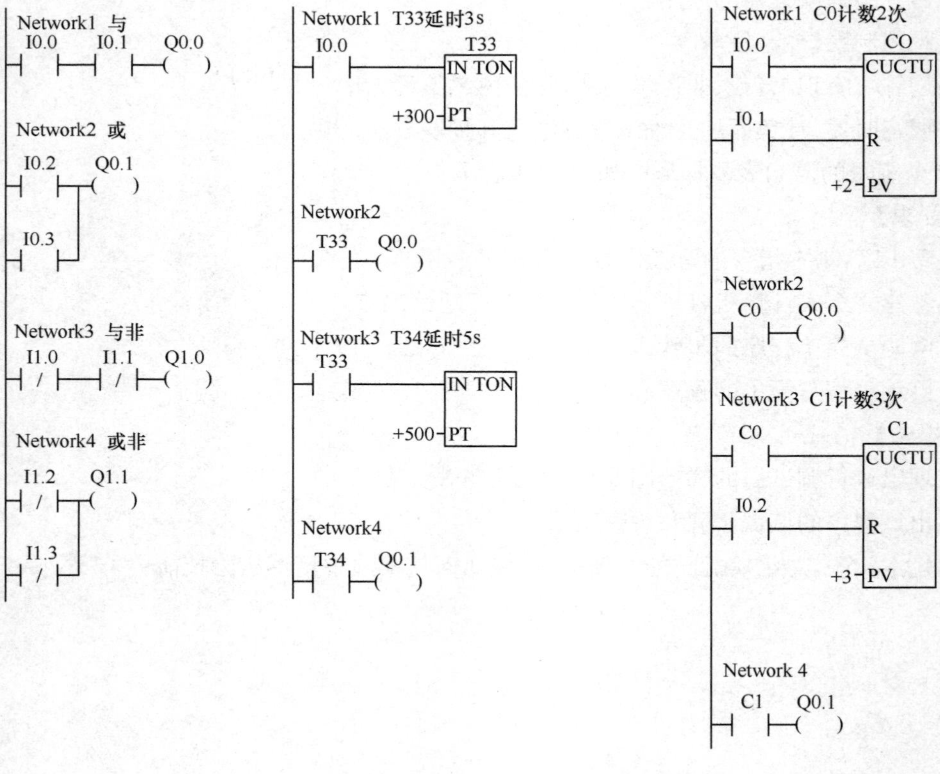

图 D-1　基本指令练习梯形图

实验 3　直流电动机正、反转控制

【实验目的】

(1) 熟悉常用低压电器的结构、原理和使用方法；

(2) 掌握直流电动机正、反转主回路的接线；

（3）掌握用可编程控制器实现电动机正、反转过程的编程方法。

【实验设备】

个人计算机（PC）一台；S7-200 PLC 一台；PC/PPI 编程电缆一根；直流电动机一台；按钮一个；导线若干。

【实验内容】

（1）熟悉常用低压电器的结构、原理和使用方法；

（2）掌握可编程控制器的外部接线方法；

（3）学会直流电动机正、反转主回路的接线；

（4）学会用可编程控制器实现电动机正、反转过程的编程方法。

认真检查接线，准确无误后合上启动按钮，直流电动机先做正向运转。改变励磁电源或电枢电源的极性，可以使直流电动机进行反方向运转。电动机从正向转到反向运转，需要延时6s，以防止转矩变化过大损坏电动机。

【预习要求】

（1）复习常用低压电器的结构、原理和使用方法；

（2）熟悉可编程控制器的外部接线方法；

（3）写出调试程序的步骤；

（4）自己动手编写较为复杂的程序。

【实验报告】

（1）整理出运行调试后的梯形图及相应的语句表程序；

（2）写出该程序的调试步骤和观察结果；

（3）通过本实验，总结实验技能有何提高，应如何从实验中培养实验技能。

实验 4   抢答器程序设计

【实验目的】

（1）学会编写简单的梯形图程序；

（2）掌握置位指令 SET 与复位指令 RST 在控制中的应用及编程方法；

（3）进一步掌握编程软件的使用方法和调试程序的方法。

【实验设备】

个人计算机（PC）一台；S7-200 PLC 一台；PC/PPI 编程电缆一根；按钮 3 个；指示灯 3 个；开关 1 个；导线若干。

【实验内容】

（1）熟悉抢答器显示程序的原理；参加智力竞赛的 A、B、C 3 人的桌上各有一只抢答按钮 SB1、SB2、SB3，用 3 盏灯 L1、L2、L3 显示他们的抢答信号。当主持人接通抢答允许开关 SW 后抢答开始，最先按下按钮的抢答者对应的灯亮，与此同时，应禁止另外两个抢答者的灯亮，指示灯在主持人断开开关 SW 后熄灭。

（2）根据抢答器显示程序的原理编写相应的梯形图。

（3）调试抢答器显示程序直到准确无误。

【预习要求】

（1）复习 PLC 基本指令的有关内容；

（2）根据要求设计抢答器程序的梯形图；

（3）写出调试抢答器程序的步骤。

【实验报告】

（1）整理出运行调试后的梯形图及相应的语句表程序；

（2）写出该程序的调试步骤和观察结果；

（3）通过本实验，总结实验技能。

实验 5　运料小车的程序控制

【实验目的】

（1）熟悉时间控制和行程控制的原则；

（2）掌握定时器指令的使用方法；

（3）掌握顺序控制继电器指令（SCR）的编程方法。

【实验设备】

个人计算机（PC）一台；S7-200 PLC 一台；PC/PPI 编程电缆一根；模拟输入开关一套；运料小车实验模板一块；导线若干。

【实验内容】

（1）设计运料小车控制程序；要求：如图 D-2 所示，系统启动后小车首先在原位进行装料。15s 后装料停止，小车右行。右行至行程开关 SQ2 处右行停止，进行卸料。10s 后，卸料停止，小车左行。左行至行程开关 SQ1 处左行停止，进行装料。如此循环一直进行下去，直到停止工作。

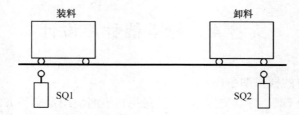

图 D-2　运料小车运行示意图

（2）根据运料小车控制程序编写相应的梯形图。

（3）调试运料小车控制程序直到准确无误。

【预习要求】

（1）复习行程控制、时间控制的有关内容；

（2）复习顺序控制继电器指令（SCR）的编程方法；

（3）根据要求设计运料小车控制程序的梯形图；

（4）写出运料小车控制程序的步骤。

【实验报告】

（1）整理出运行调试后的梯形图及相应的语句表程序；

（2）写出该程序的调试步骤和观察结果；

（3）通过本实验，总结实验技能。

实验 6　彩灯的程序控制

【实验目的】

（1）学会编写复杂的梯形图程序；

（2）掌握功能指令在控制中的应用及编程方法；

（3）进一步掌握编程软件的使用方法和调试程序的方法。

【实验设备】

个人计算机（PC）一台；S7-200 PLC 一台；PC/PPI 编程电缆一根；灯若干；导线若干。

【实验内容】

（1）设计彩灯控制程序；本实验所选彩灯变换花样为逐次闪烁方式：程序开始时，灯 1（Q0.0）、灯 2（Q0.1）亮；一次循环扫描且定时时间到后，灯 1（Q0.0）灭，灯 2（Q0.1）亮、灯 3（Q0.2）亮；再次循环扫描且定时时间到后，灯 2（Q0.1）灭，灯 3（Q0.2）亮、灯 4（Q0.3）亮……。

（2）根据彩灯控制程序编写相应的梯形图；可参考本书第 6 章第 6.5 节关于节日彩灯的 PLC 控制的相关程序。

（3）调试彩灯控制程序直到满意为止。

【预习要求】

（1）复习 PLC 基本指令和功能指令的有关内容；

（2）根据要求设计彩灯控制程序的梯形图；

（3）写出彩灯控制程序的步骤。

【实验报告】

（1）整理出运行调试后的梯形图及相应的语句表程序；

（2）写出该程序的调试步骤和观察结果；

（3）总结调试过程中出现的问题及获得的经验。

实验 7　十字路口交通信号灯程序控制

【实验目的】

（1）学会编写复杂的梯形图程序；

（2）掌握功能指令在控制中的应用及编程方法；

（3）进一步掌握编程软件的使用方法和调试程序的方法。

【实验设备】

个人计算机（PC）一台；S7-200 PLC 一台；PC/PPI 编程电缆一根；灯若干；导线若干。

【实验内容】

（1）设计交通信号灯控制程序；本实验给出交通信号灯控制要求为：①接通启动按钮后，信号灯开始工作，南北向红灯、东西向绿灯同时亮；②东西向绿灯亮 30s 后，闪烁 3 次（每次 0.5s），接着东西向黄灯亮，2s 后东西向红灯亮，35s 后东西向绿灯又亮，……，如此不断循环，直至停止工作；③南北向红灯亮 35s 后，南北向绿灯亮，30s 后南北向绿灯闪烁 3 次（每次 0.5s），接着南北向黄灯亮，2s 后南北向红灯又亮，……，如此不断循环，直至停止工作。

（2）根据交通信号灯控制程序编写相应的梯形图；可参考本书第 6 章第 6.5 节关于十字路口交通信号灯的 PLC 控制的相关程序。

（3）调试交通信号灯控制程序直到满意为止。

【预习要求】

（1）复习 PLC 基本指令和功能指令的有关内容；

（2）根据要求设计交通信号灯控制程序的梯形图；

（3）写出交通信号灯控制程序的步骤。

【实验报告】

（1）整理出运行调试后的梯形图及相应的语句表程序；

（2）写出该程序的调试步骤和观察结果；

（3）总结调试过程中出现的问题及获得的经验。

实验 8　PLC 的通信编程

【实验目的】

（1）熟悉通信指令的编程方法；

（2）掌握 PLC 通信的几种方式；

（3）掌握通信指令的操作过程。

【实验设备】

个人计算机（PC）一台；S7-200 PLC 两台；PC/PPI 编程电缆一根；模拟输入开关两套；模拟输出装置两套；导线若干。

【实验内容】

两台 S7-200 PLC 与装有编程软件的计算机（PC）通过 RS-485 通信接口组成通信网络。

（1）建立 PLC 与 PC 之间的通信；

（2）建立 PLC 与 PLC 之间的通信；

（3）建立 PPI 主站模式的通信；

（4）建立自由口模式的通信。

【预习要求】

（1）复习 PLC 通信指令的有关内容；

（2）熟悉 PLC 通信的几种方式；

（3）设计 PLC 通信的有关程序，注意程序中有关参数的设定。

【实验报告】

（1）整理出运行调试后的梯形图及相应的语句表程序；

（2）写出 PLC 通信的调试步骤和观察结果；

（3）总结调试过程中出现的问题及获得的经验。

附录 E　　课程设计指导书

课程设计以学生为主体,充分发挥学生学习的主动性和创造性。课程设计期间,指导老师要把握和引导学生正确的工作方法和思维方式。

1. 课程设计的目的

(1) 了解常用电气控制装置的设计方法、步骤和设计原则。

(2) 学以致用,巩固书本知识。通过训练,使学生初步具有设计电气控制装置的能力,从而培养学生独立工作和创造的能力。

(3) 进行一次工程技术设计的基本训练。培养学生查阅书籍、参考资料、产品手册、工具书的能力,上网查询信息的能力,运用计算机进行工程绘图的能力,编制技术文件的能力等,从而提高学生解决实际工程技术问题的能力。

2. 课程设计的要求

(1) 阅读本课程设计参考资料及有关图样,了解一般电气控制装置的设计原则、方法和步骤。

(2) 上网调研当今电气控制领域的新技术、新产品、新动向,用于指导设计过程,使设计成果具有先进性和创造性。

(3) 认真阅读本课程设计指导书,分析所选课题的控制要求,并进行工艺流程分析,画出工艺流程图。

(4) 确定控制方案,设计电气控制装置的主电路。

(5) 应用 PLC 设计电气控制装置的控制程序。可分为 5 个步骤:①选择 PLC 的机型及 I/O 模块的型号,进行系统配置并校验主机的电源负载能力;②根据工艺流程图绘制顺序功能图;③列出 PLC 的 I/O 分配表,画出 PLC 的 I/O 接线图;④设计梯形图并进行必要的注释;⑤输入程序并进行室内调试及模拟运行。

(6) 设计电气控制装置的照明、指示及报警等辅助电路。系统应具有必要的安全保护措施,例如,短路保护、过载保护、失电压保护、超程保护等。

(7) 选择电气元件的型号和规格,列出电气元件明细表。选择电气元件时,应优先选用优质新产品。

(8) 绘制正式图样,要求用计算机绘图软件绘制电气控制电路图,用 STEP 7-Micro/Win32 编程软件编写梯形图。要求图幅选择合理,图、字排列整齐,图样应按电气控制图国家标准有关规定绘制。

(9) 编写设计说明书及使用说明书。内容包括阐明设计任务及设计过程,附上设计过程中有关计算及说明,说明操作过程、使用方法及注意事项,附上所有的图表、所用参考资料的出处及对自己设计成果的评价或改进意见等。要求文字通顺、简练,字迹端正、整洁。

附录 F　课程设计任务书

"电气控制与 PLC 应用"是一门实践性和实用性都很强的课程,学习的目的在于应用。本课程设计是配合课堂教学的一个重要的实践教学环节,它能起到巩固课堂和书本上所学知识,加强综合能力,提高系统设计水平,启发创新思想的效果。希望每个学生都能自己动手独立设计完成一个典型的可编程控制器应用系统。

第 1 部分　可编程控制器应用系统的研制过程

研制一个可编程控制器应用系统,可以分为硬件研制和软件研制两个部分,从设计草图开始到样机调试成功,常常要将硬件、软件结合起来考虑,才能取得较好的效果。系统的用途不同,它们的硬、软件结构各有不同,但系统研制的方法和步骤是基本相同的,其研制过程可以归纳为以下所述的 4 个步骤。

1. 确定任务

确定任务如同任何一个新产品设计一样,可编程控制器应用系统的研制过程也是以确定应用系统的任务开始的。确定应用系统的功能指标和技术参数,这是系统设计的起点和依据,它将贯穿于系统设计的全过程,必须认真做好这个工作。在确定任务阶段要做的工作是深入了解和分析被控对象的工艺条件和控制要求。

(1) 被控对象就是受控的机械设备、电气设备、生产线或生产过程。

(2) 控制要求主要指控制的基本方式、应完成的动作、自动工作循环的组成、必要的保护和联锁等。对较复杂的控制系统,还可将控制任务分成几个独立部分,这样可化繁为简,有利于编程和调试。

2. 总体设计

本阶段的任务是通过调查研究,查阅资料来初定系统结构的总体方案,确定哪些信号需要输入给可编程控制器,哪些负载由可编程控制器驱动,统计出各输入量和输出量的性质,是开关量还是模拟量,是直流量还是交流量,以及电压的大小等级。明确对控制对象的要求,然后根据实际需要确定控制系统类型和系统工作时的运行方式。

可编程控制器构成的控制系统可分为 4 种类型。

(1) 单机控制系统。该系统是利用一台 PLC 来实现对被控设备的控制。

(2) 集中控制系统。该系统是利用一台 PLC 控制多台被控设备。

(3) 分布式控制系统。多台 PLC 及上位机可以互相通信,用于被控对象比较多的情况。

(4) 远程 I/O 控制系统。远程 I/O 控制系统就是 I/O 模块不与 PLC 放在一起,而是远距离地放在被控设备附近。它是集中式控制系统的特殊情况。

3. 硬件研制过程

(1) 确定 I/O 设备:根据被控对象对 PLC 控制系统的功能要求,确定系统所需的用户输入/输出设备。常用的输入设备有按钮、选择开关、行程开关、传感器等,常用的输出设备有继电器、接触器、指示灯、电磁阀等。

（2）选择合适的 PLC 类型：根据已确定的用户 I/O 设备，统计所需的输入信号和输出信号的点数，选择合适的 PLC 类型，包括机型的选择、容量的选择、I/O 模块的选择、电源模块的选择等。

（3）分配 I/O 点：分配 PLC 的 I/O 点，编制 I/O 分配表，画出 I/O 接线图。

4. 软件研制过程

（1）采用模块化程序结构设计软件，首先将整个软件分成若干功能模块；

（2）编写控制系统的逻辑关系图；

（3）绘制各种电路图；

（4）编制 PLC 程序并进行模拟调试；

（5）现场调试；

（6）编写技术文件并现场试运行。

第 2 部分　课程设计课题

课程设计课题 1：流水作业的计数与定时控制系统

1. 控制要求

某罐头包装流水线，一个包装箱能装 24 罐，要求每通过 24 罐，流水线要暂停 6s，等待封箱打包完毕，然后重启流水线，继续装箱。按停止键则停止生产。

2. 系统分析

为了实现上述要求，有两个工作要做：一是对 24 罐计数；一是对 6s 停顿定时，并且两者之间又是相互关联的。画出工作流程及相应的时序图。

3. 硬件设计

（1）列出 PLC 的 I/O 分配表，并画出 PLC 的 I/O 接线图；

（2）选择 PLC 的机型及 I/O 模块的型号，进行系统配置并校验主机的电源负载能力；

（3）设计必要的安全保护措施，例如，短路保护、过载保护、失电压保护、超程保护等。

4. 软件设计

（1）采用模块化程序结构设计软件，首先将整个软件分成若干功能模块；

（2）编写控制系统的逻辑关系图；

（3）绘制各种电路图；

（4）编制 PLC 程序并进行模拟调试；

（5）现场调试；

（6）编写技术文件并现场试运行。

课程设计课题 2：水塔水位控制系统

1. 控制要求

水塔水位控制示意图如图 F-1 所示。当供水池水位低于低水位界限时（S4 为 OFF 时表示），阀门 Y 打开给水池注水（Y 为 ON），同时定时器开始计时；2s 后，如果 S4 继续保持 OFF 状态，那么阀门 Y 的指示灯开始以 0.5s 的间隔闪烁，表示阀门 Y 没有进水，出现了故障；当水池水位到达高水位界限时（S3 为 ON 时表示），阀门 Y 关闭（OFF）。

当 S3 为 ON 时，如果水塔水位低于低水位界限（S2 为 OFF），水泵 M 开始从供水池中抽水；当水塔水位到达高水位界限时（S1 为 ON），水泵 M 停止抽水。图 F-1 中，S1、S2、S3、S4 为液面传感器。

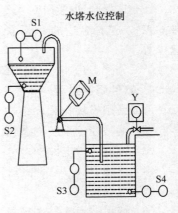

水塔水位控制

图 F-1　水塔水位控制示意图

2. 系统分析

为了实现上述要求，首先列出 PLC 的 I/O 分配表，并画出 PLC 的 I/O 接线图，然后选择 PLC 的机型及 I/O 模块的型号，进行系统配置并校验主机的电源负载能力。

根据控制要求，编写梯形图及语句表，调试程序直到准确无误。

3. 硬件设计

（1）列出 PLC 的 I/O 分配表，并画出 PLC 的 I/O 接线图；

（2）选择 PLC 的机型及 I/O 模块的型号，进行系统配置并校验主机的电源负载能力；

（3）设计必要的安全保护措施，例如，短路保护、过载保护、失电压保护、超程保护等。

4. 软件设计

（1）采用模块化程序结构设计软件，首先将整个软件分成若干功能模块；

（2）编写控制系统的逻辑关系图；

（3）绘制各种电路图；

（4）编制 PLC 程序并进行模拟调试；

（5）现场调试；

（6）编写技术文件并现场试运行。

参 考 文 献

[1] 李仁. 电气控制. 北京:机械工业出版社,1990.

[2] 赵明 等. 工厂电气控制设备. 第 2 版. 北京:机械工业出版社,1995.

[3] 廖常初. PLC 编程及应用. 北京:机械工业出版社,2002.

[4] 邓则名等. 电气与可编程控制器应用技术. 第 2 版. 北京:机械工业出版社,2002.

[5] 西门子公司. SIMATIC S7-200 可编程控制器系统手册,2000.

[6] 西门子公司. SIMATIC S7-200 可编程控制器系统手册,2003.

[7] 西门子公司. SIMATIC S7-300 和 S7-400 梯形逻辑编程,2005.

[8] 廖常初. S7-300/400 PLC 应用技术. 北京:机械工业出版社,2005.

[9] 王兆义. 可编程控制器教程. 北京:机械工业出版社,1993.

[10] 吴中俊,黄永红. 可编程序控制器原理及应用. 北京:机械工业出版社,2005.

[11] 郑晟,巩建平,张学. 现代可编程序控制器原理与应用. 北京:科学出版社,1999.

[12] 胡学林. 可编程控制器教程(提高篇). 北京:电子工业出版社,2005.

[13] 胡晓朋. 电气控制及 PLC. 北京:机械工业出版社,2006.

[14] 陈在平,赵相宾. 可编程序控制器技术与应用系统设计. 北京:机械工业出版社,2003.

[15] SIEMENS. SIMATIC S7-300 and M7-300 Programmable Controllers Module Specifications Reference Manual,2001.

[16] SIEMENS. SIMATIC S7-400 可编程控制器 CPU 及模板规范手册,2003.

[17] SIEMENS. SIMATIC S7-400 and M7-400 Programmable Controllers Hardware and Installation Manual,1999.

[18] 史国生,王念春. 电气控制与可编程序控制器技术. 北京:化学工业出版社,2004.

[19] 宫淑贞,王冬青. 可编程控制器原理及应用. 北京:人民邮电出版社,2002.

[20] CPM1A/2A/2AH/2C 可编程序控制器编程手册,2003.

[21] 付俊青. 大型胶带输送机多驱动控制策略的研究[J]. 工矿自动化,2010(9):142~145.

反侵权盗版声明

电子工业出版社依法对本作品享有专有出版权。任何未经权利人书面许可，复制、销售或通过信息网络传播本作品的行为；歪曲、篡改、剽窃本作品的行为，均违反《中华人民共和国著作权法》，其行为人应承担相应的民事责任和行政责任，构成犯罪的，将被依法追究刑事责任。

为了维护市场秩序，保护权利人的合法权益，我社将依法查处和打击侵权盗版的单位和个人。欢迎社会各界人士积极举报侵权盗版行为，本社将奖励举报有功人员，并保证举报人的信息不被泄露。

举报电话：（010）88254396；（010）88258888

传　　真：（010）88254397

E-mail：　dbqq@phei.com.cn

通信地址：北京市万寿路 173 信箱

　　　　　电子工业出版社总编办公室

邮　　编：100036